硅通孔与三维集成电路

朱樟明　杨银堂　著

科 学 出 版 社

北 京

内 容 简 介

本书系统讨论了基于硅通孔的三维集成电路设计所涉及的一些关键科学问题，包括硅通孔寄生参数提取、硅通孔电磁模型、新型硅通孔结构、三维集成互连线、三维集成电路热管理、硅通孔微波/毫米波特性、碳纳米硅通孔及集成互连线等，对想深入了解硅通孔和三维集成电路的工程人员和科研人员具有很强的指导意义和实用性。本书所提出的硅通孔结构、硅通孔解析模型、硅通孔电磁模型、三维集成电路热管理、三维集成互连线建模和设计等关键技术，已经在IEEE TED、IEEE MWCL等国外著名期刊上发表，可以直接供读者参考。

本书可作为集成电路设计、集成电路封装、微电子封装等相关专业的工程师和专业研究人员的参考书。

图书在版编目（CIP）数据

硅通孔与三维集成电路 / 朱樟明．杨银堂著．—北京：科学出版社，2016.1

ISBN 978-7-03-047164-2

Ⅰ．①硅…　Ⅱ．①朱…　②杨…　Ⅲ．①集成电路－封装工艺　Ⅳ．①TN405

中国版本图书馆CIP数据核字（2016）第017352号

责任编辑：余　丁　赵艳春 / 责任校对：郭瑞芝

责任印制：吴兆东 / 封面设计：迷底书装

科学出版社 出版

北京东黄城根北街16号

邮政编码：100717

http://www.sciencep.com

北京厚诚则铭印刷科技有限公司 印刷

科学出版社发行　各地新华书店经销

*

2016年 1月第 一 版　　开本：720×1 000　B5

2021年10月第五次印刷　　印张：15 1/4

字数：295 000

定价：68.00元

（如有印装质量问题，我社负责调换）

前　言

基于硅通孔的三维集成电路是未来集成电路发展的主流技术之一，能有效降低集成电路的互连延时和功耗，是中国在集成电路领域实现超越的技术发展机会，已经成为国际新型集成芯片系统的研究热点，是国际半导体技术蓝图(ITRS)近年来所关注的热点和前沿技术。正值中国集成电路设计产业高速发展之际，作者响应《国家集成电路产业发展推进纲要》，基于国家优秀青年科学基金、国家自然科学基金重点项目和面上项目等项目研究成果，结合数值优化技术，撰写了本书，希望能在促进中国集成电路产业的迅速发展中发挥作用。

本书主要讨论基于硅通孔的三维集成电路设计所涉及的一些关键科学问题，包括硅通孔寄生参数提取、硅通孔电磁模型、新型硅通孔结构、三维集成互连线、三维集成电路热管理、硅通孔微波/毫米波特性、碳纳米硅通孔及集成互连线等，对想深入了解硅通孔和三维集成电路的工程人员和科研人员具有很强的指导意义和实用性。本书所提出的硅通孔结构、硅通孔解析模型、硅通孔电磁模型、三维集成电路热管理、三维集成互连线建模和设计等关键技术，已经在 IEEE 等国外著名期刊上发表，获得了论文审稿人的好评，可以直接供读者参考。本书所提出的差分屏蔽型硅通孔结构，是西安电子科技大学微电子学院朱樟明教授研究小组的最新研究成果。基于硅通孔和三维集成技术实现微波/毫米波滤波器、微波细胞功能单元的研究想法，获得了 IEEE Fellow 薛泉教授的大力支持。

全书共分为 8 章，每章自成系统，同时又相互联系，朱樟明负责第 2 章、第 4～8 章，杨银堂负责第 1 章和第 3 章，全书由朱樟明统稿和最后定稿。本书写作过程得到了国家优秀青年科学基金(61322405)、国家自然科学基金重点项目(61234002)、国家自然科学基金面上项目(61376039、61474088、61574104)的资助。特别感谢卢启军博士帮我一起统稿，感谢刘晓贤博士、王凤娟博士、钱利波博士为本书付出的辛勤劳动！

朱樟明　杨银堂

2015 年 11 月于西安电子科技大学微电子学院

目　　录

前言
第 1 章　三维集成电路概述……1
1.1　三维集成电路……2
1.1.1　三维集成电路的优势……2
1.1.2　三维集成电路的发展现状……3
1.1.3　三维集成电路的发展趋势……6
1.1.4　三维集成电路面临的挑战……10
1.2　TSV 技术……14
1.2.1　TSV 在三维集成电路中扮演的角色……15
1.2.2　TSV 技术的主要研究方向及进展……17
参考文献……20
第 2 章　基于 TSV 的三维集成电路工艺技术……25
2.1　基于 TSV 的三维集成电路的分类……25
2.1.1　TSV 的制造顺序……26
2.1.2　堆叠方式……31
2.1.3　键合方式……33
2.2　TSV 制造技术……34
2.2.1　通孔刻蚀……34
2.2.2　绝缘层……38
2.2.3　黏附层和扩散阻挡层……42
2.2.4　种子层……43
2.2.5　导电材料填充……44
2.3　减薄技术……48
2.3.1　机械研磨……50
2.3.2　边缘保护……52
2.3.3　减薄后处理……52
2.4　对准技术……53
2.4.1　红外对准……54
2.4.2　光学对准……56

2.4.3　倒装芯片 ······ 58
2.4.4　芯片自组装对准 ······ 59
2.4.5　模板对准 ······ 60
2.5　键合技术 ······ 61
2.5.1　SiO_2融合键合 ······ 63
2.5.2　金属键合 ······ 64
2.5.3　高分子键合 ······ 68
参考文献 ······ 69
第3章　TSV RLC 寄生参数提取 ······ 71
3.1　圆柱形 TSV 寄生参数提取 ······ 71
3.1.1　寄生电阻 ······ 71
3.1.2　寄生电感 ······ 72
3.1.3　寄生电容 ······ 72
3.2　锥形 TSV 寄生参数提取 ······ 73
3.2.1　寄生电阻 ······ 73
3.2.2　寄生电感 ······ 75
3.2.3　寄生电容 ······ 76
3.3　环形 TSV 寄生参数提取 ······ 90
3.3.1　寄生电阻 ······ 90
3.3.2　寄生电感 ······ 90
3.3.3　寄生电容 ······ 90
3.4　同轴 TSV 寄生参数提取 ······ 91
3.4.1　寄生电阻 ······ 91
3.4.2　寄生电感 ······ 91
3.4.3　寄生电容 ······ 92
参考文献 ······ 92
第4章　考虑 TSV 效应的互连线模型 ······ 94
4.1　考虑 TSV 尺寸效应的互连线长分布 ······ 94
4.1.1　忽略 TSV 尺寸效应的互连线长分布模型 ······ 94
4.1.2　考虑 TSV 尺寸效应的互连线长分布模型 ······ 101
4.2　考虑 TSV 寄生效应的互连延时和功耗模型 ······ 103
4.2.1　互连延时 ······ 103
4.2.2　互连功耗 ······ 105
4.2.3　模型验证与比较 ······ 106

4.3　三维集成电路的 TSV 布局设计 …… 108
4.3.1　RLC 延时模型 …… 109
4.3.2　信号反射 …… 111
4.3.3　多目标协同优化算法 …… 113
4.3.4　结果比较 …… 114
参考文献 …… 116
第 5 章　TSV 热应力和热应变的解析模型和特性 …… 119
5.1　圆柱形 TSV 热应力和热应变的解析模型 …… 119
5.2　环形 TSV 热应力和热应变的解析模型和特性 …… 120
5.2.1　解析模型 …… 121
5.2.2　模型验证 …… 122
5.2.3　阻止区 …… 124
5.3　同轴 TSV 热应力和热应变的解析模型和特性 …… 124
5.3.1　解析模型 …… 125
5.3.2　模型验证 …… 126
5.3.3　阻止区 …… 127
5.3.4　特性分析 …… 127
5.4　双环 TSV 热应力和热应变的解析模型和特性 …… 129
5.4.1　与同轴 TSV 热应力对比 …… 130
5.4.2　热应力解析模型及验证 …… 131
5.4.3　和同轴 TSV 的 KOZ 及等效面积对比 …… 132
5.4.4　不同 TSV 结构高频电传输特性对比 …… 133
5.5　考虑硅各向异性时 TSV 热应力的研究方法 …… 135
参考文献 …… 137
第 6 章　三维集成电路热管理 …… 140
6.1　热分析概述 …… 140
6.1.1　热传递基本方式 …… 140
6.1.2　稳态传热和瞬态传热 …… 142
6.1.3　线性与非线性热分析 …… 143
6.2　最高层芯片温度的解析模型和特性 …… 143
6.2.1　忽略 TSV 的最高层芯片温度解析模型 …… 143
6.2.2　考虑 TSV 的最高层芯片温度解析模型 …… 144
6.2.3　特性分析 …… 146
6.3　各层芯片温度的解析模型和特性 …… 147

6.3.1 忽略 TSV 的各层芯片温度的解析模型 …… 148
6.3.2 考虑 TSV 的各层芯片温度的解析模型 …… 149
6.3.3 特性分析 …… 151
6.4 三维单芯片多处理器温度特性 …… 153
6.4.1 3D CMP 温度模型 …… 153
6.4.2 热阻矩阵 …… 154
6.4.3 特性分析 …… 155
6.5 热优化设计技术 …… 157
6.5.1 CNT TSV 技术 …… 158
6.5.2 热沉优化技术 …… 159
6.5.3 液体冷却技术 …… 160
参考文献 …… 161
第 7 章 新型 TSV 的电磁模型和特性 …… 163
7.1 GSG 型空气隙 TSV 的电磁模型和特性 …… 163
7.1.1 寄生参数提取 …… 164
7.1.2 等效电路模型及验证 …… 171
7.1.3 特性分析 …… 174
7.1.4 和 GS 型空气隙 TSV 特性比较 …… 175
7.1.5 温度的影响 …… 176
7.2 GSG 型空气腔 TSV 的电磁模型和特性 …… 184
7.2.1 工艺技术 …… 184
7.2.2 品质因数 …… 186
7.2.3 特性分析 …… 189
7.2.4 等效电路模型及验证 …… 190
7.3 SDTSV 的电磁模型和特性 …… 192
7.3.1 结构 …… 192
7.3.2 等效电路模型 …… 193
7.3.3 模型验证 …… 196
7.3.4 RLCG 参数全波提取方法 …… 197
7.3.5 特性分析 …… 200
参考文献 …… 205
第 8 章 CNT TSV 和三维集成电路互连线 …… 208
8.1 CNT 制备 …… 208
8.1.1 CNT 生长 …… 208

8.1.2　CNT 致密化 …… 209
8.2　CNT 等效参数提取 …… 211
8.2.1　等效电阻 …… 212
8.2.2　等效电感 …… 214
8.2.3　等效电容 …… 214
8.3　信号完整性分析 …… 215
8.3.1　耦合串扰 …… 215
8.3.2　信号传输 …… 225
8.3.3　无畸变 TSV 设计 …… 229
参考文献 …… 233

第 1 章　三维集成电路概述

集成电路是指采用半导体工艺在半导体晶片或介质基片上制作电路中所需要的晶体管、电阻、电容和电感等元件及互连线，然后将其封装在一个管壳内成为具有所需电路功能的微型结构。1947 年，美国贝尔实验室的肖克利、巴丁和布拉顿发明了世界上第一只晶体管，这为集成电路的发明奠定了基础。1958 年，美国德州仪器公司的基尔比发明了世界上第一块锗集成电路，随后在 1959 年美国仙童公司的诺伊斯发明了世界上第一块硅集成电路，从此拉开了人类社会进入电子时代的序幕。

传统的集成电路是指平面二维集成电路，它是由一层半导体元件和多层互连线组成的。二维集成电路的发展主要依赖于光刻技术的不断进步和器件特征尺寸的不断缩小。自 20 世纪 60 年代以来，它的发展规律一直遵循着 Gordon Moore 提出的摩尔定律(Moore's law)，即集成电路的集成度每 18 个月翻一番。目前集成电路产业已进入 22nm 技术节点。集成电路产业每进入一个新的技术节点，它的集成度和性能都会有所提升，然而技术进步所带来的集成电路性价比的提高却越来越小。导致这一趋势的主要原因包括以下几个方面[1]：首先，依靠光刻技术不断进步的技术难度越来越大、成本越来越高，最终会导致通过减小特征尺寸提高性能的经济性不复存在，失去集成电路发展的源动力；其次，即使光刻技术能够不断进步，由于其他工艺水平、材料性质和物理规律的限制，基于目前场效应原理工作的金属–氧化物半导体场效应晶体管(Metal-Oxide-Semiconductor Field-Effect Transistor, MOSFET)有可能在特征尺寸小于一定极限后不再有效，使集成电路的发展停滞；最后，即使 MOSFET 的特征尺寸越来越小，由于功耗的限制，器件时钟频率也会趋于稳定，性能难以持续提高。博通 CTO Henry Samueli 表示 28nm 技术节点和之后的工艺虽然会继续提升芯片的性能、降低功耗，但在成本上已经不能继续受益，未来有必要考虑新的选择。另外，随着技术节点的进步，晶体管的门延时不断减小，但是集成电路的复杂度和晶体管的数量却不断增加，芯片面积也不断增加，导致互连线的长度急剧增加。事实上，从 180nm 技术节点开始，集成电路互连线延时的增加量就超过了器件缩小所提升的性能，片上互连已经开始决定集成电路的性能。虽然目前有很多改善互连线延时的方法，如插入中继器和使用超低 k 介质材料，但其作用远远不能满足需求，互连延时问题将会成为未来集成电路发展的真正瓶颈，甚至导致摩尔定律最终也将因此而失效。所以，要想维持集成电路的发展速度，必须拓展新的发展空间。鉴于二维集成电路发展所面临的困难，人们将目光投向了三维集成电路。

1.1 三维集成电路

三维集成电路就是将多个同质、异质的芯片或电路模块在垂直方向堆叠起来，并利用硅通孔(Through Silicon Via, TSV)实现不同层器件之间的电学连接，共同完成一个或多个功能，它的结构如图 1.1 所示。三维集成电路为实现超摩尔(More than Moore)定律提供了广阔的发展平台，促使不同材料(硅、III-V 化合物、碳纳米管等)和工艺(存储器、逻辑电路、射频电路、微机械系统等)集成到一个芯片中。三维集成电路在解决二维集成电路的功耗、延时、工作频率、集成度、异质集成、成本等问题上表现出诱人的发展潜力。同时它也在 TSV 的制造、散热、成品率等问题上充满了挑战。

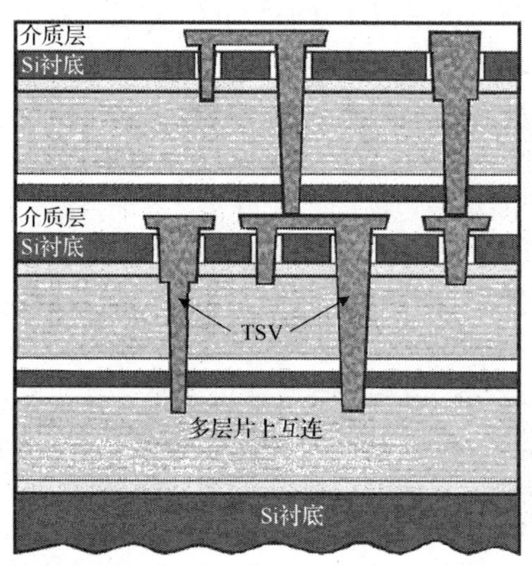

图 1.1　三维集成电路的结构[2]

1.1.1 三维集成电路的优势

三维集成电路在垂直方向将多个裸芯片或电路模块堆叠起来并用 TSV 实现电连接，相比二维集成电路它具有如下优点[2, 3]。

(1)有效地减小了互连线的长度。二维集成电路和三维集成电路的互连系统比较如图 1.2 所示，二维集成电路中较长的全局互连线在三维集成电路中被 TSV 和短互连线替代。减小互连线的长度可以减小互连线的寄生参数，进而减小互连延时和功率损耗。

(2)提高了互连密度。垂直互连增加了芯片间的 I/O 通道数目，能够将芯片间数据传输的带宽提高两个数量级以上，并且使系统能够同时传输大量的数据。传统的引线键合式封装能够为每个芯片提供几十到几百根引线；倒装焊芯片的模式则可以提供几百甚至上千个外部互连；而三维集成电路能够提供密度高达 $10^4 mm^{-2}$ 的 TSV 作为堆叠芯片间的互连通道。

(3) 可实现异质集成。对于不同应用的芯片如传感器、微机电系统(Micro Electro Mechanical Systems, MEMS)、射频(Radio Frequency, RF)系统、数模混合芯片、存储器、处理器等，为了达到最佳性能，需要采用不同的制造工艺和衬底材料。三维集成电路可将这些芯片集成在一个系统中，实现片上系统(System-on-Chip, SoC)，其结构如图 1.3 所示。

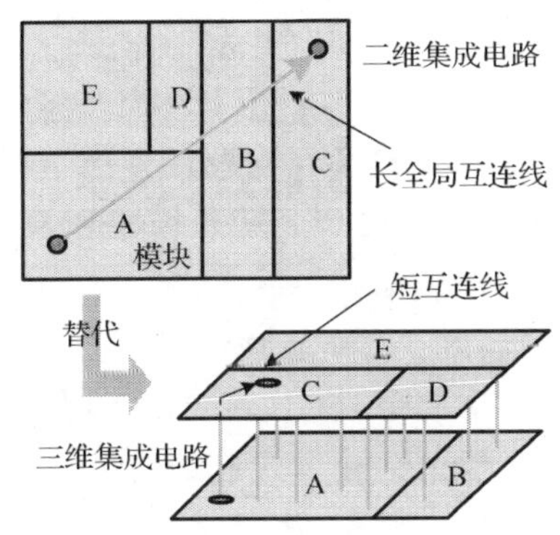

图 1.2　二维集成电路和三维集成电路的互连系统比较[3]

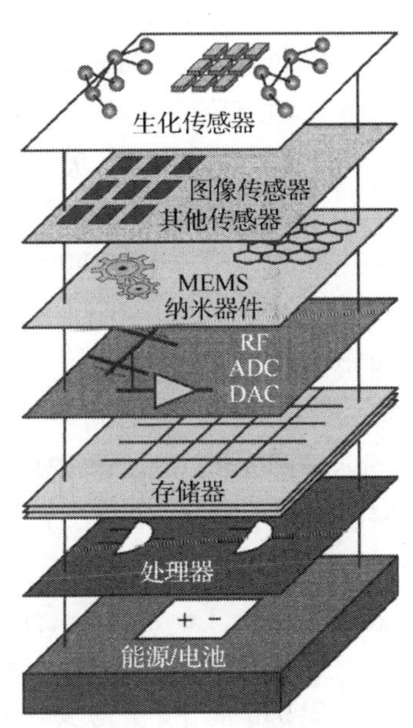

图 1.3　异质集成的三维集成电路结构[2]

(4) 另外，三维集成电路还具有减小芯片面积、降低制造成本、减小形状因子(form facter)、简化设计复杂度等优点。

1.1.2　三维集成电路的发展现状

三维集成电路发展至今已有 15 年历史了，国外有许多大学、研究机构和企业对三维集成电路进行了理论研究、产品研发和推广。美国是三维集成电路研究最为活跃的国家，目前 IBM、Intel、Motorola、TI 等半导体公司，伦斯勒理工学院、麻省理工学院(MIT)、斯坦福大学、佐治亚理工学院、康乃尔大学、宾夕法尼亚大学、北卡罗来纳大学、奥尔巴尼纳米技术中心、艾尔文传感器公司、太阳微系统公司等大学和科研机构，以及新兴的从事三维集成电路的公司如 Ziptronix、Tezzaron、ThuSi 等，都在从事相关领域的研究[1]。这些大学和研究机构的主要研究方向包括 TSV 制造和集成方法、三维集成方法学、热传导及可靠性、三维集成应用等。另外，还有一些科研单位和企业开展了关于三维集成电路的设计和仿真研究，如 Micro、Magic、Cadence、UCLA、MIT 微系统实验室和北卡州立大学等。在欧洲从事三维集成电路研究的科研机构和企业主要有弗朗霍夫研究院(Fraunhofer IZM)、资讯技术实验室(CEA Léti)、微电子研究中心(Interuniversity Microelectronics Centre，IMEC)、意法半导体公司(STMicroelectronics)、EVG、Infineon、Delft 科技大学和 Philips 等。亚洲的科研机构和企业集中在日本、韩国和新加坡，主要包括 Sharp、NEC、Toshiba、三星(Samsung)等。

国内对三维集成电路也进行了广泛的研究。台湾积体电路制造股份有限公司(Taiwan Semiconductor Manufacturing Company，TSMC)、ASE(Advanced Semiconductor Engineering)和工业研究院等机构在三维集成电路制造技术方面的研究处于世界领先水平，特别是 TSMC 已经为赛灵思(Xilinx)公司的现场可编程门阵列(Field Programmable Gate Array, FPGA)提供了三维集成代工服务。清华大学微电子所从 2005 年就开始三维集成电路技术的研究。目前西安电子科技大学、浙江大学、中国科学院深圳先进技术研究院、中国科学院微电子研究所等单位也在从事此方面的研究开发工作。

目前市场上已经涌现出了许多基于 TSV 的三维集成电路产品，这为三维集成电路的继续发展提供了强劲的市场动力。它们主要集中在堆叠存储器、逻辑三维系统级封装(System in Package, SiP)/SoC、高亮度发光二极管模块、功率模拟和 RF 电路模块、MEMS、FPGA 和传感器、图像及光学传感器等领域。

2006 年 4 月，三星表示已成功将 TSV 技术应用在三维晶圆级堆叠封装(Three Dimensional Wafer Level Process Stack Package, 3D WSP) 16GB NAND 闪存(Flash)芯片中，它堆叠了八个 2GB NAND Flash 芯片，以激光钻孔方式制造 TSV，总高度是 0.56mm，这也是 TSV 技术最早的应用。

2009 年 2 月，三星开发了基于 TSV 技术的 8GB DDR3(Double Data Rate 3)动态随机存取存储器(Dynamic Random Access Memory, DRAM)芯片，它使用 TSV 技术堆叠四颗 2GB DDR3 DRAM。同年尔必达(Elpida)也开发完成了 8GB DDR3 DRAM，它使用 TSV 技术堆叠了八颗 1GB DDR3 DRAM。

2010 年 11 月，赛灵思采用堆叠硅片互连技术(Stacked Silicon Interconnect, SSI)和 TSV 技术，将四个 FPGA 芯片在无源硅中介上互连，生产出含 68 亿个晶体管、200 万个逻辑单元相当于 2000 万个专用集成电路(Application Specific Integrated Circuit, ASIC)的大容量 3D FPGA Virtex-7 2000T 芯片。

2011 年 8 月，三星发布了采用 3D TSV 封装技术的节能型 32GB DDR3 带寄存器的双线内存模块(Registered Dual In-line Memory Module, RDIMM)芯片，它使用 30nm 级别工艺制造的 DRAM 颗粒，默认运行频率为 DDR3-1333MHz，功率只有 4.5W。三星称该产品“企业服务器用内存产品中功耗最低级别”，它比普通 30nm 级别工艺的低负载型双线内存模块(Load-Reduced Dual Inline Memory Module, LRDIMM)的产品功耗平均低约 30%。

2011 年 12 月，IBM 与美光科技宣布美光基于 IBM 的 TSV 工艺实现了混合存储立方体(Hybrid Memory Cube, HMC) DRAM 芯片，它也是第一个采用 IBM TSV 工艺的商业化互补金属氧化物半导体(Complementary Metal Oxide Semiconductor, CMOS)制造技术。HMC 的数据带宽能达到 128GB/s，比现有内存芯片快 15 倍，同时它能够将芯片的封装尺寸减小 90%，传输数据消耗的能量减少 70%。

2012 年 2 月，美国佐治亚理工学院、韩国 KAIST(Korea Advanced Institute of Science and Technology)大学和 Amkor Technology 公司在 ISSCC 2012 上，共同发布了将 277MHz 驱动的 64 核处理器芯片和容量为 256KB 的静态随机存储器(Static Random Access Memory, SRAM)芯片三维堆叠后构筑而成的处理器子系统 3D-MAPS (3D Massively Parallel Processor with Stacked Memory)芯片。

2012 年 5 月，赛灵思正式发布全球首款异构 3D FPGA Virtex®-7 H580T 芯片，它采用 SSI 和 TSV 技术，可提供多达 16 个 28Gbit/s 收发器和 72 个 13.1Gbit/s 收发器，也是唯一能满足关键 Nx100G 和 400G 线路卡应用功能要求的单芯片解决方案。

2014 年 4 月，SK 海力士发布了世界首款 128GB DDR4(Double Data Rate 4) RDIMM，它采用了海力士先进的 8GB DDR4 DRAM 芯片、20nm 级制程技术和 3D TSV 封装技术。但是 SK 海力士表示要到 2015 年上半年才会投入量产。

2014 年 8 月，三星宣布开始量产 64GB DDR4 RDIMM 芯片，它由 36 个 DDR4 DRAM 芯片组成，而每个芯片又包含 4 颗 4GB 的 DDR4 DRAM 裸片。这款低能耗的芯片采用了三星最尖端的 20nm 级制程技术和 3D TSV 封装技术。

虽然三维集成电路已经取得了不小的成就，但是 TSV 工艺仍处于技术开发阶段，业界对各个技术环节尚未能达成一致，工艺技术的标准尚未达成。例如，通孔的尺寸大小、硅片的厚度、填充金属材料的选择、先通孔或后通孔制造工艺的选择(尽管对于封装公司必须采用后通孔制造工艺)等。为此各个企业、研究机构之间已经开展合作形成了各种联盟，以期在未来 3D 芯片竞争中掌握标准和专利优势。全球三维集成电路的联盟情况如表 1.1 所示，可见美国是三维集成电路科研队伍的中坚力量，其次是欧洲。

表 1.1　全球三维集成电路的联盟情况

国家/地区	联　盟	发 起 人	备　注
台湾	Ad-STAC	ITRI	200/300mm
日本	Dream Chip Project	ASET	200mm
美国/韩国/德国	3DASSM	Georgia Tech/IZM-Munich/KAIST	
美国	3D-IC Alliance	Tezzaron/Ziptronix	
美国	3D Interconnects	Sematech	
美国/欧洲	EMC-3D	AMAT/Semitool/EVG/…	设备供应商
欧洲	e-Cubes	EU members	
比利时	LLAP-3D	IMEC	200/300mm

1.1.3 三维集成电路的发展趋势

三维集成电路和 TSV 互连的发展线路图如图 1.4 所示。可见三维集成电路朝着小体积、高集成度、高数据带宽、多功能的方向发展，并且最终的目标是实现高度集成的异质三维集成电路。另外，还可以看出 TSV 技术是实现三维集成电路的最关键技术，可以说三维集成电路的设计就是 TSV 的设计。

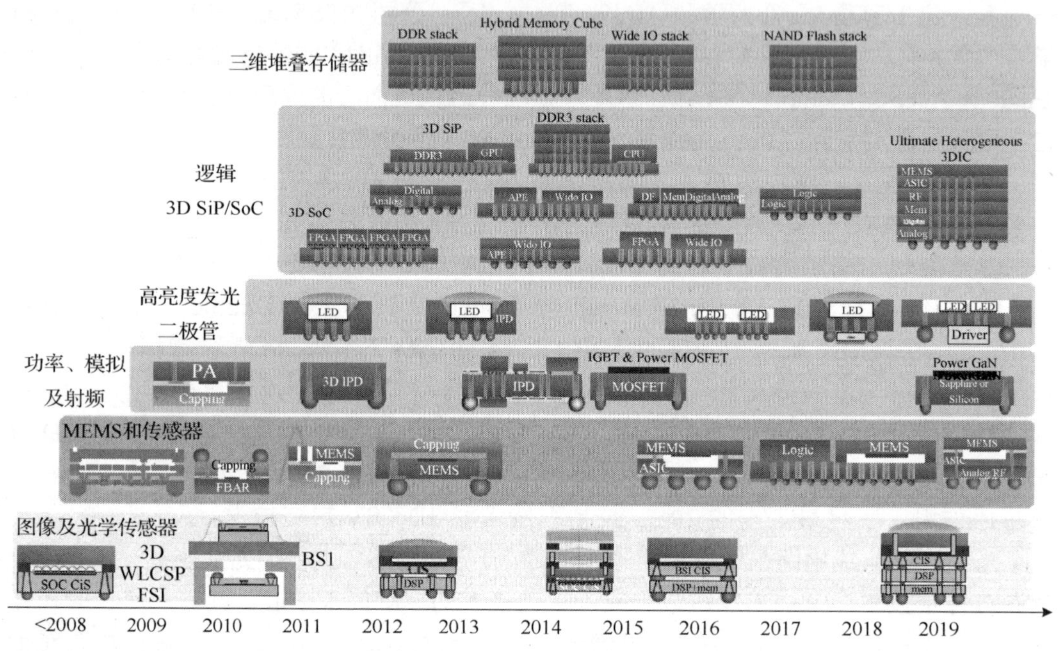

图 1.4　三维集成电路和 TSV 互连的发展线路图[4]

在三维集成电路中，TSV 可连接上、下层芯片的全局互连线形成全局互连层三维集成电路，也可上、下层芯片的中间层互连线形成中间互连层三维集成电路。全局互连层三维集成电路可以采用芯片对芯片(Die-to-Die, D2D)、芯片对圆片(Die-to-Wafer, D2W)、圆片对圆片(Wafer-to-Wafer, W2W)三种键合方式，如堆叠键合 IP 模块。它的 TSV 制作流程集成到了硅圆片生产线中，而三维堆叠键合工艺流程与标准的硅工艺流程无关。全局互连层三维集成电路的发展趋势如表 1.2 所示。中间互连层三维集成电路主要采用 W2W 键合方式，如堆叠键合小的电路模块。它的 TSV 制作流程和三维堆叠键合工艺流程都集成到了硅圆片生产线中。中间互连层三维集成电路的发展趋势如表 1.3 所示。可以看出中间互连层三维集成电路的 TSV 尺寸和键合最小接触节距均比全局互连层三维集成电路的 TSV 尺寸和键合最小接触节距要小得多，即中间互连层三维集成电路可实现高密度互连，而它们的最大深宽比却相同且朝着高深宽比的方向发展。另外，在 2015～2018 年，中间互连层三维集成电路的堆叠层数将远大于全局互连三维集成电路的堆叠层数。可见中间互连层三维集成电路工艺技术优于全局互连层三维集成电路工艺技术。

表 1.2 全局互连层三维集成电路的发展趋势[5]

W2W/D2W/D2D	2011～2014 年	2015～2018 年
最小 TSV 直径/μm	4～8	2～4
最小 TSV 间距/μm	8～16	4～8
最小 TSV 深度/μm	20～50	20～50
最大 TSV 深宽比	5:1～10:1	10:1～20:1
键合对准误差/μm	1.0～1.5	0.5～1.0
最小接触节距(热压)/μm	10	5
最小接触节距(焊锡凸块)/μm	20	10
堆叠层数	2～3	2～4

表 1.3 中间互连层三维集成电路的发展趋势[5]

W2W	2011～2014 年	2015～2018 年
最小 TSV 直径/μm	1～2	0.8～1.5
最小 TSV 间距/μm	2～4	1.6～3.0
最小 TSV 深度/μm	6～10	6～10
最大 TSV 深宽比	5:1～10:1	10:1～20:1
键合对准误差/μm	1.0～1.5	0.5～1.0
最小接触节距/μm	2～3	2～3
堆叠层数	2～3	8～16(DRAM)

随着三维集成电路的快速发展，它的市场产值占整个半导体领域总产值的比例也越来越大。图 1.5 所示为市场调研机构 Yole Développement 预测的全球三维集成电路及相关产品的市场规模。在 2010 年，包括 CMOS 图像与传感器、光传感器、功率放大器、MEMS 谐振器和传感器等在内的三维集成电路及相关产品总产值为 19 亿美元，仅占整个半导体产业总产值 3500 亿美元的 0.54%。预计到 2017 年，三维集成电路及相关产品总产值将达到 380 亿美元，占整个半导体产业总产值 4453 亿美元的 8.62%。可见全球三维集成电路及相关产品的市场规模呈爆发式增长，其增速约为整个半导体市场发展速度的 10 倍。

图 1.6 为 Yole Développement 按照产品种类预测的未来三维集成电路及相关产品的等效 12 寸①圆片产能发展情况。在 2010 年，三维集成电路及相关产品的等效 12 寸圆片的产量约为 44 万片，其中图像及光学传感器占了大约 93%的份额，其他产品的总和才占到 7%左右。预计到 2017 年，三维集成电路及相关产品的等效 12 寸圆片的产量将达到近 100 万片，其中 3D 堆叠 NAND 闪存，3D 高带宽存储器，逻辑 3D SiP/SoC，3D 堆叠 DRAM，MEMS 传感器，发光二极管(Light Emitting Diode,

① 1 寸=1/30m。

LED)，RF、功率、模拟及混合信号，图像及光学传感器所占份额分别为 3%、14.8%、33%、16.5%、6.4%、2.5%、2.3%、21.5%。另外根据预测数据，三维集成电路及相关产品的年复合增长率将达到 56%，其中 DRAM 和逻辑 SiP/SoC 的增长速度最快，图像及光学传感器和 MEMS 传感器的增长速度明显低于上述应用，而 LED、RF、功率器件和数模混合等领域将由于市场容量和成本的原因，增长速度较为缓慢。

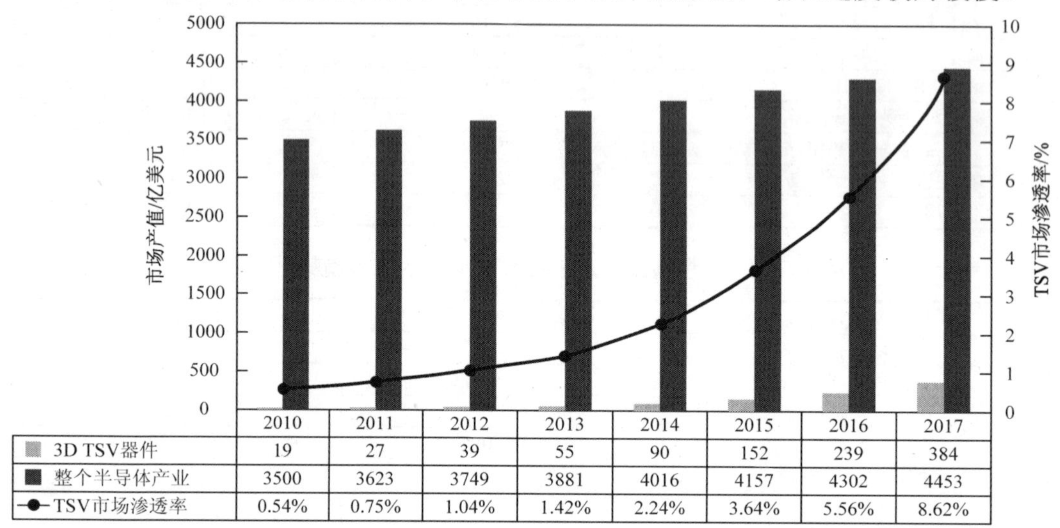

	2010	2011	2012	2013	2014	2015	2016	2017
3D TSV器件	19	27	39	55	90	152	239	384
整个半导体产业	3500	3623	3749	3881	4016	4157	4302	4453
TSV市场渗透率	0.54%	0.75%	1.04%	1.42%	2.24%	3.64%	5.56%	8.62%

图 1.5　全球三维集成电路产品的市场规模预测[4]

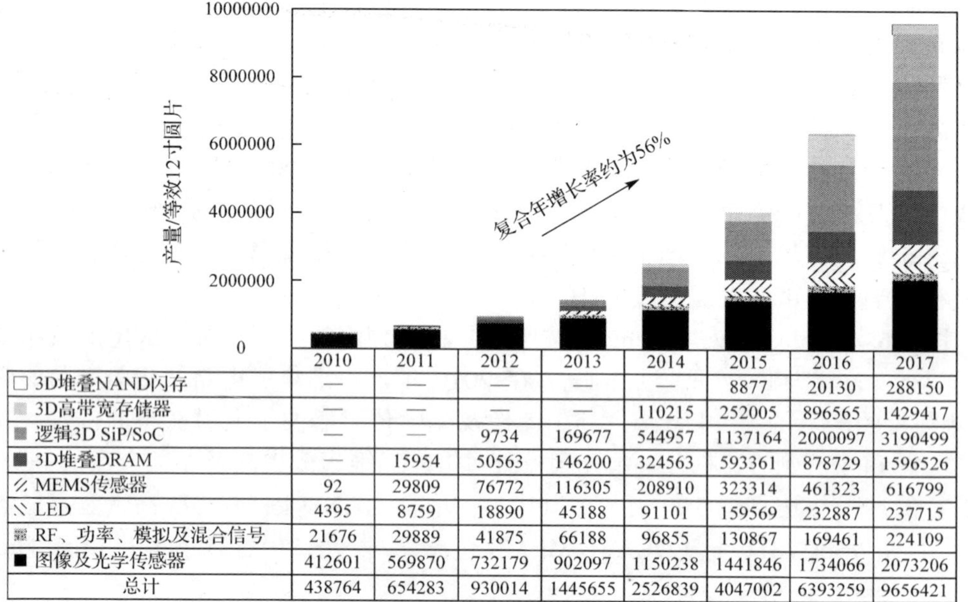

	2010	2011	2012	2013	2014	2015	2016	2017
3D堆叠NAND闪存	—	—	—	—	—	8877	20130	288150
3D高带宽存储器	—	—	—	—	110215	252005	896565	1429417
逻辑3D SiP/SoC	—	—	9734	169677	544957	1137164	2000097	3190499
3D堆叠DRAM	—	15954	50563	146200	324563	593361	878729	1596526
MEMS传感器	92	29809	76772	116305	208910	323314	461323	616799
LED	4395	8759	18890	45188	91101	159569	232887	237715
RF、功率、模拟及混合信号	21676	29889	41875	66188	96855	130867	169461	224109
图像及光学传感器	412601	569870	732179	902097	1150238	1441846	1734066	2073206
总计	438764	654283	930014	1445655	2526839	4047002	6393259	9656421

图 1.6　全球三维集成电路产量预测[4]

随着三维集成电路销售市场规模的急剧扩大，其生产制造市场也相应地扩大。图 1.7 为 Yole Développement 预测的未来三维集成电路的晶圆处理、组装与测试的市场规模发展情况。预计到 2017 年，三维集成电路产品的封装、组装和测试市场将达到 93 亿美元，其中包括 TSV 蚀刻填充、布线、凸块、晶圆测试和晶圆级组装在内的中段晶圆处理部分的市场规模预计将达到 35 亿美元，后段的组装和测试部分如三维集成电路模块等的市场规模预计将达到 58 亿美元，而它们在 2010 年时却分别只有 2 亿美元和 1 亿美元。另外三维集成电路的中段晶圆处理和后段组装与测试的复合增长率预计将分别达到 46%和 81%。实际上，中段晶圆处理部分几乎是没有商业利润的，而前段的晶圆制造和后段的组装与测试保持着巨大的利润空间以维持整个产业的可持续发展。

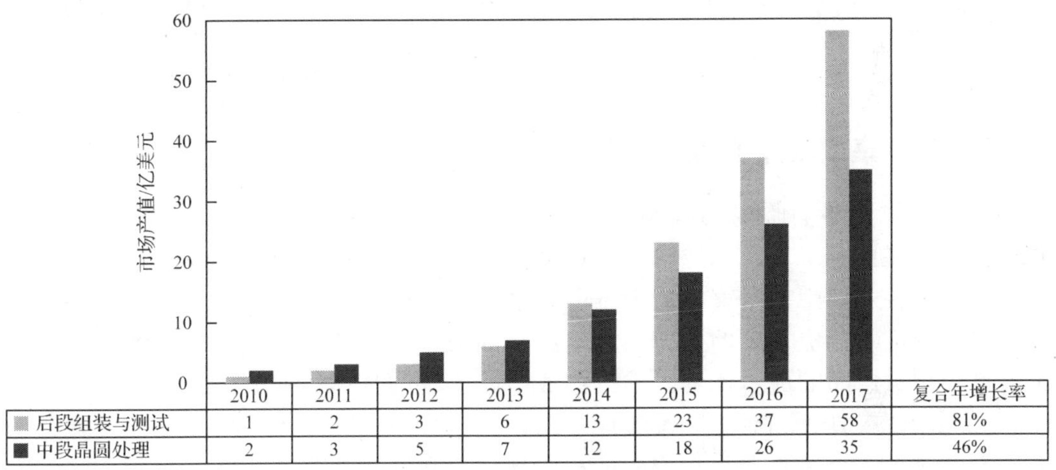

	2010	2011	2012	2013	2014	2015	2016	2017	复合年增长率
后段组装与测试	1	2	3	6	13	23	37	58	81%
中段晶圆处理	2	3	5	7	12	18	26	35	46%

图 1.7　三维集成电路的晶圆处理、组装与测试的市场规模预测[4]

在三维集成电路销售市场和制造市场的强劲发展动力的驱动下，与三维集成电路有关的制造设备和材料也将保持高速发展的态势。图 1.8 所示为 Yole Développement 预测的未来三维集成电路和晶圆级封装(Wafer Level Packaging, WLP)的设备和材料市场规模。可以看出，三维集成电路和 WLP 的制造设备和材料的复合年增长率分别为 28%和 24%，并且预计到 2017 年它们的市场规模将分别达到 37.37 亿美元和 21.86 亿美元。

目前，三维集成电路的整个产业链包括销售市场、生产制造市场、相关设备和材料市场均快速发展，这主要得益于三维集成电路相对于二维集成电路表现出的巨大优势和二维集成电路难以克服的技术瓶颈。鉴于三维集成电路起步不久，可以预见在未来十几年内三维集成电路的整个产业链仍然会保持高速的发展态势。

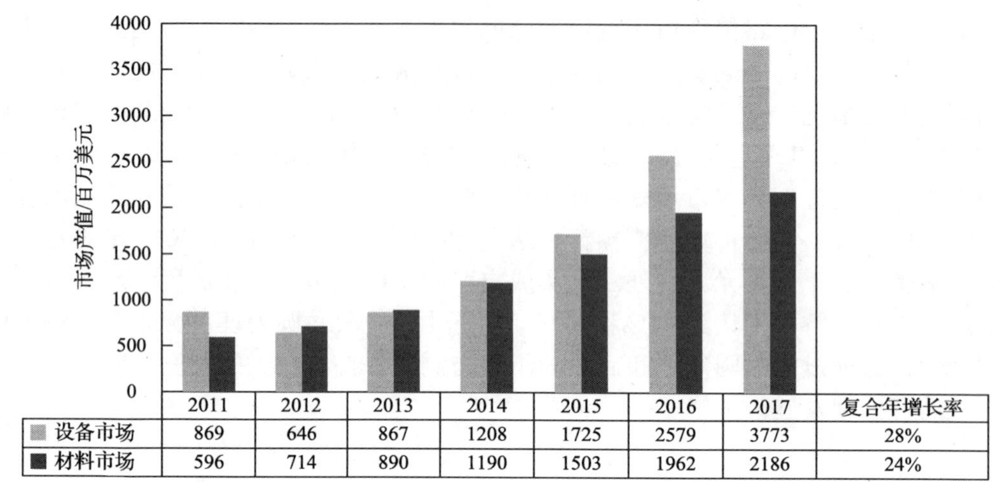

	2011	2012	2013	2014	2015	2016	2017	复合年增长率
设备市场	869	646	867	1208	1725	2579	3773	28%
材料市场	596	714	890	1190	1503	1962	2186	24%

图 1.8　三维集成电路和 WLP 的设备和材料市场规模预测[4]

1.1.4　三维集成电路面临的挑战

三维集成电路面临的挑战是全面性的，其电子设计自动化(Electronic Design Automation, EDA)工具、制造技术、成品率、封装与测试整合，以及供应链完备，一路息息相关。要想在垂直方向上堆叠更多的同质或异质芯片，不但技术上要能够实现完美的堆叠，更重要的是要以相当经济的成本完成任务，这样才能维持三维集成电路和相关产品的成本优势。三维集成电路面临的具体挑战如下。

(1) EDA 工具。相对于二维集成电路，三维集成电路加入了新的工艺步骤和加工技术以确保多个芯片在垂直方向能稳定地堆叠和准确地互连。三维集成电路的设计流程如图 1.9 所示，除了基本的二维集成电路设计步骤，还要着重考虑芯片的三维布局、布线、信号 TSV 和导热 TSV 的布局。另外三维集成电路的时序分析和热性能分析也是设计的重点。三维集成电路的 EDA 工具可以直接从二维集成电路的 EDA 工具引入和扩展，如三维布局、布线、分割等。但是三维集成电路在很大程度上改变了二维集成电路的结构，增加了多层有源器件，所以在很多地方建立更加合理的结构分割方法、优化的布局理论、完善的版图流程还需要更多的努力。另外，TSV 的电学特性受到力学和热学性能的影响，而这些影响是和工艺技术相关的。因此目前还缺少具有通用和统一标准的三维集成电路设计方法、设计规则和 EDA 工具。

(2) TSV 深孔刻蚀和填充。减小 TSV 的直径可以减小它对芯片面积的占用，同时有利于提高 TSV 的密度，进而增加信号带宽。另外，减小 TSV 的直径可明显减小 TSV 的氧化层电容和 TSV 之间的硅衬底电容，进而减小 TSV 的传输延时和耦合噪声。因此小直径、高深宽比的刻蚀是 TSV 不断追求的方向，如深宽比为 20:1 的深孔刻蚀。根据目前的工艺技术，深宽比为 20:1 的深孔刻蚀还难以达到，同时侧壁的起伏问题使得小孔刻蚀困难，如图 1.10 所示。进一步，TSV 深宽比的提高也给铜电镀填充带来一定的困难，如容易出现空洞，如图 1.11 所示。如何利用电镀或化学气相沉积(Chemical Vapor Deposition，CVD)填充小直径、高深宽比的 TSV 仍旧是一个关键的技术难题。另外，高深宽比盲孔的电镀速率较慢，使得电镀成为影响三维集成电路生产效率的主要工艺过程。

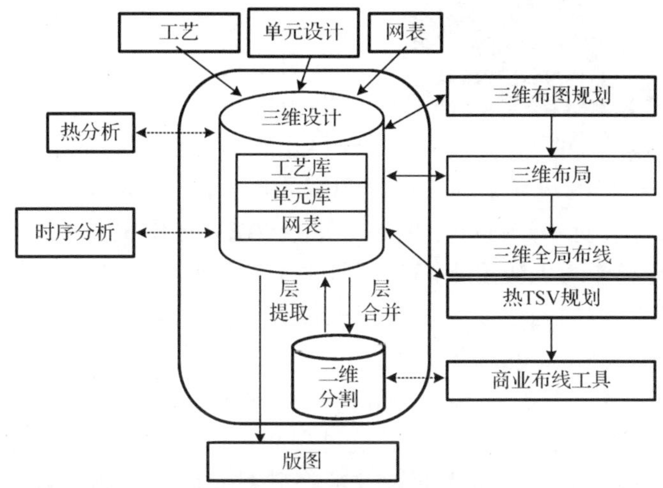

图 1.9　三维集成电路的设计流程[6]

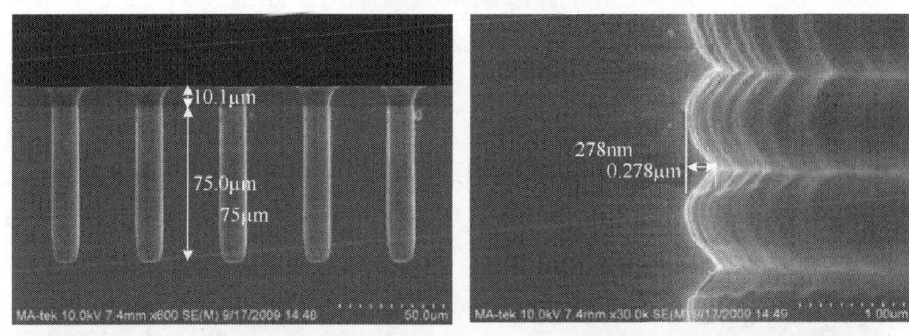

(a) 直径为10μm

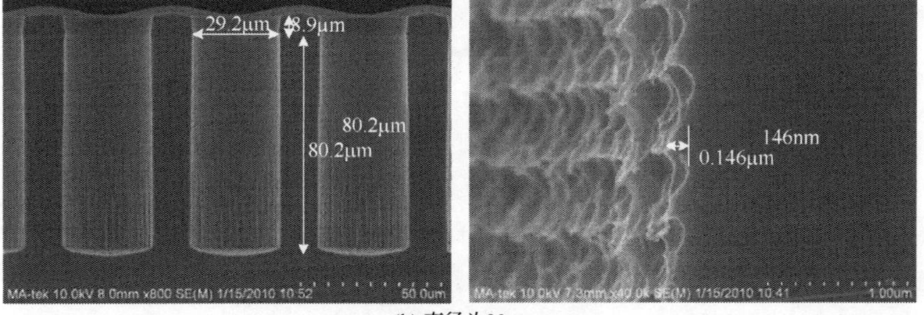

(b) 直径为30μm

图 1.10　TSV 深孔刻蚀后侧壁的起伏[7]

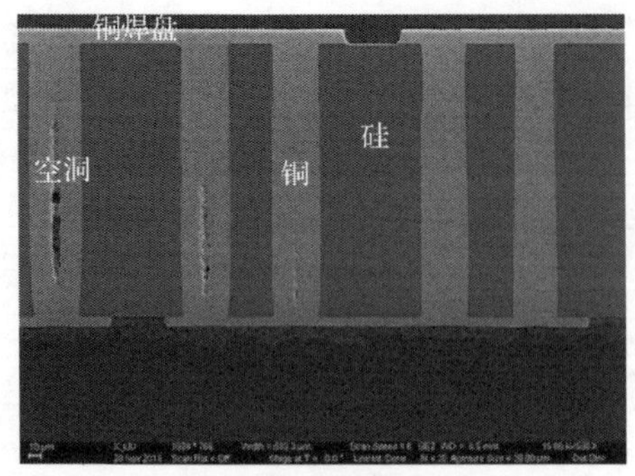

图 1.11　含有空洞的 TSV[8]

(3) 热管理。电子系统配置良好，却无法实现预期性能，通常是由于缺乏适当的制冷能力，制冷是电子系统设计中的关键问题。三维集成电路的热问题变得异常严峻，主要有两个方面的原因[1, 6]：①多层有源芯片在垂直方向上堆叠，使晶体管密度大幅度增加，从而引起功率密度的急剧增加；②三维集成电路内部的热量必须经过相邻的芯片层和键合层才能传导到它的上下层表面的散热器或热沉，而键合层材料的热导率远小于硅和铜的热导率（如室温下，二氧化硅的热导率为 1.4W/(m·K)，它远小于硅和铜的热导率（150W/(m·K) 和 401W/(m·K)），使上下层芯片间的热传导能力大幅度下降，同时由于芯片面积的减小，三维集成电路的散热能力急剧下降。热问题已成为影响三维集成电路发展的主要障碍之一，它的重要性已经超过设计、测试、软件等方面。

(4) 热应力。由于 TSV 导体材料和硅衬底的热膨胀系数（Coefficients of Thermal Expansion, CTE）不匹配，在 TSV 的制造过程和热循环过程中会产生热应力。热应力会使绝缘层和硅衬底之间产生界面裂纹或在硅衬底内产生黏合裂纹，如图 1.12 所示。这些裂纹可能会引起附近晶体管的失效或造成两个相邻 TSV 之间的短路，在严重情况下会使整个芯片失效。另外，热应力还会影响硅衬底的迁移率，进而影响电路的时序。另一方面，在三维集成电路中微凸块和底部填充材料与硅衬底之间也存在 CTE 的不匹配问题，从而使芯片产生曲翘和变形。三维集成电路的热应力问题关系到其本身的可靠性，其中有些和芯片的结构、材料及工艺的固有特性有关，只能在充分理解其机理的情况下避免，而有些可以通过技术进步得以抑制或消除[1]。

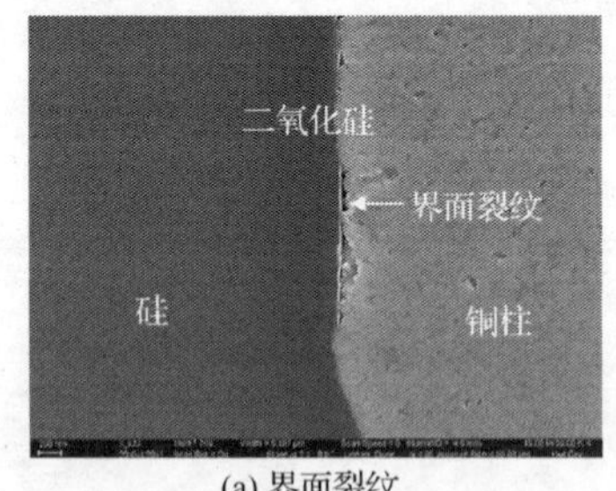

(a) 界面裂纹

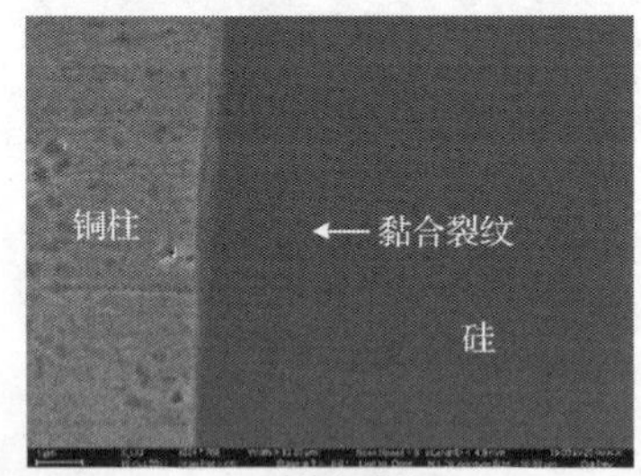

(b) 黏合裂纹

图 1.12　由热应力产生的裂纹[8]

(5) 成品率。三维集成电路的成品率主要受到两个方面的影响[1]：一是 TSV 制造、减薄、键合等三维集成工艺过程本身成品率的影响；二是三维集成工艺过程对被集成芯片成品率的影响。单个芯片的成品率随其 TSV 成品率的降低而迅速降低，如图 1.13 所示。对于含有 100 根 TSV 的芯片，如果 TSV 的成品率为 96%，则芯片的成品率极低，只有 4%。如果将 TSV 的成品率提高为 99.5%，则芯片的成品率为 64%，可见芯片的成品率得到大幅度的提升。但是对于含有 500 根 TSV 的芯片，99.5%的 TSV 成品率将产生 10%的芯片成品率。所以要维持一定的芯片成品率，芯片中含有的 TSV 数目越多，对 TSV 的成品率要求就越高。图 1.14 所示为在一定的三维集成电路成品率目标下，TSV 的成品率要求随其数目的变化。可见当三维集成电路中 TSV 的数目大于 1000 时，要想使三维集成电路的成品率达到 80%以上，TSV 的成品率几乎要达到 100%。缓解这一问题的有效方法是在三维集成电路的电路设计过程中插入冗余 TSV，但是这将引起设计复杂度和成本的升高并且目前还没有明确的方案。另外，可采用芯片级键合的方法，它在键合前测试淘汰失效芯片，从而获得较高的成品率。在实际的三维集成电路中，TSV 的数目相当庞大，即使采用多种方法来补偿 TSV 制造技术引起的成品率问题，但由于 TSV 的数目相当庞大且存在其他可靠性问题，如键合工艺、热管理、热应力问题等，提高三维集成电路的成品率仍然是一项巨大的挑战。

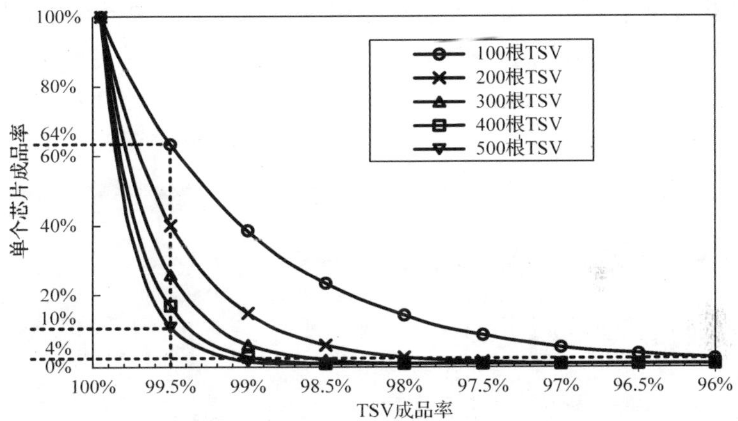

图 1.13　单个芯片成品率随 TSV 成品率的变化[9]

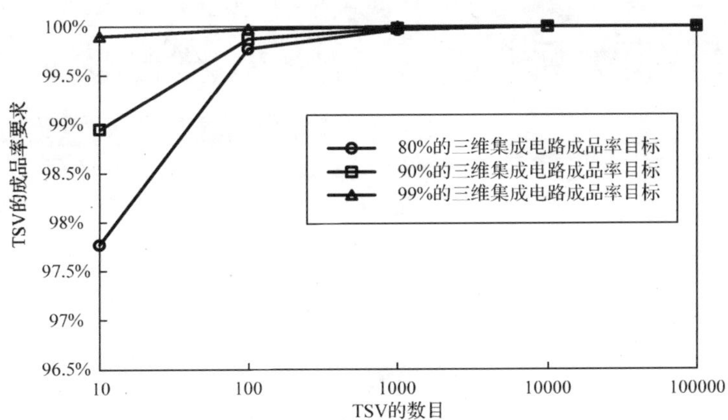

图 1.14　三维集成电路中 TSV 的成品率要求随其数目的变化[9]

(6) 测试。三维集成电路结构比较复杂、工艺流程比较长且制造完成后很多内部结构和器件在芯片外围是不可见的。传统测试技术只针对单层平面电路系统，而未提供针对多层芯片堆叠之后的整体系统测试技术。在三维集成电路的测试方面主要面临三个挑战[10]：一是在晶圆测试中，芯片的缺陷率必须足够低，以保证封装后的良率，这就需要首先满足已知合格芯片的要求；二是由于三维集成电路封装中最底层的芯片是外部测试接口的唯一接入点，所以必须有一条将扫描测试图形从底层芯片传到顶层芯片的通路；三是具备堆叠芯片间互连测试的方法，即要求对芯片结构具有完整的测试能力。可见开发适用于三维集成电路的可测性设计 (Design for Testability, DFT) 技术是解决问题的关键，但是这需要充分理解堆叠芯片电路的结构、功能和芯片三维堆叠结构以及工艺流程。

(7) 供应链。三维集成电路的供应链如图 1.15 所示，可见每个环节均由多部门共同参与完成。供应链的最大挑战在于产品性能缺陷从过去的责任清晰变得难以界定，晶圆制作和封装到底哪个环节该为良率负责？另外，整个供应链也存在从材料、设计，乃至工艺流程都尚未制订出共通标准的问题，而晶圆代工厂与封装测试厂也无法于制程上成功衔接与汇整，这都将是延误三维集成电路技术发展与市场快速起飞的重要原因。

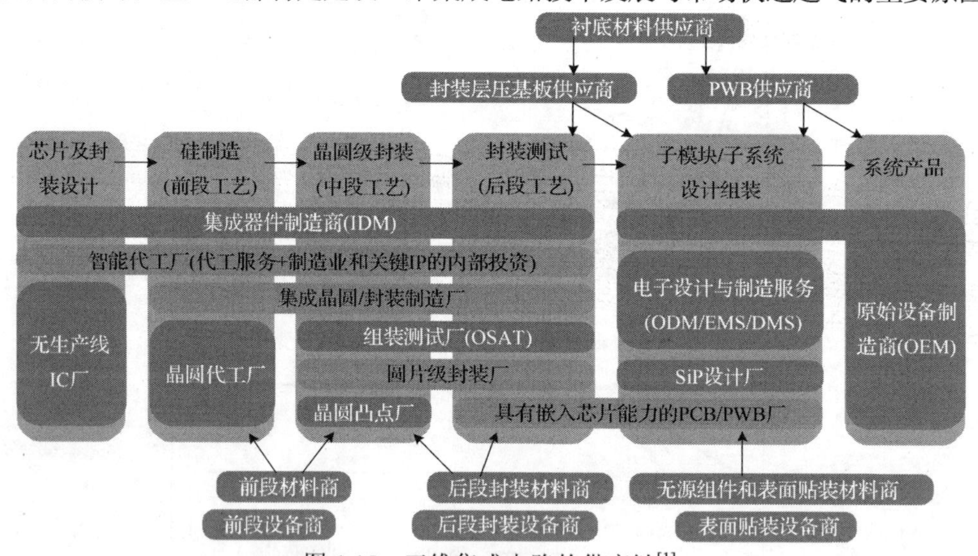

图 1.15　三维集成电路的供应链[1]

(8) 除此之外，三维集成电路还具有成本难以估算、集成芯片间没有统一的数据交换标准、缺少适用于三维集成电路的全新商业模式等挑战。

1.2　TSV 技术

TSV 作为连接上、下层器件的导电通道，是实现三维集成电路的关键组件，它的特性对三维集成电路的整体性能具有决定性作用。随着 TSV 工艺技术和三维集成电路集成度的进一步提高，TSV 在三维集成电路中的作用越发凸显并且扮演着多种角色。目前，学术界对信号–地 TSV 对和同轴 TSV 已经进行了广泛而深入的研究并取得了丰硕的研究成果。

1.2.1　TSV 在三维集成电路中扮演的角色

三维集成电路将多个芯片在垂直方向上堆叠，并采用 TSV 作为连接上、下层芯片的互连通道。根据互连通道的性质，TSV 在三维集成电路中扮演着四种角色，即信号 TSV(signal TSV)、地 TSV(ground TSV)、功率 TSV(power TSV)、热 TSV(thermal TSV)。在实际的三维集成电路中，信号 TSV、地 TSV、功率 TSV 和微流道(Microfluidic Channel, MFC)的布局如图 1.16 所示，其中 MFC 可使用热 TSV 替代。

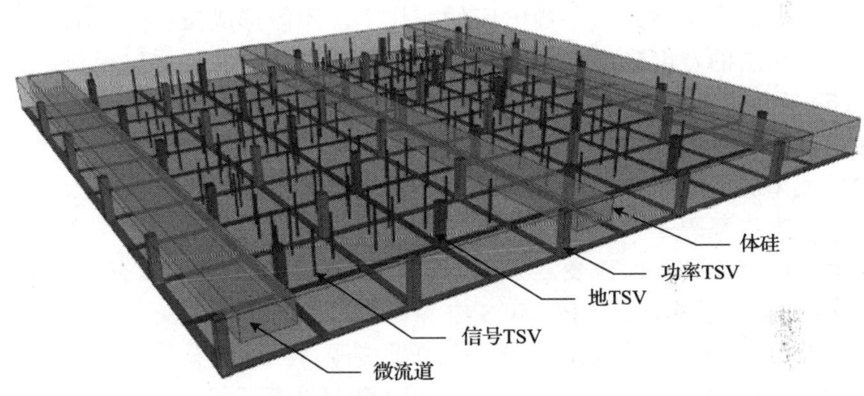

图 1.16　三维集成电路中的信号 TSV、地 TSV、功率 TSV 和微流道的布局[11]

信号 TSV 的尺寸最小、数量最多、密度最大，当然它的加工也是最困难的，TSV 的工艺技术发展方向也主要面向它。基于 TSV 的信号分布网络(Signal Distribution Network, SDN)决定了整个三维集成电路的电性能，它是三维集成电路设计的关键环节。在三维集成电路中，必须加入由功率和地 TSV 组成的功率分布网络(Power Distribution Network, PDN)，它的主要作用是把从外部封装输入的能量通过分布在最底层芯片的功率输入和输出凸块传送到上层的每个芯片，以保证每个芯片都有足够的功率。TSV 在功率和地分布网络中具有最大尺寸，在工艺技术方面没有任何困难。除此之外，三维集成电路中还需要加入热 TSV，它的主要作用是将三维集成电路内部的热量传送到其上、下层表面的散热器或热沉以消除芯片内部的热点并使热分布均匀化。热 TSV 插入的位置和大小由上、下层芯片空白区域的重叠区域决定，如图 1.17 所示。

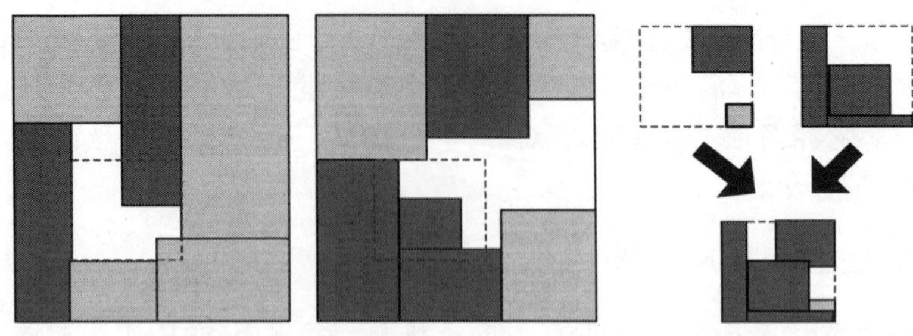

图 1.17　允许热 TSV 插入的空白区域[12]

TSV 具有金属氧化物半导体(Metal Oxide Semiconductor, MOS)结构，它的特性与 MOS 电容也息息相关。不同角色的 TSV，除了尺寸、布局和工艺上的区别外，其 MOS 电容的特性也不尽相同。p 型硅平面 MOS 电容的电容-电压(Capacitance-Voltage, C-V)特性如图 1.18 所示。当栅电压的直流分量的变化速度非常快时，硅衬底中少数载流子的产生率跟不上栅电压的变化率，不能形成反型层，栅电压的增加只能靠增加耗尽层的宽度来中和，此时 MOS 电容工作于深耗尽层模式。数字系统 SDN 中的 TSV 传输具有非常短的上升时间和下降时间的高频信号，它们的 MOS 电容符合深耗尽层 C-V 曲线。当栅电压的直流分量的变化速度非常慢时，对于高的栅电压可形成反型层，此时 MOS 电容的特性取决于栅电压的小信号交流分量。如果少数载流子的产生率跟不上栅电压的高频小信号交流分量的变化率，那么耗尽层的宽度随栅电压的交流分量而改变。数字系统 PDN 中的 TSV 传输具有高频噪声(如同步转换噪声)的直流功率，它们的 MOS 电容符合高频 C-V 曲线。如果栅电压具有低频小信号交流分量，且少数载流子的产生速度能跟得上交流分量的变化率，那么此时 MOS 电容工作于低频模式。数字系统理想 PDN(没有任何高频噪声)中的 TSV 的 MOS 电容符合低频 C-V 曲线。

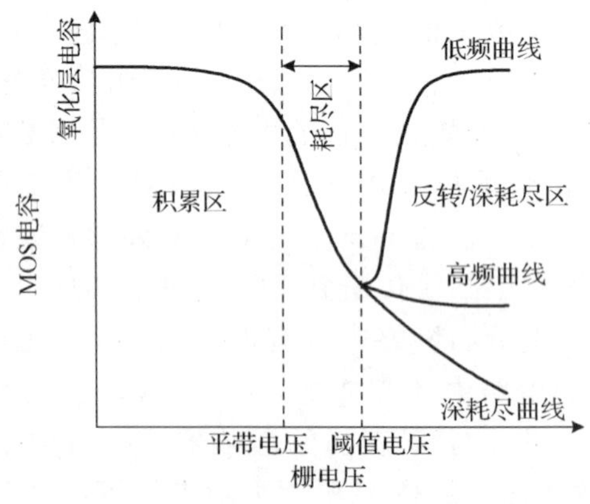

图 1.18　p 型硅平面 MOS 电容的 C-V 关系[13]

1.2.2 TSV 技术的主要研究方向及进展

目前，TSV 技术的主要研究方向有电学建模及电磁特性、噪声耦合及抑制方法、热应力建模、散热技术、工艺技术、测试方法、碳纳米管 TSV 和实际应用及其相关问题，其中电学建模及电磁特性最为重要，对它的研究也最广泛。

圆柱形 TSV 的结构最简单，人们对它的研究也最早。关于它的基本电参数的计算，文献[14]通过数据拟合的方式得到了它的电阻、电感和电容的闭式计算公式。关于它的等效电路模型，文献[15]给出了最基本的等效电路模型；文献[13]采用数值计算建立了考虑 MOS 电容的等效电路模型；文献[16]采用磁准静态理论和贝塞尔函数建立了考虑导体的趋肤效应、硅衬底的损耗和 MOS 电容的准确等效电路模型。关于它的电阻-电感-电容-电导（Resistance-Inductance-Capacitance-Conductance, RLCG）参数的全波提取，文献[17]提出了一种有效的提取方法，即把 TSV 看成有耗传输线，将全波电磁仿真得到的 S 参数转化为 ABCD 矩阵，再由 ABCD 矩阵得出 TSV 的传播常数和特性阻抗，然后再根据它们定义得到 TSV 的 RLCG 参数；文献[18]总结了 RLCG 参数的各种解析计算方法和全波参数提取方法，并对其结果进行了比较，得到了最优的 RLCG 参数的解析计算方法和全波参数提取方法。同轴形 TSV 的结构稍微复杂一些，可是它能有效地减小插入损耗和噪声耦合，这是因为传输信号的电磁场仅存在于它的内部导体和外部屏蔽层之间。文献[19]给出了它的 RLCG 参数的计算公式，并研究了它的延时、功率和耦合特性，但没有给出它的等效电路模型；文献[20]根据温度和硅衬底迁移率之间的关系建立了考虑温度和 MOS 电容影响的等效电路模型，它的电阻和电感采用了部分元等效电路（Partial Element Equivalent Circuit, PEEC）法。圆锥形 TSV 不但在工艺上制作方便，而且其结构非常接近实际情况。文献[21]通过求解圆柱坐标系下的电流连续性方程得到了它的电阻闭式计算公式，在此基础上通过毕奥-萨伐尔定律得到了它的电感闭式计算公式，并且在倾角等于零时它们均退化为圆柱形 TSV 的电阻和电感的表达式；文献[22]采用微积分和保角变换法在局部电场分析的基础上得到了氧化层电容和硅衬底电容的计算公式，并将其延伸到考虑 MOS 电容的情况。在高速 I/O 通道中需要用到差分信号技术，对差分 TSV 的电学建模也必不可少。文献[23]提出了地-信号-信号-地（Ground-Signal-Signal-Ground, GSSG）型差分 TSV 结构并建立了其等效电路模型，进一步分析了其高频电磁特性；文献[24]提出了屏蔽差分 TSV 结构并建立了其等效电路模型，进一步提出它的 RLCG 参数的全波提取方法，最后重点分析了差分阻抗和差分插入损耗的高频电磁特性。

在高密度 TSV 阵列中，受耦合电容和耦合电感的影响，TSV 之间的耦合噪声会相当严重，已成为影响 TSV 电性能的主要因素，尤其是在高频段。文献[25]采用多导体传输线法建立了适用于 TSV 阵列的耦合模型；文献[26]在基本的信号-地 TSV

对(signal-ground pair)耦合模型的基础上叠加得到了适用于 TSV 阵列的耦合模型，并得到了 TSV 阵列中任意两根 TSV 之间的耦合噪声的计算公式，但是此计算公式只适用于弱耦合的情况。文献[27]根据温度与硅衬底迁移率之间的关系提出了考虑温度效应的 TSV 耦合模型。抑制 TSV 之间的耦合噪声对提高 TSV 的阵列密度尤为重要。文献[28]研究了同轴 TSV 对抑制耦合噪声的有效性；文献[29]提出了一种采用隔离 TSV 抑制耦合噪声的方法，它根据 TSV 和有源器件的分布，在空白区域内制作不同形状的 TSV 以达到隔离的目的，如长方形、U 形、H 形等，它的制作工艺流程和一般 TSV 相同；文献[30]提出了一种采用 p+保护环和地 TSV 相结合的方法来抑制 TSV 和有源区之间的耦合噪声，当信号上升时间小于 10ps 时，它可以降低耦合电流一个数量级以上。

在实际的 TSV 设计和加工过程中，热应力是影响其电性能和成品率的主要因素。文献[31]分析了不同结构参数对 TSV 之间热应力的影响，如导体半径、硅衬底厚度、TSV 间距、堆叠层数，进一步分析了热应力对硅衬底迁移率的影响；文献[32]发现了 TSV 侧壁的热应力较小而表面的较大，并采用高分子聚合物作为绝缘层优化了 TSV 的热机械稳定性。文献[33]基于 Kane-Mindlin 理论建立了 TSV 热应力的理论模型，将单个 TSV 的模型线性叠加可适用于 TSV 阵列，但是当 TSV 的间距很小时，由于 TSV 之间的相互作用误差会很大。文献[34]在 TSV 热应力分析的基础上提出了快速且准确的芯片热应力分析方法，并且根据 TSV 热应力对硅衬底迁移率的影响还提出了考虑 TSV 热应力的芯片时序分析方法；文献[35]提出了 TSV 热应力对硅衬底迁移率影响的一阶紧缩模型，并通过改变 TSV 周围迁移率增强区内的器件得到了分析系统变化和优化版图设计的方法。

TSV 的散热技术主要有两种，一是在三维集成电路中插入独立的热 TSV，它的作用是将芯片内部的热量传递到热沉，但不提供任何电学功能，它一般穿过整个芯片；二是采用考虑热效应的布局布线技术。文献[36]在分析三维集成电路热性能的基础上提出了芯片的等效热导率公式，它考虑了 TSV 半径、间距和深宽比的因素，进一步分析了芯片厚度对它的热点的影响。文献[37]提出了一种插入热 TSV 的算法，它在芯片的热分布基础上迭代插入热 TSV 直到芯片的最高温度达到设计要求；文献[12]为插入热 TSV 提出了一种重新布局芯片器件层的算法；文献[38]在有限差分热网络模型的基础上提出了迭代热 TSV 布局算法，随后提出了两种减小热 TSV 密度的方法，即重力布局算法和将有限差分热通孔布局引入重力布局过程中；文献[39]提出了一种快速且有效的多层交替方向热 TSV 布局算法，它不是基于明确的热分布而是基于模糊的热流分析，进一步在一定的热约束条件下根据此算法和热阻模型将热 TSV 的最小化问题当成非线性规划问题来处理。文献[40]提出了一种考虑温度效应的重新布局堆叠芯片间全局互连线的算法，它以牺牲小的互连负荷和性能来换取大的热性能提升；文献[41]提出一种重新布局信号 TSV 的算法，它首先建立一个两变量的系统延时方程，然后在一定的热约束条件下优化计算热 TSV 的位置。

TSV 及其相关工艺技术是三维集成电路的关键技术。文献[42]给出了 TSV 的完整工艺流程。文献[7]研究了刻蚀速度对 TSV 侧壁起伏的影响；文献[43]对 TSV 制造过程中产生的突出物进行了研究，它主要是由于金属和硅衬底的 CTE 不匹配引起的，退火温度越高突出物的体积就越大。文献[44]提出了采用苯并环丁烯(Benzocyclobutene, BCB)作为绝缘层材料以减小 TSV 电容的方法，并给出了其关键工艺技术包括 BCB 聚合物真空辅助填充、BCB 化学机械抛光和通孔的形成。文献[45]提出了适用于基于 TSV 的三维集成电路的键合技术，它最大的特点是在室温下对堆叠芯片使用机械压力。

TSV 的性能测试是研究 TSV 特性和工艺技术必不可少的环节。文献[46]将准静态 C-V 技术应用于 TSV 电容的测试，它具有免除频率依赖性影响和适用于极小电容测试的优点，在测试过程中将多个 TSV 并联进行测试。文献[47]为了测试 TSV 的电阻和漏电流将 TSV 上面和下面引出在硅衬底表面上的传输线连接形成串联和并联 TSV 阵列，在电阻测试过程中 TSV 串联链由 3000 根 TSV 组成，在漏电流测试过程中 TSV 并联链由 160 根 TSV 组成且施加电压从 0V 到 400V。文献[48]为了测试 TSV 的频域和时域特性设计了一组测试结构，在频域测试了高达 20GHz 频率范围内的 TSV 插入损耗，在时域分别测试了数据传输速率为 1Gbit/s 和 10Gbit/s 的 TSV 眼图。文献[49]提出了适用于盲孔 TSV 的测试流程，因为测试是在晶片表面进行的，所以判断可以在正面金属化之后进行，这可以避免提前剔除不合格的 TSV 晶片带来的制造成本和时间的浪费。

近年来，采用新兴导体材料碳纳米管(Carbon Nanotube, CNT)作为导体填充材料的 TSV 受到越来越多的关注。文献[50]提出了 CNT TSV 的等效电路模型并研究了其传输特性，进一步基于三维传输线法研究了 CNT TSV 阵列的耦合特性。文献[51]建立了更为全面的 CNT TSV 等效电路模型，它考虑了 MOS 电容、热效应和微凸块的影响，基于模型进一步发现随着 TSV 尺寸的不断缩小，束状单壁碳纳米管(Single-Walled Carbon Nanotube, SWCNT)比一般金属更适合做 TSV 的导体材料。文献[52]提出了基于束状 CNT 的三维混合互连结构，它是由多层石墨烯传输线、微凸块和 CNT TSV 组成的，并分别建立了它们的等效电路模型，在此基础上进一步研究了这种三维混合互连结构的传输特性。

最后，人们对 TSV 在三维集成电路中的应用及其相关问题进行了深入的研究，它是实现三维集成电路的关键。文献[53]提出了一种有效的冗余 TSV 结构，它通过在 TSV 阵列中加入冗余 TSV 使得三维集成电路的成品率得以大幅度提升。文献[54]提出了一种建立低功耗且可靠的 TSV 时钟树网络的算法，因为堆叠芯片的时钟树间使用单个 TSV 连接时钟树线的长度比较长，当使用多个 TSV 进行连接时，时钟树线的长度比较短但 TSV 消耗的功率变大，此算法可以找到最优的 TSV 数目。文献[55]

提出了一种适用于三维集成电路键合前测试的建立时钟树的算法，它减小了时钟树线的长度和功率损耗，但是需要在时钟树中加入新的电路组件即 TSV 缓冲器和传输门。文献[56]研究了不同提升三维功率传输的方法并分析了多种因素的影响，如 TSV 的大小、间距、可控塌陷芯片连接(Controlled Collapse Chip Connection, C4)的间距等，进一步提出了一组三维 PDN 结构并给出了其设计准则。文献[57]建立了基于分离功率/地 TSV 和芯片 PDN 模型的功率/地 TSV 阵列模型，基于此模型建立了三维 PDN 的阻抗模型并对其进行了深入的分析。另外，文献[58]和文献[59]已将 TSV 技术成功应用到滤波器和天线中。

参考文献

[1] 王喆垚. 三维集成技术. 北京: 清华大学出版社, 2014.

[2] Lu J Q. 3-D hyperintegration and packaging technologies for micro-nano systems. Proceedings of the IEEE, 2009, 97(1): 18-30.

[3] Pavlidis V F, Friedman E G. Three-Dimensional Integrated Circuit Design. Burlington: Elsevier, 2008.

[4] Baron J, Garrou P, Cadix L, et al. 3D IC & TSV interconnects 2012 business update. http://docslide.us/documents/yole-3dic-tsv-interconnects-july-2012-sample1.html[2012].

[5] Gargini P. International technology roadmap for semiconductors (ITRS). http://www.itrs.net[2014].

[6] Papanikolaou A, Soudris D, Radojcic R. Three Dimensional System Integration: IC Stacking Process and Design. New York, NY, USA: Springer, 2010.

[7] Hsin Y C, Chen C C, Lau J H, et al. Effects of etch rate on scallop of through-silicon vias (TSVs) in 200mm and 300mm wafers. IEEE Electronic Components and Technology Conference, 2011: 1130-1135.

[8] Liu X, Chen Q, Sundaram V, et al. Failure analysis of through-silicon vias in free-standing wafer under thermal-shock test. Microelectronics Reliability, 2013, 53(1):70-78.

[9] Ben R F, Scott C, Karen H, et al. 3D TSV Test: ATE challenges and potential solutions. Equipment for Electronic Products Manufacturing, 2013, 42(1): 12-20.

[10] 陈炳欣. NEPCON JAPAN 2014: 3D IC 测试走向成熟. 中国电子报, 2014.

[11] Lee Y J, Lim S K. Co-optimization and analysis of signal, power, and thermal interconnects in 3-D ICs. IEEE Transactions on Computer-Aided Design of Integrated Circuits and Systems, 2011, 30(11): 1635-1648.

[12] Yan J T, Chang Y C, Chen Z W. Thermal via planning for temperature reduction in 3D ICs. IEEE International SOC Conference, 2010: 392-395.

[13] Bandyopadhyay T, Han K J, Chung D, et al. Rigorous electrical modeling of through silicon vias

(TSVs) with MOS capacitance effects. IEEE Transactions on Components, Packaging and Manufacturing Technology, 2011, 1(6): 893-903.

[14] Savidis I, Friedman E G. Closed-form expressions of 3-D via resistance, inductance, and capacitance. IEEE Transactions on Electron Devices, 2009, 56(9): 1873-1881.

[15] Kim J, Pak J S, Cho J, et al. High-frequency scalable electrical model and analysis of a through silicon via (TSV). IEEE Transactions on Components, Packaging and Manufacturing Technology, 2011, 1(2): 181-195.

[16] Xu C, Li H, Suaya R, et al. Compact AC modeling and performance analysis of through-silicon vias in 3-D ICs. IEEE Transactions on Electron Devices, 2010, 57(12): 3405-3417.

[17] Xu Z, Lu J Q. Through-strata-via (TSV) parasitics and wideband modeling for through-dimensional intergration/packaging. IEEE Electron Device Letters, 2011, 32(9): 1278-1280.

[18] Ndip I, Zoschke K, Löbbicke K, et al. Analytical, numerical-, and measurement-based methods for extracting the electrical parameters of through silicon vias (TSVs). IEEE Transactions on Components, Packaging and Manufacturing Technology, 2014, 4(3): 504-515.

[19] Xu Z, Lu J Q. Three-dimensional coaxial through-silicon-via (TSV) design. IEEE Electron Device Letters, 2012, 33(10): 1441-1443.

[20] Zhao W S, Yin W Y, Wang X P, et al. Frequency-and temperature-dependent modeling of coaxial through-silicon vias for 3-D ICs. IEEE Transactions on Electron Devices, 2011, 58(10): 3358-3368.

[21] Liang Y J, Li Y. Closed-form expressions for the resistance and the inductance of different profiles of through-silicon vias. IEEE Electron Device Letters, 2011, 32(3): 393-395.

[22] Lu Q J, Zhu Z M, Yang Y T, et al. Accurate formulas for the capacitance of tapered-through silicon vias in 3-D ICs. IEEE Microwave and Wireless Components Letters, 2014, 24(5): 294-296.

[23] Kim J, Cho J, Kim J, et al. High-frequency scalable modeling and analysis of a differential signal through-silicon via. IEEE Transactions on Components, Packaging and Manufacturing Technology, 2014, 4(4): 697-707.

[24] Lu Q J, Zhu Z M, Yang Y T, et al. Electrical modeling and characterization of shield differential through-silicon vias. IEEE Transactions on Electron Devices, 2015, 62(5): 1544-1552.

[25] Engin A E, Narasimhan S R. Modeling of crosstalk in through silicon vias. IEEE Transactions on Electromagnetic Compatibility, 2013, 55(1): 149-158.

[26] Yao W, Pan S, Achkir B, et al. Modeling and application of multi-port TSV networks in 3-D IC. IEEE Transactions on Computer-Aided Design of Integrated Circuits and Systems, 2013, 32(4): 487-496.

[27] Zhao W S, Wang X P, Yin W Y. Electrothermal effects in high density through silicon via (TSV)

arrays. Progress in Electromagnetics Research, 2011, 115: 223-242.

[28] Khan N H, Alam S M, Hassoun S. Through-Silicon via (TSV)-induced noise characterization and noise mitigation using coaxial TSVs. IEEE International Conference on 3D System Integration, 2009: 1-7.

[29] Uemura S, Hiraoka Y, Kai T, et al. Isolation techniques against substrate noise coupling utilizing through silicon via (TSV) process for RF/mised-signal SoCs. IEEE Journal of Solid-State Circuits, 2012, 47(4): 810-816.

[30] Lin L J H, Chiou Y P. 3-D transient analysis of TSV-induced substrate noise: Improved noise reduction in 3-D-ICs with incorporation of guarding structures. IEEE Electron Device Letters, 2014, 35(6): 660-662.

[31] Selvanayagam C, Zhang X, Rajoo R, et al. Modeling stress in silicon with TSVs and its ettect on mobility. IEEE Transactions on Components, Packaging and Manufacturing Technology, 2011, 1(9): 1328-1335.

[32] Zhong S A, Wang S W, Chen Q W, et al. Thermal reliability analysis and optimization of polymer insulating through-silicon-vias (TSVs) for 3D integration. Science China Technological Sciences, 2014, 57(1): 128-135.

[33] Jan S R, Chou T P, Yeh C Y, et al. A compact analytic model of the strain field induced by through silicon vias. IEEE Transactions on Electron Devices, 2012, 59(3): 777-782.

[34] Jung M, Mitra J, Pan D Z, et al. TSV stress-aware full-chip mechanical reliability analysis and optimization for 3-D IC. IEEE Transactions on Computer-Aided Design of Integrated Circuits and Systems, 2012, 31(8): 1194-1207.

[35] Athikulwongse K, Yang J S, Pan D Z, et al. Impact of mechanical stress on the full chip timing for through-silicon-via-based 3-D ICs. IEEE Transactions on Computer-Aided Design of Integrated Circuits and Systems, 2013, 32(6): 905-917.

[36] Lau J H, Yue T G. Thermal management of 3D IC integration with TSV (through silicon via). IEEE Electronic Components and Technology Conference, 2009: 635-640.

[37] Budhathoki P, Henschel A, Elfade I M. Thermal-driven 3D floorplanning using localized TSV placement. IEEE International Conference on IC Design & Technology, 2014: 1-4.

[38] Li J, Miyashita H. Efficient thermal via planning for placement of 3D integrated circuits. IEEE International Symposium on Circuits and Systems, 2007: 145-148.

[39] Cong J, Zhang Y. Thermal via planning for 3D ICs. IEEE/ACM International Conference on Computer-Aided Design, 2005: 745-752.

[40] Hsu P Y, Chen H T, Hwang T T. Stacking signal TSV for thermal dissipation in global routing for 3D IC. IEEE Transactions on Computer-Aided Design of Integrated Circuits and Systems, 2014, 33(7): 1031-1042.

[41] Pathak M, Lim S K. Performance and thermal-aware steiner routing for 3-D stacked ICs. IEEE Transactions on Computer-Aided Design of Integrated Circuits and Systems, 2009, 28(9): 1373-1386.

[42] Dukovic J, Ramaswami S, Pamarthy S, et al. Through-silicon-via technology for 3D integration. IEEE International Memory Workshop, 2010: 1-2.

[43] Che F X, Putra W N, Heryanto A, et al. Study on Cu protrusion of through-silicon via. IEEE Transactions on Components, Packaging and Manufacturing Technology, 2013, 3(5): 732-739.

[44] Chen Q, Huang C, Tan Z, et al. Low capacitance through-silicon-vias with uniform benzocyclobutene insulation layers. IEEE Transactions on Components, Packaging and Manufacturing Technology, 2013, 3(5): 724-731.

[45] Tanaka N, Yoshimura Y, Kawashita M, et al. Through-silicon via interconnection for 3D integration using room-temperature bonding. IEEE Transactions on Advanced Packaging, 2009, 32(4): 746-753.

[46] Stucchi M, Velenis D, Katti G. Capacitance measurements of two-dimensional and three-dimensional IC interconnect structures by quasi-static C-V technique. IEEE Transactions on Instrumentation and Measurement, 2012, 61(7): 1979-1990.

[47] Farooq M G, Graves-Abe T L, Landers W F, et al. 3D copper TSV integration, testing and reliability. IEEE International Electron Devices Meeting (IEDM), 2011: 711-714.

[48] Kim H, Cho J, Kim M, et al. Measurement and analysis of a high-speed TSV channel. IEEE Transactions on Components, Packaging and Manufacturing Technology, 2012, 2(10): 1672-1685.

[49] Hung J F, Lau J H, Chen P S, et al. Electrical testing of blind through-silicon via (TSV) for 3D IC integration. IEEE Electronic Components and Technology Conference, 2012: 564-570.

[50] Zhao W S, Yin W Y, Guo Y X. Electromagnetic compatibility-oriented study on through Silicon single-walled carbon nanotube bundle via (TS-SWCNTBV) arrays. IEEE Transactions on Electromagnetic Compatibility, 2012, 54(1): 149-157.

[51] Zhao W S, Sun L L, Yin W Y, et al. Electrothermal modeling and characterization of submicron through-silicon carbon nanotube vias for three-dimensional ICs. Micro & Nano Letters, 2014, 9(2): 123-126.

[52] Liu Y F, Zhao W S, Yong Z, et al. Electrical modeling of three-dimensional carbon-based heterogeneous interconnects. IEEE Transactions on Nanotechnology, 2014, 13(3): 488-495.

[53] Hsieh A C, Hwang T T. TSV redundancy: Architecture and design issues in 3-D IC. IEEE Transactions on Very Large Scale Integration (VLSI) Systems, 2012, 20(4): 711-722.

[54] Zhao X, Minz J, Lim S K. Low-power and reliable clock network design for through-silicon via (TSV) based 3D ICs. IEEE Transactions on Components, Packaging and Manufacturing

Technology, 2011, 1(2): 247-259.

[55] Zhao X, Lewis D L, Lee H H S, et al. Low-power clock tree design for pre-bond testing of 3-D stacked ICs. IEEE Transactions on Computer-Aided Design of Integrated Circuits and Systems, 2011, 30(5): 732-745.

[56] Khan N H, Alam S M, Hassoun S. Power delivery design for 3-D ICs using different through-silicon via (TSV) technologies. IEEE Transactions on Very Large Scale Integration (VLSI) Systems, 2011, 19(4): 647-658.

[57] Pak J S, Kim J, Cho J, et al. PDN impedance modeling and analysis of 3D TSV IC by using proposed P/G TSV array model based on separated P/G TSV and chip-PDN models. IEEE Transactions on Components, Packaging and Manufacturing Technology, 2011, 1(2): 208-219.

[58] Hu S, Wang L, Xiong Y Z, et al. TSV technology for millimeter-wave and terahertz design and applications. IEEE Transactions on Components, Packaging and Manufacturing Technology, 2011, 1(2): 260-267.

[59] Hu S, Xiong Y Z, Wang L, et al. Compact high-gain mmwave antenna for TSV-based system-in-package application. IEEE Transactions on Components, Packaging and Manufacturing Technology, 2012, 2(5): 841-846.

第 2 章　基于 TSV 的三维集成电路工艺技术

集成电路特征尺寸的不断减小和系统复杂度的提高对三维集成电路工艺技术提出了相同但是更高的要求。对于多数应用，三维集成电路需要尽可能满足以下要求[1]：①高密度的 TSV，通过小直径、高密度的 TSV 阵列减小 TSV 占用的芯片面积，提高数据传输带宽、降低芯片成本；②优异的电学性能，在高速低功耗器件中具有更短的 TSV 高度、更小的寄生电容和更高的电学性能；③良好的散热和电学可靠性，通过优化的热学特性实现更好的散热能力，提高热力学可靠性和电学可靠性；④无缝集成，三维集成的工艺技术对前道工艺(Front End of Line, FEOL)和后道工艺(Back End of Line, BEOL)具有最小的影响；⑤高成品率，通过芯片检测并通过芯片圆片级和芯片级键合解决已知合格芯片(Known Good Die, KGD)问题，提高成品率，并实现不同尺寸芯片的堆叠；⑥低成本，三维集成的工艺流程必须实现尽可能低的成本。

三维集成电路的工艺流程主要集中在 TSV 的制造上。以铜(Cu)TSV 为例，它的工艺流程主要包括通孔刻蚀、绝缘层沉积、黏附层和扩散阻挡层沉积、种子层沉积以及导电材料填充。要想完成三维集成电路的制造，还必须经过硅片减薄、对准和键合等重要工序。在实际的三维集成电路工艺流程中，TSV 的制造、硅片减薄、对准和键合的工艺顺序有可能不同，但本章仍以此顺序来叙述。

2.1　基于 TSV 的三维集成电路的分类

三维集成电路的制造可采用不同的工艺流程和工艺技术，其分类方法也因为标准不同而多种多样，如表 2.1 所示。一般三维集成电路按照其 TSV 的制造顺序、堆叠方式和键合方式进行分类，其中最常用的是根据 TSV 的制造顺序分类。

表 2.1　三维集成电路的分类[1]

分类标准	分　类	说　明
TSV 的制造顺序	先通孔	在 FEOL 之前制造 TSV
	中通孔	在 FEOL 和 BEOL 之间制造 TSV
	后通孔	在 BEOL 之后制造 TSV
堆叠方式	正面对正面	相邻两层芯片的器件层相对放置
	正面对背面	相邻两层芯片的器件层顺序放置
键合方式	芯片对芯片	芯片与芯片键合
	芯片对圆片	芯片与圆片键合
	圆片对圆片	圆片与圆片键合

2.1.1　TSV 的制造顺序

在三维集成电路的工艺流程中，TSV 的制造可处于不同的位置。根据三维集成电路工艺流程中 TSV 制造的先后顺序可分为先通孔(via first)、中通孔(via middle)和后通孔(via last)三类。

1. 先通孔工艺

先通孔是在 CMOS 工艺的 FEOL 之前制造 TSV 的工艺顺序，即在没有进行任何常规集成电路工艺以前在空白硅片上先制造 TSV 的工艺，其工艺流程如图 2.1 所示。先通孔的工艺顺序为，首先在空白硅圆片上制造 TSV，即完成深孔刻蚀、绝缘层沉积和导电材料填充后，通过化学机械抛光(Chemical Mechanical Polishing, CMP)将硅片平整化，再将平整化以后的硅片作为空白硅片去制造 CMOS 器件，最后进行键合和圆片减薄等工艺过程。由于 TSV 以后需要完成所有的 CMOS 制造步骤，TSV 的导电填充材料必须要能经受 1000℃以上的高温，才能完成后续的 CMOS 工艺，因此最常用的 TSV 导电填充材料是掺杂的多晶硅和金属钨(W)。需要注意的是，TSV 完成后经过 CMP 平整化，TSV 与 CMOS 器件和互连的相对位置的确定，要求 TSV 层的光刻标记在 CMP 工艺以后仍旧有效。

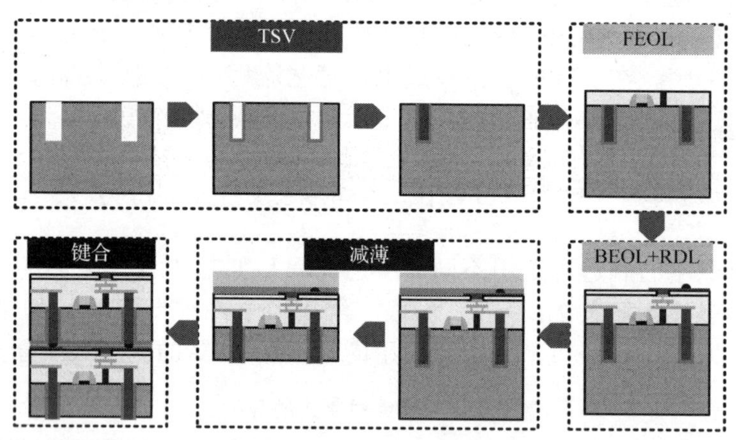

图 2.1　先通孔工艺流程示意图

由于先通孔工艺顺序制造 TSV 时尚未进行多层互连的制造，所以多层互连位于 TSV 的上方，TSV 与平面互连层的连接依靠 W 塞实现与第一层金属 M_1 之间互连。实际上，TSV 与 M_1 层的连接不需要额外的工艺过程，是与 BEOL 的工艺过程一次完成的。原则上，TSV 也可以与平面互连的更高层金属层连接，如 M_2，但是经过多层介质层后垂直方向连接的距离与标准大马士革电镀或铝溅射工艺有所差异，实际应用中很少使 TSV 连接更高层的金属。

因为多晶硅填充工艺可以在高温下完成，多晶硅填充可以实现较高深宽比的 TSV 结构。由于不使用 Cu TSV，其突出的优点是不需要制造扩散阻挡层和 Cu 电镀的种子层，并且绝缘层可用传统的热氧化工艺方便地实现，大大地简化制造工艺。同时，多晶硅的 CTE 与硅基本相同，可以避免很多由于 CTE 差异导致的可靠性问题。采用多晶硅 TSV 的主要缺点是 TSV 的电学性能与 Cu TSV 相比较差，即使是重掺杂的多晶硅，其电阻率也比电镀 Cu 的电阻率高几个数量级。由于 W 具有耐高温的能力，并且作为目前 CMOS 工艺的标准 W 塞(M_0)层金属，也可以作为 TSV 的导体材料。采用 W 填充 TSV 的优点是可以避免使用扩散阻挡层和种子层，因此能够简化工艺过程；同时，可以采用标准 CMOS 工艺中的 CVD 等技术填充 W TSV，并且可以实现 20:1 的深宽比。W 的电阻率高于 Cu，因此 TSV 的电阻较 Cu TSV 更大，但是因为 TSV 本身直径较大，相对于 M_0 层金属的 W 塞，W TSV 的电阻在多数情况下对性能影响不大。

由于先通孔工艺在制造完 TSV 以后才制造晶体管、介质层和互连层，所以 TSV 与上、下两层芯片层连接的再布线层(Redistribution Layer, RDL)和连接焊盘分别位于下层芯片的最后一层金属 M_n 层和 TSV 所在芯片的第一层金属 M_1 层。这种结构特点使先通孔工艺实现的 TSV 无法与相邻层的 TSV 直接键合。因此如果需要两个 TSV 对应连接，需要通过介质层中的平面互连层。先通孔 TSV 直接连接芯片的器件，TSV 直径一般为 1～5μm，远小于后通孔工艺的 TSV 直径，但是其尺寸还是远远超过晶体管的尺寸。

采用多晶硅或 W 作为 TSV，能够实现较高的 TSV 深宽比，从而允许多个 TSV 并联作为一个 TSV 使用，不但可以降低电阻，还可以通过冗余提高 TSV 的成品率和可靠性。由于 TSV 在硅片制造过程中处于最前面的工艺过程，它可以由 CMOS 制造厂制造，甚至由硅片制造商提供而不用封装企业进行。需要指出的是，由于硅片制造商制造的 TSV 的位置是固定的，这种情况必须针对特定的应用。

2. 中通孔工艺

中通孔是近几年定义的一种独立的 TSV 制造方式，是指在晶体管器件完成以后、平面互连完成以前制造 TSV 的工艺顺序。因为是在 FEOL 与 BEOL 之间完成，所以将其定义为中通孔方式，实际上就是早期定义的 FEOL 之后、BEOL 之前的先通孔工艺。中通孔的特点是在完成 CMOS 器件之后、M_1 金属之前制造 TSV，然后在 TSV 完成以后再进行 CMOS 的后道互连工艺。由于这种工艺流程在 TSV 以前已经完成了 CMOS 的高温工艺，所以可以使用 Cu 作为 TSV 的导体，能够获得更好的电学特性，并且对已经完成的 CMOS 器件基本没有影响。另外，中通孔工艺为 TSV 的制造提供了较大的灵活性，成为近年来半导体制造商的主流 TSV 制造工艺之一。

TSV 工艺被安排在 FEOL 之后，BEOL 多层互连之前。即首先完成 CMOS 工艺的前道工艺(晶体管)，然后制造 TSV，再完成 CMOS 的后道工艺，最后键合、减薄，完成三维集成。中通孔工艺流程示意图如图 2.2 所示。首先，在完成 CMOS 器件以后图形化并刻蚀 TSV 深孔，并将在 TSV 深孔内沉积的介质层作为绝缘层和 CMP 的停止层，随后在介质层表面沉积扩散阻挡层和 Cu 电镀种子层；利用盲孔 Cu 电镀将 TSV 盲孔填充导电材料，再利用 CMP 除去过电镀的 Cu，使表面平整化；TSV 电镀后再按照标准的 BEOL，完成 CMOS 芯片的全部制程。然后将 CMOS 晶圆与辅助圆片临时键合，从晶圆背面将其减薄，并利用回刻工艺暴露出 TSV Cu 柱。最后利用 Cu 键合将 TSV 与另一层器件圆片的 TSV 凸点或者键合盘实现键合，完成两层芯片的集成和电学连接，并去除辅助圆片。

中通孔工艺实现的 TSV 与 CMOS 电路的第一层金属 M_1 相连。这种结构的优点是制造 TSV 时不需要刻蚀多层和浅槽隔离以及硅衬底层即可，不但使制造工艺更为简单，而且容易获得均匀的 TSV 直径和深度，特别是容易实现较高的深宽比。完成平面互连后，TSV 上方覆盖有多层金属的介质层，TSV 与相邻芯片的连接需要平面互连层的键合盘作为中间过渡。这种结构的优点是为不同的电学连接逻辑关系提供了更大的设计灵活性，缺点是即使位置相对的 TSV 也无法直接键合连接。中通孔采用 Cu 作为 TSV 的导体，制造设备和材料与 CMOS 工艺兼容，并且 TSV 具有良好的电学性能。实际上，TSV 与平面互连 M_1 层的连接可以通过 M_1 层双大马士革电镀工艺实现，不需要额外的工艺过程。与采用多晶硅或者 W 作为导体的 TSV 相比，Cu TSV 的电阻更小、寄生电容更低。但是由于 Cu 的引入，需要复杂的结构和工艺过程防止 Cu 扩散，以免引起 CMOS 器件失效。另外 Cu 的 CTE 较 W 和多晶硅更大，与硅衬底之间的 CTE 的差异容易引起较大的热应力，导致可靠性问题和 TSV 周围应力区无法利用的问题。

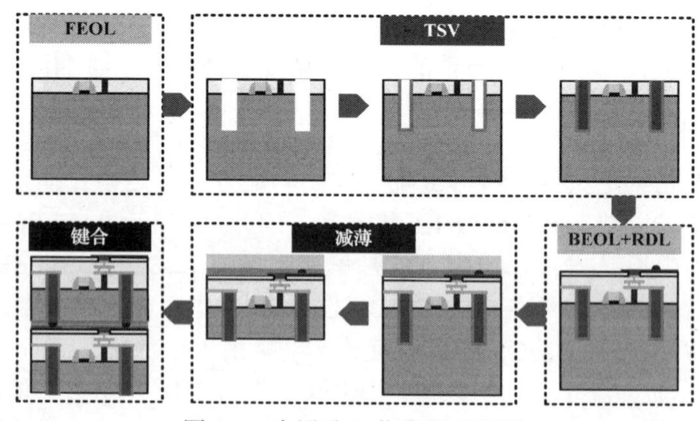

图 2.2　中通孔工艺流程示意图

中通孔工艺顺序为电路设计和版图提供了最大的灵活性。利用中通孔工艺，可以将 TSV 与第一层金属 M_1 或更高层金属 M_n 相连，在整个集成流程中，对应 TSV 的器件上方的介质层也是最薄的，这对简化刻蚀工艺、减小横向刻蚀都有很大的帮助。相反，如果深孔在接近 BEOL 过程的末端才进行刻蚀，在刻蚀硅衬底的 TSV 深孔以前必须经过多层复杂的介质层刻蚀，这对设计和版图都带来很大的影响。例如，需要保证 TSV 对应位置没有金属，还要保持所有的金属层的安全距离，导致设计和布线受到较大的限制。随着低介电常数和多孔介质的引入，多层介质层的刻蚀在制造上也是非常复杂的。

中通孔方案的一个难点是 Cu 电镀后的 CMP。由于 TSV 是在 W 塞完成后制造的，在电镀 TSV 填充 Cu 以后为了获得平整的表面，必须首先对电镀的 TSV 进行 CMP 平整化，然后再进行后续的多层互连工艺。在 Cu CMP 时，由于 W 塞的存在，必须选择合适的 CMP 工艺参数实现 Cu 与 W 的高选择比，即在 CMP 过程中仅去除 Cu 而不影响 W 塞的性能。因此需要对通常的 Cu CMP 工艺进行适当的优化，包括 CMP 研磨液的组成和 CMP 过程参数等。

3. 后通孔工艺

后通孔工艺是在 CMOS 的 BEOL 完成以后进行 TSV 制造的工艺顺序，即所有的 CMOS 工艺都已经完成后制造 TSV。根据 TSV 相对键合的顺序不同，又可分为键合前的后通孔和键合后的后通孔。

键合前后通孔是在 CMOS 工艺的 BEOL 以后但是芯片键合以前完成 TSV 的工艺顺序，如图 2.3 所示。首先完成 CMOS 器件的前道和后道工艺，然后制造 TSV，最后再将多层芯片进行键合并减薄，完成 TSV 结构和平面互连。在键合前后通孔的工艺顺序中，TSV 的制造是在 CMOS 器件已经完成和硅片减薄工艺之前。键合后后通孔是在完成 CMOS 器件和互连以后，首先进行永久键合和圆片减薄，再制造 TSV，最后完成再布线平面互连的工艺顺序，如图 2.4 所示。这种工艺过程在刻蚀 TSV 深孔前首先将器件所在硅片减薄到其最终厚度，再在减薄以后的硅片上制造 TSV。

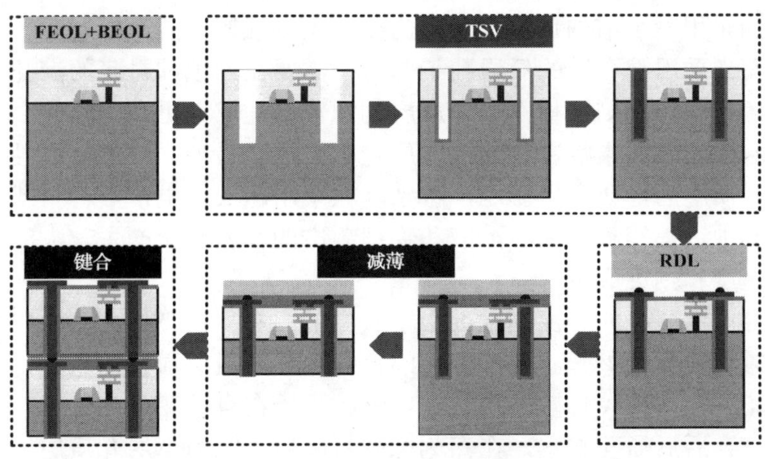

图 2.3　键合前后通孔工艺流程示意图

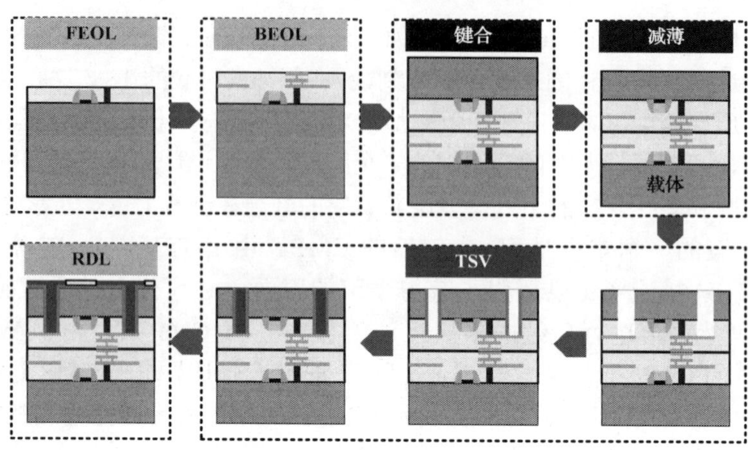

图 2.4　键合后后通孔工艺流程示意图

对于后通孔工艺，TSV 与上、下两层芯片连接的 RDL 和连接焊盘分别位于下层芯片的最后一层金属 M_n 和 TSV 所在芯片的最后一层金属 M_n。因此，后通孔 TSV 既可以直接连接器件，也可以连接金属互连层，特别是位置相对的 TSV 可以直接连接。对于键合前后通孔，这种 TSV 的直接连接是通过 Cu 的直接热压键合或者共晶键合实现的；对于键合后后通孔，这种 TSV 的直接连接是通过在一个 TSV 上方的盲孔内电镀另一个 TSV 实现的。一般情况下，Cu 的热压键合或共晶键合实现两个 TSV 的连接时，所获得的强度要高于电镀的强度。

后通孔工艺与先通孔和中通孔工艺在 TSV Cu CMP 和 TSV 的深刻蚀方面也有较大的区别。在 Cu CMP 方面，中通孔需要实现 Cu 与 W 之间的高选择比，即 CMP 只去除 Cu 而基本不影响 W 塞；而后通孔的 Cu CMP 过程与常规集成电路 CMP 相同，不需要特殊的 CMP 工艺。在深刻蚀方面，由于后通孔是在 BEOL 完成以后才制造 TSV，当采用键合前的后通孔时，需要首先刻蚀较厚的介质层后才能刻蚀硅衬底的深孔，而当采用键合后的后通孔工艺时，需要在刻蚀硅衬底的深孔后再刻蚀较厚的介质层，与硅的深刻蚀相比，介质层刻蚀较慢，成本更高。除此以外，刻蚀介质层会带来一定的负面影响，包括横向展宽等问题。另外，介质层刻蚀过程中必须避免刻蚀对介质层的性质产生影响，特别是在采用超低介电常数材料或多孔介质材料时，这对刻蚀过程等离子体的浓度和物理轰击的程度都会产生较大的限制，进一步影响刻蚀速度和刻蚀成本。

对于键合前后通孔的硅深刻蚀，由于较厚的二氧化硅(SiO_2)介质层的存在，导致硅深刻蚀时出现直径扩张，使硅深孔的直径大于介质层通孔的直径，极易引起后续 TSV 内部沉积介质层、扩散阻挡层和电镀种子层在直径变化的位置产生不连续的问题。对于键合后后通孔方案，在深刻蚀硅衬底后，因为下层介质层或键合高分子层的影响，容易出现横向刻蚀现象，导致硅衬底与介质层接触位置的直径扩张，同样会造成介质层、扩散阻挡层和种子层的不连续。另外，因为深刻蚀本身的非均匀性和不同直径的 TSV 刻蚀的 RIE-lag 现象，可能导致不同区域和不同直径的深孔刻蚀速度不一致的问题。这种速度的不一致只能通过增加刻蚀时间来解决，而增加刻蚀时间又进一步加重了横向刻蚀现象。因此抑制硅深刻蚀过程中的横向扩增和横向刻蚀问题，是后通孔工艺必须重点解决的。

后通孔工艺制造的 TSV 的直径通常为 10～20μm，少量应用的直径甚至可以达到 50μm，这种较大的直径一方面是工艺能力的限制，另一方面也降低了键合对准精度等方面的技术要求。与先通孔和中通孔需要在集成电路工厂内完成不同，后通孔工艺在完成所有的 CMOS 工艺后才进行 TSV 和三维集成。因此，后通孔工艺既可以在集成电路工厂内完成，这使封装厂介入三维集成中成为可能，也为三维集成的工艺选择、产能优化和成本降低提供了一定的灵活性。

2.1.2　堆叠方式

在三维集成电路的工艺流程中，两个芯片之间的键合可采用不同的堆叠方式。堆叠方式主要分为正面对正面(Face-to-Face, F2F)和正面对背面(Face-to-Back, F2B)两种。

F2F 是指先将上层芯片翻转后正面朝下，然后与下层芯片键合，此时相邻两层芯片的器件层相对放置，如图 2.5(a)所示。这种堆叠方式的主要优点是上、下两层芯片的互连除了由 TSV 提供，还可以通过上、下两层芯片对应位置的金属凸点实现，因此互连数量会超过 TSV 的数量。这一特点不仅可以使 TSV 的数量大幅度减小，从而进一步简化制造工艺，提高器件的可靠性，而且还可以实现两层芯片之间高密度的互连。但是如果想堆叠第三层芯片或更多的芯片，第二层与第三层以及后面的其他层必须采用 F2B 的堆叠方式，也就是说无法再利用上、下层芯片的金属凸点实现直接键合，芯片之间的互连数量仍旧由 TSV 的数量决定。另外，采用这种堆叠方式时，由于硅衬底朝外，所以上层芯片可在减薄前和下层芯片堆叠键合，此时减薄过程不需要辅助圆片。这种堆叠方式的主要缺点是对电路的对称性有一定的要求，需要在设计阶段就考虑到。另外，采用这种堆叠方式后上、下层芯片的器件层和互连层之间的距离很小，集成后的发热密度更高，对散热会产生不良影响。

F2B 是指两层芯片均正面朝上，上层芯片通过背面与下层芯片键合，此时相邻两层芯片的器件层顺序放置，如图 2.5(b)所示。这种堆叠方式的优点是上层芯片的硅衬底堆叠后存在于两层芯片的器件层和金属互连层之间，它减小芯片发热的同时增加了堆叠后的散热能力。另外，采用这种方式的不同芯片层之间的逻辑关系非常清楚，制造工艺也是不断重复即可，它是实现多层芯片堆叠的最佳堆叠方式。由于堆叠键合后上层芯片的硅衬底处于两层芯片之间，同时由于制造高深宽比 TSV 的工艺能力的限制和 TSV 直径的限制，在堆叠键合前必须对上层芯片进行减薄处理。所以这种堆叠方式存在一个缺点是在其工艺过程中通常需要辅助圆片，以提供上层芯片减薄过程中的机械支撑。由于使用辅助圆片，容易引起上层芯片的弯曲变形，另外，上、下层芯片之间的互连都需要通过上层芯片的 TSV 来实现，所以两层芯片之间的互连数量就是 TSV 的数量。

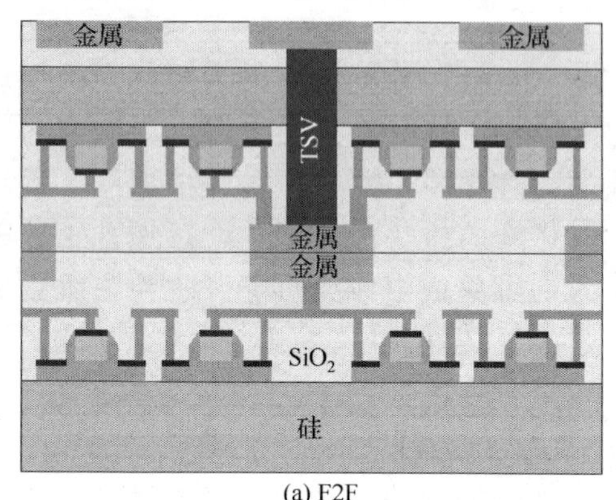

(a) F2F

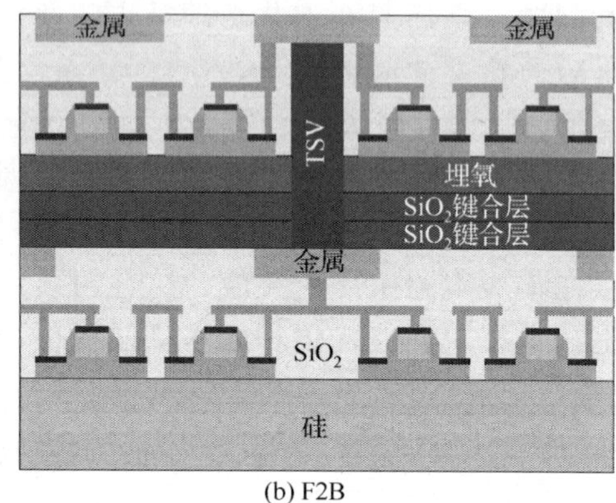

(b) F2B

图 2.5　三维集成电路的堆叠方式[2]

F2F 和 F2B 两种堆叠方式的详细特征比较如表 2.2 所示。在三维集成电路的堆叠过程中，应该采用哪种堆叠方式，主要考虑的是堆叠芯片的层数。如果仅需要两层芯片堆叠，那么 F2F 是最优的堆叠方式。它不但可以简化工艺过程、降低成本，还可以利用上、下层芯片的金属凸点直接键合，实现高密度互连。如果需要三层以上的芯片堆叠，那么必须采用 F2B 的堆叠方式。但是实际上即使是多层芯片的堆叠，也可以使最先的两层或者最后的两层芯片采用 F2F 堆叠方式，同时其他层采用 F2B 的堆叠方式。有些应用中要求器件必须背面朝外或者正面朝上，此时必须按照功能的要求选择芯片的堆叠方式。

表 2.2　不同堆叠方向的特征比较[1, 3]

工 艺 特 征	F2F	F2B
键合介质	Cu-Cu	Cu-Cu
器件层间距	中等	最大
是否需要辅助圆片	否	是
对准精度	几微米	不严格
最小 TSV 间距	约 10μm	20～50μm
TSV 密度	较高 (约 10^6cm^{-2})	较低
衬底要求	都可	都可
D2W	都可	都可
两层以上集成能力	不可直接	可直接
与封装的连接	深孔互连	标准

2.1.3　键合方式

在三维集成电路的键合过程中，可对单个芯片进行键合，也可以对整个圆片进行键合。根据键合的对象，键合方式可分为D2D、D2W和W2W三种。

D2D是指单个芯片与单个芯片之间的键合，如图2.6(a)所示。它的优点是可以在键合前将失效的芯片淘汰掉，避免低成品率对整个三维集成电路成品率的影响。另外，这种键合方式还可以避免大尺寸芯片对小尺寸芯片键合所产生的浪费，有助于降低三维集成电路的总成本。由于D2D键合方式是单个芯片之间的键合，所以它的缺点是效率低，对准精度也较低，一般为5～10μm。D2D键合方式适用于堆叠芯片成品率较低的情况，或者堆叠芯片的面积差别较大的情况。

D2W是指芯片与圆片之间的键合，如图2.6(b)所示。它的键合效率比D2D高，这主要是因为每次键合时只需要更换上层的芯片，而下层的圆片不需要更换，减小了装载时间。另外，除了上层芯片，下层的圆片也可以在键合前进行测试，在失效的芯片键合时可以跳过它，这样可以避免上层良好芯片的浪费，提高成品率。D2W键合方式的主要缺点是芯片和圆片所经历的热过程太多。圆片和先前键合好的芯片都要经受后续芯片键合的高温过程，使可靠性受到影响。

W2W是指圆片与圆片之间的键合，如图2.6(c)所示。它的优点是键合效率高，热过程少，只需要一次对准和键合过程就可完成这个圆片上所有芯片的键合。它的缺点是无法在键合前剔除失效的芯片，成品率较低，整体成本较高。尤其是在多层芯片的堆叠过程中，每层芯片成品率不同，失效的位置不同，导致其他良好芯片的大量浪费。另外，如果需要键合的上、下层芯片的尺寸相差很大，采用这种键合方式会造成面积的浪费。W2W键合方式适用于两层圆片的尺寸相同、材料和CTE匹配、成品率都非常高的情况。

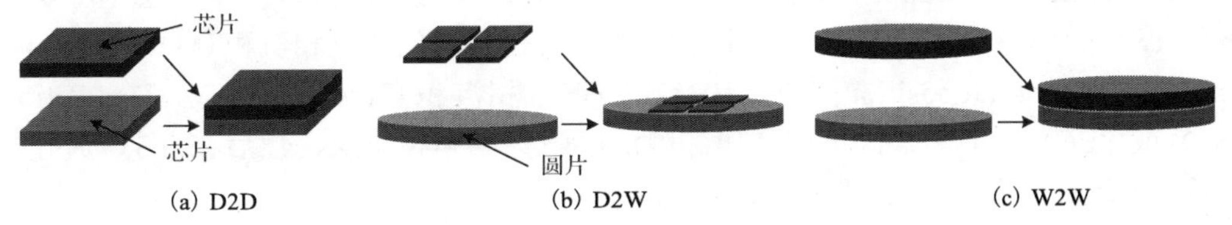

图2.6　三维集成电路的键合方式

D2D、D2W和W2W三种键合方式的详细特征比较如表2.3所示。可见它们各有优缺，键合方式的选择往往是多种因素的折中。实际中，键合方式的选择主要从成本方面考虑，如当芯片尺寸较小时，采用W2W可以大幅度提高键合效率、降低成本。

表 2.3 不同键合方式的特征比较[1]

方法	D2D	D2W	W2W
KGD	可以	可以	不可以
灵活性	高	高	低
对准效率	低，芯片对准	低，芯片对准	高，圆片对准
对准精度	每小时超过 1000 片时 10μm，小于 100 片时 2μm	介于 D2D 和 W2W 之间	高，1～2μm
残余应力	小	较大	大
成品率	高，等于键合乘以 TSV 成品率	高，等于键合乘以 TSV 成品率	低，低于成品率最低一层
芯片尺寸	芯片尺寸可以不同	芯片尺寸可以不同	芯片尺寸相同
制造	封装厂	封装厂	封装厂或集成电路制造厂

2.2 TSV 制造技术

在三维集成电路工艺流程中，TSV 制造是最重要、最复杂的工艺过程。TSV 较多的工艺步骤和 TSV 与平面互连不同的性能需求，使 TSV 在工艺设备和材料等方面都与已有的 CMOS 体系存在较大的差异。在 TSV 的制造工艺中，深刻蚀对 CMOS 工艺而言是全新的技术；介质层、扩散阻挡层、种子层沉积，以及 Cu 电镀都是 CMOS 已有的技术，但是因为 TSV 高深宽比的限制，需要对已有技术进行大规模的改进，以至于材料和设备都有所不同。Cu 的 CMP 也是 CMOS 的既有技术，但是与 CMOS 面向亚微米以下的过电镀和表面起伏相比，TSV 制造需要处理微米甚至更厚的过电镀层和表面起伏，也需要对工艺过程进行改进。在不考虑成品率的情况下，这些工艺过程也构成了三维集成电路的主要成本来源。TSV 的制造工艺流程如下：首先在硅片上刻蚀出通孔，采用的方法通常是激光刻蚀或深层离子反应刻蚀，一般情况下此时形成的都是底部封闭的盲孔，然后采用等离子体增强化学气相沉积（Plasma Enhanced Chemical Vapor Deposition, PECVD）方法在通孔的侧壁沉积一层绝缘层以避免 TSV 导体与周围硅衬底的漏电，通过金属有机物化学气相沉积（Metal Organic Chemical Vapor Deposition, MOCVD）、物理气相沉积（Physical Vapor Deposition, PVD）或 PECVD 工艺依次沉积金属黏附层、阻挡层和种子层，然后在 TSV 通孔中电镀 Cu 金属作为 TSV 互连的导体材料。

2.2.1 通孔刻蚀

不管 TSV 使用什么材料填充，制作 TSV 的核心工艺都是硅片上的通孔刻蚀。由于 TSV 的深度大、深宽比高，TSV 对刻蚀技术提出了很高的要求，包括刻蚀速率高、侧壁光滑、倾角可控、掩膜层下横向刻蚀小等。刻蚀速率是非常重要的考虑因素，较高的刻蚀速率可以降低刻蚀成本、提高生产率；而倾角可控和侧壁光滑可以减小绝缘层和扩散阻挡层的制造难度，并提高器件的可靠性，掩膜层下横向刻蚀严重影响绝缘层和扩散阻挡层的完整性，进而造成短路、Cu 扩散等可靠性问题。

常用的通孔制作方法有湿法刻蚀和干法刻蚀两种，可以根据不同的刻蚀质量和速度需求选择合适的方法。湿法刻蚀的成孔质量、孔型控制和定位精度都很高，但是成孔速度较慢。目前比较常用的方法是干法刻蚀，主要有博世(Bosch)刻蚀或称深反应离子刻蚀(Deep Reactive Ion Etch, DRIE)和激光刻蚀两种。

基于 Bosch 方法的 DRIE 技术的优点是速度快、刻蚀选择比高、垂直度好。适合刻蚀深度大、深宽比高的结构，但是这种方法刻蚀结构的侧壁起伏大、掩膜层下横向刻蚀明显(可达500mm)[4]。这种起伏结构需要采用次常压化学气相沉积(Sub-Atmospheric Chemical Vapor Deposition, SACVD)介质层才能够隔离起伏的影响，否则起伏结构会复制到介质层、扩散阻挡层上，产生由于尖端电场集中和应力集中引起的击穿、扩增阻挡层非连续等可靠性问题。对于常规的 Bosch 刻蚀设备，减小刻蚀侧壁起伏的主要方法是缩短刻蚀周期、提高刻蚀和保护交替的频率，但是都需要付出降低刻蚀速率和选择比的代价，反而抵消了 Bosch 方式的优点。为了抑制刻蚀侧壁的起伏而不影响刻蚀速率，目前深刻蚀设备普遍采用更先进的射频功率源和气体调制技术，通过更大的射频功率实现更高的等离子体密度，弥补缩短刻蚀周期对刻蚀速率产生的影响，随着功率的提高和氟的中性基团(游离基)浓度的增加，刻蚀速度也会显著加快。功率增加也使保护层的形成速度提高。这些方面的进步可以在提高刻蚀和保护交替频率以减小侧壁起伏的同时，保证刻蚀速率没有大的降低。通过优化刻蚀工艺，甚至在不牺牲刻蚀速率的前提下获得光滑的刻蚀侧壁。这对于实现先通孔类型的 TSV 具有重要的意义。

低温刻蚀法不会产生起伏的侧壁，这对降低后续 TSV 介质层沉积的难度有很大帮助，并且避免了起伏尖端处的电场集中和应力集中等可能影响可靠性的问题。低温刻蚀后刻蚀腔体内的残余物会随着温度升高到室温而挥发，因此不需要专门的工艺进行处理。避免了腔体污染和清洗等问题，提高了器件的可靠性。而 Bosch 方式在刻蚀结构的侧壁上残留一层类似特氟龙的聚合物薄膜。这层薄膜需要在刻蚀结束后采用专门的工艺过程去除，如等离子烧蚀或者浸泡在乙氧基 9-氟代丁烷(Ethoxy-nonafluorobutane, $C_4F_9OC_2H_5$)中去除，以免残留物在介质层和金属的界面形成缺陷或捕获载流子，影响 TSV 的器件性能，特别是金属-介质层-半导体结构的电容特性。低温刻蚀法更容易控制 TSV 的角度和形状，满足 TSV 制造的要求。针对低温刻蚀设备，采用磁增强的电容耦合等离子体(Charge Coupled Plasma, CCP)刻蚀设备并重新设计腔体结构，可以获得低压力、高密度的等离子体，从而提高离子的平均自由程，减小鞘区厚度，降低离子碰撞概率，提高离子的方向性和刻蚀的方向性。利用这种技术，低温刻蚀可以实现直径 1～5μm、深宽比高于 20：1 的深孔刻蚀，刻蚀速率可达 20μm/min，并且不同圆片间的刻蚀非一致性小于 1%[5]。在提高刻蚀方向性和深宽比的同时，低温刻蚀所具有的侧壁光滑、无残余物、无掩膜下横向刻蚀的优点全部得以保留。

基于磁中性环路放电(Magnetic Neutral Loop Discharge, NLD)的常温稳态刻蚀是目前发展较快的一种方法。NLD 常温稳态刻蚀的刻蚀速率高，对光刻胶的选择比较大，特别是使用干膜光刻胶时，几乎不用考虑刻蚀选择比的问题。同时，常温稳态刻蚀可以像低温稳态刻蚀一样实现小直径盲孔，直径甚至小于 100nm，但是由于常温下物质的化学活性比低温更高，同时 NLD 的等离子体密度也更高，所以其刻蚀速率比低温刻蚀高很多。另外，尽管 NLD 设备的等离子体产生系统的复杂度有所增加，但是却避免了使用更复杂的低温系统。

对于后通孔的集成方式，通常需要在片上互连和介质层制造完毕后刻蚀深孔，这时需要首先刻蚀穿透厚度为 5～10μm 的 SiO_2 介质层。刻蚀 SiO_2 介质层时，容易在其刻蚀侧壁吸附电子，这些电子形成的电场，对后续刻蚀硅衬底的氟离子 F^+和氟化物离子 SF_x^+ 有明显的偏置作用，导致刻蚀介质层下方的硅时出现较大程度的横向刻蚀[6]。通过侧壁沉积阻挡层的方法，可以抑制侧壁吸附电子对硅横向刻蚀的影响。侧壁阻挡层在 $C_4F_8/Ar/O_2$ 等离子体中沉积，厚度通常为 100～200nm，而底部沉积的阻挡层可以通过加大后续硅刻蚀时平板电容电极的功率(如 30W)的方式去除。增大平板电容功率使离子轰击的加速更加明显，可以通过物理轰击的方式去除底部的阻挡层。需要注意的是，增大平板电容功率会减小刻蚀的选择比，特别是针对光刻胶的选择比。由于阻挡层只在开始刻蚀硅时存在，可以在刻蚀初期增大电容功率，然后再将电容功率减小到正常水平。

垂直度是深刻蚀的重要衡量指标之一，但是由于 TSV 的后续工艺需要利用 PVD 来沉积扩散阻挡层和种子层，而 PVD 具有方向性，在深宽比大于 5∶1 的深孔内部容易产生不连续甚至底部无法沉积的问题。另外，由于“封口效应”的影响，电镀填充高深宽比的 TSV 时也容易形成空洞，引起严重的可靠性问题。为了避免在高深宽比 TSV 内壁沉积介质层、扩散阻挡层和电镀种子层时的缺陷，并避免电镀空洞的出现，可以通过深刻蚀的工艺参数控制实现锥形的 TSV，降低 PVD 和电镀沉积的难度。尽管锥形 TSV 的电性能和可靠性尚未得到充分验证，但是当锥形的深孔与平面的夹角小于 87°时，可以降低 PVD 的沉积连续均匀地扩散阻挡层和种子层的难度，并有助于形成无空洞的电镀 Cu 柱。当锥形的角度为 83°～85°时，可以大幅度降低制造扩散阻挡层、种子层和电镀的技术难度。

在低温刻蚀方式中，多种工艺参数都会影响刻蚀结构的形状，其中氧气的含量是影响刻蚀结构形状最主要的因素。通过增加氧气的流量，可以获得增强的侧壁保护效果，从而实现锥形的刻蚀结构。随着氧气流量的增加，阻挡层的厚度也增加，横向刻蚀变慢，刻蚀形状从锥形向倒锥形过渡。当氧气流量从总气体流量的 10%增加到 14%时，刻蚀结构的倾角从 89.5°下降到 88°。随着氧气流量的继续增加，锥形角度进一步减小，但是氧气流量的增加大幅降低了刻蚀速率，导致刻蚀速率下降 20% 左右。衬底温度对刻蚀的形状也有较大的影响，随着衬底温度从–130℃升高到–100℃，刻蚀形状的角度从 94°减小到 90°，即从锥形变为矩形。进一步将衬底温度提高到–90℃，可以将刻蚀形状的夹角减小为 88°，将刻蚀结构变为锥形[7]。

在 Bosch 刻蚀方法中，由于影响刻蚀形状的参数更多而且更加复杂，因此控制结构形状的难度比低温刻蚀法更大[8]。与低温刻蚀类似，Bosch 工艺中对刻蚀结构影响最大的也是保护气体的流量。通过增加保护气体流量，改变刻蚀结构的角度，形成锥形的结构。然而，由于离子轰击影响侧壁保护，使得这种方式调整的范围非常有限，因此倾斜程度和刻蚀深度的工艺窗口很窄，需要精细调整。另外，在刻蚀结构开口处往往容易出现横向刻蚀，使形状难以控制，从而引起由于工艺参数调整导致的整体形状控制的问题。造成上述问题的主要原因包括两个方面：首先，尽管刻蚀锥形深孔的侧壁总体是直线形的，但是容易引起横向膨胀，使刻蚀结构的剖面形状非直线，当 TSV 密度较高时甚至可能造成横向的互通；其次，当锥形侧壁的垂直度小于 87°时，高速刻蚀容易造成深孔侧壁长草现象的发生，严重影响后续的制造过程。

因为上述原因，通常很少采用控制工艺参数的方法调整刻蚀结构的形状。为了采用 Bosch 工艺实现锥形 TSV 结构的刻蚀，可以采用三步法[9]。与控制刻蚀和保护的参数不同，这种方法利用三个不同的刻蚀步骤实现锥形的刻蚀。首先，按照普通 Bosch 工艺刻蚀垂直深孔，刻蚀深度为目标深度的 50%～60%。其次，利用反应离子刻蚀（Reactive Ion Etch, RIE）来刻蚀剩余 50%的深度，刻蚀气体为六氟化硫（SF_6）+氧气（O_2）+氩气（Ar）。刻蚀气体中 O_2 的作用是提供 RIE 过程中对结构的侧壁保护，尽管效果没有低温状态好，但是通过调整气体流量比例可以获得具有一定倾角的刻蚀侧壁。Ar 的主要作用是通过离子轰击，去除由于过量 O_2 在结构底部形成的保护膜。最后，去除刻蚀掩膜后利用无掩膜各向同性刻蚀将刻蚀结构开口处扩展。由于各向同性刻蚀对表面凸起、尖角等具有优先选择性，因此各向同性刻蚀不但通过扩展开口形成锥形 TSV 结构，而且可以将 TSV 侧壁光洁化。也有研究通过 Bosch 刻蚀和各项同性刻蚀两次刻蚀实现锥形的方法[10]，但是由于没有在去除掩膜后进行各向同性刻蚀，很容易出现 TSV 中部扩展的现象。另外，如果各向同性刻蚀时硅片表面存在介质层，TSV 的开口难以通过刻蚀彻底扩展，因此这种分步的方式不适合于后通孔的应用。需要指出的是，目前的研究表明，TSV 的形状对 TSV 的电学性质有很明显的影响，特别是对于高频特性。由于锥形的 TSV 一端开口比另一端大，TSV 的金属侧壁与衬底表面构成了以硅衬底为介质的电容，而硅的损耗通常较高，因此这种锥形的 TSV 在高频特性方面不如柱状 TSV。

激光刻蚀是利用高能量密度和高方向性的激光束照射衬底被加工的部位，将刻蚀区瞬间加热到熔化温度以上使其熔化，并在冲击波的作用下，将熔化的硅从深孔内喷射出去，实现 TSV 的刻蚀。激光刻蚀的突出优点是不需要掩膜，因此可以省略涂胶、曝光、显影和去胶等光刻过程，降低了制造成本；同时，激光能够对多种材料刻蚀，即一次刻蚀穿透金属(如铝(Al)、Cu、镍(Ni)、钛(Ti)等)、介质层(SiO_2、氮化硅(Si_3N_4)等)和衬底硅，不需要针对不同材料更换刻蚀气体，从而大幅度提高效率、降低制造成本，并减少了对 TSV 的限制条件。激光刻蚀能够自然形成一定倾斜角度的深孔，这有利于后续在高深宽比孔的内壁沉积连续的扩散阻挡层和种子层。激光刻蚀的主要缺点是容易引起不规则结构，表面较为粗糙，类似机械钻孔和电加工的结果，并产生残留物和粉尘，特别是纳秒激光器。为了清除 TSV 侧壁的毛刺和残留物，需要采用化学处理和清理过程，常用的是采用氢氟酸-硝酸(HF-HNO_3)进行各向同性刻蚀。经过各向同性湿法刻蚀后，侧壁表面的光洁度大幅度提高。

对于高密度的 TSV，激光刻蚀效率和产量较低，因此激光刻蚀一般适用于 TSV 密度较低、数量较少的情况，如非阵列式结构等。目前东芝公司的图像传感产品所采用的就是激光刻蚀的方法制造深孔。由于大功率激光器的发展，通过优激光扫描路径，使用快速光电流计，优化加工策略等，从 2001 年起的 10 年时间里，激光加工和效率每年提高约 70%，到目前可以实现每秒 2000 个的 TSV 加工[11]。对于包含 10 万个 TSV 的硅晶圆，采用激光加工的速度大约是 DRIE 的 3 倍，因此每台激光加工设备的生产率等同于 3～4 台 DRIE 设备，使 DRIE 刻蚀 TSV 的总成本接近激光加工的 15 倍。对于密度更高的 TSV 制造，激光加工串行的特点使其效率低。目前电感耦合等离子体(Inductive Coupled Plasma, ICP)深刻蚀设备在硅刻蚀方面已经能够实现良好的刻蚀性能，但是在氮化镓(GaN)、石英和玻璃等衬底上刻蚀深孔的速度还远不能达到 TSV 制造的要求，因此在石英、玻璃、GaN 等材料上制造 TSV 时，激光刻蚀因为速度快而成为优选方案。

激光刻蚀通孔的最小直径小于 10μm，但是由于激光聚焦光斑大小的限制，采用激光刻蚀直径小于 5μm 的 TSV 难度较大。不同类型的激光制造深宽比的能力不同，纳秒激光器可以制造 10:1～20:1 的通孔[12]，基本能满足 TSV 制造的要求。

2.2.2 绝缘层

与平面互连一样，TSV 也需要将导体 Cu 柱与硅衬底之间通过介质层进行绝缘。由于 TSV 的尺寸较大、介质层的功能单一，所以 TSV 的介质层材料较为简单，多使用 SiO_2、Si_3N_4或者高分子聚合物。但是 TSV 高深宽比的结构特点，要求 TSV 介质层除了具有良好的绝缘能力、较低的应力和与 CMOS 的工艺兼容性，还需要具有良好的深孔内的共形沉积能力。SiO_2 可以使用多种方式沉积，热氧化的 SiO_2 具有最佳的绝缘能力，但是热氧化的高温使其只适合于先通孔工艺使用。在中通孔和后通孔方法中，各层电路在集成前已经完成了器件甚至金属互连，因此整个 TSV 制造和键合过程都不能使用 450℃以上的工艺。因此，SiO_2 介质层的沉积以中低温 CVD 方法为主。Si_3N_4 作为绝缘材料还具有一定的抗 Cu 扩散能力，在要求不高的情况下可以替代扩散阻挡层，实现一膜多用。目前用 PECVD 在高深宽比盲孔内沉积 SiO_2 或者 Si_3N_4 的能力还有一定限制，解决高深宽比盲孔内的共形沉积是 TSV 介质层所面临的主要问题之一。高分子材料具有较好的绝缘能力和共形沉积能力，并且可以作为 Cu 和硅衬底之间的应力缓冲层，但是可靠性等相关问题还需要进行深入的评估。

1. 二氧化硅

SiO_2 介质层的沉积方法和反应气体种类很多，所沉积的薄膜性质与沉积方法和工艺参数有直接的关系，包括反应温度、反应腔压力、气体流量和流速，以及等离子和杂质等都对薄膜质量有明显的影响。

热氧化生长的 SiO_2 绝缘层由于温度高、反应气体单一(仅为氧气或包含少量氢气)，薄膜致密，具有最好的绝缘层性质。在薄膜的均匀性、致密度、表面粗糙度，以及电场击穿强度等方面都优于 CVD 的 SiO_2 薄膜。热氧化的主要缺点是需要高温反应过程和较大的残余应力。通常热氧化需要在 950℃甚至更高(干氧)的温度下进行，由于温度的限制，热氧化只能于 CMOS 工艺以前才能使用，即首先刻蚀深孔，然后热氧化沉积绝缘层，再进行常规的 CMOS 工艺过程，或者在进行 CMOS 工艺热氧化的同时完成深孔侧壁绝缘层的沉积。另外，由于反应温度高、薄膜致密，导致热氧化 SiO_2 绝缘层与衬底 CTE 失配引起的残余应力和本征残余应力较大，通常可达 400MPa 以上。除热氧化以外，较高温度的 SiO_2 沉积方法还包括在常压化学气相沉积(Atmospheric Pressure Chemical Vapor Deposition, APCVD)或低压化学气相沉积(Low Pressure Chemical Vapor Deposition, LPCVD)中用硅烷(SiH_4)和氧气在 500℃左右反应，或者用 LPCVD 在 650～750℃热解正硅酸乙酯(Tetraethyl Orthosilicate, TEOS)，都具有很好的均匀性和台阶覆盖性。

基于 SiH_4 和一氧化二氮(N_2O)的 PECVD 是 SiO_2 常用的沉积方法，并且可以通过通入磷化氢(PH_3)和乙硼烷(B_2H_6)实现磷和硼的掺杂，获得硼硅玻璃(Borosilicate Glass, BSG)、磷硅玻璃(Phosphorosilicate Glass, PSG)或硼磷硅玻璃(Boron-Phosphorosilicate Glass, BPSG)。非掺杂低温 SiO_2(低于 450℃)薄膜结构为无定形硅，是金属化电极很好的保护材料。高温(850～1000℃)退火时，PSG 和 BPSG 表现出流动特性，可以增强台阶的覆盖性。高温热处理使薄膜密度增加、厚度减小，称为致密化，但不会改变结构特征。PECVD 的优点是沉积温度低，但是 PECVD 的共形能力一般，当 TSV 的深宽比较大时难以满足要求。以 SiH_4 作为反应气体时因为 SiO_2 绝缘层含有氢或水，对薄膜的性质有较大的影响。通常氢的含量与反应温度和反应气体 N_2O/SiH_4 的比例有直接的关系。

基于 TEOS 制造的 SiO_2 包含羟基，因此有较强的吸水性。即使都采用 TEOS 作为反应气体，不同沉积方法所获得的 SiO_2 薄膜的性质也有较大的差异。例如，SACVD

和 TEOS 沉积的 SiO_2 薄膜的击穿场强比等离子体增强原硅酸四乙酯（Plasma Enhanced Tetraethyl Orthosilicate, PETEOS）SiO_2 薄膜约低 30%，而漏电流约高 50%。利用 SACVD 和 TEOS/O_3，沉积的 SiO_2 薄膜在片内均匀性、表面粗糙度和残余应力等方面具有较好的性能。虽然其击穿场强 360MV/m 仅为热氧化 SiO_2 薄膜击穿场强的 15%左右，但是仍旧能够满足使用的需求。为了获得较好的绝缘特性并保证最薄处仍旧符合要求，一般情况下利用 SACVD 的 SiO_2 绝缘层的薄膜厚度至少在 150nm 以上，可以耐受 50V 的外加电压。当 SiO_2 厚度达到 260nm 时，绝缘层的漏电流一般在 10^{-15}A 的水平。实际上，由于制造工艺的变化和绝缘层厚度的变化，通常 TSV 的击穿电压可达 200～300V[13]。

2. 氮化硅

Si_3N_4 是一种致密坚固的薄膜材料，在集成电路中常用作最外面隔离水汽和钠离子的钝化保护层。Si_3N_4 对 Cu 的扩散具有一定的阻挡作用，在要求不高的情况下可以利用 Si_3N_4 同时作为介质层和扩散阻挡层。通过低应力控制，Si_3N_4 薄膜的应力可以控制在较小的范围。化学定量比的 Si_3N_4（Si:N=3:4）的沉积方法包括：①在 APCVD 中 700～900℃通入 SiH_4 与氨气（NH_3）；②在 LPCVD 中 700～800℃通入二氯硅烷（$SiCl_2H_2$）与（NH_3）；③在 PECVD 中通入 SiH_4 和 NH_3 在氩气等离子体下反应。

$$3SiH_4+4NH_3 \rightarrow Si_3N_4+12H_2\uparrow$$

$$3SiH_2Cl_2+4NH_3 \rightarrow Si_3N_4+6HCl+6H_2\uparrow$$

$$SiH_4+NH_3 \rightarrow SiNH+3H_2\uparrow$$

前两种方法都会产生氢气，结合到 Si_3N_4 薄膜中。在 400℃以下使用 PECVD 时，SiH_4 与 NH_3 反应生成非定量比的氮化硅（Si_xN_y），这种反应过程也伴随有氢气的产生，而且薄膜中氢的含量高达 20%以上。LPCVD 的 Si_3N_4 台阶覆盖能力较好。而 PECVD 的台阶覆盖能力一般。APCVD 和 LPCVD 的 Si_3N_4 薄膜具有很大的拉应力。对于硅含量高于化学定量比的富硅氮化硅（Si_xN_y），应力可以降低到 100MPa。

PECVD 沉积 Si_3N_4 的一个突出优点是可以控制沉积薄膜的应力水平。利用 13.56MHz 的 PECVD 沉积的 Si_3N_4 薄膜应力在 400MPa 左右，而使用 50Hz 频率沉积的 Si_3N_4 薄膜应力只有 200MPa。通过选择不同的频率，可以得到近似无应力的 Si_3N_4 薄膜。

3. 氮氧化硅

随着集成电路特征尺寸的不断减小，为了控制 MOS 器件的短沟道效应，需要不断提高栅电极电容。这可以通过不断减薄栅氧层的厚度实现，但却会导致栅电极漏电流的增加。当 SiO_2 栅氧层厚度降低到 5nm 以后，漏电流导致器件性能无法满足应用的要求。因此在 180～65nm 工艺时代，CMOS 工艺采用在栅氧层中掺氮形成氮氧化硅(SiNO)来解决漏电流的问题。由于 SiNO 相对 SiO_2 有较高的介电常数，通过使用 SiNO 提高栅介质层的电容，缓解短沟器件对栅氧化层厚度的依赖，并降低栅介质层的隧穿电流，同时显著减少 PMOS 器件中硼从多晶硅穿透进入栅极绝缘层的数量，减小阈值电压的漂移。SiNO 还常作为金属表面的抗反射层，消除光刻曝光过程中由于金属反射等引起的驻波效应。

作为栅极介质层时，CMOS 工艺中常用的沉积方法是在热氧化后通过高温氮化退火实现在 Si-SiO_2 界面引入氮原子。氮的引入改变了界面附近的晶格结构，使 CMOS 器件的性能发生了改变，如氮掺杂降低了某些器件的可靠性，并且增加了器件的 $1/f$ 噪声，这对低频应用的模拟器件更加明显。这种方法获得的 SiNO 薄膜致密、杂质少、质量高。作为抗反射层和钝化层等应用时，由于温度的限制，SiNO 的沉积一般采用 PECVD 和 SiH_4 及 N_2O 气体。

由于 SiNO 的绝缘能力，也用来作为 TSV 中 Cu 柱的绝缘层。同时，由于 SiNO 对 Cu 有扩散阻挡作用，所以 SiNO 可以同时作为扩散阻挡层使用。如果 SiNO 具有 SiO_2 的绝缘能力和氮化钽(TaN)等对 Cu 扩散阻挡的能力，使用一层 SiNO 替代 SiO_2 和 TaN 作为绝缘层和扩散阻挡层，在制造成本和可靠性方面会带来显著的优势，但是仅依靠 SiNO 作为扩散阻挡层的效果还达不到 TaN 等材料。

4. 低介电常数介质

在后通孔工艺顺序中，因为 BEOL 的平面互连已经完成，为了刻蚀 TSV，必须首先将平面互连的介质层刻蚀去除。由于介质层厚度较大，并且多层材料层叠后较为复杂，这就要求介质的刻蚀工艺能够处理多层不同的材料，避免刻蚀过程中更换刻蚀工艺。介质材料用于不同互连之间的绝缘和支撑，是互连的重要组成部分。传统集成电路一般采用 SiO_2 作为层间绝缘的介质材料，这是由于 SiO_2 有较高的击穿场强，工艺制造成熟简单，并且介电常数相对较低。随着互连尺寸的不断减小，利用低介电常数(低 K)介质可以在不降低布线密度的条件下，有效地减小互连电容，从而减小 RC 延迟，提高芯片的工作速度，降低功耗。在 180nm 技术节点，介质材料采用的是含氟 SiO_2，其介电常数为 3.7；90nm 技术节点使用的介质材料其介电常数 $K<2.7$；65nm 技术节点采用氟化硅玻璃作为介质材料，其介电常数 $K<2.4$；随着技术节点的发展，K 接近 2.0 的超低 K 介质材料在 32nm 技术节点开始应用。

空气是目前 K 值最低的介质(K=1)，因此通过引入孔隙利用空气作为介质的组成部分，可以有效降低材料的 K 值。多孔介质材料的制造通常将可去除的多孔前驱体包含在介质材料中，然后去除多孔前驱体(如紫外光辅助热处理)，使相应位置留下孔隙实现多孔介质材料。多孔介质材料的 K 值取决于孔隙的大小和分布，理想情况下能使 K 降低到 2 以下。通常多孔介质材料的机械性能非常脆弱，如与普通 SiO_2 相比，多孔 SiO_2 的弹性模量减小到 5%～10%，硬度小于普通 SiO_2 的 15%，而其

CTE 却是普通 SiO_2 的 25 倍。目前 K 值为 2.5 的多孔材料已完全可以满足 45nm 工艺的生产要求。

2.2.3 黏附层和扩散阻挡层

为了防止 TSV 金属(Cu 或 W)透过绝缘层向硅衬底中进行扩散，沉积绝缘层之后，还需要沉积一层阻挡层，也可以称为黏附层，因为它还可以增加金属和绝缘层之间的黏附性，从而提高工艺可靠性，可以采用钛、氮化钛、钽和氮化钽等材料。其厚度一般为 100nm 左右，可以采用 MOCVD 或溅射法沉积工艺过程来实现。降低沉积工艺温度可以通过增加 NH_3 的蒸汽浓度实现。

尽管 Cu 互连具有明显的优点，但是 Cu 在硅和 SiO_2 中的扩散速度很快。Cu 原子一旦扩散进入硅片中，就会成为深能级受主杂质，使芯片性能退化甚至失效，影响 SiO_2 等大多数介质层材料的性质和硅器件的可靠性，因此必须在 Cu 与介质层之间沉积一层扩散阻挡层防止 Cu 扩散。阻挡层也可以称为黏附层，因为它还可以增加金属和绝缘层之间的黏附性，从而提高工艺可靠性，其厚度一般为 100nm 左右，可以采用 MOCVD 或溅射法沉积工艺过程来实现。在集成电路制造工艺中，扩散阻挡层可消除如浅结材料扩散或结尖刺的问题，并阻止上、下层的材料互相扩散，这在多层 Cu 互连中尤为重要。

扩散阻挡层必须满足以下要求[1]：①扩散阻挡层必须能够在高温情况下阻挡 Cu 向硅衬底扩散，即具有很好的阻挡扩散特性，这要求扩散阻挡层必须具有一定的厚度(如10nm)，通常情况下，多晶结构具有较多的空洞和明显的晶粒边界，对实现扩散阻挡的功能不利，而非晶结构表现为无明显的边界，更容易获得好的扩散阻挡能力；②扩散阻挡层必须有良好的可制造性，能够在高深宽比的 TSV 中制造连续、均匀性好、共形能力高的薄膜结构；③扩散阻挡层需要具有抗电迁移的能力、良好的高温稳定性、与 CMP 工艺兼容，以及抗侵蚀和氧化等性能；④扩散阻挡层必须具有较低的薄膜应力，以保证扩散阻挡层的连续性。

在平面互连中，扩散阻挡的功能要求扩散阻挡层不能随着特征尺寸的减小而变薄，因此其所占据的互连截面比例随着互连尺寸的减小而越来越大，Cu 所占的截面比例不断减小，严重影响互连的电阻。例如，在 65nm 工艺时，中间层 Cu 互连的宽度和高度分别为 90nm 和 150nm，其中扩散阻挡层厚度为 10nm，这意味着扩散阻挡层的截面积占整个互连的 35%左右。为了保证 Cu 互连的电阻，扩散阻挡层的厚度也必须随着特征尺寸的减小而不断减小，这就要求扩散阻挡层在超薄情况下仍具有很低的电阻率、良好的连续性和扩散阻挡能力。由于扩散阻挡层的电阻率高于 Cu 的电阻率，所以扩散阻挡层会影响到互连的电阻大小，必须不断减小扩散阻挡层的厚度。目前在平面互连中广泛使用的扩散阻挡层材料是钨化钛(TiW)、氮化钛(TiN)、钽-氮化钽(Ta-TaN)等。钽(Ta)作为阻挡层具有很好地防止 Cu 扩散的功能，并且薄膜电阻低，对介质材料和 Cu 的附着性好，具有良好的台阶覆盖性。Ti-TiN 也是使用较为广泛的扩散阻挡层材料，其优点是与介质层的黏附性很强，应力很低。

在 TSV 中，由于 TSV 的尺寸较大，扩散阻挡层的厚度所占 TSV 截面很小，即使扩散阻挡层的厚度比平面互连中高一个数量级也不会对 TSV 中 Cu 的比例产生明显的影响，因此不要求超薄的扩散阻挡层，同时对扩散阻挡层的电阻率也有所放宽。TSV 中主要考虑的因素是高深宽比盲孔内的共形沉积能力和与介质层的黏附性能。另外，扩散阻挡层的薄膜应力是制造扩散阻挡层和黏附层时必须要控制的关键参数。较大的薄膜应力会导致扩散阻挡层因为内建的应力产生裂纹或颗粒状不连续。薄膜应力包括本征应力和热应力。本征应力来源于部分原子处于非平衡晶格位置，形成了晶格失配造成应力，其中产生压应力的原因是一部分原子聚集在空隙的晶格位置，并从这些原子向低能量晶格位置扩展；而拉应力是由于部分晶格位置缺少原子引起的，造成薄膜必须拉伸或者挤压。热应力是由于金属薄膜和硅衬底的 CTE 不同造成的。由于多数金属的 CTE 都比硅大，所以在薄膜沉积以后冷却到室温时，薄膜收缩比硅衬底更加显著，造成沉积后的薄膜产生拉应力。

2.2.4　种子层

在平面互连中，随着特征尺寸的不断减小，扩散阻挡层所占的比例如果过大，将导致互连线的电阻增大。为了减小扩散阻挡层对互连电阻的影响，需要超薄的扩散阻挡层，如对于 32nm 工艺，扩散阻挡层的厚度一般要低于 2.4nm。由于 Cu 扩散阻挡层非常薄，并且材料电阻率较大，所以扩散阻挡层的电阻很大，通常无法满足 Cu 电镀的要求，需要在扩散阻挡层表面首先沉积一层 Cu 的种子层，以提供 Cu 电镀所需要的阴极电势，并保证电镀 Cu 的质量。

种子层材料包括 PVD 制造的钴 Cu、CVD 或 ALD 制造的钴(Co)或钌(Ru)。Cu 种子层的基本要求包括以下几点[1]：①种子层必须具有良好的电导率和优选的晶向，以提供 Cu 电镀的功能并控制电镀 Cu 的晶向取向，这对降低应力、提高扩散阻挡能力、提高可靠性都非常重要。②种子层的沉积工艺必须保证种子层的连续性，若不连续，将在填充 Cu 中生成空隙甚至断路；目前集成电路 Cu 互连工艺中，扩散阻挡层和 Cu 种子层都是通过 PVD 制造的，种子层必须足够薄，以避免在高深孔结构上沉积时的表面凸起和外悬，防止产生空洞；但是种子层又不能太薄，以保证连续和较低的电阻，在 45nm 或更小的特征尺寸下，ALD 和无种子层电镀也是可行的解决办法。③种子层需要较低的应力水平，当种子层为拉应力时，容易造成种子层的不连续，对可靠性有较大影响，因此必须控制种子层的应力。

在 TSV 工艺中，由于 TSV 尺寸较大，对种子层的厚度要求有所降低。一般种子层的厚度为 100～200nm，主要的难点是如何在高深宽比结构内沉积连续的种子层。尽管有报道直接在 TiN 表面电镀 Cu 填充 TSV，但是量产工艺仍旧需要 Cu 种子层以获得稳定的电镀效果和期望的晶粒分布。

当 TSV 深宽比较大时，容易出现所沉积的 Cu 种子层不连续的问题。断续的种子层包括高深宽比导致的底部种子层缺失，以及由于 Bosch 刻蚀导致的起伏尖峰过大引起尖峰下方种子层的非连续。为了解决种子层非连续的问题，除了直接开发更加适合高深宽比盲孔沉积的方法，还可以在电镀前采用种子层增强(修复)方法去除种子层的缺陷。种子层增强是一类方法，主要目的是将 PVD 后非连续种子层的缺陷补齐，获得连续、均匀的种子层。种子层增强的主要目的是提高种子层质量，包括过薄种子层的增厚以减小电阻率和断续的种子层连续化。

2.2.5 导电材料填充

TSV 的导电依靠在所刻蚀的深孔内部填充的导电材料实现。如何在高深宽比的盲孔内实现无缺陷的导电材料填充是 TSV 最重要的制造技术之一。在三维集成电路工艺技术的发展过程中，电镀 Cu 是 TSV 最常用的导电填充方法。三维集成电路工艺技术的不断发展和应用要求的不断提高，推动 TSV 向着更小直径、更高深宽比的方向发展。根据国际半导体技术蓝图(International Technology Roadmap for Semiconductors, ITRS)的预测，到 2015～2018 年，多种应用的 TSV 的直径将减小到 0.8～1.6μm，深宽比将提高到 10∶1～20∶1。直径的变化会导致填充方法的变化。当 TSV 的直径减小到 1μm 时，由于电镀液质量输运和物质交换变得更加困难，TSV 的填充方法将从目前主流的电镀技术发展为利用 CVD 技术沉积 Cu 或 W。使用 CVD 技术沉积 W 可以实现直径 2μm、深宽比超过 20∶1 的 TSV。

Cu 电镀对 TSV 和三维集成电路有重要的影响。首先，Cu 电镀是三维集成电路成本的主要决定因素。通常盲孔深刻蚀、沉积介质层、沉积扩散阻挡层和种子层，以及 CMP 平整化等工艺过程只需要 10～20 分钟，而 Cu 电镀填充至少需要几十分钟甚至几小时，因此对制造成本和生产效率影响很大。有估算表明，Cu 电镀的成本甚至占到整个 TSV 制造成本的 40%以上。其次，Cu 电镀必须在盲孔内避免形成空洞，以免将电镀液密封在 TSV Cu 柱内。密封在 Cu 柱内的电镀液或者其他物质会严重影响 TSV 的电学性能、化学稳定性和热力学可靠性。例如，在经受高温工艺过程(如键合等)或在使用过程中温度上升时，由于电镀液的 CTE 与 Cu 不同，从而产生显著的热应力。另外，电镀液的存在改变了 Cu 柱的电学性质，甚至使 TSV 的导体性质丧失，而且硫酸铜电镀液具有明显的腐蚀性，会持续地与 Cu 柱发生电化学反应，甚至导致 Cu 柱失效。无空洞的高深宽比盲孔电镀较为困难，需要借助复杂的化学添加剂、合适的电镀设备和优化的电镀工艺参数才能实现。同时，盲孔无空洞电镀的填充速度很慢，这对 Cu 电镀的效率和成本有重要的影响。再次，电镀液的组成成分、添加剂的种类和浓度，以及电镀工艺参数决定了 Cu 电镀的微观晶粒结构，而晶粒又决定了 TSV 的电阻率残余应力、热膨胀程度，以及与这些特性相关的应力区大小、电学性能和热力学可靠性等。因此，TSV 电镀过程对三维集成电路的性能和可靠性也有极为重要的影响。最后，由于 TSV 深度大，完全电镀填充需要很长的时间，即使通过添加抑制剂等方式限制 Cu 在衬底表面的沉积速度，在 TSV 完全填充后仍旧会在衬底表面产生一层较厚的表面电镀层，其厚度比大马士革电镀的过电镀层要高一个数量级甚至更多，这对后续 CMP 的效率和成本产生很大的负面影响。因此，优化 TSV 的 Cu 电镀过程需要针对 TSV 的特点，对所有的工艺参数进行评估和优化。

1. TSV 盲孔电镀

尽管 Cu 电镀工艺已经在集成电路互连工艺中得到了广泛的应用，但是简单地复制其工艺和材料无法得到满意的 TSV 电镀。与 CMOS 后道工艺中的大马士革电镀相比，TSV 高深宽比的特点使电镀更容易产生缺陷。TSV 的高深宽比不但改变了电镀时的电势和离子浓度分布、离子输运等特性，而且在过电镀、无孔隙等方面的要求也都超过了通常的大马士革电镀的要求。TSV 电镀的难点和特殊性是由高深宽比引起的，通常表现在以下几个方面。

(1) TSV 电镀前需要在深孔侧壁上沉积连续的扩散阻挡层和种子层。由于 TSV 的深宽比较大，采用常规的 PVD 方法在高深宽比 TSV 盲孔的侧壁沉积均匀地扩散阻挡层和电镀种子层较为困难，特别是当深宽比超过 5:1 时。扩散阻挡层的非连续性将导致 Cu 扩散和种子层的非连续性，种子层的非均匀性和不连续会直接导致电镀空洞的出现[14]。

(2) 由于润湿的问题在 TSV 盲孔底部容易产生非浸润，导致电镀液不能到达 TSV 的底部而无法电镀，造成空洞，因此 TSV 内良好的表面润湿特性对电镀结果有重要的影响。为了使电镀液更好地进入 TSV 内部，电镀前通常需要进行表面润湿预处理。目前工业电镀设备一般都采用独立的预处理槽，硅片首先在预处理槽中通过真空去除 TSV 内的气体，促使电解液进入 TSV 内，然后再迅速送入电镀槽中进行电镀。常用的预处理方式是利用表面活性剂，如 Enthone 公司的 PW1000，通过超声或者兆声波辅助处理几分钟，以提高种子层表面的润湿能力，将盲孔内部的气泡打碎，有利于气泡的排出。预处理可以去除种子层表面的氧化物，降低种子层的表面张力，提高电镀液的润湿程度，使其更容易进入 TSV 内部。除此以外，也可以采用低表面张力的溶液对 TSV 进行润湿处理，然后再移入电镀槽进行电镀。还可以在一定真空下进行电镀，利用压差将 TSV 盲孔内部的气泡排出。

(3) 在电镀过程中整个种子层与阴极接通，由于盲孔的结构特点，在盲孔开口处的电流密度分布较盲孔内部更集中，使这些位置的电化学反应速度更快。同时，盲孔的深宽大，直径小，电镀液在盲孔内部的对流很弱。盲孔内部的 Cu 离子输运主要依靠扩散实现，导致离子进入底部比较困难，使盲孔表面和开口位置处的 Cu 离子浓度高于孔底部。这种 Cu 离子分布造成盲孔底部电化学反应速度慢，表面化效应，在深孔内部形成空洞或者缝隙。利用普通大马士革工艺电镀高深宽比的 TSV 时很容易出现空洞或缝隙。因此，TSV 电镀需要消除盲孔开口处电流集中的现象，并利用添加剂提高盲孔内部的电镀速度，抑制表面的电镀速度。

(4) 由于盲孔内部电流密度低，Cu 离子质量输运慢，盲孔底部的电镀速度很慢，因此深度越大的盲孔，电镀时间越长。由于 Cu 电镀过程中硅片不同位置连接电镀电源的阻抗不同，盲孔结构的表面起伏明显，整个硅片表面的电镀速度的均匀性较差，使硅片中心部位形成表面凹陷的碟形坑，而硅片边缘形成较厚的过电镀层或在 Cu 柱上方形成蘑菇头状的凸起[15]。为了去除过电镀层、Cu 凸点和碟形坑，需要长时间的 CMP 过程，大大增加了制造成本。

根据三维集成电路工艺技术要求，TSV 电镀需要满足以下几方面的要求：①电镀必须形成超共形电镀，避免在 TSV 内部形成空洞或缝隙而引起可靠性问题；②在避免空洞的同时，必须抑制圆片表面 Cu 沉积的厚度，以缩短后续 CMP 平整化的过程，降低成本；③尽可能提高电镀速度，缩短电镀时间，以提高生产率，降低成本；④充分优化 Cu 的微观晶粒结构，降低电镀残余应力，提高电学性能。为实现这些目标，一方面需要共形性更好的薄膜沉积工艺，实现深孔侧壁绝缘层、扩散阻挡层、黏附层、种子层等薄膜的均匀覆盖；另一方面需要优化电镀填充工艺，实现高深宽比深孔的 Cu 填充。图 2.7 为盲孔填充几种形貌的演变过程，其中图 2.7(b) 共形是电镀最容易出现的情形，这种空洞或缝隙会将电镀液密封在 Cu 互连内部，造成内部高温热应力、Cu 腐蚀等可靠性问题。

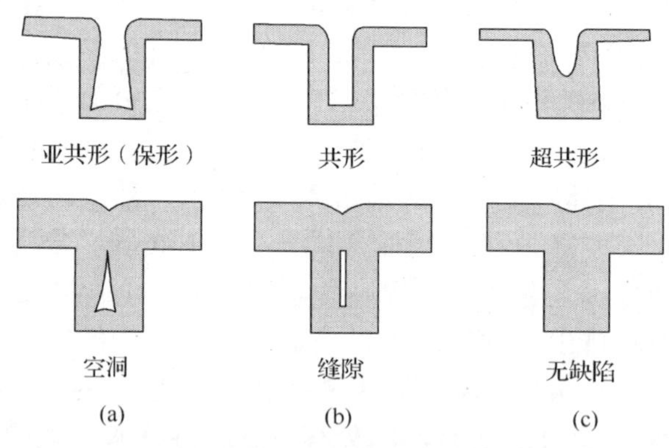

图 2.7　盲孔填充几种形貌的演变过程

2. TSV 通孔电镀

TSV 的盲孔电镀从晶圆的单面进行，电镀填充速度快，生产效率高，并且由于晶圆可以保持原有的厚度，电镀和后续的工艺过程中晶圆的机械强度和可制造性容易满足批量生产的要求。TSV 盲孔电镀的主要难点是需要使用复杂的电镀添加剂和反向脉冲波形，抑制 TSV 开口处的电镀速度以实现自底向上的电镀。目前已有多家材料供应商提供了基于多元添加剂的 Cu 电镀液，为 TSV 的盲孔电镀成为主流的电镀方案奠定了坚实的基础。即使如此，对于高深宽比的盲孔电镀仍旧需要精细地调整和优化电镀液的成分及电镀波形，盲孔电镀仍旧是三维集成中最复杂和成本最高的工艺过程之一。

在基于多元添加剂的电镀液出现以前，在高深宽比的 TSV 内部实现无缺陷的盲孔电镀是非常困难的。一种可行的解决方法是在 FEOL 以前，采用重掺杂的多晶硅或者 CVD 技术沉积的 W 作为导体材料，即先通孔工艺。尽管这些材料耐高温，可以实现高深宽比填充，但是它们较大的电阻率对三维集成电路的性能有一定的影响。为了实现高深宽比的 Cu 电镀 TSV，基于通孔的电镀也成为一种可行的填充方法。

与盲孔电镀尽量避免开口处由于横向沉积引起的封口效应恰恰相反，基于通孔的电镀过程要充分利用横向沉积引起的封口效应。对于通孔结构，在晶圆的一个表面沉积 Cu 种子层，并控制种子层仅位于通孔开口处或者稍稍进入开口内部；对种子层所在的一面进行直流电镀，开口处的结构特点使得开口容易被横向沉积的 Cu 所密封，将通孔转变为一侧被 Cu 薄膜密封的盲孔；将圆片翻转后，利用 Cu 薄膜作为种子层进行电镀，由于盲孔侧壁没有种子层，电镀沉积只在封口的 Cu 薄膜上发生，并且沿着盲孔的轴向单向生长，从而实现无空洞的电镀。这种电镀方法的核心过程包括横向电镀密封开口和反转硅片单向电镀两个步骤。与盲孔电镀相比，通孔电镀侧壁没有种子层，这是保证单向电镀的根本原因。

基于通孔电镀制造 TSV 的工艺过程如图 2.8 所示。首先在晶圆上 DRIE 高深宽比的盲孔，然后利用硅片的背面减薄技术将盲孔转变为通孔；在晶圆的正、反两面沉积介质层材料实现连续的绝缘层，由于通孔可以正、反面沉积，可以将最大沉积深宽比提高接近 1 倍；利用 PVD 从晶圆的正、反两面沉积黏附层和扩散阻挡层，同样这种沉积方式也可以将最大沉积深宽比提高 1 倍，然后在晶圆背面溅射 Cu 电镀种子层；对晶圆的背面电镀，利用开口处横向沉积将通孔封死转换为盲孔，再反转晶圆利用封口的 Cu 薄膜作为电镀种子层，实现沿着盲孔轴向的单向电镀，将 TSV 全部填充；最后利用 CMP 平坦化晶圆的正面，并完成正面的再布线。

与盲孔电镀相比，通孔电镀有其突出的优点。首先，电镀只在封口的 Cu 种子层上发生，是严格的单向沉积过程，因此电镀的难度与 TSV 的深宽比无关，可以实现极高深宽比 TSV 的无空洞电镀，大大降低了 TSV 电镀对电镀液、电镀设备和电镀工艺参数的依赖程度。其次，侧壁不需要沉积 Cu 的种子层，在一定程度上简化了制造过程，特别是高深宽比的 TSV，而这种通孔电镀需要首先将圆片减薄实现通孔，可以采用双面沉积介质层和扩散阻挡层的方法，将可沉积的最大深宽比提高近 1 倍。最后，对于深宽比相同的 TSV，单向通孔电镀的沉积速度基本相同，因此电镀后表面的过电镀程度容易控制、一致性较好，可以简化后续的 CMP 过程。通孔电镀的主要缺点是电镀速度慢、电镀沉积填充整个高度所需要的时间长。另外侧壁没有 Cu 的种子层，电镀过程不发生在侧壁上，侧壁对于 Cu 热膨胀的限制较盲孔电镀的情况更低，需要进行深入的可靠性优缺点评估。

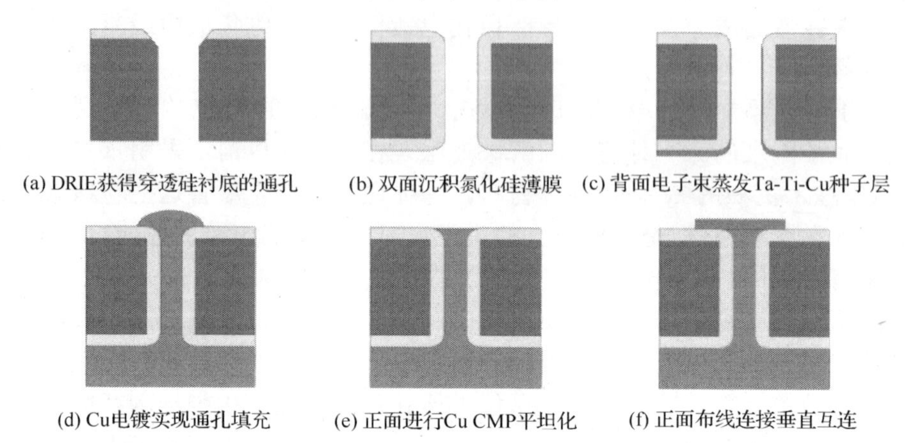

图 2.8　基于通孔电镀制造 TSV 的工艺过程

通孔电镀主要是为了解决高深宽比 TSV 无空洞电镀的问题而提出的。尽管近年来随着电镀液添加剂的不断改进，电镀深宽比 10∶1 甚至更高的盲孔 TSV 已经可以实现，但是通孔电镀在简化制造工艺、降低对电镀材料和设备的要求等方面仍旧具有突出的优点。

2.3　减薄技术

由于 TSV 深孔刻蚀、深孔内沉积介质层和扩散阻挡层，以及盲孔电镀等工艺过程对深宽比的限制，难以在完整厚度的圆片上制造较小直径(5～20μm)的 TSV，导致 TSV 占用的芯片面积过大，严重影响了 TSV 的密度和三维集成电路的成本。因此，在现有工艺条件的约束下，必须从背面将硅圆片减薄至 20～100μm，以降低 TSV 的制造难度并在给定深宽比的情况下实现较小直径的 TSV。另外，如果使用完整厚度的芯片，多层芯片堆叠后将使芯片层厚度达到几毫米量级，与现有的封装技术无法兼容，所占用的高度也是很多应用条件不允许的，如智能手机中芯片的厚度严格限制在 1mm 以下。除此以外，减薄厚度对于热管理也较为有利。因此，在三维集成电路中，几乎所有的集成芯片都必须应用硅片减薄技术，在永久键合后或临时键合后，将芯片或圆片减薄到允许的范围。根据减薄后的最终厚度不同，一般将厚度超过 200μm 的圆片称为标准圆片，将 10～100μm 的圆片称为减薄圆片，而将厚度为 1～10μm 的圆片称为超薄圆片，大多数三维集成电路应用中减薄圆片的厚度为 10～100μm。对于多数设备，能够处理的独立圆片的厚度为 100μm，当厚度低于

100μm 时，圆片的强度降低，难以在减薄后的工艺和设备上独立处理，需要在减薄前进行永久键合或临时键合，或者通过薄膜和周边保护环等辅助方法。尽管临时键合和减薄的工艺流程比较简单，但是良好的成品率、稳定性和一致性对设备和工艺技术的要求非常高。

常用的硅圆片减薄方法，包括机械研磨、机械化学抛光以及湿法和干法刻蚀。尽管采用干法或者湿法化学刻蚀的办法是常规集成电路中最常用的工艺过程，但是针对硅圆片减薄应用，无论是成本还是减薄速率方面，刻蚀的方法都不能满足批量生产的要求。因此，目前减薄的主要方法是通过机械磨削的方法去除大部分的硅片厚度，再辅助以减薄后的处理手段(如精研磨、CMP 或者干法刻蚀等)去除应力残留层。由于盲孔型 TSV 在制造时只有整个圆片的部分深度，减薄的目标厚度必须将 TSV 从圆片背面暴露出来，而通常仅采用减薄暴露出来的 TSV 无法满足后续键合和绝缘的要求，还需要采用回刻技术将 TSV 的末端制造为凸点的形式。

机械研磨包括粗研磨和精研磨两个过程。粗研磨使用的砂轮颗粒粒径比较大、减薄速率高，可以尽快将硅片厚度减薄到目标厚度的附近，以提高生产效率，但是粗研磨造成严重的表面损伤和残余应力，因此粗研磨适合快速将厚硅片减到大于目标厚度为 10～20μm 的厚度。粗研磨后需要使用颗粒粒径较小的砂轮进行精研磨。虽然精研磨的减薄速率下降很多，但可以大幅度提高圆片表面的光洁度，去除主要的表面损伤层和残余应力，提高硅圆片的机械强度。一般精研磨所去除的厚度在 10μm 左右，过厚的精研磨所需的总时间过长，过薄的精研磨无法有效减少表面损伤层，使薄硅片的机械强度不能得到优化。即使在精研磨后，硅圆片表面仍旧会存在一定厚度的晶格缺陷和表面损伤层，对圆片的机械强度和残余应力影响较大，因此研磨后一般还需要对表面进行 CMP 或刻蚀去除表面损伤层。CMP 既能够提高减薄表面的平整度和光洁度，也能够基本去除表面损伤层、提高硅圆片的机械强度。CMP 结合了机械减薄和化学腐蚀去除损伤的优点，可以获得非常光洁平整的表面，并且也不会对薄硅片的机械强度带来损失。在对表面光洁度要求不高的场合，可以使用湿法刻蚀或者等离子体刻蚀对圆片的表面进行处理，消除损伤并提高硅圆片的机械强度。这些纯化学刻蚀的方法工艺简单，可以有效去除表面损伤层，但是光洁度和平整度不如 CMP。

为了对减薄后的圆片提供机械支撑，减薄前需要将硅圆片与辅助圆片临时键合，或者与另一个器件圆片永久键合。硅片减薄一般需要将硅片从初始的 700～800μm(300mm 圆片厚 775μm，200mm 圆片厚 725μm，150mm 圆片厚 625μm)减薄到 50～150μm 甚至更薄。尽管利用机械磨削和 CMP 工艺可以将最终厚度减薄至几微米，但是从可操作性和成品率的角度来看，除特殊集成方式外，减薄厚度一般不低于 20μm。

减薄工艺是三维集成电路最重要的工艺过程之一，其技术难度和成本对三维集成电路有一定的影响。减薄的主要技术难点在于[1]：一是对于普通硅片没有减薄停止层，因此减薄的最终厚度完全是由设备的能力决定的；二是减薄后硅片表面的粗糙度、残余应力和厚度均匀性(Total Thickness Variation, TTV)也取决于减薄设备；三是减薄速率和残余应力等关键参数需要控制和折中；四是减薄后的超薄圆片强度下降，易于变形，给临时键合后的操作带来很多困难，减薄过程中形成的尖锐边缘容易造成微裂纹和碎裂。Semitool 开发了一种基于湿法刻蚀的晶圆减薄工艺，通过一个特殊的晶圆卡盘，在减薄过程中晶圆边缘保留一个较厚的外圈，对提高减薄后圆片的机械强度、保持圆片的完整性很有帮助。减薄后的外圈可以在后续的切割工艺中去除。

由于减薄工艺，圆片背面原有的吸杂层被去除，影响了器件的可靠性，同时减薄过程会在背面产生残余应力，使器件的性能和可靠性都受到影响。如果减薄前圆片未实施永久键合，还需要将减薄圆片的正面与辅助圆片临时键合。临时键合应尽可能使用硅圆片作为辅助圆片，这样一方面可以消除因为使用玻璃圆片等 CTE 差异产生的键合应力，同时硅圆片与设备常用的静电吸盘等相兼容。

2.3.1 机械研磨

机械研磨过程主要依靠砂轮对硅片的机械磨削实现，研磨过程中需要提供一定流速的磨削液对研磨表面进行润滑和降温。与 CMP 不同，机械研磨过程基本没有化学反应发生，磨削液的主要作用是润滑和降温，不提供研磨颗粒，磨削是由砂轮完成的。机械研磨减薄的过程包括粗研磨和精研磨两步。首先利用大粒径的磨削砂轮(一般为 300～600 目)，将硅片从初始厚度的 700～800μm 减薄至 100～150μm，然后使用精磨砂轮(一般在 2000 目左右)进行精研磨，进一步将硅片减薄到 75～100μm，最后用机械抛光或者 CMP 的方法将圆片厚度减薄到 30～50μm。损伤层的厚度可能超过砂轮的粒径，因此需要根据最终目标的厚度决定粗研磨和精研磨的厚度，以便后续的过程能够消除上一步造成的损伤层。

研磨是一个通过表面加压、损伤、破坏和去除等方式实现的物理过程，磨削和研磨过程会造成较大的残余应力和表面损伤。例如，采用 325 目砂轮磨削以后表面的损伤层厚度在7～10μm，残余应力层会更大一些；采用 2000 目精磨后表面损伤层可以大幅度降低到 0.5μm 左右。在要求不高的情况下，精磨后硅片的损伤层已经较小，可以直接使用，在要求较高的情况下(如减薄的厚度很薄)，还需要采用 CMP、湿法或者干法刻蚀去除精磨造成的损伤层。去除损伤层能够有效地去除残余应力并减小硅片的翘曲。一般情况下不采用机械减薄的方式直接暴露 TSV，而是采用干法刻蚀或湿法刻蚀将预留的厚度刻蚀去除，主要的圆片背面减薄流程是为了避免磨削造成的介质层破坏和 Cu 污染。

硅片减薄设备在堆叠以前已经在封装领域有了广泛的应用。早期用于封装领域的减薄机采用砂轮沿着平行于硅片表面的方向做进给运动的方式，这种设备一般具有较大的工具台和与工具台平行的砂轮，通过真空吸盘在工具台上固定多片硅片，工具台按照一定的速度旋转，砂轮在旋转的同时沿着平行于工具台表面的方向横向移动，将硅片磨削减薄。减薄过程中砂轮会周期性地经历硅片和硅片间的空隙，每次进入硅片时磨削厚度不同，硅片受力也不均匀，容易导致硅片翘曲，因此不能减薄到 100μm。这种方法的优点是可以同时固定多个硅片，减薄效率很高。

目前广泛使用的硅片减薄机采用砂轮平面垂直于硅片表面的进给方式。研磨砂轮的尺寸比硅片稍大，在砂轮和硅片相向旋转的同时，砂轮垂直于硅片表面进给磨削减薄。由于减薄时整个硅片一直处于砂轮的覆盖下，所以硅片的受力均匀，能够将硅片减薄至几十微米。由于砂轮覆盖整个硅片，对于直径较大的硅片每次只能减薄一片，相对效率较低，但是由于减薄速率很快，可达每分钟几十至一百微米，在一定程度上弥补了单片操作的效率问题。

减薄后的硅片的最小厚度、减薄表面的粗糙度和残余应力，以及减薄后的 TTV 都取决于减薄设备的性能和工艺过程参数。能够减薄的最小厚度取决于减薄后的 TTV、残余应力的大小以及硅片在承载基盘上的粘接平整度和去除方法，其中减薄后的 TTV 由减薄设备固定承载基盘的表面与砂轮主轴的垂直度决定，并受砂轮两个平面之间的平面度、磨削表面的平整度，以及主轴丝杆进给过程的平行度的影响。因此，大尺寸圆片的减薄设备对精密机械水平要求很高。

对于同一粒径的砂轮，减薄速率越高(砂轮进给速度越大)，减薄后硅片的表面粗糙度越大；在进给速度一定的情况下，砂轮的转速越高，硅片表面粗糙度越小。一般经过精研磨减薄后，硅片的表面粗糙度 Ra 值可以达到 5nm 左右。在研磨过程中，研磨转速的不同也会对最终获得薄硅片的机械强度造成很大的影响。一般来说，转速越快，厚度减小的速率越快，但对应的机械损伤也越严重。研究表明，减薄速度减少 50%，平均机械强度可以提高约 56%。

由于减薄时需要将硅片通过蜡或者薄膜固定在陶瓷(或者铝、铸铁)基盘上，粘蜡和贴膜过程对减薄后硅片的厚度均匀性也有极大的影响。通常，均匀厚度的蜡膜和薄膜的厚度均匀性为 2～3μm，因此对减薄硅片的 TTV 会产生相近的负面影响。通过良好的粘蜡和贴膜控制，减薄后的 TTV 可以达到 1～2μm，这对于需要减薄至 30μm 以下并且要求厚度均匀性的应用必须仔细控制。薄膜的厚度均匀性取决于产品质量，粘贴过程相对容易，而蜡的厚度均匀性除了取决于蜡的质量(质量较差的蜡杂质的粒度可能达到 5μm 或者更大)，还强烈依赖于粘片过程的方法和技巧。因此，从生产效率和质量控制的角度考虑，批量生产都会选择薄膜作为粘接方法。薄膜的厚度选择既不能太厚也不能太薄。过厚的薄膜厚度引入过大的厚度均匀性误差，对减薄后 TTV 的控制不利；而过薄的薄膜不容易补偿硅片 TTV 的变化，也不能很好地控制减薄后的厚度均匀性。对于减薄前 TTV 在 2～4μm 范围的硅片，一般采用厚度为 100～150μm 的薄膜较为合适。

2.3.2　边缘保护

由于硅片边缘为圆弧形状，减薄磨削的平面会使边缘出现锋利的尖角，导致强度减弱并出现应力集中，所以非常容易引起硅片碎裂。同时，由于圆片临时键合没有精确对准，或者由于圆片尺寸的差异，临时键合后上层圆片的部分区域可能会超出下层硅片的边缘，使减薄硅片的边缘失去辅助圆片的保护，容易引起边缘碎裂。这种边缘碎裂是减薄后硅片碎裂的主要原因，给后续的工艺和运输带来很大的困难，因此必须避免减薄后尖角的出现。

防止尖角碎裂的简单方法是在键合圆片的边缘填充临时键合胶。这种方法需要提高临时键合胶与圆片表面的黏附性，并采用硅片和辅助圆片都涂覆临时键合胶的方法，使临时键合后硅片与辅助圆片边缘的开口充分填充临时键合胶，开口处填充的键合胶在减薄后可以支撑硅片的尖角。这种方法适用于硅片减薄后首先与另一个器件圆片永久键合，然后再拆除临时键合的情况，但是不能解决未永久键合前首先拆除辅助圆片所引起的尖角问题。这种方法还要求减薄的圆片与辅助圆片的尺寸差异小，并且临时键合对准程度较好。除了采用双面涂覆的方法，为了减少临时键合胶的用量和降低成本，也可以采用喷嘴向键合圆片界面处直接喷涂临时键合胶的方法。

目前常用的防止尖角的方法是在硅片减薄以前进行切边处理，即采用砂轮将硅片需要键合的表面沿着硅片外径切割一定的深度和宽度(通常小于 1mm)，使硅片边缘形成矩形的截面，将硅片在一定深度范围内的直径减小。这样在键合和减薄以后硅片的直径略小于下层的辅助圆片，并且消除了锋利的尖角的影响，避免了在后续工艺中出现碎裂的问题。尽管这种方法的工艺过程比较复杂，但是对于拆除临时键合前不管是否首先进行永久键合都有效。切边对于减薄后的厚度低于 100μm 的应用非常重要，是保持硅片完整性的重要工艺过程。

除此以外，还可以使用辅助圆片预减薄的方法，即在临时键合以前首先将辅助圆片减薄为 400～500μm 的厚度，减薄后辅助圆片的边缘剖面为矩形，可以为临时键合的器件圆片提供更多的支撑。测试表明，这几种方法中对减薄圆片保护效果最好的是器件圆片切边的方法，然后依次是辅助圆片预减薄和边缘填充高分子材料，增大辅助圆片尺寸的方法对改善圆片边缘碎裂没有明显效果。

2.3.3　减薄后处理

即使采用精研磨，机械研磨减薄后的硅片表面仍旧比较粗糙、表面损伤较为严重、残余应力较大。为了去除表面损伤层、减小残余应力，减薄后的硅片表面需要后处理，特别是对于厚度低于 100μm 的硅片。常用的减薄后处理方法包括超精细研磨、CMP、干抛光、干法化学刻蚀和湿法化学刻蚀等。

超精细研磨采用更小颗粒的研磨液对硅片表面进行慢速研磨，研磨液的溶液为水，通过单纯机械摩擦去除表面严重损伤层，水的作用是提高润滑效果并降低温度。超精细研磨因为属于单纯机械摩擦作用，研磨后表面损伤层的厚度降低，但是仍旧不能完全去除，另外表面粗糙度也一般。CMP 采用机械摩擦和化学腐蚀的方法同时进行，能够获得非常好的表面光洁度和平整度，表面损伤层去除较为彻底，但是工艺成本高。干抛光不采用任何研磨颗粒和抛光液，只通过抛光垫的作用，利用机械摩擦将表面粗糙度降低，这种方法工艺简单、成本低，但是效率低、应力损伤层去除不够彻底。湿法化学刻蚀可以采用旋涂或者浸入式的方法，是消除表面损伤层最彻底的方法，但是刻蚀后表面光洁度较差。干法化学刻蚀也能够彻底去除表面损伤层，并且较容易控制，其缺点也是表面光洁度水平较差。

硅片减薄后抵抗外力的能力大幅度下降，产生碎裂的可能性大大增加。一般情况下，即使不进行去除残余应力的研磨后处理，减薄后厚度为 300μm 圆片的机械强度也足够支持后续制造、切割和封装等工艺过程。厚度为 300μm 的未处理芯片所对应的破坏强度为 20N，而对于减薄后厚度为 100μm 的圆片，必须进行表面后处理去除残余应力层，其强度才能满足后续工艺过程的要求。

减薄后的表面处理通过消除晶格损伤层提高芯片强度，是减薄过程中重要的工艺环节。通过等离子体刻蚀方法去除应力残留层，可以将厚度为 300μm 以下的硅片的强度提高近 1 个数量级[16]。去除应力处理对硅片柔性的影响也极为显著，去除残余应力层后可以将硅片最大变形时的半径减小两个数量级。与强度和柔性不同，减薄表面的硬度与后处理方式基本无关。为了降低芯片切割过程中切口侧壁的应力对芯片强度的影响，可以采用首先刻蚀划片槽(或切割后再刻蚀修正)，再进行减薄的方式，这样可以有效地避免切片应力的影响。

2.4 对 准 技 术

在三维集成电路的制造过程中，多层芯片的键合需要保证相互的位置对应关系，这种位置对应关系是由对准技术实现的。要获得高密度的 TSV，需要在键合时保证两层圆片具有很高的对准精度，确保金属凸点之间正确的对应关系，否则金属凸点之间的错位会导致互连失效，甚至导致错误的互连关系。高精度的对准不仅可以避免互连失效和错误互连，还允许使用更小直径的 TSV 和更小的键合金属凸点，从而节约芯片面积。因此，键合对三维集成电路是至关重要的，是实现高密度 TSV 的必要条件之一。尽管不同的应用所要求的对准精度各不相同，但是随着技术和应用的发展，对对准精度的要求也越来越高。

对准可以在键合前完成，然后在保持对准位置的条件下将对准的芯片或圆片转移到键合机中进行键合。另外，对准也可以在键合机中原位完成，或者借助上、下圆片上的一些特殊对准结构实现上、下晶圆的对准。目前量产的晶圆级键合设备基本采用对准和键合分离的方案，主要的原因是将对准与键合分离可以有效地避免键合过程中温度变化和硅片翘曲等因素对对准精度产生影响，从而提高键合精度。由于键合过程一般比对准过程需要更长的时间，将对准和键合分离可以更有效地提高键合机的利用率。另外，键合和对准分离可以将最终键合后的对准误差分解为键合前的对准误差和键合过程中滑移引起的误差，有利于分析键合误差的起因并改进影响键合质量的因素，更有效地实现高精度的对准和高质量的键合。对准后的圆片在移动过程中必须使用专门的夹具固定，以免造成圆片之间的相对滑移，影响对准精度。

影响键合对准精度的原因很多，包括采用的键合方法，对准方法，键合材料，以及上、下层芯片的表面起伏和翘曲等。在其他条件相同的情况下，不同的键合方法对键合对准精度的影响有很大差异[17]。由于直接键合和金属热压键合所引起的滑移很小，键合后对准精度较高；而高分子键合和共晶键合时，键合层出现一定程度的软化或熔化，容易产生键合过程中的滑移。热膨胀引起的圆片翘曲也是影响键合精度的重要因素。对于需要采用辅助圆片的临时键合和硅片减薄等情况，由于不同材料 CTE 的差异和临时键合高分子层的影响，临时键合后硅片产生翘曲变形。实际上这种翘曲可以视为全局放大误差。因此，对于使用玻璃辅助圆片的情况，如何控制辅助圆片引起的硅片翘曲是实现高精度对准键合要考虑的主要因素。根据待对准的硅片是否对可见光或者红外线透明，可以将对准分为直接对准和间接对准。待对准的两个硅片均需要选定两个参考点，然后在显微镜下采用直接或者间接的方式进行对准。如果两个硅片中有一个是对可见光或者红外线透明的，就可以采用直接对准。这种情况下，需要两个显微镜同时对准两个硅片，然后移动衬底指导两层上的两个参考点精确对准。当两个硅片都不对可见光或者红外线透明时，就必须采用间接对准方式。在这种情况下，先将第一个硅片对准到一个参考点上再抬高一定的距离，然后再将第二个硅片对准到同一个参考点上。间接对准没有直接对准的精确度高。

目前主要的对准技术包括圆片级对准技术、芯片级倒装芯片对准技术和芯片级自组装对准技术。W2W 键合对准采用专用的晶圆级对准设备，一般可以使用红外对准或光学对准方法。由于硅片对较长波长的红外光具有可透性，所以可以使用红外光源进行硅片的透视对准。D2D 和 D2W 键合对准可以采用倒装芯片键合设备的光学对准系统实现。对于采用绝缘体上硅(Silicon on Insulator, SOI)晶圆的三维集成电路(3D IC)，可以将 SOI 的衬底层全部去掉而仅将器件层堆叠到另一个圆片表面。由于 SOI 的器件层通常很薄，将 SOI 衬底层去除之后，器件层和玻璃辅助晶圆已经完全透明，此时可以采用常规光刻的方式进行对准。

2.4.1 红外对准

采用红外光实现硅片键合对准是最早的键合对准技术之一。禁带宽度超过 1.1eV 的材料在通常的红外波段都是透明的，而硅的禁带宽度为 1.1～1.3eV，因此硅对于红外波段的光线基本是透明的。除了个别波长外，硅对红外光的透过率为 45%左右。利用这一性质，采用红外光作为照射光源，硅衬底是基本透明的，就如同可见光投射玻璃一样，因此可以透过硅衬底直接看到由红外非透明材料构成的对准标记。一般情况下，采用金属作为红外非透明的对准标记。由于红外成像和硅透射波长的影响，并考虑尽可能提高对准精度，红外对准中采用的红外波长通常为 1.2μm左右，即近红外。

图 2.9 所示为红外对准系统的原理示意图。由于红外光肉眼不可见，对准标记的观察需要电荷耦合器件(Charge Coupled Device, CCD)红外成像仪或红外显微镜进行放大显示。利用红外光透射硅圆片时，对准系统与可见光对准系统的结构基本类似。需要对准时，两层硅圆片由各自的夹具控制分开一个微小的距离，以便可以微调二者的相对位置。红外光从晶圆的底部照射，在晶圆的上方观察对准标记的红外成像，并根据对准标记的位置对晶圆的相对位置进行调整。对准完成后，将两层硅圆片接触并固定相对位置，进行后续的键合。

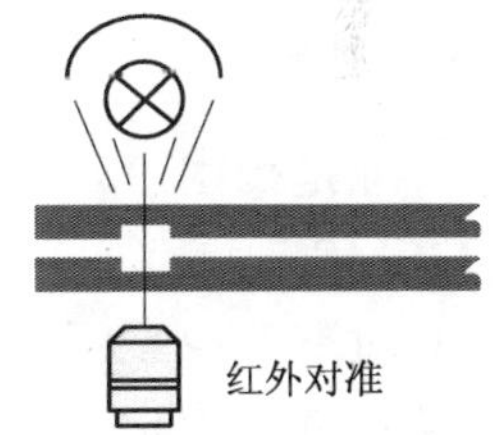

图 2.9　红外对准系统的原理示意图

红外对准的精度取决于红外波长、光学镜头放大倍数、对准标记设计，以及机械系统移动和控制精度等。在红外对准中，为了提高对准标记的可视分辨率，应尽量采用对硅透明的最短波长的红外光。对准时为了移动硅片，通常两层硅圆片之间的对准标记位于相对的表面时，两个对准标记之间的间隙仅为两层硅圆片之间的间隙，此时对准精度较高。当对准标记位于两层硅圆片相同方向的表面时，两个对准标记的间隙为硅片之间间隙与一层硅圆片的厚度之和，此时间隙很大，对准精度下降。因此在红外波长确定的情况下，为了减小对准偏差，需要尽量减小两层硅片之间的间隙，并将对准标记相对放置。

红外对准的优点是设备简单、对准过程直接、位置调整方便，并且可以同时看到所有层的情况。另外，红外对准可以在键合机中实现原位对准，即对准后直接键合，而不需要将对准的硅圆片组固定位置后再搬移到键合机中进行键合。红外对准的主要缺点是受到器件材料和多层金属互连的限制比较大。硅片上的 SiO_2 和 Si_3N_4 都是良好的红外吸收材料，其红外吸收率随着厚度的增加而增加，当厚度达到 1μm时，红外吸收率超过 70%，而互连等金属对红外非透明，并且会对红外产生反射，因此这些材料和结构会对红外成像产生很大的影响，在设计对准标记时必须充分考虑这些因素的干扰。对于 W2W 键合方式，这个问题可以通过预留专用区域形成的对准窗口的方法进行解决，而对于 D2D 键合方式，由于对准窗口尺寸较大，预留窗口对互连布置影响等因素难以解决，所以红外对准一般只用于 W2W 键合对准，尚未用于 D2D 键合对准中。

硅片表面的粗糙度增大了红外光经过该表面时的散射，使得对准标记的成像变得模糊，这对分辨率对准标记的细节影响很大，导致红外对准精度大幅度降低。因此采用红外对准时需要使用双面抛光的高等级晶圆。红外光对硅圆片的透过率与硅圆片的厚度和掺杂浓度有很大关系。红外光对硅衬底的透过率与硅圆片厚度的指数成反比，随着硅圆片厚度的增加，透过率迅速衰减。当硅片的电阻率小于 0.01Ω·cm 时，红外光的吸收率很高，只有对于足够薄的低阻率硅片，红外光才有一定的透过率。对于透过率较低的情况，硅圆片重掺杂区的灰度色调较暗，与不透明的金属对准标记分辨困难。

2.4.2　光学对准

尽管红外对准具有操作简单等优点，但是它易受干扰、对准精度不高、限制条件多等缺点，使其多数情况下只能作为量产设备的辅助功能，量产键合设备的主要对准功能是通过光学系统实现的。

1. 背面对准

背面对准是德国 Suss 微系统公司发明的用于 MEMS 领域双面光刻的专利对准技术，是 MEMS 领域双面光刻的主要对准方法，也是最早的光学键合对准方法。图 2.10 所示为背面对准的原理示意图，其基本原理是将一层硅圆片的对准标记朝着光学显微镜和成像系统，固定二者的相对位置后，在二者之间插入另一个硅圆片，通过调整显微镜和成像系统相对于第二个硅圆片的位置，间接调整两个硅圆片的相对位置而实现对准。这种方法的特点是两个硅圆片对准标记所在的表面朝向相同，两个硅圆片面对背放置，但是对准标记都面向显微镜和成像系统。对准过程是在光刻机中完成的，对准后两个硅圆片通过机械夹具固定好位置，再转移到键合机中进行键合。

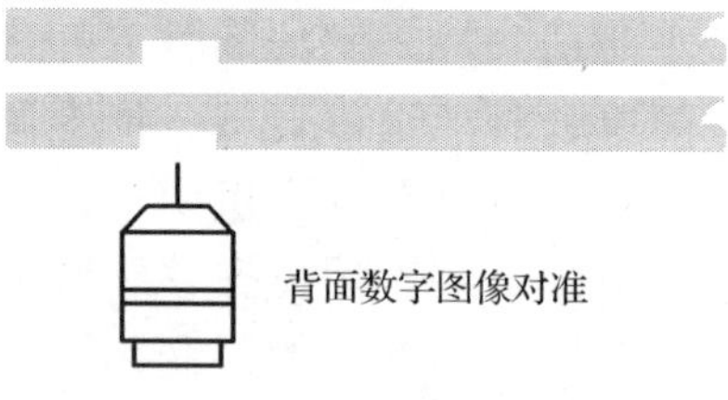

图 2.10　背面对准的原理示意图

2. SmartView™

SmartView™ 是 EVG 公司基于双面光刻对准原理发明的一种圆片级对准技术，并利用这种对准方法生产圆片级键合设备。SmartView™ 利用两个显微镜和照相系统，可以实现圆片对准，其对准原理如图 2.11 所示。首先把第一层硅圆片固定在设备的夹具上，带有对准标记的表面朝下，通过下方的数字显微镜拍摄对准标记的图像，存储并显示在显示屏上，同时记录此时上层圆片的物理位置；然后将第一层圆片移走，以避免遮挡上方的显微镜，并将第二层圆片放置在承片台上，使带有对准标记的表面朝上，由上方的数字显微镜拍摄对准标记的图像，通过两个对准标记计算第一层圆片与第二层圆片的相对物理位置的差异；最后移动第一层圆片到对准计算所得的物理位置，从而实现两圆片间的对准[18]。上、下两个数字显微镜的位置需要精确控制。SmartView™ 的特点是两个硅片上的对准标记分别位于不同的表面，面对面放置，通过硅片两侧的显微镜和成像系统双向对准。尽管与 Suss 公司的背面对准技术相比，设备和对准过程都更加复杂，但是可以允许对准标记位于面对面的位置，减小了二者之间的距离，有利于提高对准精度。

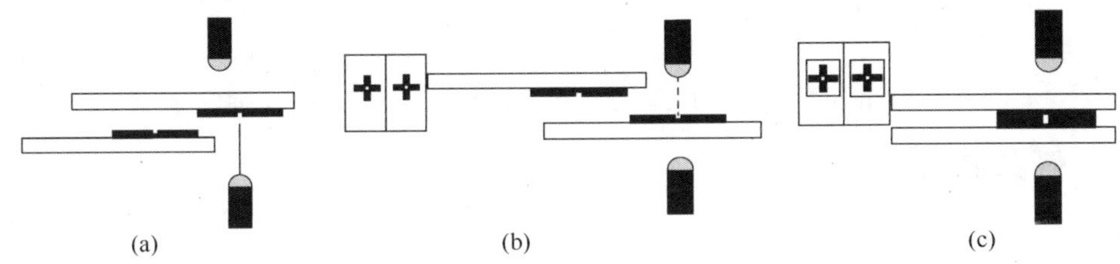

图 2.11　SmartView 对准原理示意图

3. 片间对准

片间对准(Intersubstrate Alignment, ISA)技术是由 Suss 微系统公司发明的一种高精度对准方法。其基本原理是将光学系统伸入两个硅圆片之间，通过分光镜同时观测上层硅圆片的下表面和下层硅圆片的上表面而实现对准的方法。如图 2.12 所示，上、下两层硅圆片的对准标记面对面放置，将两个硅圆片分开一个较大的距离，将光学系统伸入两个硅圆片之间；利用光学系统同时观测上层硅圆片的对准标记和下层硅圆片的对准标记，并融合为一个图像；根据上、下圆片的对准标记的相对位置，调整其中一个圆片的位置使之与另一个圆片对准；最后将光学系统从两个圆片间撤出，再将上、下圆片保持对准位置相互接触，通过专用夹具进行固定。这种对准方法的特点是对准标记面对面，光学系统能够同时观测上、下两个对准标记，因此逻辑过程简单、观测非常直观、对准精度极高。

片间对准方法的精度取决于工作台的运动精度和上、下圆片靠近及接触过程中的位置保持精度，特别是圆片靠近和接触过程的位置保持能力。两个圆片靠近并接触时，二者由于间隙产生的压膜阻尼与间隙中气体的流体黏度和圆片直径的四次方成正比，而与间隙的三次方成反比，因此当二者即将靠近时，间隙中气体的压膜阻尼极高，容易导致圆片漂移。在真空环境中完成对准接触

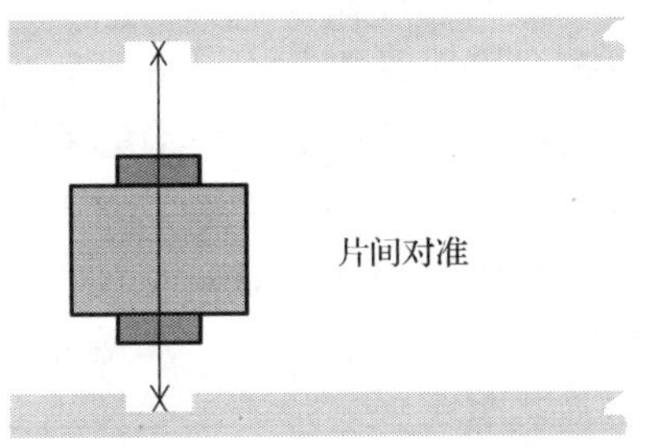

图 2.12　片间对准原理示意图

有助于保证二者的相对位置，但是抽真空过程大大降低了对准的效率。早期由于机械系统的限制，这种方法的对准精度为±2μm，近几年以来随着设备制造商在精密光学和仪器方面的技术不断提高，片间对准方法已经能够达到深亚微米的对准精度。

4. 对准标记

对准标记的形状对两层芯片的对准精度有很大的影响。两层芯片对准需要在平面的两个方向对准平移和在平面内旋转。确定和调整平移所使用的对准标记一般为游标式对准标记结合十字形对准标记，通过较为精细的游标设计，即可以判断两个图形在平面内两个方向的平移对准误差。由于旋转角度较难分辨，通常两个对准标记左右并列设置，并尽可能增大两者之间的距离，尽可能地限制旋转误差。因此，采用游标和十字形对准标记，两个并列对准标记的间距越大，旋转误差越小。

2.4.3 倒装芯片

倒装芯片是一种已广泛应用的封装技术，用来实现芯片与芯片的对准和键合，其对准的基本过程如图 2.13 所示。首先将下层芯片固定在工作台上并用机械臂吸取上层芯片，光学成像系统同时把两个芯片的对准标记在显示屏上成像，通过移动工作台使得圆片与芯片对准；随后旋转机械臂直到芯片紧密接触到圆片上，并根据杠杆原理在机械臂上移动重物增加芯片之间的压力；对准以后，通过金属凸点之间的加热键合进行芯片的键合，键合后复位机械臂。倒装芯片实现的芯片与芯片的对准精度为 1～20μm，主要取决于键合对准时间，键合误差越小，所需要的对准时间越长。

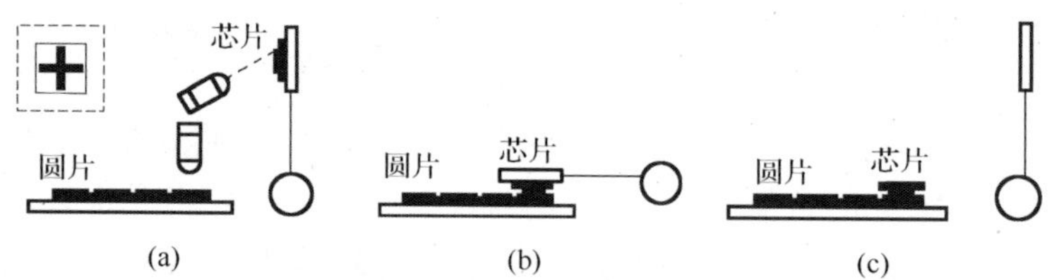

图 2.13　倒装芯片的对准方法

倒装芯片设备可以实现芯片到芯片或芯片到圆片的对准。这种设备的对准模块与键合模块是集成在一起的，在大气环境或保护气体环境中(如氮气、蚁酸)完成对准过程后，随即进行键合过程。若采用这种设备实现芯片到圆片的三维集成，需要串行地进行对准和键合的过程，生产效率低；一般情况下，难以利用倒装芯片设备实现两层以上的键合，从而限制了圆片键合的应用。另外，多次升温过程会对圆片产生热冲击和热堆积，影响器件和电路的性能。

早期倒装芯片的主要应用是芯片的封装，对对准精度要求不高，主要目标是高效率，这在很大程度上影响了 D2D 对准键合在三维集成电路中的应用和发展。近年来，为了满足三维集成电路 D2D 键合和 D2W 键合对高精度对准的要求，包括德国 Finetech 公司和法国 SET-SAS 公司等在内的多家设备制造商，都开发出了面向 D2D 对准应用的高精度芯片对准键合设备。这些设备与传统的摆臂式倒装芯片设备相比，不但可以用于 D2D 的对准键合，还可以用于 D2W 的对准键合，并且对准精度有了大幅度的提高，如 SET 公司的 FC 系列的对准精度可达±0.5μm。

2.4.4　芯片自组装对准

芯片自组装(self-assembly)对准是一种利用液体的表面张力进行对准的方法，其基本原理是利用液体在特定位置所产生的表面张力，将芯片定位于该位置。2005 年，日本东北大学发表了利用表面张力驱动的 D2W 自组装对准技术[19]，并于 2007 年发表了基于自组装对准的 W2W 对准键合技术[20]。这种技术特别适用于大量小尺寸芯片的集成和封装，如发光二极管、微镜等光学器件，所采用的液体包括低熔点焊料、环氧树脂和丙烯酸酯等，在将器件对准后直接加热键合。

自组装对准的原理示意图如图 2.14 所示。首先在硅圆片表面沉积 SiO_2 亲水层，然后利用光刻和刻蚀的方法在需要键合芯片的区域形成亲水表面，在芯片以外的区域形成疏水表面；把亲水性液体滴在圆片的亲水区，由于芯片区域的亲水表面具有较大的亲和能力，而非芯片区域的疏水表面具有排斥作用，使得液滴只停留在亲水的芯片区域；随后把同样具有亲水表面的上层芯片面对面地放置到底层圆片上，液体的表面张力将自动调整芯片的位置和角度，使其适应圆片表面的亲水区，从而实现上层芯片与下层圆片的对准。即使多层芯片之间的尺寸大小不同，只要通过控制亲水区和疏水区的位置，就可以通过自组装方式实现对准的三维集成电路。

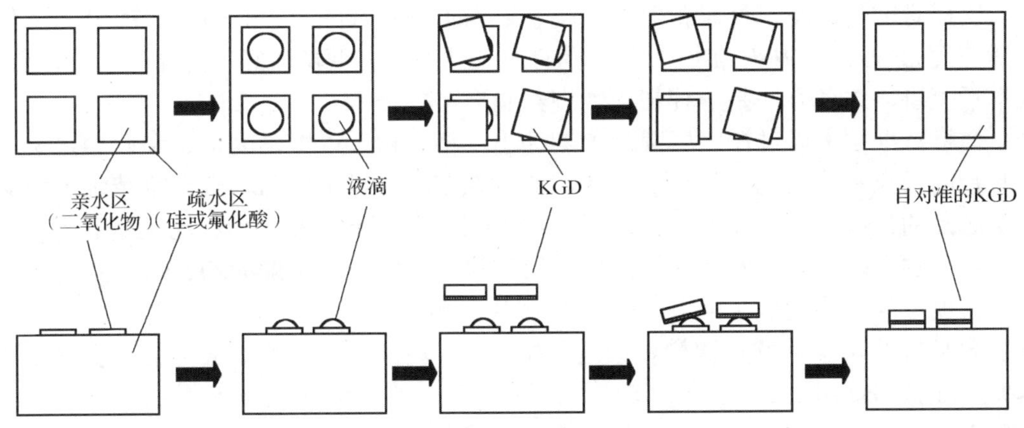

图 2.14　自组装对准的原理示意图

自组装对准巧妙地利用了亲水和疏水的物理特性，能实现 D2D 或 D2W 的对准，引起了研究机构的重视。这种对准方式速度快，对准过程能在 0.06s 内完成，对准精度可达到±2pm，最高甚至优于±1μm；同时，这种对准方法是一种并行的处理方式，多个芯片同时放入液体中各自并行实现对准，完成 100 个芯片的对准和完成 1 个芯片的对准时间基本没有差别，因此是一种适合于大批量生产的高效对准方法。与倒装芯片对准技术相比，自组装技术能精确并快速地实现对准，有利于提高垂直互连的密度，实现高性能的三维集成电路。这种技术的缺点是要求芯片具有亲水表面，对不具有这种性质的芯片表面材料需要涂覆合适的亲水和疏水材料，过程有些复杂。由于对准过程在液体中完成，芯片的所有表面都会接触液体，这对有些芯片会产生影响，特别是对于包含 MEMS 或传感器悬空微结构的芯片，接触液体会导致发生粘连现象，破坏微结构。从多层芯片堆叠的角度考虑，这种方法在实现 3 层或 3 层以上芯片的对准应用中也有一定的困难，表现在已经键合的芯片表面再进行特定区域的亲水和疏水处理有一定的困难。另外，尽管利用自组装对准技术可以将大尺寸芯片键合到小尺寸芯片的上方，但是工艺难度增加；而如果芯片为正方形，将芯片放到亲水区表面的过程必须初步对准方向，否则芯片可能无法停留在正确的对准方向上。

理论分析表明，自组装方式产生对准误差的主要原因是去钉轧的影响。如果液滴经过扩散溢出了亲水区而到达了疏水表面，对准精度根本无法保证，因此必须控制液滴的扩散，即在亲水区和疏水区之间必须有清晰的界限。提高亲水区和疏水区差异的方法包括对圆片非亲水区进行疏水处理，提高亲水区以外其他地方的疏水性，或者采用凸起的结构限制亲水区的范围。

2.4.5 模板对准

模板对准是由美国伦斯勒理工学院(Rensselaer Polytechnic Institute, RPI)和清华大学开发的一种 D2W 对准技术[21]，具有对准效率高、重复性好、实现简单等特点。从本质上讲，这种方法是一种利用物理结构对准的技术。

模板对准技术通过在底层圆片上刻蚀出深槽结构，以深槽的顶角和四边定义下层芯片的顶点和 x、y 方向，上层芯片则通过在芯片边缘刻蚀的垂直台阶精确地定义上层芯片的顶点和 x、y 方向。把上层芯片翻转后放置到深槽内，移动上层芯片，使上层芯片的台阶与底层圆片深槽的侧壁紧密接触，实现高精度的 D2W 对准。

模板对准过程包括 3 个步骤：芯片/圆片深槽刻蚀、芯片垂直台阶刻蚀，以及芯片装载和对准。芯片/圆片深槽刻蚀过程中，在底层圆片上旋涂低应力的有机聚合物苯并环丁烯(Benzocyclobutene, BCB)，通过等离子干法刻蚀技术刻蚀芯片区域的 BCB 层，完成深槽结构。这个深槽的功能是将芯片放入后实现对准。等离子干法刻蚀包含横向刻蚀和纵向刻蚀，但横向刻蚀会使深槽角落位置产生偏移，无法精确地定义芯片的位置。为了实现高精度的对准，应尽量减少 BCB 的横向刻蚀，即通过垂直的各向异性刻蚀定义深槽，以减小因横向刻蚀造成位置定义的误差，并且刻蚀后不能在底部留有残余物质而影响后续的键合效果。各向异性的有机物 RIE 需要对工艺参数进行调节并优化刻蚀功率、压强、时间等。根据 RIE 的基本原理，影响刻蚀各向异性的工艺参数主要有功率、压强和气体成分比。

芯片垂直台阶刻蚀的目的是将芯片外侧刻蚀出规则、光滑、准确的边缘，用来实现与圆片表面的深槽侧壁之间的紧密接触，完成对准。另外也可以通过旋转砂轮切割上层芯片边缘完成垂直台阶，但是垂直台阶的位置精度和侧壁平整度较干法刻蚀的效果要差，影响对准的精度。采用干法刻蚀实现垂直台阶时，也必须控制刻蚀侧壁的表面粗糙度，以免表面平整度影响对准精度。同时，垂直台阶的高度要大于深槽的深度，避免芯片悬空地放置在圆片上方，导致两层芯片的表面无法接触而影响后续键合。

芯片装载和对准过程是将刻蚀有垂直台阶的芯片翻转后装载到圆片表面的深槽中，每个深槽装载一个芯片。如果需要实现 D2W 的对准，可以在圆片表面的多个深槽中同时装载多个芯片。装载过程可以借助倒装芯片设备完成，以提高生产效率。为了保证 D2W 对准的精度和一致性，装载芯片后高速旋转圆片，使芯片在离心力的作用下，通过垂直台阶的边缘与圆片表面深槽的侧壁紧密接触，实现良好的接触和一致性。由于离心力的作用使芯片有向圆片外侧贴紧的趋势，所以对准基准一般需要设置在深槽远离圆心的那一侧。

这种模板对准技术的优点包括[1]：①通过深槽和垂直台阶精确定义芯片位置，并通过移动芯片使台阶与深槽接触实现芯片/圆片的对准，不需要使用光学系统实现对准，不受对准设备的限制；②可以直接在键合设备的腔体内利用片上对准技术使得芯片/圆片对准，随后即可以进行键合，不需要对已经实现对准的芯片/圆片转移，有利于实现高精度的对准；③通过深槽结构和垂直台阶实现的片上对准技术可以应用于 D2D 键合、D2W 键合或 W2W 键合等不同的三维集成电路，并且适用于 MEMS 和传感器。这种方法的主要缺点是要求芯片衬底能够刻蚀，另外由于刻蚀会浪费芯片面积，提高成本。完成两层芯片键合后，在第二层芯片上方制造深槽时参照标记难以保持高精度，因此多层芯片的对准精度有所下降。

2.5　键合技术

键合(bonding)是指在一定外部条件(如温度、压力、电压等)的作用下，使两个衬底材料(如硅-硅或硅-玻璃等)形成足够近的接触，最终通过相邻材料的界面之间形成的分子间作用力或化学键，将两个衬底材料结合为一体的技术。键合技术最早起源于 MEMS 领域，通过硅-硅直接键合或硅-玻璃阳极键合实现空腔式的结构。随着 SOI 技术的发展，SOI 制造技术从早期的注氧隔离(SIMOX，即利用高温退火将注入单晶硅中的高剂量氧离子形成 SiO_2 隔离层)方法发展到目前以 SmartCut 为主的基于键合的方法，大大促进了键合技术的发展。特别是近年来三维集成的需求，推动了键合方法和键合设备的不断进步。键合技术已经从早期以 MEMS 和 SOI 制造中硅-玻璃和硅-SiO_2的阳极键合和融合键合为主，发展到包括高分子键合、金属键合等多种键合方式，能够处理的圆片直径也达到 300mm，同时键合对准方法也在不断发展、对准精度不断提高。

尽管键合技术多种多样，但是所有键合的基础都是化学键形成原子或分子之间的相互作用力。共价键、金属键和离子键等化学键为原子间的相互作用，通常比分子间作用力大 1～2 个数量级以上。分子间作用力包括范德华力和氢键。范德华力包括取向力、诱导力、色散力，对大多数分子来说色散力是主要的，而水等偶极矩很大的分子力是主要的，诱导力通常很小。氢键是由氢原子和强电负性原子(如氢(N)、氧(O)、氟(F)等小半径非金属原子)形成离子键而引起电子云极度偏移后，使分子间产生类似配位的较强静电作用。一般氢键键能低于 40kJ/mol，介于化学键和范德华力之间。

共价键和范德华力是多数键合情况中的主要因素，而金属键是金属材料键合时的主要作用力。尽管作用范围和大小不同，这些化学键和分子间作用力都是由异性电荷之间的相互引力引起的。为了实现共价键或范德华力的作用，原子间的间距必须分别小于 0.3nm 和 0.5nm。不同的作用机理所产生的作用力大小是不同的，其中共价键的作用力最强，而范德华力的作用力最弱，这将直接影响键合的强度。

即使在宏观上平整的表面，在微观上也表现为粗糙的起伏，因此当两个刚性表面直接接触的时候，从微观角度看，只有个别的凸点是接触的，大部分的表面都存在着极其微小的间隙。如果间隙超过了化学键和分子间的作用距离，那么这两个表面是无法实现键合的。为了使两个表面间大部分区域的间隙小于化学键的作用距离，必须使其具有极为平整的表面，或者使其中至少一个表面产生弹性(临时)或塑性(永久)变形，或者在两个表面之间的间隙填入容易变形的材料(如液体或弹性模量较低的高分子材料)，或者使一个固体表面扩散进入另一个表面。

三维集成电路的键合过程是在各层芯片的电路或器件完成以后进行的，因而对键合的温度有所限制，通常考虑互连的因素需要将键合温度控制在 450℃以下。三维集成电路中常用的键合方式包括高分子聚合物键合(adhesive bonding)、SiO_2融合键合(oxide fusion bonding)、金属热压键合(metal thermocomprcsion bonding)，以及金属共晶键合(eutectic bonding)等。键合方式的选择需要考虑键合的温度、压力、温度容限、对准精度、产能及良率、应力及可靠性等。这些因素对三维集成电路的性能、可靠性和成本有直接的影响。

键合可以分为直接键合和中间层键合。直接键合是指需要键合的圆片/芯片不经过其他过渡层就可以实现键合。中间层键合是指利用金属、高分子、玻璃等作为中间过渡层，对两层圆片实现键合。一般情况下，直接键合可以获得较高的键合强度，但是键合条件要求较为苛刻；中间层键合对键合条件的要求有不同程度的放宽，但是键合强度较直接键合有不同程度的降低。直接键合包括 SiO_2 融合键合、阳极键合、等离子体活化硅直接键合等方式，中间层键合包括高分子层键合、金属热压键合、金属共晶键合、玻璃键合等。

2.5.1　SiO_2 融合键合

SiO_2 融合键合是指对两个平整的 SiO_2 表面不借助于其他中间介质而实现的直接键合，如图 2.15 所示。在三维集成电路中，这种键合方式最早由 IBM 应用于 SOI 圆片的面对背键合技术中，即去掉 SOI 的衬底层，将 SOI 的埋氧层直接键合到另一个圆片表面的 SiO_2 介质层上[22]。

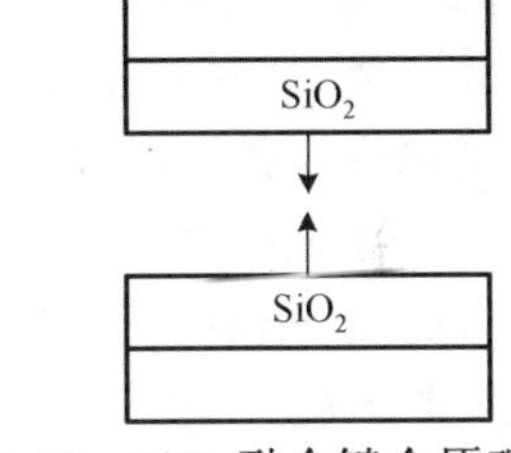

图 2.15　SiO_2 融合键合原理示意图

SiO_2 融合键合的基本原理是两个 SiO_2 亲水表面在室温下接触，界面羟基(OH—)的氢键(比离子键弱 20 倍)产生相互作用缩合出水分子，并形成连接两个界面上羟基的新的羟基，实现两个界面的键合。为了提高键合强度，室温键合后需要高温退火。当退火温度低于 100℃时，退火对键合强度的影响不大。当退火温度超过 100℃时，水分子缩合程度进一步提高，加强氢键的相互作用。当温度进一步升高到 700℃以上时，Si-Si 原子间的 O 和 H 都缩合为水分子，形成 Si-O-Si 共价键，并且键合过程的副产物水(H_2O)也和衬底的 Si 发生反应，生产 SiO_2 和氢气，使键合强度得到大幅度的提高。

影响 SiO_2 融合键合质量的因素很多，包括硅片翘曲程度、表面粗糙度、表面洁净度、表面活化程度，以及退火温度等。由于融合键合依靠的是分子间作用力，所以对键合的表面要求极高，除必须保证表面绝对干净以外，对表面的起伏和粗糙度也有极高的要求，否则容易出现键合空洞。另外，由于键合过程副产物 H_2O 的存在和无法有效扩散，也容易引起键合界面的空洞。为了提高 SiO_2 融合键合的质量、消除键合空洞，可以通过 SiO_2 层的预致密化、CMP 表面抛光平整和化学清洗活化等方法，提高键合表面的平整度和化学活性。

尽管 700℃以上的退火可以获得 Si-O-Si 共价键而大幅度提高键合强度，但是在三维集成电路中，由于多层圆片上已经完成的器件和互连的限制，退火温度不能高于 400℃，这对实现高强度的 SiO_2 键合有较大的影响。即使如此，低温退火后的键合强度与键合界面也都满足三维集成电路的要求。

SiO_2 融合键合的最大优点是避免了热膨胀引起的键合对准误差。首先，由于在室温下完成对准和预键合，预键合的分子间作用力能够保持对准时的精度，消除了因为 CTE 差异而导致的键合过程中的相对滑移，因此在加热过程中对准精度基本不会恶化。相比之下，Cu 热压键合在室温对准时没有任何相互作用力，在加热键合过程中由于上、下硅片 CTE 的差异使对准精度变差。测试表明 300℃退火 4h 以后对准偏差的变化量小于 0.4μm，远远小于 Cu 热压过程引入的误差。其次，SiO_2 融合键合不引入中间层材料，消除了键合过程中由于中间层软化引起的相对滑移，进一步保证键合后的对准精度。通过引入硅片变形补偿图形，SiO_2 融合键合的对准精度优于 180nm。再次，经过 CMP 处理的表面质量好，能够获得极佳的键合质量。为了降低 CMP 的负担，在中间层(Intermediate Layer, IDL)沉积时，可以选择性控制 IDL SiO_2 介质层的应力，尽量减小硅片本身的弯曲程度。最后，当键合的是 SOI 器件层时，超薄的器件层附着在玻璃辅助圆片表面，可以完全依靠光刻机实现对准，因此对准精度很高。

SiO_2 融合键合之间没有金属互连，因此采用 SiO_2 融合键合需要解决互连的问题。IBM 采用的是键合后在 SiO_2 层刻蚀深孔制造 TSV 的方法，而如果 TSV 在键合前已经制造完成，那么需要在 SiO_2 融合键合的同时提供 TSV 的金属键合。Ziptronix 公司提出了一种 Cu 键合和 SiO_2 融合键合的混合键合工艺，称为 DBI(Direct Bond Interconnect)，并专利许可给 Tezzaron 公司使用[23]。DBI 是在 SiO_2 介质层下埋有 Cu TSV 或键合 Cu 凸点，通过 CMP 将整个圆片的介质层平整化，暴露出介质层下方的键合 Cu 凸点，使键合 Cu 凸点与介质层具有相同的高度，然后进行金属和 SiO_2 键合。这种方法的难点是要精确地控制 CMP 后金属凸点相对于介质层的高度。由于 Cu 键合需要 400℃的温度，DBI 技术的键合温度高于普通 SiO_2 融合键合所需要的温度[24]。

2.5.2　金属键合

金属键合是实现不同芯片层之间电学互连的必需工艺，所有三维集成电路中都需要金属键合。除此以外，金属键合也具有多层芯片物理固定的功能，但是往往还需要结合 SiO_2 键合或高分子键合以增强键合强度。金属键合分为金属热压键合和金属共晶键合两类。金属热压键合是指在高温和高压下，将相同材料的金属通过扩散形成为一体，一般用于 Cu-Cu、W-W 或者 Au-Au 之间的直接键合。金属热压键合的优点是键合界面电阻低，但是键合过程温度高、压力大，对表面平整度要求高。金属共晶键合是指通过高温下产生的共晶反应，形成多种金属构成的共晶金属实现键合，也称为焊料键合(solder bonding)。能够进行共晶键合的金属很多，如铅锡(Pb-Sn)共晶、银锡(Sn-Ag)共晶、铜锡(Sn-Cu)共晶和银锡铜(Sn-Ag-Cu)共晶等。金属共晶键合的优点是低温下形成的共晶体熔点高于键合温度。

金属键合可以采用相邻两层芯片上位置对应的 TSV 直接键合，或者与 RDL 上制造的键合微凸点(micro bump)键合，或者微凸点与相邻层的微凸点(键合盘)键合。两层芯片对应位置的 TSV 键合，可以直接利用 TSV 电镀凸出于芯片表面形成的微凸点实现，其优点是互连路线短、键合界面电阻率低，同时避免了 RDL 和专用键合微凸点的制造，显著降低成本。因此，从成本的角度考虑，一般尽量采用 TSV 凸出部分直接进行键合，而不采用单独制造的键合凸点。然而，很多情况下不能直接使用 TSV 键合，必须首先在芯片表面制造与 TSV 互连的 RDL，然后在 RDL 上制造金属键合凸点，两层芯片之间通过 RDL 连接的金属凸点进行键合。尽管这种方式增加了制造成本，但是很多情况下，两层芯片位置对应的 TSV 不一定是需要电学连接的，而需要相互连接的 TSV 可能由于设计布图等限制因素不一定刚好位置相对，因此必须使用 RDL 和微凸点进行键合。采用单独制造的键合微凸点的好处是提高了布线的灵活性。另外，两个位置相对的 TSV 直接键合有可能导致键合过程中所施加的键合力将 TSV 压迫退缩等情况发生，特别是热压键合，从而导致键合失败或 TSV 的金属柱与衬底之间产生松动甚至位移。因此，从可靠性的角度考虑，通过 RDL 上制造的金属微凸点进行键合更具优势。

金属键合可以使用 Cu 或金(Au)作为金属材料。Au 比 Cu 更容易键合而且所需要的温度和压力较小。而 Cu 键合成本低，键合强度高，与半导体工艺兼容。金属键合的主要优势是可以同时实现机械连接和电连接，而且键合过程中不会产生多余的气体。但是，这种键合方式对工艺温度和压力的要求比黏合剂键合要高。由于工艺温度较高，如果两个硅片的温度不一致，金属的热膨胀会导致对准误差变大。Tezzaron 采用的是金属热压键合方式。

1. Cu 热压键合

Cu 热压键合是将两个 Cu 键合凸点相互接触，在高温、高压的条件下使 Cu 凸点变形，扩大接触面积，最后通过相互扩散成为一体的过程[25]。Cu 热压键合可以在同一步工艺中完成机械和电学连接。Cu 热压键合具有良好的键合强度和优异的电学特性，键合界面对电阻基本没有影响，近年来在三维集成电路中已经得到了广泛的应用。

由于 Cu 具有一定的变形能力，Cu 热压键合采用加热加压的方式，即施加一定的键合压力和高温，使 Cu 凸点在微观尺度上发生变形，使接触区域逐渐扩大，最后两个 Cu 凸点通过相互扩散成为一体。Cu 热压键合的机理是 Cu 原子在高温下的扩散和 Cu 晶粒的再生长。在键合的开始阶段，两 Cu 层在压力条件下紧紧地接触在一起。随着温度上升到 300～400℃，Cu 原子得到足够的能量进行快速扩散，同时 Cu 晶粒开始再生长。在两 Cu 层的接触界面处，Cu 原子的扩散和 Cu 晶粒的再生长都可以横跨界面。经过足够长时间的热压后，两层 Cu 界面上形成大的 Cu 晶粒，界面消失，获得单层的 Cu 结构。Cu 热压键合的强度可以达到 $3.2J/m^2$，约为 Cu 表面能的 2 倍。

Cu 热压键合的主要工艺步骤如图 2.16 所示。首先在两层圆片的表面需要键合的位置图形化出 Cu 凸点的窗口，如果键合凸点采用溅射的方法沉积，需要图形化介质层；如果键合凸点采用电镀的方法沉积，需要图形化光刻胶层。然后利用 PVD 来沉积黏附层/扩散阻挡层，并根据 Cu 键合凸点的厚度不同采用不同的方法沉积凸点。若 Cu 凸点较薄(<2μm)，一般采用 PVD 的方法进行沉积；若 Cu 凸点较厚(>2μm)，则先采用 PVD 沉积厚度为 50～200nm 的 Cu 种子层，然后利用电镀沉积 Cu 凸点直到所需要的厚度。接下来利用 CMP 对 Cu 表面进行处理，对于 PVD 沉积的 Cu 薄膜，需要 CMP 将介质层表面的 Cu 薄膜去除，使窗口处的 Cu 形成独立的凸点；对于电镀的 Cu 凸点，需要 CMP 平整化凸点表面，并去除光刻胶下层的黏附层/扩散阻挡层和 Cu 种子层，使 Cu 凸点独立。最后把两个圆片经过对准后，面对面地接触在一起，在真空环境下施加一定的压力和温度并保持一定的时间，实现 Cu 热压键合。由于用于电互连的 Cu 凸点相当有限、键合面积很小、强度较低，为了增加键合强度，往往需要加入一些辅助键合区，这些辅助键合区只用于增强键合强度，而不用于电学连接。

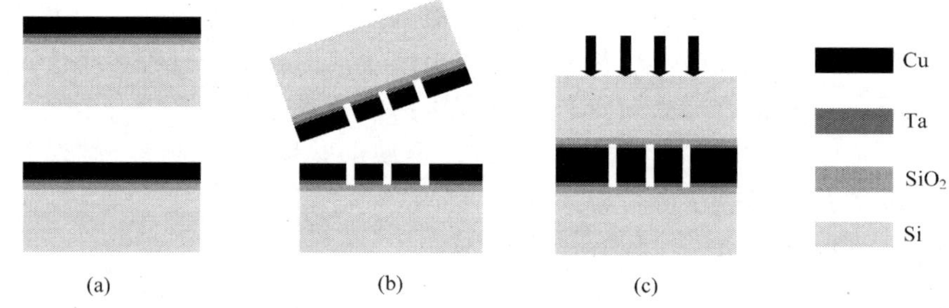

图 2.16　Cu 热压键合示意图

Cu-Cu 热压键合的界面主要可以分为 3 类：无界面情况、有界面情况和界面分离情况。无界面的 Cu-Cu 热压键合是 Cu 原子充分相互扩散和晶粒长大的结果，具有最高的键合强度和良好的电学导通性，是 Cu-Cu 热压键合的理想的情况。若 Cu 晶粒没有获得足够的能量进行充分生长，就会造成有界面的 Cu-Cu 热压键合，虽然能实现电学导通，但键合强度不高。界面分离情况就是 Cu-Cu 键合失效，无法实现电学导通。

由于 Cu 没有像高分子材料一样良好的高温流动性，键合 Cu 凸点上的氧化物、污染物和电镀造成的缺陷等，都容易在 Cu 的键合界面处产生缺陷。最常见的界面缺陷为污染物和氧化物引起的空洞。键合界面的空洞会加快 Cu 的电迁移，导致接触电阻增大，并影响键合结构的完整性甚至导致由空洞发展成的键合剥离。键合后的退火可以暴露界面的键合缺陷，部分键合缺陷或未键合点在键合后并不明显，通过高温退火可以加速缺陷的发展和暴露。

2. 金属共晶键合

金属共晶键合是利用金属间的化学反应，在较低温度下通过低温相变而实现的键合，键合后的金属化合物的熔点高于键合温度。共晶是指金属在加热过程中直接从固态转变为液态，而没有经历固液混合态。与 Cu 热压键合基于原子间相互扩散的机理不同，共晶键合是利用不同金属间的相互反应而实现的。采用金属键合三层及三层以上的硅片时，第三层硅片键合过程中的高温，可能会导致第一层和第二层之间已经键合的金属出现熔化或熔融的状态，引起键合偏移甚至破坏。对于这种情况，下层键合金属的熔点必须高于上层键合时所需要的键合温度。幸运的是，有些低熔点金属熔化后与高熔点金属所形成的金属间化合物，其熔点高于单纯低熔点金属的熔点，即利用低温使低熔点金属熔化为液相，与高熔点金属扩散形成金属间化合物，这种金属间化合物的熔点高于低熔点金属的熔点温度，这种方法称为共晶键合，也称为固液间扩散法(Solid Liquid Inter Diffusion, SLID)[26]。目前三维集成电路中广泛采用 Cu-Sn-Cu 金属共晶键合，其键合凸点结构和键合后的结构如图 2.17 所示。

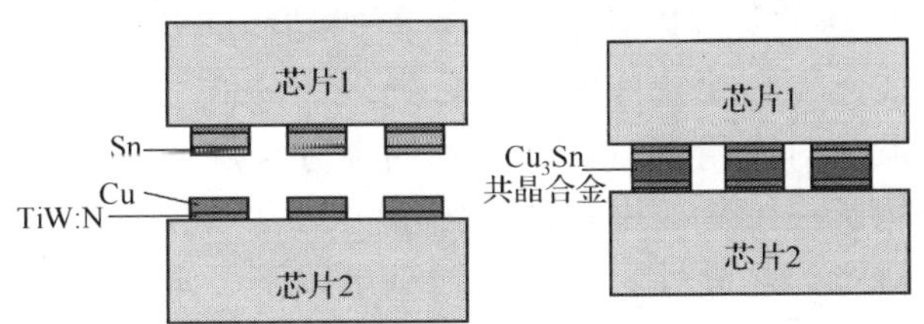

图 2.17　金属共晶键合示意图

金属间化合物的形成过程可以分为两个阶段。第一个阶段：低熔点金属熔化形成液相后与难熔金属接触，难熔金属与液相金属相互扩散，低熔点金属熔化为液相的过程和固液两相之间的相互扩散的过程很快。通过相互扩散，在难熔金属表面的一些籽晶点，形成了具有最高形成能的金属间化合物。难熔金属被消耗后，通过在低熔点液相金属中熔解而不断地补充，使反应不断进行。这个反应过程所形成的金属间化合物的区域不断扩大，直到两层难熔金属接触，使能够扩散的液相金属被难熔金属截断。第二个阶段：难熔金属通过第一个阶段形成的金属间化合物扩散，这一过程速度很慢，需要较长时间才能将所有低熔点金属全部消耗完毕。难熔金属的浓度改变了液相金属间化合物的熔点，使其高于键合温度时，液相金属间化合物开始固化。随着持续的加热，固化金属相转变为能量稳定的金属间化合物。需要注意的是，难熔金属的厚度和低熔点金属的厚度要合适，如果将难熔金属全部消耗，将导致金属间化合物与硅片之间的黏附性降低。

金属共晶键合需要施加一定的温度和压力，一般采用低于大气压的腔体压力，并在键合环境中通入少量氢气(如 4%)与惰性气体构成的混合气体作为形成气体。键合后金属间共晶化合物的分子体积小于键合前各个金属体积之和，因此键合后形成的键合层厚度有所降低，体积减小带来的影响是键合层可能出现空洞或裂缝。除了提高温度使低熔点金属熔化，键合过程还需要一定的压力，主要目的是保证键合界面的充分接触。键合压力对于硅片面积较大，或者由于弯曲而导致部分区域难以接触的情况尤为重要。需要注意的是，如果出现了表面形貌的变化，施加压力就没有明显的效果了。

金属共晶键合可以采用凸点结构或 TSV 结构进行键合。前者在再布线的键合盘表面制造共晶材料的金属凸点，后者直接在 TSV 凸出表面制造共晶金属。实际上，为了避免 Cu 氧化，也经常在 Cu 凸点表面沉积一层银(Ag)或 Au 保护层。

2.5.3　高分子键合

高分子键合采用高分子材料作为两侧圆片的键合介质实现键合，是三维集成电路中最主要的键合方式之一。高分子键合的优点包括键合温度低、键合压力小、工艺条件较为宽松、工艺窗口较大，因此对键合圆片的器件影响小，限制条件少，基本与 CMOS 兼容；高分子层可以补偿硅片表面的结构起伏和粗糙度，因此如果键合前圆片表面起伏不大，不需要特殊的平整化处理，降低了对硅片和结构的要求。高分子键合的主要缺点是对准精度较低，引入的高分子层通常热导率较低，使层间热传导能力下降，影响了三维集成电路的散热能力。

高分子键合材料多为热固性材料，需要满足以下要求：玻璃化转变温度合适，键合后热力学稳定性好，以便获得合适的键合温度、键合压力和较小的对准偏差；具有较好的黏附能力(与衬底之间)和内聚能力(高分子与高分子之间)，以获得高分子层与衬底以及高分子层与高分子层之间较高的键合强度；键合过程不释放或很少释放气体，以避免形成键合空洞；应力释放和蠕变水平低，水汽吸收少，同时涂覆简单，并能够形成一定厚度(几微米)的薄膜。尽管高分子材料的种类很多，但是能够完全满足上述要求的材料比较少。目前广泛使用的永久键合材料包括 BCB 和聚酰亚胺(Polyimide, PI)，以及硅氧烷基光敏材料 SINR[27]。

高分子键合通常采用液态的前驱体涂覆在硅片表面，常用的涂覆方法包括旋涂和喷涂。这两种涂覆方法与光刻胶的涂覆方法相同，对于表面平整的衬底，旋涂高分子材料的均匀性优于 5%，喷涂高分子材料的厚度均匀性一般优于 7.5%，满足键合的要求。涂覆高分子前驱体后，需要进行较低温度的固化，使高分子的溶剂挥发并定型。为了能够使金属凸点与键合层的凸点接触实现电学互连，涂覆后的高分子层需要进行图形化，去除金属凸点表面和周围的高分子层。图形化可以采用干法刻蚀，也可以使用光敏高分子材料，直接通过曝光进行图形化。一般情况下，高分子键合只需要在一层圆片表面涂覆高分子层即可，也可以在两个圆片的键合面上都涂覆高分子层。除了液态的前驱体，固态高分子薄膜也在键合中得到了应用，固态高分子薄膜使用简单、刻蚀容易、性能稳定，应用越来越广泛。

高分子键合的对准误差主要来源于以下几个方面：键合前的对准偏差，上、下圆片 CTE 差异，上、下键合盘的温度差引起的热膨胀导致的误差，以及键合过程上、下圆片之间的位置滑移。由于位置滑移与表面高度差异、圆片厚度不均匀等因素有关，键合过程中高分子材料的软化引起上、下硅片的相对滑移难以消除。通常在不采取特殊措施的情况下，相对滑移引起的对准误差为 5～10μm，是引起对准偏差的主要原因。

参 考 文 献

[1] 王喆垚. 三维集成技术. 北京: 清华大学出版社, 2014.

[2] Chen K N, Tan C S. Integration schemes and enabling technologies for three-dimensional integrated circuits. Computers & Digital Techniques, 2011, 5(3): 160-168.

[3] Topol A W, Tulipe D C L, Shi L, et al. Three-dimensional integrated circuits. IBM Journal of Research and Development, 2006, 50(4/5): 491-506.

[4] Andry P S, Tsang C K, Webb B C, et al. Fabrication and characterization of robust through-silicon vias for silicon-carrier applications. IBM Journal of Research and Development, 2008, 52(6): 571-581.

[5] Teh W H, Caramto R, Chidambaram T, et al. 300mm production-worthy magnetically enhanced non-bosch through-Si-via etch for 3D logic integration. IEEE Transactions on Semiconductor Manufacturing, 2010, 23(2): 293-302.

[6] Kikuchi H, Yamada Y, Kijima H, et al. Deep-trench etching for chip-to-chip three-dimensional integration technology. Japanese Journal of Applied Physics, 2006, 45(4S): 3024-3029.

[7] Kamto A, Divan R, Sumant A V, et al. Cryogenic inductively coupled plasma etching for fabrication of tapered through-silicon via. Journal of Vacuum Science & Technology A: Vacuum, Surfaces, and Films, 2010, 28(4): 719-725.

[8] Tezcan D S, De M K, Pham N, et al. Development of vertical and tapered via etch for 3D through wafer interconnect technology. IEEE Electronic Packaging Technology Conference, 2006: 22-28.

[9] Ranganathan N, Ebin L, Linn L, et al. Integration of high aspect ratio tapered silicon via for silicon carrier fabrication. IEEE Transactions on Advanced Packaging, 2009, 32(1): 62-71.

[10] Ham Y H, Kim D P, Park K S, et al. Dual etch processes of via and metal paste filling for through silicon via process. Thin Solid Films, 2011, 519(20): 6727-6731.

[11] Wasyluk J, Adley D, Perova T S, et al. Micro-raman investigation of stress distribution in laser drilled via structures. Applied Surface Science, 2009, 255(10): 5546-5548.

[12] Tan B. Deep micro hole drilling in a silicon substrate using multi-bursts of nanosecond Uv laser pulses. Journal Micromechanics and Microengineering, 2006, 16(1): 109-122.

[13] Farooq M G, Graves-abe T L, Landers W F, et al. 3D copper TSV integration, testing and reliability. IEEE Electron Devices Meeting, 2011: 7.1.1-7.1.4.

[14] Wolf M J, Dretschkow T, Wunderle B, et al. High aspect ratio TSV copper filling with different seed layer. IEEE Electronic Components and Technology Conference, 2008: 563-570.

[15] Malta D, Gregory C, Temple D, et al. Integrated process for defect-free copper plating and chemical-mechanical polishing of through-silicon vias for 3D interconnects. IEEE Electronic Components and Technology Conference, 2010: 1769-1775.

[16] Kroninger W, Mariani F. Thinning and singulation of silicon: Root causes of the damage in thin chips. IEEE Electronic Components and Technology Conference, 2006: 1317-1322.

[17] Lee S H, Chen K N, Lu J Q. Wafer-to-wafer alignment for three-dimensional integration: A review. Journal of Microelectromechanical Systems, 2011, 20(4): 885-898.

[18] Niklausa F, Stemme G, Lu J Q, et al. Adhesive wafer bonding. Journal of Applied Physics, 2006, 99(3): 031101-031101-28.

[19] Fukushima T, Yamada Y, Kikuchi H, et al. New three-dimensional integration technology using self-assembly technique. IEEE Electron Devices Meeting, 2005: 1-4.

[20] Fukushima T, Kikuchi H, Yamada Y, et al. New three-dimensional integration technology based on reconfigured wafer-on-wafer bounding technique. IEEE Electron Devices Meeting, 2007: 985-988.

[21] Chen Q, Zhang D, Xu Z, et al. A novel chip-to-wafer（C2W）three-dimensional（3D）integration approach using a template for precise alignment. Microelectronic Engineering, 2012, 92(4): 15-18.

[22] Topol A W, La Tulipe D C, Shi L, et al. Enabling SOI-based assembly technology for three-dimensional(3D) integrated circuits(ICs). IEEE Electron Devices Meeting, 2005: 352-355.

[23] Enquist P. High density bond interconnect(DBI) technology for three dimensional integrated circuit applications. Materials Research Society Fall Meeting, 2006, 970: 19-24.

[24] Chen K N, Xu Z, Lu J Q. Demonstration and electrical performance investigation of wafer-level Cu oxide hybrid bonding schemes. IEEE Electron Device Letters, 2011, 32(8): 1119-1121.

[25] Tan C S, Reif R. Silicon multilayer stacking based on copper wafer bonding. Electrochemical and Solid-State Letters, 2005, 8(6): G147-G149.

[26] Bernstein L. Semiconductor joining by the solid-liquid-interdiffusion(SLID) process I. The systems Ag-In, Au-In, and Cu-In. Journal of the Electrochemical Society, 1996, 113(12): 1282-1288.

[27] Kim H, Najafi K. Characterization of low-temperature wafer bonding using thin-film parylene. Journal of Microelectromechanical Systems, 2005, 14(6): 1347-1355.

第 3 章　TSV RLC 寄生参数提取

由于三维集成电路的集成度远远高于普通单片集成电路，其寄生效应对电路性能的影响更为显著，对其 TSV 寄生效应的考虑，将提高电路的设计可靠性，提升电路性能。在某些情况下，甚至可以利用寄生电容、电阻、电感代替元器件应用于滤波器等电路模块，从而提供更好的设计灵活性，因此对 TSV 寄生效应进行研究十分必要。根据 TSV 制造工艺的不同，目前 TSV 主要包括圆柱形(cylindrical)、锥形(tapered)、环形(annular)和同轴(coaxial)TSV 等结构，每种结构都具有独特的优势和性能。

3.1　圆柱形 TSV 寄生参数提取

圆柱形 TSV 是最常用的 TSV 结构，如图 3.1 所示。填充的金属可以采用 Cu、W、多晶硅等多种材料，可根据需要选择合适的电阻率。因为其结构简单，最容易建模，所以对圆柱形 TSV 的研究远远超过其他的结构。热机械和高频性能是圆柱形 TSV 面临的主要问题[1,2]。下面将详细介绍圆柱形 TSV 寄生参数。

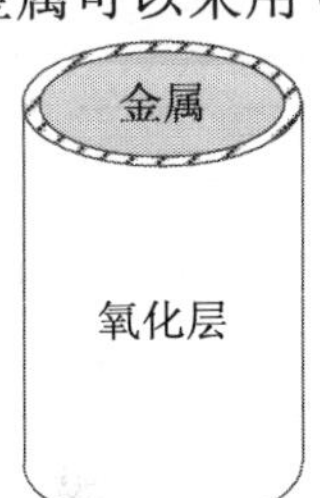

图 3.1　圆柱形 TSV 结构

3.1.1　寄生电阻

圆柱形 TSV 的寄生电阻包括直流电阻和交流电阻两部分，可以表示为[3]

$$R_{\mathrm{cyl}} = \sqrt{R_{\mathrm{cyl\_DC}}^2 + R_{\mathrm{cyl\_AC}}^2} \tag{3-1}$$

与普通的互连线一样，低频时 TSV 电阻保持不变。对于最常见的圆柱形 TSV，低频电阻 $R_{\mathrm{cyl\_DC}}$ 只与 TSV 的半径 R_m、高度 h 和填充金属电阻率 ρ 有关，根据欧姆定律可知

$$R_{\mathrm{cyl\_DC}} = \frac{\rho h}{\pi R_m^2} \tag{3-2}$$

随着工作频率的提高，高频电流越来越趋向于在导体的表面流动，这种效应称为趋肤效应。产生趋肤效应以后，电流密度随导体的深度而呈指数下降，可以采用趋肤深度 δ 进行表征，它定义为电流密度降为导体表面最大值的 1/e 时的导体深度[4]

$$\delta = \sqrt{\frac{\rho}{\pi f \mu_0}} \tag{3-3}$$

其中，μ_0=4π×10^{-7}H/m 表示真空磁导率；f 表示信号频率。当 $f > \rho/\pi\mu R_m^2$ 时，趋肤深度小于 TSV 半径，此时趋肤效应起作用。由趋肤效应产生的交流电阻 $R_{\mathrm{cyl\_AC}}$ 可表示为

$$R_{\mathrm{cyl\_AC}} = \frac{\rho h}{\pi\left[R_m^2 - \left(R_m - \delta\right)^2\right]} \tag{3-4}$$

$f_\delta = \rho/\pi\mu R_m^2$ 称为趋肤效应的开启频率，它随着 TSV 半径的增大而减小。半径为 2.5μm、氧化层厚度为 100nm 的 TSV 的趋肤效应开启频率为 738MHz；半径为 1μm、氧化层厚度为 100nm 的 TSV 的趋肤效应开启频率为 4.71GHz。

3.1.2 寄生电感

根据电感的定义，圆柱形 TSV 的寄生电感可表示为

$$L_{\mathrm{cyl}} = L_{\mathrm{cyl\_int}} + L_{\mathrm{cyl\_ext}} \tag{3-5}$$

其中

$$L_{\mathrm{cyl\_int}} = \frac{\mu_0 h}{8\pi} \tag{3-6}$$

$$L_{\mathrm{cyl\_ext}} = \frac{\mu_0}{2\pi}\left[h\ln\left(\frac{h+\sqrt{h^2+R_m^2}}{R_m}\right) + R_m - \sqrt{h^2+R_m^2}\right] \tag{3-7}$$

其中，$L_{\mathrm{cyl\_int}}$ 表示圆柱形 TSV 的内部电感，它与电流在导体内的分布情况有关；$L_{\mathrm{cyl\_ext}}$ 表示圆柱形 TSV 的外部电感，它与导体几何结构有关，与频率无关。

因为趋肤效应仅影响导体的内部电感，而通常情况下内部电感远小于外部电感，所以高频下总的寄生电感会随频率的增大而减小，但是幅度很小。因此，TSV 高频寄生电感可由外部电感表示。

3.1.3 寄生电容

寄生电容是 TSV 最重要的寄生参数之一，决定着 TSV 传输信号的质量。TSV 周围需要用一薄 SiO_2 介质层或其他隔离介质来实现填充金属与硅衬底之间的电隔离，这就构成了 MOS 结构。在 TSV 处于工作状态时会产生耗尽层，因此 TSV 的寄生电容 C_{TSV} 由氧化层电容和耗尽层电容组成。氧化层电容取决于氧化层的厚度、TSV 的半径与高度，其表达式为[5]

$$C_{\mathrm{ox}} = \frac{2\pi\varepsilon_{\mathrm{ox}} h}{\ln\left(\frac{R_m + t_{\mathrm{ox}}}{R_m}\right)} \tag{3-8}$$

其中，t_{ox} 表示 SiO_2 介质层的厚度；$\varepsilon_{ox}=\varepsilon_0\varepsilon_{r,ox}$ 表示 SiO_2 介质层的介电常数，$\varepsilon_0=8.854187817\times10^{-12}$F/m 表示真空介电常数，$\varepsilon_{r,ox}=3.9$ 表示 SiO_2 介质层的相对介电常数。

和氧化层电容类似，硅耗尽区域产生的耗尽层电容表达式为[3]

$$C_{dep}=\frac{2\pi\varepsilon_{Si}h}{\ln\left(\dfrac{R_m+t_{ox}+W_{dep}}{R_m+t_{ox}}\right)} \tag{3-9}$$

其中，$\varepsilon_{Si}=\varepsilon_0\varepsilon_{r,Si}$ 表示硅的介电常数，$\varepsilon_{r,Si}=11.9$ 表示硅的相对介电常数。耗尽层宽度 W_{dep} 可以通过在柱坐标系下解半径方向的一维泊松方程得到[5]，一般也可以采用经验公式来近似，即

$$W_{dep}=\sqrt{\frac{4\varepsilon_{Si}V_{TH}\ln\left(N_A/n_i\right)}{qN_A}} \tag{3-10}$$

其中，N_A 是注入杂质浓度；硅本征载流子浓度 n_i、热电压 V_{TH} 与单位电荷 q 分别为 $1.5\times10^{16}\mathrm{m}^{-3}$、25.9mV 与 1.6×10^{-19}C。

TSV 寄生电容是由氧化层电容 C_{ox} 与耗尽层电容 C_{dep} 串联得到的，即

$$C_{cyl}=\left(\frac{1}{C_{ox}}+\frac{1}{C_{dep}}\right)^{-1}=\left[\frac{1}{2\pi\varepsilon_{ox}h}\cdot\ln\left(\frac{R_m+t_{ox}}{R_m}\right)+\frac{1}{2\pi\varepsilon_{Si}h}\cdot\ln\left(\frac{R_m+t_{ox}+W_{dep}}{R_m+t_{ox}}\right)\right]^{-1} \tag{3-11}$$

3.2　锥形 TSV 寄生参数提取

锥形 TSV 是由麻省理工学院林肯实验室提出的[6]，其结构如图 3.2 所示。相对于其他 TSV 结构，锥形 TSV 结构具有工艺简单[7]、在填充金属时不容易产生空洞(void)、可靠性高等优点。Nagarajan 等[8]已经提出了精确控制 TSV 侧面倾角的工艺流程。但是当截面积相同时，它相对于圆柱形 TSV 具有较高的寄生电阻，而且如果侧面过于倾斜，容易导致 V 形 TSV 的形成。

图 3.2　锥形 TSV 结构

3.2.1　寄生电阻

锥形TSV的寄生电阻包括直流电阻和交流电阻两部分，可以表示为

$$R_{tap}=\sqrt{R_{tap\_DC}^2+R_{tap\_AC}^2} \tag{3-12}$$

为了得到锥形 TSV 直流和交流寄生电阻表达式，需要先确定其电流密度。用 a 和 b 分别表示上、下底面半径；h 表示 TSV 高度；θ 表示 TSV 侧壁的倾角。在直流和低频情况下，锥形 TSV 内的电流密度由以下方程确定[9]

$$\frac{1}{r}\frac{\partial}{\partial r}(r\boldsymbol{J}_r)+\frac{\partial}{\partial r}\boldsymbol{J}_z=0\Big|_{r=0,\boldsymbol{J}_r=0} \tag{3-13}$$

$$\boldsymbol{J}_z=\frac{I}{\pi(a+\beta z)^2} \tag{3-14}$$

式(3-13)为在圆柱坐标系下的电流连续性方程，柱坐标系的原点为锥形 TSV 的底面中心；式(3-14)表示电流沿轴向均匀分布，所以锥形 TSV 的电流密度可表示为

$$\boldsymbol{J}=\boldsymbol{J}_r+\boldsymbol{J}_z=\frac{I}{\pi(a+\beta z)^2}\frac{\beta}{a+\beta z}(\boldsymbol{e}_r+\boldsymbol{e}_z) \tag{3-15}$$

其中，$\beta=\tan\theta=(b-a)/h$，即侧面倾角的正切值；I 是流过锥形 TSV 横截面的电流。

锥形 TSV 的直流电阻可以通过计算功耗得到[9]

$$R_{\text{tap\_DC}}=\frac{\int_v\rho\left|\boldsymbol{J}\right|^2\mathrm{d}v}{I^2}=\frac{1}{I^2}\int_0^h\left[\int_0^{a+\beta z}\rho\left(\left|\boldsymbol{J}_z\right|^2+\left|\boldsymbol{J}_r\right|\right)2\pi r\mathrm{d}r\right]\mathrm{d}z=\frac{\rho h}{\pi a(a+\beta z)}\left[1+\frac{1}{2}\beta^2\right] \tag{3-16}$$

其中，ρ 是填充金属的电阻率。从式(3-16)可以看出，当 $\beta^2>2$ 时，径向电流对电阻贡献最大。然而，在大多数 TSV 刻蚀工艺中，θ 都小于 15º，即 $\beta<0.4$，因此电阻值近似为 $\rho h/[\pi a(a+\beta h)]$。当 $\beta=0$ 时，电阻值为 $\rho h/\pi a^2$，它与公式 $R=\rho h/S$ 是一致的，其中 $S=\pi a^2$ 是圆柱的截面积。和圆柱形 TSV 类似，当频率增大时，导体会产生趋肤效应。锥形 TSV 的交流电阻可表示为[9]

$$R_{\text{tap\_AC}}=\frac{\rho\left(2+\beta^2\right)}{4\pi\beta\delta}\ln\left(1+\frac{2\beta h}{2a-\delta}\right) \tag{3-17}$$

当 β=0 时，式(3-17)退化为圆柱形 TSV 的交流电阻计算公式。

当倾角从 0º 变化为 15º 时，锥形 TSV 在直流和 10GHz 时寄生电阻的 Q3D 仿真和理论模型计算结果如图 3.3 所示。从图中可以看出，直流电阻的理论模型计算和 Q3D 仿真结果匹配良好，误差小于 2%，表明式(3-16)具有很高的精度；由于在高频时存在趋肤效应，误差增大，对特定深宽比的 TSV 增加拟合参数可以将误差减小到 6%；寄生电阻随着 θ 的增大而减小，5º 的倾角变化会引起 TSV 寄生电阻的大幅降低，这意味着圆柱形 TSV 具有比锥形 TSV 更大的阻抗。

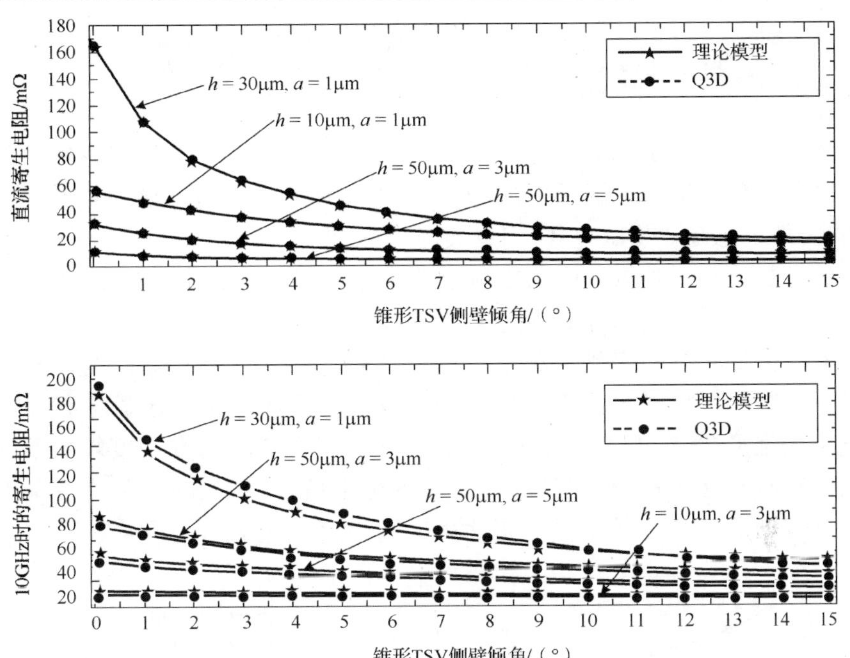

图 3.3　锥形 TSV 在直流和 10GHz 时寄生电阻的 Q3D 仿真和理论模型计算结果对比[9]

3.2.2　寄生电感

根据电感的定义，低频情况下的锥形 TSV 的寄生电感可表示为

$$L_{\text{tap}} = L_{\text{tap\_int}} + L_{\text{tap\_ext}} \tag{3-18}$$

其中

$$L_{\text{tap\_int}} = \frac{\mu_0 h}{8\pi} \tag{3-19}$$

$$L_{\text{tap\_ext}} = \frac{1}{I}\int_S \boldsymbol{B}\mathrm{d}\boldsymbol{S} = \frac{\mu_0}{4\pi}\int_S \mathrm{d}\boldsymbol{S}\int_v \frac{\boldsymbol{J}\times\boldsymbol{r}}{|\boldsymbol{r}|^3}\mathrm{d}v \tag{3-20}$$

其中，$L_{\text{tap\_int}}$ 和 $L_{\text{tap\_ext}}$ 分别表示锥形 TSV 的内部和外部电感；$\boldsymbol{B}$ 表示通过锥形 TSV 的电流引起的磁感应强度；$\boldsymbol{S}$ 表示锥形 TSV 外表面与无穷远处之间的空间。在大多数情况下 $\theta \leqslant 15^{\circ}$，将式(3-15)代入式(3-18)～式(3-20)中，可以得到[9]

$$\begin{aligned} L_{\text{tap}} &= L_{\text{tap\_int}} + L_{\text{tap\_ext}} \\ &= \frac{\mu_0 h}{8\pi} + \frac{\mu_0}{4\pi}\left[2h\ln\frac{\sqrt{a^2+h^2}+h}{a} + 2a - 2\sqrt{a^2+h^2} + \frac{4\beta h\left(h^2-(h+a)\left(\sqrt{h^2+a^2}-a\right)\right)}{\left(\sqrt{a^2+h^2}-h\right)(4a+\beta h)}\right] \end{aligned} \tag{3-21}$$

$$\lim_{\beta \to 0} L_{\text{tap}} = \frac{\mu_0}{2\pi}\left[\frac{h}{4} + h\ln\frac{\sqrt{a^2+h^2+h}}{a} + a - \sqrt{a^2+h^2}\right] \tag{3-22}$$

当 $\beta \to 0$ 时，式(3-21)的极限如式(3-22)所示，它与圆柱形 TSV 寄生电感的计算公式一致。注意，在高频时，由于电流趋于 TSV 导体表面，内部磁通量约等于零，所以 TSV 的内部电感趋于零。Q3D 将过渡频率区间定义为($\rho/\pi\mu_0 a^2$，$9\rho/\pi\mu_0 a^2$)，此时趋肤效应的效果还很不明显，电感由频率决定。所以 Q3D 不能用于求解过渡区间的电感，电感计算公式只对低于或高于过渡区间的频率有效。

图 3.4 给出了低频和高频情况下的锥形 TSV 寄生电感的 Q3D 仿真和理论模型计算结果。从图中可以看出，寄生电感随着 θ 的增大而减小，这意味着圆柱形 TSV 的寄生电感比锥形 TSV 更大。另外，理论计算公式在低频时准确度较高而在高频时较低。在低频时 Q3D 仿真和理论模型计算的最大偏差小于 5%，但在高频时偏差急剧增大。通过增加拟合参数，高频最大偏差可以降低至 8%。

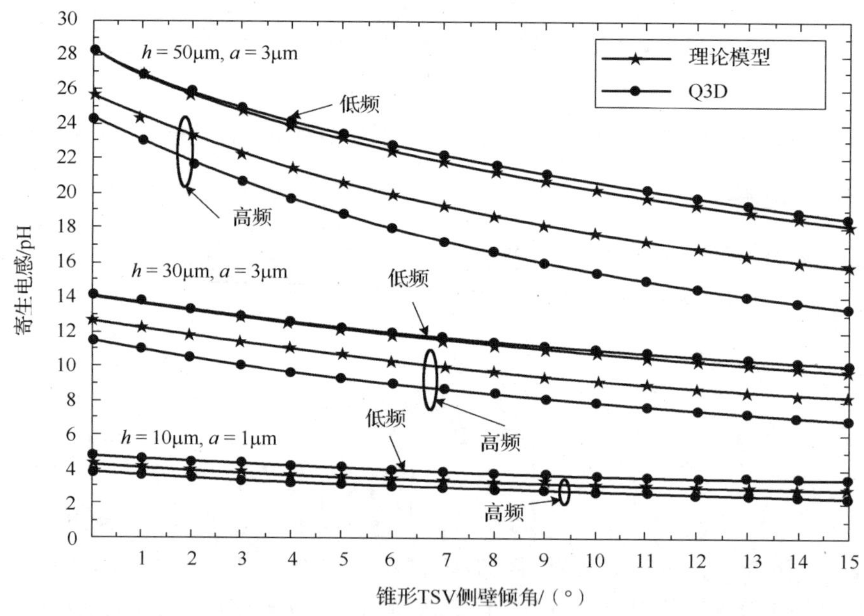

图 3.4　锥形 TSV 在低频和高频时寄生电感的 Q3D 仿真和理论模型计算结果对比[9]

3.2.3　寄生电容

TSV 的阻抗是容性的，寄生电容对于 TSV 来说要比寄生电阻和电感重要得多，它直接影响着层间互连的信号完整性，需要精确地进行模拟和分析研究。根据目前主流工艺，TSV 通常在 FEOL 和 BEOL 之间进行制作，用来实现不同芯片层之间互连通信，一般使用金属 W 或 Cu 作为填充材料。TSV 周围需要用一个薄 SiO_2 介质层或者其他隔离介质来实现与硅衬底之间的电隔离，这就构成了 MOS 结构。当三维集成电路处于工作状态时，TSV 和衬底之间的寄生电容与 MOSFET 器件电容类似，因此在计算 TSV 寄生电容时必须考虑“MOS 效应”。

以 p 型硅衬底为例，n 型硅衬底的情况与其类似。锥形 TSV 金属与氧化层和硅衬底共同形成一个锥形的 MOS 结构，TSV 金属在这个 MOS 电容中起到栅极的作用，外接信号相当于 MOSFET 器件的偏置电压，硅衬底在电路工作时一般接地。这个 MOS 电容取决于偏置电压、金属-半导体功函数差以及决定其阈值电压的所有电荷。

(1) 当 TSV 上的偏置电压小于平带电压时，硅表面处于积累状态，金属上电荷变化与硅中位于硅-氧化层界面处的可动电荷相等，该结构相当于一个以氧化层为介质的同轴电缆电容器，因此 TSV 的寄生电容为氧化层电容，该区域可以称为积累区。

(2) 当 TSV 上的偏置电压处于平带电压和阈值电压之间时，p 型硅衬底中的空穴被赶离 TSV 金属而留下负离子以镜像 TSV 上的电荷，形成耗尽层，此时 TSV 的寄生电容为氧化层电容与耗尽层电容的串联，该区域可以称为耗尽区。

(3) 当 TSV 上的偏置电压大于阈值电压时，对于高频的情况，电压信号的变化足够快，以至于可以忽略一个信号周期内载流子的产生和复合，可动电荷不受电压信号变化的影响，耗尽层宽度不再增加，耗尽层电容达到最小值，该区域可以称为最小电容区。对于低频的情况，耗尽区中少子的产生和复合能够跟得上电压信号的变化，TSV 上的任何附加变化都降在氧化层上，其结果是 TSV 的寄生电容基本上等于氧化层电容，并且和电压的直流分量无关，与积累区一致。由于高频情况的重要性和复杂性，本书主要针对高频情况下的锥形 TSV 的寄生电容进行分析。

1. 解析模型

1) 氧化层电容

氧化层电容是 TSV 寄生电容十分重要的组成部分，当三维集成电路处于工作状态时，TSV 金属接电压信号，硅衬底接地，TSV 金属与氧化层和硅衬底共同构成一个同轴电缆电容器。图 3.5 为环绕着均匀厚度氧化层的锥形 TSV 结构和参数。在图中，虚线围成的底部半径为 R_m、高度为 h、侧面倾角为 α 的锥形区域是 TSV 金属；外围厚度为 t_{ox} 的锥形环是氧化层，其底部半径为 R_{ox}。所以锥形 TSV 金属和氧化层的顶部半径分别为 $R_m+h\cot\alpha$ 和 $R_{ox}+h\cot\alpha$。

根据高斯定理，在氧化层内作一个与其侧壁平行的锥形曲面，然后对该封闭曲面的电场强度进行积分，即

$$\oiint_s E\mathrm{d}S = \frac{Q}{\varepsilon_{ox}} \tag{3-23}$$

其中，Q 为氧化层表面的电荷量。用 E 表示氧化层内均匀的电场强度，对上式中面积进行积分，则有

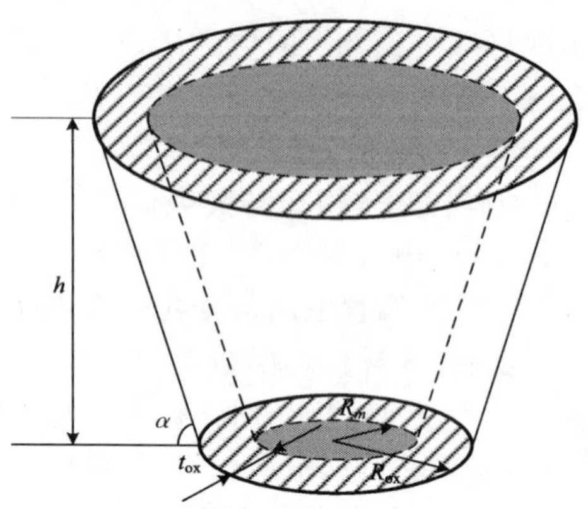

图 3.5　环绕着均匀厚度氧化层的锥形 TSV 结构和参数

$$E = \frac{Q\sin\alpha}{\varepsilon_{ox}\pi h(2r + h\cot\alpha)} \tag{3-24}$$

于是可以得到氧化层内、外侧面间的电势差为

$$U_{ox} = \int_{R_m}^{R_{ox}} E\mathrm{d}r = \frac{Q\sin\alpha}{2\pi\varepsilon_{ox}h}\ln\left(\frac{2R_{ox} + h\cot\alpha}{2R_m + h\cot\alpha}\right) \tag{3-25}$$

所以氧化层电容的表达式为

$$C_{ox} = \frac{Q}{U_{ox}} = \frac{2\pi\varepsilon_{ox}h}{\sin\alpha\ln\left(\dfrac{2R_{ox} + h\cot\alpha}{2R_m + h\cot\alpha}\right)} \tag{3-26}$$

当 α= 90°时，锥形 TSV 变成圆柱形 TSV，式(3-26)简化为

$$C_{ox} = \frac{2\pi\varepsilon_{ox}h}{\ln\left(\dfrac{R_{ox}}{R_m}\right)} \tag{3-27}$$

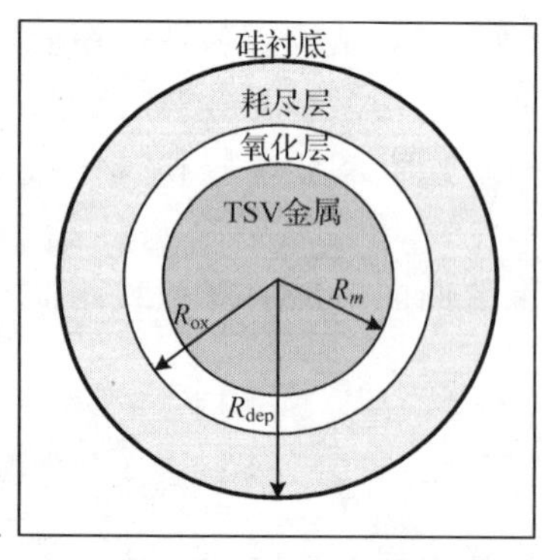

图 3.6　锥形 TSV 截面图

简化后的锥形 TSV 氧化层电容计算公式和圆柱形 TSV 的氧化层电容计算公式一致[10-13]。

2) 耗尽层电容

锥形 TSV 金属与氧化层和硅衬底共同形成一个锥形的 MOS 结构，TSV 金属在这个 MOS 电容中起到栅极的作用，外接信号相当于 MOSFET 器件的偏置电压；衬底在电路工作时一般接地。在硅衬底接地且 TSV 金属上的信号足够强时，靠近氧化层的硅衬底就会产生一个耗尽区域，如图 3.6 所示，图中用 R_{dep} 表示耗尽层外围的半径。

这里采用完全耗尽层近似，即假设在耗尽区内没有移动载流子。与氧化层电容类似，运用高斯定理，可以得到耗尽层电容为

$$C_{\text{dep}} = \frac{2\pi\varepsilon_{\text{Si}} h}{\sin\alpha \ln\left(\dfrac{2R_{\text{dep}} + h\cot\alpha}{2R_{\text{ox}} + h\cot\alpha}\right)} \tag{3-28}$$

在给定各工艺参数之后，还需要推导 R_{dep} 才能求得耗尽层电容。

由于衬底接地，TSV 上的电势 V_{TSV} 为衬底电势与氧化层内、外表面之间电势差 U_{ox} 之和，衬底电势为平带电压 V_{FB} 与氧化层外围表面电势 $\psi(R_{\text{ox}})$ 之和，即

$$V_{\text{TSV}} = V_{\text{FB}} + \psi\left(R_{\text{ox}}\right) + U_{\text{ox}} \tag{3-29}$$

平带电压是图 3.7 给出的 MOS 结构能带图中使得半导体表面呈平带状态时栅极所加的电压，可以表示为

$$V_{\text{FB}} = \phi_m - \phi_s - \frac{2\pi R_{\text{ox}} h Q_f}{C_{\text{ox}}} = \phi_m - \chi - \frac{E_g}{2q} - V_T \ln\frac{N_a}{n_i} - \frac{2\pi R_{\text{ox}} h Q_f}{C_{\text{ox}}} \tag{3-30}$$

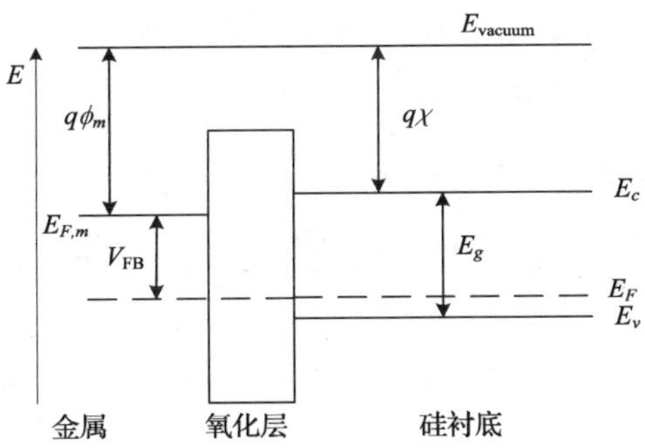

图 3.7　MOS 结构能带图

其中，TSV 金属一般使用 Cu，其功函数 ϕ_m=4.65V；硅衬底的功函数为 ϕ_s，电子亲合能 χ=4.05V，本征载流子浓度 n_i=1.18×10^{10} cm^{-3}，禁带宽度 E_g=1.12eV；单位电荷 q=1.6022×10^{-19}C；T 为绝对温度，室温下热电压 V_T=KT/q=0.026V（K 为玻尔兹曼常数）；N_a 为电离受主浓度；Q_f 是 Si-SiO_2 表面电荷，在通孔刻蚀或电介质沉积过程中由于等离子损伤所导致，由于目前 TSV 制作工艺缺乏后续高温过程而难以避免。

因为氧化层表面的电荷量与体电荷数 Q_m 相等，所以式(3-29)中 U_{ox} 可表示为

$$U_{\text{ox}} = \frac{Q_m}{C_{\text{ox}}} = \frac{qN_a\pi\left(R_{\text{dep}}^2 - R_{\text{ox}}^2\right)\sin\alpha}{2\pi\varepsilon_{\text{ox}}} \ln\left(\frac{2R_{\text{ox}} + h\cot\alpha}{2R_m + h\cot\alpha}\right) \tag{3-31}$$

为了求得式(3-29)中氧化层外围表面电势 $\psi(R_{\text{ox}})$，首先需要求解柱坐标系下的泊松方程。图 3.8 给出了所建立的柱坐标系。对于 p 型硅衬底，柱坐标系下二维泊

松方程由下式给出

$$\frac{1}{r}\frac{\partial}{\partial r}\left(r\frac{\partial\psi(r,z)}{\partial r}\right)+\frac{\partial^2\psi(r,z)}{\partial z^2}=\frac{qN_a}{\varepsilon_{\mathrm{Si}}},\qquad R_{\mathrm{ox}}\leqslant r\leqslant R_{\mathrm{dep}}+z\cot\alpha,0\leqslant z\leqslant h \tag{3-32}$$

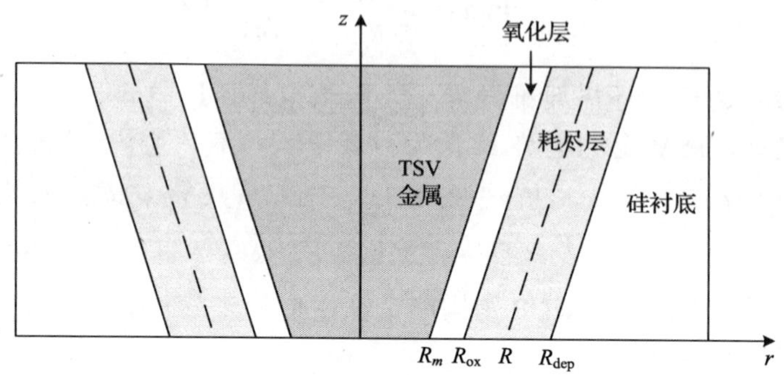

图 3.8　柱坐标系下的锥形 TSV

如图 3.8 中虚线所示，以 $R(R_{\mathrm{ox}}\leqslant R\leqslant R_{\mathrm{dep}})$ 为底面半径、侧面平行于氧化层侧面作一个锥面。为了简化计算，假设该曲面的表面电势相同，即

$$\psi(r,z)=\psi(R),\quad R=r-z\cot\alpha \tag{3-33}$$

因此，式(3-32)可简化为一维情况，即

$$\frac{1}{R}\frac{\partial}{\partial R}\left(R\frac{\partial\psi(R)}{\partial R}\right)=\frac{qN_a}{\varepsilon_{\mathrm{Si}}},\qquad R_{\mathrm{ox}}\leqslant R\leqslant R_{\mathrm{dep}} \tag{3-34}$$

由于耗尽层外表面的电势和电场强度为零，所以边界条件为

$$\psi(R)\big|_{R=R_{\mathrm{dep}}}=0 \tag{3-35}$$

$$\frac{\partial\psi(R)}{\partial r}\bigg|_{R=R_{\mathrm{dep}}}=0 \tag{3-36}$$

将边界条件代入式(3-34)，求解泊松方程，可以得到底面半径为 R 的锥面的表面电势为

$$\psi(R)=\frac{qN_aR^2}{4\varepsilon_{\mathrm{Si}}}-\frac{qN_aR_{\mathrm{dep}}^2}{2\varepsilon_{\mathrm{Si}}}\ln R+\frac{qN_aR_{\mathrm{dep}}^2}{4\varepsilon_{\mathrm{Si}}}\left[2\ln R_{\mathrm{dep}}-1\right] \tag{3-37}$$

将 $R=R_{\mathrm{ox}}$ 代入式(3-37)，可以得到氧化层外围表面电势 $\psi(R_{\mathrm{ox}})$。最后，联立式(3-29)、式(3-30)、式(3-31)和式(3-37)，便可得到耗尽层外围半径 R_{dep}。

3) 阈值电压及最小耗尽层电容

TSV 的阈值电压可以定义为当硅衬底-氧化层的表面电势等于 $2V_T\ln(N_a/n_i)$ 时

TSV 的电压。当 TSV 上的偏置电压达到阈值时，耗尽层宽度不再增加，耗尽层电容达到最小值。用 $R_{\max}$ 表示最大耗尽层外围底面半径，则有

$$\frac{qN_a\left(R_{\mathrm{ox}}\right)^2}{4\varepsilon_{\mathrm{Si}}}-\frac{qN_aR_{\max}^2}{2\varepsilon_{\mathrm{Si}}}\ln R_{\mathrm{ox}}+\frac{qN_aR_{\max}^2}{4\varepsilon_{\mathrm{Si}}}\left[2\ln R_{\max}-1\right]=2V_T\ln\frac{N_a}{n_i} \tag{3-38}$$

结合式(3-29)，可以得阈值电压为

$$V_{\mathrm{TH}}=V_{\mathrm{FB}}+2V_T\ln\frac{N_a}{n_i}+\frac{qN_a\pi\left(R_{\max}^2-R_{\mathrm{ox}}^2\right)\sin\alpha}{2\pi\varepsilon_{\mathrm{ox}}}\ln\left(\frac{2R_{\mathrm{ox}}+h\cot\alpha}{2R_m+h\cot\alpha}\right) \tag{3-39}$$

通过求解式(3-38)得到 $R_{\max}$ 后，代入式(3-39)便可以得到阈值电压。用 $R_{\max}$ 取代式(3-28)中的 R_{dep}，便可以求得最小耗尽层电容为

$$C_{\mathrm{depmin}}=\frac{2\pi\varepsilon_{\mathrm{Si}}h}{\sin\alpha\ln\left(\dfrac{2R_{\max}+h\cot\alpha}{2R_{\mathrm{ox}}+h\cot\alpha}\right)} \tag{3-40}$$

综上所述，考虑 MOS 效应的锥形 TSV 寄生电容模型如下。

(1) 积累区 ($V_{\mathrm{TSV}}<V_{\mathrm{FB}}$) 为

$$C_{\mathrm{TSV}}=C_{\mathrm{ox}}=\frac{2\pi\varepsilon_{\mathrm{ox}}h}{\sin\alpha\ln\left(\dfrac{2R_{\mathrm{ox}}+h\cot\alpha}{2R_m+h\cot\alpha}\right)} \tag{3-41}$$

(2) 耗尽区 ($V_{\mathrm{FB}}\leqslant V_{\mathrm{TSV}}<V_{\mathrm{TH}}$) 为

$$C_{\mathrm{TSV}}=\frac{C_{\mathrm{ox}}C_{\mathrm{dep}}}{C_{\mathrm{ox}}+C_{\mathrm{dep}}} \tag{3-42}$$

其中

$$C_{\mathrm{dep}}=\frac{2\pi\varepsilon_{\mathrm{Si}}h}{\sin\alpha\ln\left(\dfrac{2R_{\mathrm{dep}}+h\cot\alpha}{2R_{\mathrm{ox}}+h\cot\alpha}\right)} \tag{3-43}$$

(3) 最小电容区 ($V_{\mathrm{TSV}}\geqslant V_{\mathrm{TH}}$) 为

$$C_{\mathrm{TSV}}=\frac{C_{\mathrm{ox}}C_{\mathrm{depmin}}}{C_{\mathrm{ox}}+C_{\mathrm{depmin}}} \tag{3-44}$$

其中

$$C_{\mathrm{depmin}}=\frac{2\pi\varepsilon_{\mathrm{Si}}h}{\sin\alpha\ln\left(\dfrac{2R_{\max}+h\cot\alpha}{2R_{\mathrm{ox}}+h\cot\alpha}\right)} \tag{3-45}$$

当 α= 90°时，锥形 TSV 退化为圆柱形 TSV，TSV 寄生电容模型简化如下。

(1) 积累区 ($V_{TSV}<V_{FB}$) 为

$$C_{TSV}=C_{ox}=\frac{2\pi\varepsilon_{ox}h}{\ln\left(\frac{R_{ox}}{R_m}\right)} \tag{3-46}$$

(2) 耗尽区 ($V_{FB}\leqslant V_{TSV}<V_{TH}$) 为

$$C_{TSV}=\frac{C_{ox}C_{dep}}{C_{ox}+C_{dep}} \tag{3-47}$$

其中

$$C_{dep}=\frac{2\pi\varepsilon_{Si}h}{\ln\left(\frac{R_{dep}}{R_{ox}}\right)} \tag{3-48}$$

(3) 最小电容区 ($V_{TSV}\geqslant V_{TH}$) 为

$$C_{TSV}=\frac{C_{ox}C_{depmin}}{C_{ox}+C_{depmin}} \tag{3-49}$$

其中

$$C_{depmin}=\frac{2\pi\varepsilon_{Si}h}{\ln\left(\frac{R_{max}}{R_{ox}}\right)} \tag{3-50}$$

简化后的电容模型和圆柱形 TSV 的电容模型一致[13]。

2. 模型简化

取锥形 TSV 高度一半处的半径为圆柱形 TSV 半径，即 $R_m+(h\cot\alpha)/2$，在一定的条件下，锥形 TSV 的寄生电容模型可以采用该圆柱形 TSV 寄生电容模型来近似。根据高斯定理，圆柱形 TSV 氧化层电容可表示为

$$C_{ox\_C}=\frac{2\pi\varepsilon_{ox}h}{\ln\left(\frac{2R_{ox}+h\cot\alpha}{2R_m+h\cot\alpha}\right)}=C_{ox\_T}\sin\alpha \tag{3-51}$$

其中，下标 C 和 T 分别代表圆柱形和锥形 TSV。由于锥形 TSV 侧面倾角 α 对耗尽层宽度的影响可以忽略，所以耗尽层电容可以表示为

$$C_{dep\_C}=\frac{2\pi\varepsilon_{Si}h}{\ln\left(\frac{2R_{dep}+h\cot\alpha}{2R_{ox}+h\cot\alpha}\right)}=C_{dep\_T}\sin\alpha \tag{3-52}$$

因此圆柱形和锥形 TSV 的寄生电容具有如下关系

$$C_{\mathrm{TSV\_C}} = C_{\mathrm{TSV\_T}} \sin\alpha \tag{3-53}$$

用 ΔE 表示可以接受的相对误差，则当 $1-\sin\alpha>\Delta E$ 时，即当 $\alpha<\arcsin(1-\Delta E)$ 时，锥形 TSV 寄生电容模型可以采用圆柱形 TSV 电容模型近似。假设 $\Delta E=5\%$，可得到临界倾角为 73°。

3. 模型验证

本节使用 Q3D 对锥形 TSV 的寄生电容模型进行验证。根据目前锥形 TSV 主流制作工艺，结构和材料参数取值如下：表面电荷密度 $Q_f/q=5\times10^{10}\mathrm{cm}^{-2}$，电离受主浓度 $N_a=1.25\times10^{15}\mathrm{cm}^{-3}$，TSV 金属底面半径 $R_m=2.5\mu\mathrm{m}$，高度 $h=10\mu\mathrm{m}$，氧化层厚度 $t_{\mathrm{ox}}=0.1\mu\mathrm{m}$。

不同 α 时锥形 TSV 寄生电容的 Q3D 仿真和理论模型计算结果如图 3.9 所示。可见，它们匹配良好，误差小于 5%，证明了模型的准确性。从图 3.9 可以看出，当偏置电压小于平带电压时，TSV 处于积累状态，寄生电容为氧化层电容(A 区)；随着偏置电压的增大，TSV 寄生电容由于耗尽层的产生而逐渐变小，如前面所述，该区域称为耗尽区(B 区)；当偏置电压增大到阈值时，TSV 寄生电容因耗尽层宽度达到最大而保持不变(C 区)。从图 3.9 还可以看出，α 越大，寄生电容越小，这是因为 α 越大，同轴电缆电容器的面积越小；当偏置电压大于平带电压时所产生的耗尽层对 TSV 寄生电容的影响很大，尤其是进入 C 区以后，假如忽略耗尽层的影响，会给 TSV 寄生电容的计算带来很大误差。

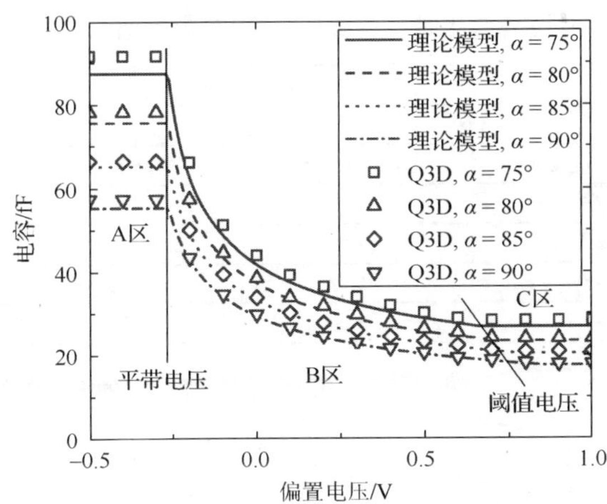

图 3.9　不同 α 时锥形 TSV 寄生电容的 Q3D 仿真和理论模型计算结果

图 3.10 给出了忽略耗尽层时的误差随偏置电压的变化情况。可见，随着偏置电压的增加，MOS 效应起作用以后误差急剧增大，在 C 区四种情况下误差均达到 200% 以上，所以在 TSV 寄生电容模型中耗尽层的影响不容忽视。

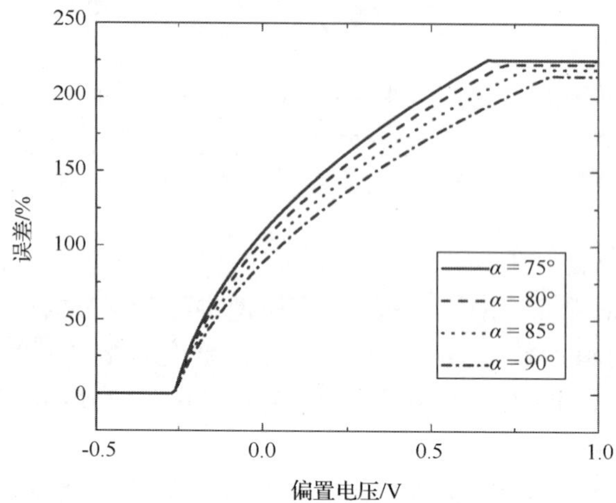

图 3.10　忽略 MOS 效应的误差随偏置电压的变化情况

为了进一步验证锥形 TSV 寄生电容模型的准确性，表 3.1～3.3 针对 A 区、B 区和 C 区给出了 R_m、t_{ox} 和 h 变化时，解析模型计算结果和 Q3D 仿真结果之间的均方根(Root Mean Square, RMS)误差。A 区、B 区和 C 区分别取偏置电压为−0.4V、0.5V 和 1V；R_m、t_{ox} 和 h 的变化范围分别为 1～5μm、0.1～0.5μm 和 10～50μm。由于 A 区耗尽层还没有产生，所以在表 3.1～3.3 中没有给出 A 区忽略 MOS 效应时的误差。

表 3.1　R_m 变化时(1～5μm)，不同 α 时的 RMS 误差

α	RMS 误差/%				
	A 区	B 区		C 区	
	—	忽略 MOS 效应	考虑 MOS 效应	忽略 MOS 效应	考虑 MOS 效应
75°	5.07	187.22	4.4	209.32	5.1
80°	3.3	185.63	3.18	212.23	2.97
85°	2.4	178.04	2.73	211.66	2.31
90°	1.71	168.47	3.04	209.13	1.76

表 3.2　t_{ox} 变化时(0.1～0.5μm)，不同 α 时的 RMS 误差

α	RMS 误差/%				
	A 区	B 区		C 区	
	—	忽略 MOS 效应	考虑 MOS 效应	忽略 MOS 效应	考虑 MOS 效应
75°	6.12	92.58	6.1	109.83	6.09
80°	4.26	91.21	4.31	113.14	4.37
85°	3.12	87.25	3.34	112.42	3.3
90°	4.84	81.49	2.68	110.56	2.89

表 3.3 h 变化时（10～50μm），不同 α 时的 RMS 误差

α	RMS 误差/%				
	A 区	B 区		C 区	
	—	忽略 MOS 效应	考虑 MOS 效应	忽略 MOS 效应	考虑 MOS 效应
75°	4.49	195.82	4.64	210.42	5.42
80°	2.95	193.43	2.62	214.81	3.29
85°	1.91	183.16	2.22	214.52	2.26
90°	3.81	170	1.69	211.47	1.82

从表 3.1～3.3 的数据可以看出，对于以上所有情况，忽略 MOS 效应时理论模型计算结果与 Q3D 仿真结果之间 RMS 误差介于 81.49%和 214.81%之间；对于锥形 TSV 倾角 α 为 75°、80°、85°和 90°四种情况，忽略 MOS 效应时，最大 RMS 误差分别达到 210.42%、214.81%、214.52%和 211.47%；考虑 MOS 效应以后的最大 RMS 误差分别为 6.1%、4.37%、3.34%和 3.04%。这表明当 R_m、t_{ox} 和 h 在一定范围内变化时，锥形 TSV 寄生电容模型具有较高的准确性，并且再一次验证了在此模型中考虑 MOS 效应的必要性。

4. 特性分析

在验证锥形 TSV 寄生电容模型的准确性之后，本节利用该模型对锥形 TSV 寄生电容的特性进行深入分析，即 C_{ox}、C_{dep} 以及总寄生电容 C_{TSV} 随锥形 TSV 结构和材料参数的变化情况。为了进一步证明考虑 MOS 效应的必要性，本节还将给出忽略 MOS 效应所带来的误差。考虑的结构和材料参数包括 TSV 金属底面半径、隔离层（氧化层）厚度（隔离层一般用 SiO_2 充当，也可采用其他绝缘材料）、隔离层介电常数、TSV 的高度和硅衬底的掺杂浓度。为了表述一致，本节仍然用 t_{ox}、ε_{ox} 和 C_{ox} 来表示隔离层厚度、介电常数和电容。因为 A 区电容与 B 区和 C 区的隔离层电容 C_{ox} 一致，所以只给出了 B 区和 C 区的情况。以下倾角取为 80°，B 区的偏置电压取为 0.5V。仿真的基准参数为 $Q_f/q=5\times10^{10}\text{cm}^{-2}$，$N_a=1.25\times10^{15}\text{cm}^{-3}$，$R_m=2.5\mu\text{m}$，$h=10\mu\text{m}$，$t_{ox}=0.1\mu\text{m}$。

图 3.11(a)为 B 区和 C 区的 C_{ox}、C_{dep} 及总寄生电容 C_{TSV} 随 TSV 金属底面半径 R_m 的变化情况。可以看出，各电容均随着 R_m 的增大而线性增大，这是因为同轴电缆电容器的面积随之线性变大；虽然耗尽层的介电常数是氧化层的 3 倍，但是其厚度（大约 0.6μm）是氧化层的 6 倍，所以 R_m 的增加对 C_{ox} 的影响比 C_{dep} 大；B 区和 C 区的电容变化趋势相同，但是 B 区 C_{dep} 和 C_{TSV} 比 C 区大一些，这一点与图 3.9 中的结果一致。图 3.11(b)给出了忽略 MOS 效应所带来的误差。可以看出，B 区误差大于 180%，C 区误差大于 195%，而且它们均随着 R_m 的增大而增大，这是由于 C_{dep} 随之涨幅比 C_{ox} 小，导致 C_{dep} 对总寄生电容 C_{TSV} 的影响随之增大；当 R_m 增加到 5μm 时，B 区误差大于 200%，C 区误差接近 240%。

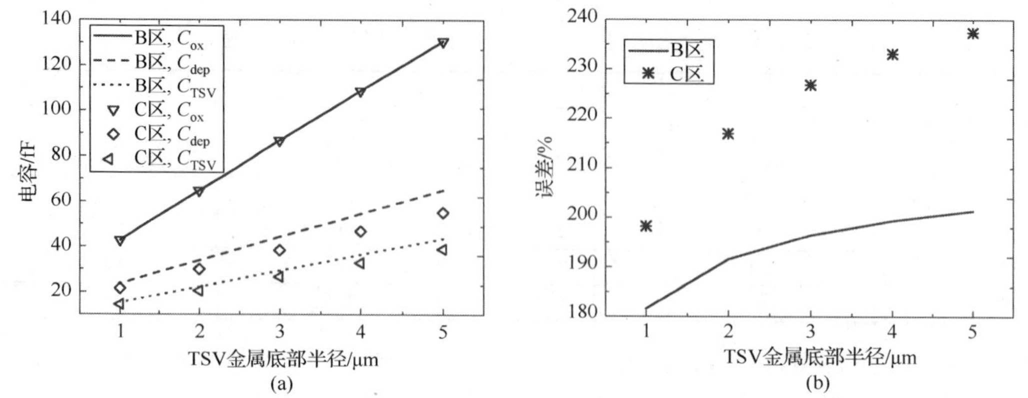

图 3.11　寄生电容和忽略 MOS 效应的误差随 TSV 金属底面半径 R_m 的变化情况

图 3.12 为 B 区和 C 区的 C_{ox}、C_{dep}、C_{TSV} 以及忽略 MOS 效应所带来的误差随隔离层厚度 t_{ox} 的变化情况。显然，C_{ox} 随着 t_{ox} 的增大而减小；C_{dep} 随着 t_{ox} 的增大而变大，这是因为在同样的工作条件下，氧化层越厚，所形成的耗尽层厚度就越薄，即 MOS 效应就越不明显，当忽略 MOS 效应时的误差也就随之变小，如图 3.12(b)所示；由于 C_{ox} 和 C_{dep} 变化趋势不一致，所以二者共同作用下的总寄生电容 C_{TSV} 随着 t_{ox} 的增大而减小的幅度较小；因为偏置电压低于阈值时，耗尽层宽度随着 t_{ox} 的增大而减小，所以 B 区 C_{dep} 增大幅度很大(60fF)，而达到阈值之后，耗尽层宽度因达到最大值而不再变化，导致 C 区 C_{dep} 只增加了 3fF；与图 3.11 相同，B 区的寄生电容大于 C 区的寄生电容。

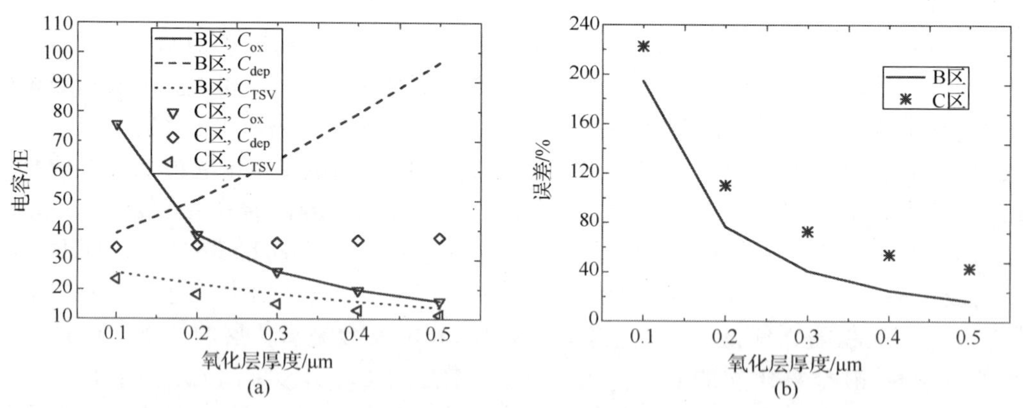

图 3.12　寄生电容和忽略 MOS 效应的误差随隔离层厚度 t_{ox} 的变化情况

图 3.13(a)给出了 C_{ox}、C_{dep} 和 C_{TSV} 随隔离层介电常数 ε_{ox} 的变化情况。显然，C_{ox} 随着隔离层介电常数的增大而线性变大；对于 B 区，同样的工作条件下，隔离层介电常数越大，所形成耗尽层的宽度就越大，所以 C_{dep} 越来越小；而 C 区耗尽层

宽度因达到最大值而不再变化，所以 C_{dep} 并未发生改变；C_{TSV} 随着隔离层介电常数的增加在 B 区和 C 区均有 12fF 左右的增幅。图 3.13(b)给出了忽略 MOS 效应所带来的误差。可以看出，误差随着隔离层介电常数的增大而急剧增大，当隔离层介电常数为 5 时，B 区和 C 区误差均达到 250%以上。

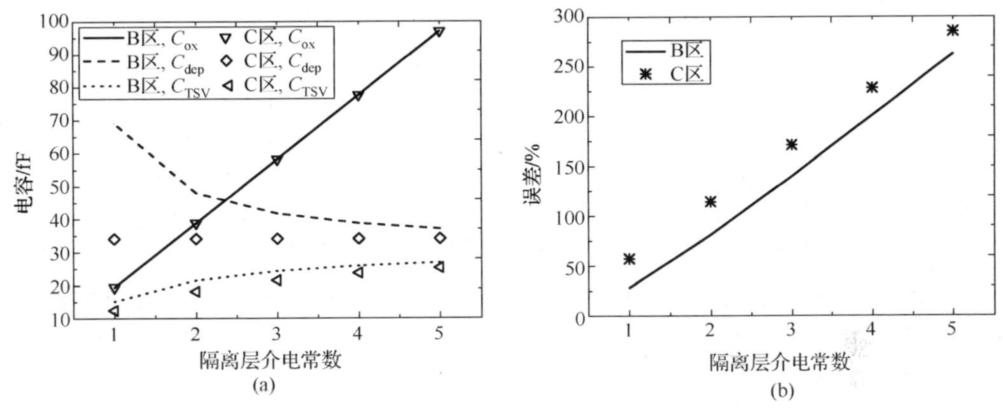

图 3.13　寄生电容和忽略 MOS 效应的误差随隔离层介电常数 ε_{ox} 的变化情况

B 区和 C 区的 C_{ox}、C_{dep} 和 C_{TSV} 及忽略 MOS 效应所带来的误差随高度 h 的变化情况如图 3.14 所示。因为 TSV 越高，同轴电缆电容器面积越大，所以各寄生电容也就随之越大；B 区忽略 MOS 效应时误差超过 180%，C 区超过 220%。

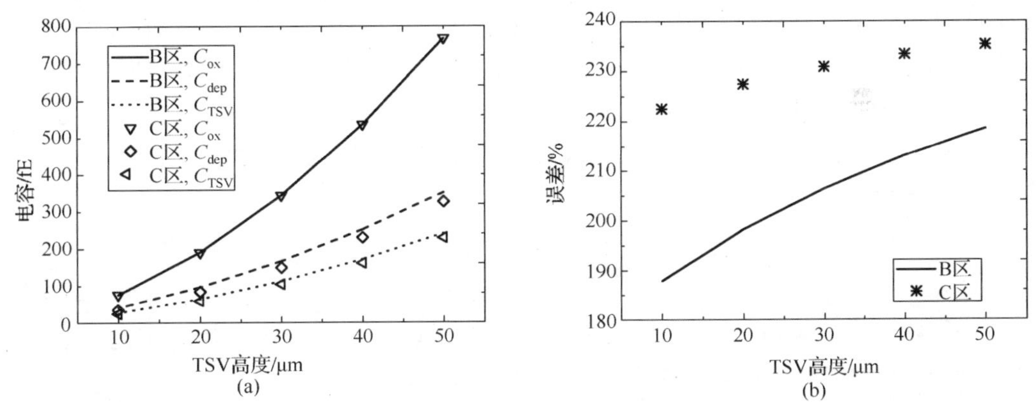

图 3.14　寄生电容和忽略 MOS 效应的误差随 TSV 高度 h 的变化情况

B 区和 C 区的 C_{ox}、C_{dep} 和 C_{TSV} 及忽略 MOS 效应所带来的误差随硅衬底掺杂浓度 N_a 的变化情况如图 3.15 所示。显然，硅衬底掺杂浓度不会影响 C_{ox}；C_{dep} 随着硅衬底掺杂浓度的增大而增大，这是因为同样工作条件下硅衬底掺杂浓度越高，所形成耗尽层的宽度越小；B 区和 C 区的 C_{TSV} 随着硅衬底掺杂浓度的增大分别增大了 12fF 和 8fF；B 区和 C 区忽略 MOS 效应的误差随着硅衬底掺杂浓度的增大而减小，但仍然分别大于 80%和 140%，最大超过 210%和 240%。

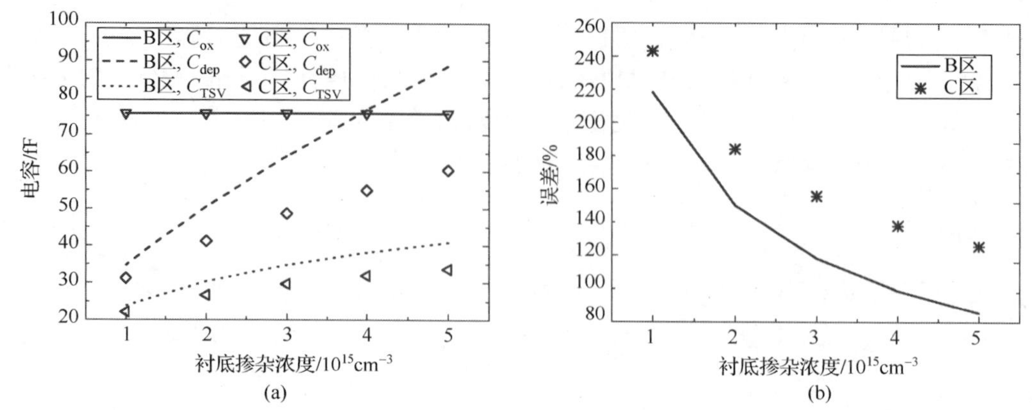

图 3.15　寄生电容和忽略 MOS 效应的误差随硅衬底掺杂浓度 N_a 的变化情况

纵观图 3.11～3.15，可以得知，在三维集成电路中可以通过调节 TSV 的结构和材料参数值来调整其寄生电容以满足电路需要；在 TSV 寄生电容模型中考虑 MOS 效应大幅度提高了模型准确度。

5. 对信号传输性能的影响

为了进一步分析锥形 TSV 的寄生电容对其传输特性的影响，本节分别针对 B 区和 C 区，对比了考虑和忽略 MOS 效应时的 S 参数。S 参数，也称为散射参数，是衡量信号传输性能的重要指标，它可由 HFSS (High Frequency Simulator Structure) 仿真得到。使用的参数取值如下：B 区和 C 区分别取偏置电压为 0.5V 和 1V；R_m、t_{ox} 和 h 分别为 2.5μm、0.1μm 和 10μm；信号 TSV 和作为回路的接地 TSV 间距为 20μm。

图 3.16 给出了锥形 TSV 忽略 MOS 效应时的 S 参数，也就是 A 区的 S 参数。从图中可以看出，当 α 增大时，S_{11} 减小，S_{21} 增大。这是因为 α 越大，信号 TSV 和回路 TSV 之间的等效距离越远。

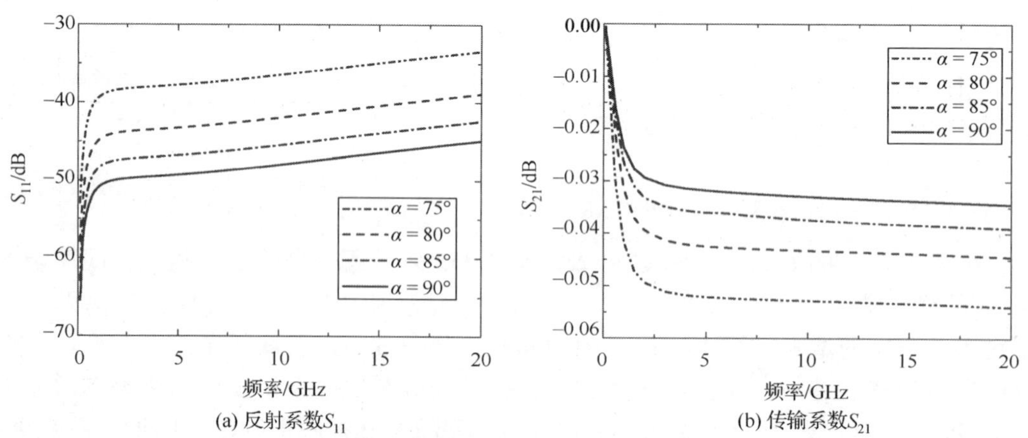

图 3.16　锥形 TSV 在 A 区的 S 参数

图 3.17 给出了锥形 TSV 在 B 区的 S 参数。通过对比图 3.16 和图 3.17 可以看出，考虑 MOS 效应以后，对于 α 为 75°、80°、85°和 90°四种情况，S_{11} 的最大减幅大约为 18.9dB，S_{21} 的最大增幅大约为 0.009dB，锥形 TSV 的传输效率明显提高。这是因为 TSV 的插入损耗主要是由于 TSV 和衬底之间的漏电造成的，考虑 MOS 效应以后，寄生电容变小，阻抗变大。另外，随着频率的增加，S_{11} 的减幅和 S_{21} 的增幅逐渐变小，这是因为在频率较低时电容起主要作用，而在频率较高时电感起主要作用。

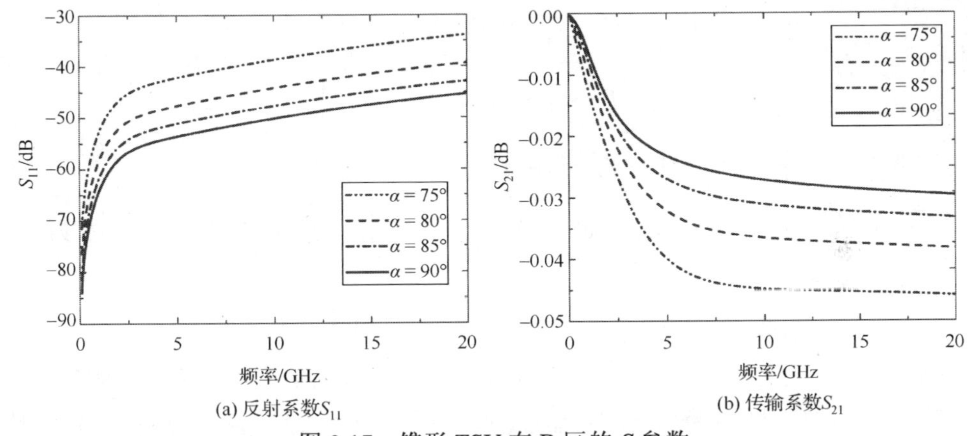

(a) 反射系数S_{11}　(b) 传输系数S_{21}

图 3.17　锥形 TSV 在 B 区的 S 参数

图 3.18 给出了锥形 TSV 在 C 区的 S 参数。通过对比图 3.17 和图 3.18 可以看出，C 区 S_{11} 比 B 区减小大约 0.1dB，C 区 S_{21} 比 B 区增加大约 0.004dB，即 C 区与 B 区的传输特性并无太大差别。这是因为在 B 区选取偏置电压为 0.5V 时，α 为 75°、80°、85°和 90°时的耗尽层宽度分别为 0.69μm、0.66μm、0.63μm 和 0.62μm，C 区耗尽层达到的最大宽度为 0.76μm，相对于两个相距 20μm 的 TSV 来说，耗尽层仅大约 0.1μm 的变化所产生的影响可以忽略。所以 MOS 效应对 B 区和 C 区 S 参数的影响相差不大。

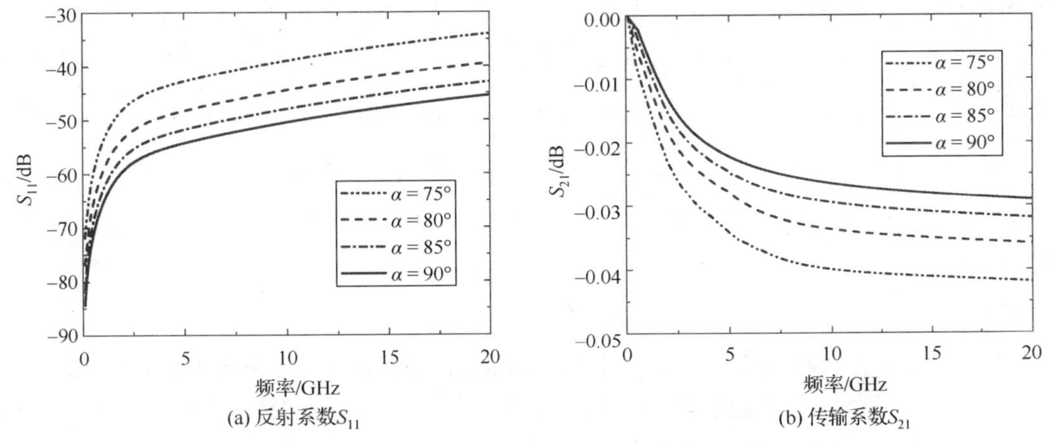

(a) 反射系数S_{11}　(b) 传输系数S_{21}

图 3.18　锥形 TSV 在 C 区的 S 参数

3.3 环形 TSV 寄生参数提取

环形 TSV 由一个金属环、两侧起隔离作用的氧化层和中心的介质核心组成，如图 3.19 所示。环形 TSV 的提出是为了克服圆柱形 TSV 的工艺难题[14]。相对于圆柱形 TSV，环形 TSV 制作工艺简单、成本低。IBM 公司已经提出了两种与 CMOS 工艺兼容的环形 TSV 制作工艺[15,16]。由于环形 TSV 的金属是部分填充的，其热机械稳定性相比圆柱形 TSV 较好[17]。

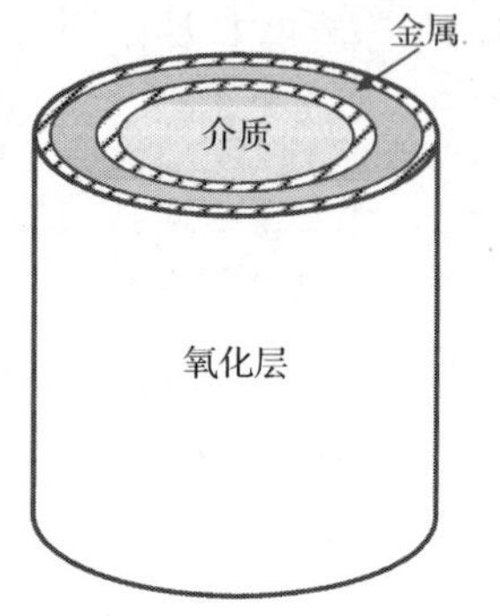

图 3.19　环形 TSV 结构

3.3.1 寄生电阻

根据欧姆定律，环形 TSV 的低频电阻可以表示为

$$R_{\mathrm{ann\_DC}}=\frac{\rho h}{\pi\left(R_m^2-R_{\mathrm{core}}^2\right)} \tag{3-54}$$

其中，R_m 和 R_{core} 分别为环形 TSV 填充金属的外表面和内表面半径。高频时，当趋肤深度 $\delta>R_{\mathrm{core}}$ 时，即频率 $f>\rho/\pi\mu_0R_{\mathrm{core}}^2$ 时，趋肤效应不能忽略，此时交流电阻可以表示为

$$R_{\mathrm{ann\_AC}}=\frac{\rho h}{\pi\left[R_m^2-(R_m-\delta)^2\right]} \tag{3-55}$$

3.3.2 寄生电感

部分填充的环形 TSV 的内部电感与圆柱形 TSV 略有不同，其寄生电感可以表示为[18]

$$L_{\mathrm{ann}}=L_{\mathrm{cyl}}-\Delta L_{\mathrm{int}} \tag{3-56}$$

其中

$$\Delta L_{\mathrm{int}}=\frac{\mu_0R_{\mathrm{core}}^4h}{2\pi\left(R_m^2-R_{\mathrm{core}}^2\right)}\left[\frac{1}{2}\left(\frac{R_m}{R_{\mathrm{core}}}\right)^2-\frac{1}{2}-\ln\left(\frac{R_m}{R_{\mathrm{core}}}\right)\right] \tag{3-57}$$

3.3.3 寄生电容

TSV 的寄生电容与其外表面的面积、氧化层厚度和材料等有着密切的关系，但是与 TSV 是完全填充还是部分填充没有关系，因此，环形 TSV 和圆柱形 TSV 寄生电容的计算公式是一致的，这里不再赘述。

3.4　同轴 TSV 寄生参数提取

在三维集成电路中，当高频信号在 TSV 中传输时，会产生信号串扰、电磁干扰等问题，从而影响整个系统的性能，限制 TSV 在高频和射频领域的应用。Sparks 等[19]提出了同轴 TSV，可提高 TSV 的高频传输特性，其结构如图 3.20 所示。它由环绕着氧化层的中心圆柱形金属核心、外侧金属环和金属之间的介质层构成。内侧金属用来传输信号，外侧金属环接地，可以屏蔽噪声和信号干扰。与同轴电缆类似，同轴 TSV 在高频情况下有很多优势，如能有效抑制信号串扰、减小传输损耗和信号延时、保持良好的信号完整性。尽管已经有研究者提出了一些同轴 TSV 的制作工艺[20-22]，但是目前还没有成熟的工艺。

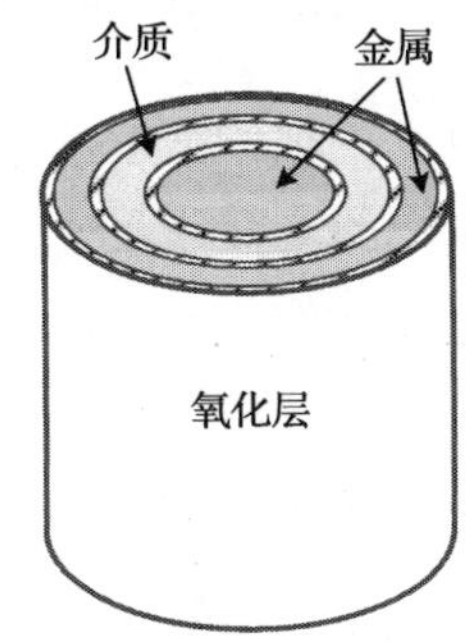

图 3.20　同轴 TSV 结构

3.4.1　寄生电阻

同轴 TSV 内外导体中只有轴向 z 方向的电流，分布在厚度等于趋肤深度 δ 的表层中，内导体电阻与外导体电阻之和为同轴 TSV 的电阻，即[23]

$$R_{\text{coa}} = \frac{R_s h}{2\pi}\left(\frac{1}{a}+\frac{1}{b}\right) \tag{3-58}$$

其中，R_s 为同轴 TSV 导体的表面电阻；a 和 b 分别代表同轴 TSV 内导体半径和外侧金属环的内半径。

3.4.2　寄生电感

同轴 TSV 的电感与它存储的磁能 W_H 有关，屏蔽层与信号线导体之间的空间体积内存储的磁能可以由磁场分量求得，即

$$W_H = \frac{1}{4}L_0 I_t \cdot I_t^* = \frac{\pi}{4}\int_0^{2\pi}\int_a^b H_t \cdot H_t^* r\mathrm{d}r\mathrm{d}\varphi \tag{3-59}$$

将磁力线的数学表达式代入式(3-59)，可以得到

$$W_H = \frac{2\pi\mu_0 h(\varphi_2-\varphi_1)^2}{4\eta\ln(b/a)} \tag{3-60}$$

其中，μ_0 为同轴结构内、外导体之间介质层的磁导率；η 为波阻抗。因此可以得到同轴 TSV 的寄生电感为[23]

$$L_{\text{coa}} = \frac{\mu_0 h\ln(b/a)}{2\pi} \tag{3-61}$$

3.4.3 寄生电容

同轴 TSV 的电容等于导体上电荷 Q 与内、外导体电位差之比，即 $C_{coa}=Q/(\varphi_2-\varphi_1)$。因此导体表面电荷为

$$Q=\rho_s 2\pi bh=\varepsilon\left|E_t\right|_{r=b} 2\pi bh=\frac{2\pi\varepsilon h\left(\varphi_2-\varphi_1\right)}{\ln\left(b/a\right)}=C_{coa}\left(\varphi_2-\varphi_1\right) \tag{3-62}$$

其中，ε 为同轴 TSV 内、外导体之间介质层的介电常数；E 为电场强度；ρ_s 为金属表面上的电荷密度。于是有[23]

$$C_{coa}=\frac{2\pi\varepsilon h}{\ln\left(b/a\right)} \tag{3-63}$$

利用内导体表面电荷也可以得到同样的结果。

参 考 文 献

[1] Khan N H, Alam S M, Hassoun S. Through-silicon via (TSV)-induced noise characterization and noise mitigation using coaxial TSVs. IEEE International Conference on 3D System Integration, 2009: 1-7.

[2] Rousseau M, Rozeau O, Cibrario G, et al. Through-silicon via based 3D IC technology: Electrostatic simulations for design methodology. IMAPS Device Packaging Conference, 2008:1-4.

[3] Katti G, Stucchi M, Meyer K D, et al. Electrical modeling and characterization of through silicon via for three-dimensional ICs. IEEE Transactions on Electron Devices, 2010, 57(1): 256-262.

[4] Hall S H, Hall G W, McCall J A. High-Speed Digital System Design: A Handbook of Interconnect Theory and Design Practices. New York: John Wiley & Sons, 2000: 205-226.

[5] Savidis I, Friedman E G. Closed-form expressions of 3-D via resistance, inductance, and capacitance. IEEE Transactions on Electron Devices, 2009, 56(9): 1873-1881.

[6] Yarema R. 3D integrated circuits for HEP. International Meeting on Front End Electronics, 2006:1-6.

[7] Kim B, Sharbono C, Ritzdorf T, et al. Factors affecting copper filling process within high aspect ratio deep vias for 3D chip stacking. IEEE Electronic Components and Technology Conference, 2006: 838-843.

[8] Nagarajan R, Ebin L, Dayong L, et al. Development of a novel deep silicon tapered via etch process for through-silicon interconnection in 3-D integrated systems. IEEE Electronic Components and Technology Conference, 2006: 383-387.

[9] Liang Y, Li Y. Closed-form expressions for the resistance and the inductance of different profiles of through-silicon vias. IEEE Electron Device Letters, 2011, 32(3): 393-395.

[10] Rosenfeld J, Friedman E G. A distributed filter within a switching converter for application to 3-D integrated circuits. IEEE Transactions on Very Large Scale Integration(VLSI) Systems, 2011, 19(6): 1075-1085.

[11] Savidis I, Alam S M, Jain A. Electrical modeling and characterization of through-silicon vias (TSVs) for 3-D integrated circuits. Microelectronics Journal, 2010, 41(1): 9-16.

[12] Xu C, Li H, Suaya R, et al. Compact AC modeling and performance analysis of through-silicon vias in 3-D ICs. IEEE Transactions on Electron Devices, 2010, 57(12): 3405-3417.

[13] Savidis I, Friedman E G. Electrical modeling and characterization of 3-D vias. IEEE International Symposium on Circuits and Systems, 2008: 784-787.

[14] Tezcan D S, Pham N, Majeed B, et al. Sloped through wafer vias for 3D wafer level packaging. IEEE Electronic Components and Technology Conference, 2007: 643-647.

[15] Andry P S, Tsang C K, Webb B C, et al. Fabrication and characterization of robust through-silicon vias for silicon-carrier applications. IBM Journal of Research and Development, 2008, 52(6): 571-581.

[16] Andry P S, Tsang C, Sprogis E C, et al. A CMOS-compatible process for fabricating electrical through-vias in silicon. IEEE Electronic Components and Technology Conference, 2006: 831-837.

[17] Xie B, Shi X Q, Chung C H, et al. Novel sequential electro-chemical and thermo-mechanical simulation methodology for annular through-silicon-via(TSV) design. IEEE Electronic Components and Technology Conference, 2010: 1166-1172.

[18] Sun X, Cui Q, Zhu Y, et al. Electrical characterization of cylindrical and annular TSV for combined application thereof. IEEE International Conference on Electronic Packaging Technology & High Density Packaging, 2011: 76-80.

[19] Sparks T G, Alam S M, Chatterjee R, et al. Method of forming a through-substrate via. U.S. Patent Appl. 20080113505, 2006.

[20] Denda S. Process examination of through silicon via technologies. International Conference on Polymers and Adhesives in Microelectronics and Photonics, 2007: 149-152.

[21] Ho S W, Rao V S, Khan Q K N, et al. Development of coaxial shield via in silicon carrier for high frequency application. Electronics Packaging Technology Conference, 2006: 825-830.

[22] Ho S W, Yoon S W, Zhou Q, et al. High RF performance TSV silicon carrier for high frequency application. IEEE Electronic Components and Technology Conference, 2008: 1946-1952.

[23] Xu Z, Lu J Q. Three-dimensional coaxial through-silicon-via(TSV) design. IEEE Electron Device Letters, 2012, 33(10): 1441-1443.

第 4 章　考虑 TSV 效应的互连线模型

系统级封装(System in Package, SiP)曾被认为是克服传统二维(Two Dimensional, 2D) SoC 设计瓶颈的关键技术，通过引线键合(wire bonding)与焊球(solder balls)等连接技术，它有效地缩短了不同层叠模块间的片外互连线长，提高了系统封装效率与晶体管集成密度。但 SiP 技术并未从根本上缩短片内互连线长，且片外引线还会产生额外的寄生效应。全局互连延迟的不断增加与互连带宽限制最终不可避免地制约了 SiP 的应用。为了能够充分发掘三维集成技术的设计优势，需要寻找新的设计策略。TSV 技术作为一种系统级架构的新方法，通过在芯片与芯片之间、晶圆与晶圆之间制作微型导孔，实现上、下层的垂直导通。与以往 SiP 技术不同，TSV 显著缩短了片上互连距离，这不仅减少互连延时，而且提高器件运行速度和降低功耗，成为延续摩尔定律的有效通途。

尽管 3D TSV 技术有着诸多的优势，但目前仍然有一些不利因素制约着这项技术的发展，包括高深宽比(Aspect Ratio, AR) TSV 的刻蚀与填充，超薄晶圆的处理，晶圆/晶片堆叠、热的管理和热应力对器件电路性能的影响等。另外，相对于版图上的普通金属连线与标准单元，TSV 具有较大的物理尺寸，这不仅造成了额外的硅片面积开销，也对片上互连线长、延时和功耗产生了负面影响，为此需要对 TSV 影响进行准确的评估与分析。

4.1　考虑 TSV 尺寸效应的互连线长分布

现有研究表明，可以采用伦特定律(Rent's rule)对具有一定归纳特性的优化组合逻辑电路进行描述定义[1,2]。基于该经验定律，本节推导了一个一阶互连线长分布模型，它适用于二维集成电路与包含多个有源层的三维集成电路布线资源需求的估计。

4.1.1　忽略 TSV 尺寸效应的互连线长分布模型

与平面集成电路相似，三维集成系统的互连线长分布模型可分为两个部分：间距 l 的门单元对数目 $M(l)$ 和连接该门单元对的互连线平均数目 $I_{\exp}(l)$ 。以下将对这两部分分别进行分析推导[3-5]。

首先以方阵逻辑阵列内的一个逻辑门为例，描述随机互连线长分布的估算方法。如图 4.1 所示，选取该方阵内最左上角的逻辑门单元 A 为对象，采用伦特定律来分析从该单元模块出发到 l 距离外所有门的互连线数目[6]。其中线长 l 单位为逻辑门中心距，定义为芯片面积 A_C 与逻辑门数 N 比值的均方根，即 $\sqrt{A_C/N}$ 。由于逻辑阵列被分成了三个不同且相邻的模块：A、B 和 C，它们之间的 I/O 连接数目可以通过所有 A、B 与 C 模块的 I/O 端口守恒来计算。I/O 端口守恒指 A、B、C 三个模块的端口总数目等于它们模块间的相互端口数目加上整个系统的对外端口数目，如

$$T_{\mathrm{A}}+T_{\mathrm{B}}+T_{\mathrm{C}}=T_{\mathrm{A-to-C}}+T_{\mathrm{A-to-B}}+T_{\mathrm{B-to-C}}+T_{\mathrm{ABC}} \tag{4-1}$$

其中，T_{A}、T_{B} 与 T_{C} 分别是模块 A、B 与 C 的 I/O 数目；$T_{\mathrm{A-to-C}}$、$T_{\mathrm{A-to-B}}$ 与 $T_{\mathrm{B-to-C}}$ 分别是模块 A 至模块 C、模块 A 至模块 B 与模块 B 至模块 C 的 I/O 数目；T_{ABC} 是与模块 A、B 与 C 均相连的 I/O 数目。

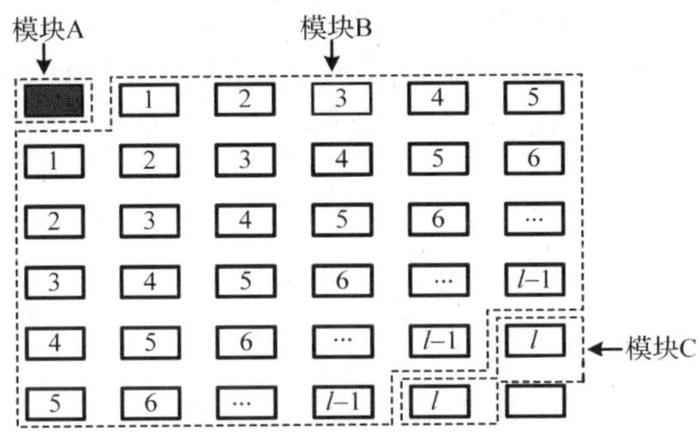

图 4.1　包含 N 个门单元的方阵逻辑阵列[3]

对于相邻的模块 A 与模块 B，根据端口守恒得出，A 和 B 之间的端口数目为

$$T_{\mathrm{A-to-B}}=T_{\mathrm{A}}+T_{\mathrm{B}}-T_{\mathrm{AB}} \tag{4-2}$$

其中，T_{AB} 表示与模块 A 和 B 均相连的 I/O 数目。同理，相邻模块 B 与模块 C 也是相邻的，它们之间的端口数目可以描述为

$$T_{\mathrm{B-to-C}}=T_{\mathrm{B}}+T_{\mathrm{C}}-T_{\mathrm{BC}} \tag{4-3}$$

其中，T_{BC} 表示与模块 B 和 C 均相连的 I/O 数目。把式(4-2)和式(4-3)代入式(4-1)，可以得到非相邻模块 A 和 C 之间的 I/O 连接数目为

$$T_{\mathrm{A-to-C}}=T_{\mathrm{AB}}-T_{\mathrm{B}}+T_{\mathrm{BC}}-T_{\mathrm{ABC}} \tag{4-4}$$

互连伦特定律显示：任意一个逻辑电路的输入/输出信号端口总数 T 与逻辑模块内部的逻辑门数目 N 呈幂级函数关系。因此，上述模块的端口数目可以分别表述为

$$T_{\mathrm{B}}=k(N_{\mathrm{B}})^{p} \tag{4-5}$$

$$T_{\mathrm{AB}}=k(N_{\mathrm{A}}+N_{\mathrm{B}})^{p} \tag{4-6}$$

$$T_{\mathrm{BC}}=k(N_{\mathrm{B}}+N_{\mathrm{C}})^{p} \tag{4-7}$$

$$T_{\mathrm{ABC}}=k(N_{\mathrm{A}}+N_{\mathrm{B}}+N_{\mathrm{C}})^{p} \tag{4-8}$$

其中，k 与 p 分别表示伦特系数与伦特指数；N_{A}、N_{B} 与 N_{C} 分别为模块 A、B 与 C

所包含的逻辑门个数。把式(4-5)～(4-8)代入式(4-4)，非相邻模块 A 至模块 C 的 I/O 数目可以进一步表示为

$$T_{\text{A-to-C}} = k[(N_{\text{A}} + N_{\text{B}})^p - (N_{\text{B}})^p + (N_{\text{B}} + N_{\text{C}})^p - (N_{\text{A}} + N_{\text{B}} + N_{\text{C}})^p] \tag{4-9}$$

假设变量 α 为逻辑门平均输入端口所占的比例，根据伦特定律图 4.1 中非相邻模块 A 与模块 C 之间的预期互连线数目可以表示为

$$I_{\text{A-to-C}} = \alpha k[(N_{\text{A}} + N_{\text{B}})^p - (N_{\text{B}})^p + (N_{\text{B}} + N_{\text{C}})^p - (N_{\text{A}} + N_{\text{B}} + N_{\text{C}})^p] \tag{4-10}$$

其中，α 因子可以通过整个系统的平均扇出 $f.o$ 求得，表示为 $\alpha = f.o/(f.o+1)$。

从几何角度分析，在一个大规模的单元方阵中，采用半径为 l 的偏曼哈顿圆是划分与圆心距离大于 l 的其他单元的常用方法，因此，对于上述的方阵采用了如图 4.2 所示的偏曼哈顿圆划分策略。由于偏曼哈顿圆外围上的单元个数是圆半径的两倍$(2l)$，所以可以得出 N_{A}、N_{B} 与 N_{C} 的近似表达式为[3]

$$N_{\text{A}} = 1 \tag{4-11}$$

$$N_{\text{B}} = \sum_{r=1}^{r=l-1} 2r = l(l-1) \tag{4-12}$$

$$N_{\text{C}} = 2l \tag{4-13}$$

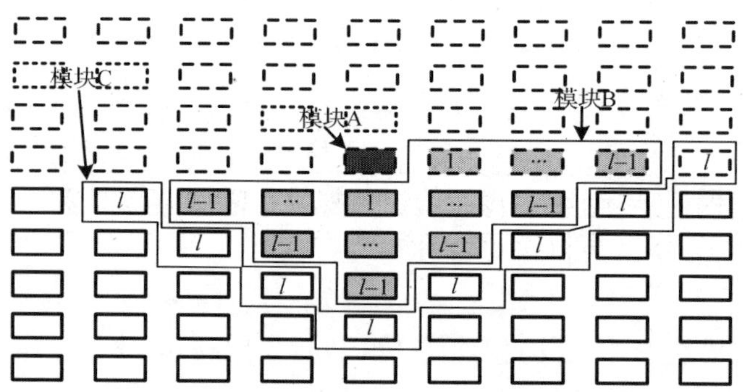

图 4.2　曼哈顿圆划分算法[7]

将式(4-11)～(4-13)代入式(4-10)，得到连接曼哈顿圆中心单元与其他所有单元且线长为 l 的连线数目为

$$I_{\text{avg}} = \alpha k[(1 + l(l-1))^p - (l(l-1))^p + (l(l+1))^p - (1 + l(l+1))^p] \tag{4-14}$$

任何一对间距 l 的圆内单元之间的平均互连线数目 $I_{\exp}(l)$，则可以通过式(4-14)除以曼哈顿圆外围的单元个数获得

$$I_{\exp}(l) = \frac{\alpha k}{2l}[(1 + l(l-1))^p - (l(l-1))^p + (l(l+1))^p - (1 + l(l+1))^p] \tag{4-15}$$

采用式(4-15)计算 $l \in [1, 2\sqrt{N}]$ 范围内的所有互连线数目，就可以得到一个针对

左上角模块 A 的完整随机线长分布。之后将模块 A 从阵列中删除，参照上述方法，依次迭代出余下每个门单元的线长分布，最后叠加每个单元的线长分布就可以得到整个 2D 集成系统的线长分布模型。

将曼哈顿圆的概念扩展到曼哈顿球，如图 4.3 所示，该 2D 线长分布模型就能够应用于 3D 集成系统的线长分析推导。采用文献[7]和文献[8]的估算方法，3D 集成系统内模块 A、B 与 C 包含的逻辑门个数 $N_{\mathrm{A\_3D}}$、$N_{\mathrm{B\_3D}}$ 与 $N_{\mathrm{C\_3D}}$ 可以分别表示为

$$N_{\mathrm{A\_3D}}(l)=1 \tag{4-16}$$

$$N_{\mathrm{C\_3D}}(l)=\frac{M_{\mathrm{3D}}(l)}{N_{\mathrm{start}}(l)} \tag{4-17}$$

$$N_{\mathrm{B\_3D}}(l)=\sum_{l'=1}^{l-1}N_{\mathrm{C}}(l') \tag{4-18}$$

其中，$M_{\mathrm{3D}}(l)$ 表示 3D 系统内间距 l 的门单元对数目；$N_{\mathrm{start}}(l)$ 为 3D 集成系统中能够作为曼哈顿半圆中心的门单元数目，它可分段表示为

$$N_{\mathrm{start}}(l)=\begin{cases}N_sS, & l=0\\ S\left(N_s-l\right), & 0<l\leqslant(S-1)\cdot r\\ SN_s-l, & (S-1)\cdot r<l\leqslant\dfrac{\sqrt{N_s}}{2}+1\\ SN_s-l-\left(l-\dfrac{\sqrt{N_s}}{2}-1\right)\left(l-\dfrac{\sqrt{N_s}}{2}\right), & \dfrac{\sqrt{N_s}}{2}+1<l\leqslant\sqrt{N_s}\\ \dfrac{7N_s}{4}-\dfrac{\sqrt{N_s}}{2}-\sqrt{N_s}l-m_{\mathrm{su}}\left(l,q\left(\sqrt{N_s}-1,r\right),1\right), & \sqrt{N_s}<l\leqslant\sqrt{N_s}+(S-1)\cdot r\\ \dfrac{7N_s}{4}-\dfrac{\sqrt{N_s}}{2}-\sqrt{N_s}l+m_{\mathrm{su}}(l,S-1,2)-2m_{\mathrm{su}}\left(l,S-1,\dfrac{3}{2}\right), & \sqrt{N_s}+(S-1)\cdot r<l\leqslant\dfrac{3\sqrt{N_s}}{2}\\ \left(2\sqrt{N_s}-l\right)\left(2\sqrt{N_s}-l-1\right)+m_{\mathrm{su}}(l,S-1,2) & \\ \quad-2m_{\mathrm{su}}\left(l,S-1,\dfrac{3}{2}\right)+2m_{\mathrm{su}}\left(l,q\left(l-\dfrac{3}{2}\sqrt{N_s}-1,r\right),\dfrac{3}{2}\right), & \dfrac{3\sqrt{N_s}}{2}<l\leqslant\dfrac{3\sqrt{N_s}}{2}+(S-1)\cdot r\\ \left(2\sqrt{N_s}-l\right)\left(2\sqrt{N_s}-l-1\right)+m_{\mathrm{su}}(l,S-1,2), & \dfrac{3\sqrt{N_s}}{2}+(S-1)\cdot r<l\leqslant2\sqrt{N_s}\\ m_{\mathrm{su}}(l,S-1,2)-m_{\mathrm{su}}\left(l,q\left(l-2\sqrt{N_s}-1,r\right),2\right), & 2\sqrt{N_s}<l\leqslant2\sqrt{N_s}+(S-1)\cdot r\end{cases}$$

$$m_{\mathrm{su}}(l,k,c)=2\left\{\frac{r^2k}{6}\left(2k^2+3k+1\right)+\frac{k}{2}\left(2c\sqrt{N_s}r-2rl-r\right)(k+1)+4k\left(9N_s-3\sqrt{N_s}l-\frac{3}{2}\sqrt{N_s}+l+l^2\right)\right\} \tag{4-19}$$

其中，N_s、S 与 r 分别表示单个功能层包含的逻辑门数目、有源层堆叠数目与层间距相对于门间距比率因子；函数 q 表示离散系数函数。将式(4-16)～(4-18)代

入式(4-15)，可以求得 3D 集成系统内连接间距 l 的门单元对的互连线平均数目 $I_{\exp\_3D}(l)$。

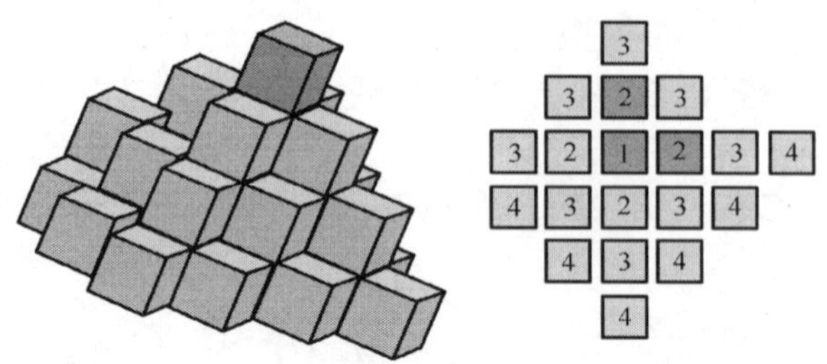

图 4.3　用于 3D 随机线长分布的曼哈顿球模型[8]

为了计算间距 l 的门单元对数目 $M(l)$，引入了函数 $\Phi(i,j,l)$，它代表了与门阵列内第 i 行、第 j 列门单元间隔距离 l 的门单元个数，即[4]

$$\Phi(i,j,l)=\begin{bmatrix}(l+1)u_0(l+1)-(l-\sqrt{N}+j)u_0(l-\sqrt{N}+j)-(l-\sqrt{N}+i)u_0(l-\sqrt{N}+i)\\+(l-1)u_0(l-1)+(l-2\sqrt{N}+j+i-1)u_0(l-2\sqrt{N}+j+i-1)+(l-\sqrt{N}+i-j)\\u_0(l-\sqrt{N}+i-j)-(l-\sqrt{N}-1+i)u_0(l-\sqrt{N}-1+i)-(l-j)u_0(l-j)\end{bmatrix} \tag{4-20}$$

其中，$u_0(x)$ 为阶跃函数。通过将整个逻辑阵列的 $\Phi(i,j,l)$ 叠加，可以得到 2D 逻辑方阵内间距 l 的门单元总个数为

$$M(l)=\sum_{i=1}^{i=\sqrt{N}}\sum_{j=1}^{j=\sqrt{N}}\Phi(i,j,l) \tag{4-21}$$

将式(4-20)代入式(4-21)，该式可以以分段函数形式重新表述。

区间 I：$1\leqslant l<\sqrt{N}$

$$M(l)=\frac{l^3}{3}-2l^2\sqrt{N}+2lN \tag{4-22}$$

区间 II：$\sqrt{N}\leqslant l<2\sqrt{N}$

$$M(l)=\frac{1}{3}\left(2\sqrt{N}-l\right)^3 \tag{4-23}$$

根据上述的计算推导，对于包含多个功能层的 3D 集成系统，其单层内间距 l 的门单元对数 $M_{t,\text{intra}}(l)$ 可以表述为[7]

$$M_{t,\text{intra}}(l)=\begin{cases}N_s, & l=0\\ \dfrac{l^3}{3}-2l^2\sqrt{N_s}+2lN_s, & 0<l<\sqrt{N_s}\\ \dfrac{1}{3}\left(2\sqrt{N_s}-l\right)^3, & \sqrt{N_s}\leqslant l<2\sqrt{N_s}\end{cases} \tag{4-24}$$

其中，假设 N 个门单元均匀分布在 S 个功能层上，单个功能层包含的门单元为 $N_s = N / S$。

但在实际 3D 集成系统内，由于硅通孔的垂直连接，门单元间距包含层内门单元间距与层间门单元间距两个部分。对于层间距 rv 的 3D 集成系统，门间距 l 可以分为水平间距 $l-rv$ 和垂直间距 rv 两部分，其中系数 v 表示单元对的间隔层数。因此 3D 集成系统包含的间距 l 的单元对总个数 $M_{3D}(l)$ 可以表示为[8]

$$M_{3D}(l) = \sum_{v=0}^{S-1} \big(2 - \delta(l-rv) - \delta(v)\big)(S-v) M_{t,\text{intra}}(l-rv) \tag{4-25}$$

其中，$\delta(x)$ 是冲激函数。若 $v \neq 0$ 且 $l - rv \neq 0$，门单元间距 l 由水平距离 $l-rv$ 与垂直距离 rv 共同构成；若 $v=0$，则间距 l 单元对总个数仅由 S 个 $M_{t,\text{intra}}(l)$ 叠加构成；若 $l-rv=0$，则代表间距 l 单元对均由垂直间距 l 的单元对构成。结合式(4-15)与式(4-25)，式(4-26)给出了 3D 集成系统中线长为 l 的互连线数目估计形式，它由水平线长分布 $i_h(l)$ 与垂直线长分布 $i_v(l)$ 两部分组成

$$i(l) = M_{3D}(l) I_{\text{exp\_3D}}(l) = i_h(l) + i_v(l) \tag{4-26}$$

基于以上推导，3D 集成系统的总互连线数目可以表示为

$$I_{\text{derived}} = \int_1^{2\sqrt{N}} i(l)\,\mathrm{d}l \tag{4-27}$$

然而，根据伦特定律，3D 集成系统的互连线总数预测为

$$I_{\text{rent}} = \alpha k N (1 - N^{p-1}) \tag{4-28}$$

为了线长分布表达式的归一化，就需要引入一个合适的归一化系数 $\varGamma$，以保证随机线长分布模型遵循伦特定律

$$\varGamma = \frac{I_{\text{rent}}}{\int_1^{2\sqrt{N}} i(l)\,\mathrm{d}l} \tag{4-29}$$

将式(4-29)代入式(4-26)，3D 集成系统的离散线长分布函数的表达式为

$$i_{3D}(l) = \varGamma M_{3D}(l) I_{\text{exp\_3D}}(l) \tag{4-30}$$

根据该线长分布函数，3D 集成系统的总互连线数目 I_{total}、总连线长度 L_{total} 与平均线长 L_{avg} 可以分别表示为

$$I_{\text{total}} = \int_1^{2\sqrt{N}} i_{3D}(l)\,\mathrm{d}l \tag{4-31}$$

$$L_{\text{total}} = \int_1^{2\sqrt{N}} l \times i_{3D}(l)\,\mathrm{d}l \tag{4-32}$$

$$L_{\text{avg}} = L_{\text{total}} / I_{\text{total}} = \int_1^{2\sqrt{N}} l \times i_{3\text{D}}(l)\,\mathrm{d}l \Big/ \int_1^{2\sqrt{N}} i_{3\text{D}}(l)\,\mathrm{d}l \tag{4-33}$$

另外，集成系统的最长连线也可以利用互连分布函数来估计。在逻辑方阵中，分布函数变量 l 范围为[1, $2\sqrt{N}$]，且分布函数是单调递减的，因此系统的最长连线 L_{longest} 可以定义为：当线长分布函数 $i_{3\text{D}}(l)=1$ 时的对应互连线。

基于上述的随机线长分布模型，图 4.4 对包含 1M 逻辑门的二维集成电路与三维集成电路的互连线长分布进行比较分析。其中，假设伦特系数乘积 αk 与伦特指数 p 分别取 3.0 与 0.75。功能层的层间距比率因子 r=1，即层间距等于功能层内的逻辑门中心距。从分布密度曲线可以看出，通过将长的水平互连替换为垂直互连，3D 集成系统全局互连线的需求显著减小，且有源层堆叠数目越多，全局互连优化越显著。此外，尽管全局互连数目随有源层增加而显著减小，但片内局部互连数目也相应增加，使得总的互连线数目始终遵循伦特定律，保持不变。

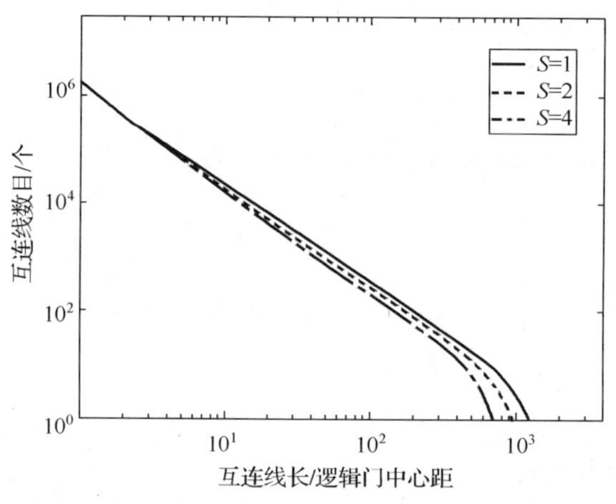

图 4.4 二维与三维互连电路的线长分布

三维互连结构不仅改变了互连线长分布、减小了全局互连数目，同时缩短了片内全局互连的最大长度。采用文献[7]的最长互连线定义，式(4-34)给出了三维集成电路中的最长全局互连线 L_{longest} 的理论表达式，即

$$L_{\text{longest}} = 2\left(\sqrt{\frac{N}{S}} - 1\right) + r \cdot (S-1) \tag{4-34}$$

其中，N 表示互连电路的逻辑门总数。对于大规模的集成系统，$N >> r$，最长互连线将与硅有源层均方根 $\sqrt{S}$ 呈反比下降。图 4.4 的互连分布曲线也有效验证了这一分析结果，包含两个功能层的三维集成电路的最长全局互连线相对于二维集成电路降低了约 30%，对于互连效应占据主导地位的片上系统，将获得约 50%的延时优化与性能提升。

4.1.2　考虑 TSV 尺寸效应的互连线长分布模型

上述的线长分布模型通过层间距参数 r 来模拟 TSV 的影响，但该模型并未考虑 TSV 的尺寸效应。在现代三维集成电路设计中，以下几方面的因素将导致 TSV 本身占据很大的硅片面积：①芯片间通信带宽需求的增加，有限单元硅片内集成的信号 TSV 数目相应增长，片上系统 TSV 分布密度急剧上升，国际半导体工业协会预测，2017 年世界集成电路 TSV 分布密度将达到 $10^7/\mathrm{mm}^2$；②层间通孔的尺寸普遍大于标准逻辑单元，45nm 工艺下，TSV 典型尺寸是 5μm×5μm，约为标准单元门(1.5μm×1.5μm)的 11 倍；③设计规则要求 TSV 与晶体管位置不能发生重叠。在布局设计阶段，设计者通过在硅片上预留空白区域，能够在一定程度上减小 TSV 尺寸效应，但随 TSV 分布密度上升，该方法效果有限，为了准确预测实际三维集成系统的线长分布，Kim 等[9]进一步建立了考虑 TSV 尺寸效应的三维集成电路的互连线长分布模型。

不论对于先通孔还是后通孔技术，为了在硅片上插入 TSV，都需要在硅片相应位置预留一定的空白区域，这些空白区域将导致整个硅片面积的增加，进而改变整个集成系统的互连线长分布。由于垂直线长分布的水平部分为零，因此 TSV 尺寸效应主要影响水平线长分布 $i_h(l)$。考虑 TSV 尺寸效应的集成系统线长分布 $i^*(l)$ 可以表示为[9]

$$i^*(l) = M_{3\mathrm{D}}^*(l) I_{\exp\_3\mathrm{D}}^*(l) = i_h^*(l) + i_v(l) \tag{4-35}$$

其中，$M_{3\mathrm{D}}^*(l)$ 与 $I_{\exp\_3\mathrm{D}}^*(l)$ 分别表示考虑 TSV 尺寸效应的门间距为 l 单元对数目与单元对间互连线的平均数目。新的水平互连线长分布函数 $i_h^*(l)$ 为

$$i_h^*(l) = \sum_{v=0}^{S-1} i_h^*(v,l) = \sum_{v=0}^{S-1} I_{\exp\_3\mathrm{D}}^*(l) \cdot \big(2 - \delta(l - rv) - \delta(v)\big)(S - v) M_{t,\mathrm{intra}}^*(l - rv) \tag{4-36}$$

其中，单层内间距 $l\text{–}rv$ 的门单元对数 $M_{t,\mathrm{intra}}^*(l)$ 可以进一步表述为

$$M_{t,\mathrm{intra}}^*(l) = M_{t,\mathrm{intra}}(l) - \mathrm{OVR}(l) \tag{4-37}$$

其中，$\mathrm{OVR}(l)$ 表示间距为 l 的单位对数目，且该单元对中其中一个门位于 TSV 单位内。考虑 TSV 尺寸效应的单元对间互连线的平均数目 $I_{\exp\_3\mathrm{D}}^*(l)$ 为

$$\begin{aligned} I_{\exp\_3\mathrm{D}}^*(l) = \frac{p_{\mathrm{gate}} \cdot \alpha k}{N_{\mathrm{A}}^* N_{\mathrm{C}}^*(l)} [&(N_{\mathrm{A}}^* + N_{\mathrm{B}}^*(l))^p - (N_{\mathrm{B}}^*(l))^p \\ &+ (N_{\mathrm{B}}^*(l) + N_{\mathrm{C}}^*(l))^p - (N_{\mathrm{A}}^* + N_{\mathrm{B}}^*(l) + N_{\mathrm{C}}^*(l))^p] \end{aligned} \tag{4-38}$$

其中

$$N_{\mathrm{A}}^* = 1 \tag{4-39}$$

$$N_{\mathrm{B}}^*(l) = N_{\mathrm{B}}(l) \cdot (1 - R_{\mathrm{tg}}) \cdot p_{\mathrm{gate}} \tag{4-40}$$

$$N_{\mathrm{C}}^{*}(l)=N_{\mathrm{C}}(l)\cdot(1-R_{\mathrm{tg}})\cdot p_{\mathrm{gate}} \tag{4-41}$$

$$R_{\mathrm{tg}}=\frac{L_{\mathrm{TSV}}}{\sqrt{A_{\mathrm{3D}}/N_{\mathrm{TSV}}}} \tag{4-42}$$

其中，L_{TSV}与N_{TSV}分别表示 TSV 的实际宽度与片上 TSV 总数目；p_{gate}定义为逻辑门面积占硅片总面积的比例，即

$$p_{\mathrm{gate}}=\frac{N_{\mathrm{gate}}L_{\mathrm{gate}}^{2}}{A_{\mathrm{2D}}} \tag{4-43}$$

在考虑 TSV 尺寸效应后，三维集成电路的硅片面积A_{3D}将由二维硅片面积A_{2D}、信号 TSV 面积A_{STSV}与电源/地 TSV 面积A_{PGTSV}几部分构成，即

$$A_{\mathrm{3D}}=A_{\mathrm{2D}}+(S-1)\cdot(A_{\mathrm{STSV}}+A_{\mathrm{PGTSV}}) \tag{4-44}$$

基于上述的随机线长分布模型，图 4.5 对包含 1M 逻辑门的忽略和考虑 TSV 尺寸效应的三维集成电路的互连线长分布进行比较分析。其中，信号 TSV 与电源/地 TSV 的数目分别为 1000，TSV 的宽度等于 5μm。从分布密度曲线可以看出，考虑 TSV 尺寸效应后，由于硅片面积的增加和 TSV 与逻辑门不能重叠等设计规则限制，3D 集成系统的全局互连线长将明显增加，与此同时，其余较短连线的数目相应减小，使得总的互连线数目始终遵循伦特定律，保持不变。

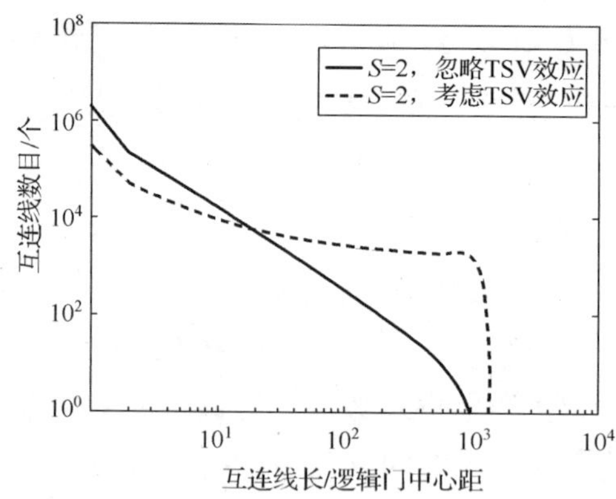

图 4.5　忽略和考虑 TSV 尺寸效应的三维互连电路线长分布

TSV 的宽度与插入数目是影响实际三维集成电路互连线长分布的两个重要设计参数。图 4.6 与图 4.7 分别给出了不同 TSV 尺寸与数目情况下，三维集成电路的互连线长分布曲线。从图 4.6 和图 4.7 中可以看出，由于 TSV 尺寸与数目的增加，TSV 占据硅片面积的比例与集成电路面积增加，进而导致全局互连线长数目的急剧上升。

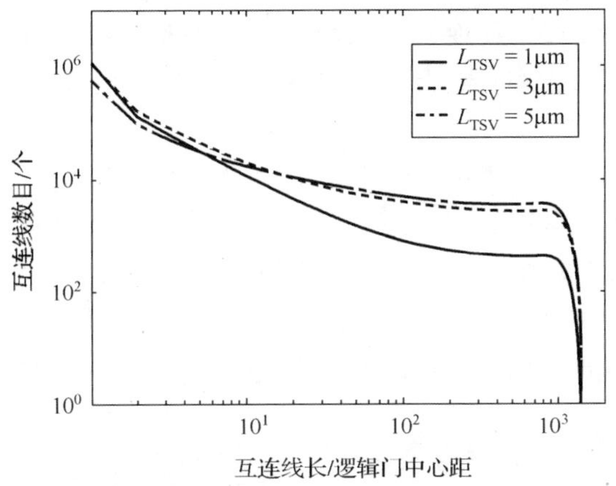

图 4.6　三维互连电路的线长分布随 TSV 宽度的变化情况

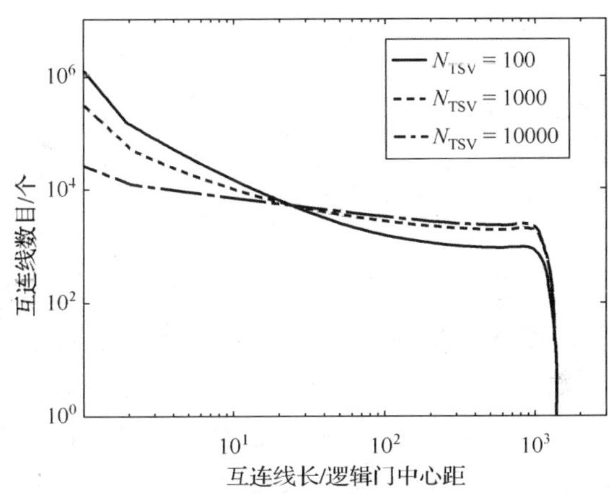

图 4.7　三维互连电路的线长分布随 TSV 数目的变化情况

4.2　考虑 TSV 寄生效应的互连延时和功耗模型

TSV 技术虽然能够有效改善片上互连性能，但 TSV 本身的延时与功耗是不容忽视的问题。本节基于 TSV 寄生参数提取模型，对 TSV RC 效应下三维互连延时和功耗进行合理预测。

4.2.1　互连延时

全局互连被广泛地认为是未来集成电路性能改进的潜在设计瓶颈，其连线延时将决定片上系统的时钟频率与互连架构的速度传输限。为了减少全局互连 RC 延迟，电路设计者开始寻求有效的互连优化策略。缓冲器插入设计能够通过分割互连线长与解耦旁路电路，使互连延时与线长呈线性关系，降低连线延时，是其中较为灵活、有效的一种设计方法[10]。

图 4.8 就是缓冲器驱动的全局互连线结构，图中 r 与 c 分别为单位长度连线电阻与单位长度连线电容。假设采用了最佳缓冲器插入设计策略，s_{opt} 与 l_{opt} 分别是缓冲器最佳设计尺寸与间隔距离，则缓冲器的等效输出电阻与等效输入电容可以分别表述为 R_s / s_{opt} 与 $s_{\text{opt}}C_0$。其中，R_s 与 C_0 是最小缓冲器的等效输出电阻与等效输入电容。对于应用上述缓冲器设计策略的三维片上系统，其最长互连延时 D_{rep} 定义为[10,11]

$$D_{\text{rep}} = 2.37 L_{\text{longest}} \sqrt{R_s C_0 rc} \tag{4-45}$$

其中，L_{longest} 为片上最长全局互连线，其连线长度由式(4-34)求得。

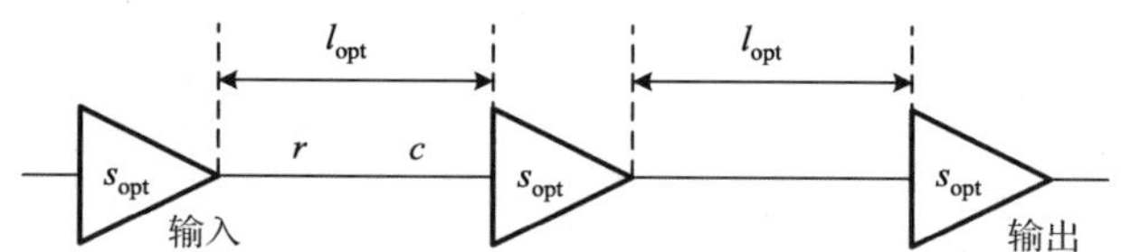

图 4.8　插入缓冲器的互连线结构

由于最长互连线与硅有源层数目的均方根 $\sqrt{S}$ 成反比，所以通过层叠硅有源层，将能够有效缩短全局互连线长，改善片上系统的互连性能。但随着硅有源层的增加，用于层间通信的硅通孔数目与集成密度将急剧上升，以往忽略 TSV RC 效应或将 TSV 近乎互连线的设计方法，将不可避免地造成系统性能的分析误差。

为了能够准确地评估三维片上系统的互连特性，本章在全局互连设计中增加对于 TSV RC 效应的分析。图 4.9 给出了插入缓冲器与 TSV 的三维互连线模型及其 L-C (线长-电容)特性曲线。由于 TSV 等效为一个集总的 Π 型 RC 模型，其布局位置与物理尺寸将直接影响互连线性能。为了最优化 TSV RC 效应对互连延时的影响，这里采用了文献[12]的布局于两个驱动器之间的 TSV 插入算法。考虑 TSV RC 效应的全局互连延时如式(4-46)所示，它由水平连线延时与垂直 TSV RC 延时两部分组成，即

$$D_{\text{3D}} = D_{\text{rep}} + N_{\text{TSV}} \cdot D_{\text{TSV}} \tag{4-46}$$

其中，N_{TSV} 为片上互连线的 TSV 数目，缓冲器驱动的 TSV 本征延时为

$$D_{\text{TSV}} = \frac{R_s}{s_{\text{opt}}} \cdot \frac{C_{\text{TSV}}}{2} + \left(\frac{R_s}{s_{\text{opt}}} + R_{\text{TSV}} \right) \cdot \left(\frac{C_{\text{TSV}}}{2} + s_{\text{opt}} C_0 \right) \tag{4-47}$$

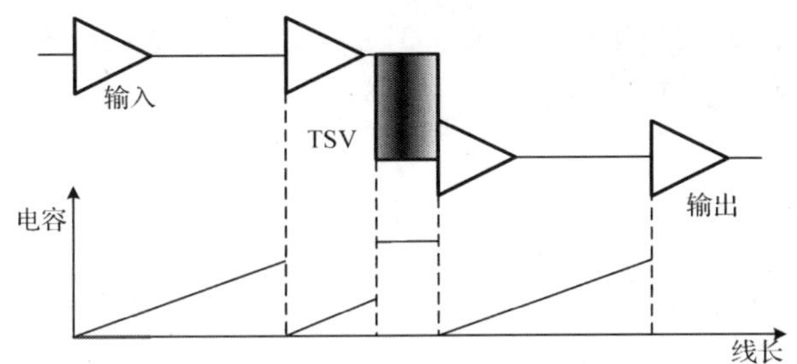

图 4.9　插入缓冲器与 TSV 的三维互连线模型及其 *L-C* 特性曲线

4.2.2　互连功耗

三维片上系统的动态互连功耗如式(4-48)所示，由以下几部分组成[13,14]：互连线功耗 P_{int}，随着片上系统的电路规模与集成密度不断提高，互连线电容已经取代传统的门电路，成为片上功耗的主导因素；门电路功耗 P_{logic}，吉规模互连电路中，单个芯片上集成的晶体管将多达 10 亿只，其动态功耗仍将是互连功耗的重要组成部分；插入缓冲器功耗 P_{rep}，缓冲器是优化集成电路全局互连设计的有效策略，其功耗与全局互连尺寸和数目密切相关；硅通孔功耗 P_{tsv}，由于 TSV 插入数目与集成密度不断增加，TSV 功耗已经成为三维集成电路设计不可忽略的一部分

$$P_{total} = P_{int} + P_{logic} + P_{rep} + P_{tsv} \tag{4-48}$$

假设对每一个电容节点都给定一个常量的活动因子，互连线的平均动态功耗 P_{int} 可由下式给出[15]

$$P_{int} = \frac{\beta}{2} C_{int} L_{tot} V_{dd}^2 f \tag{4-49}$$

其中，V_{dd} 为供电电压；β 为每个门的平均活动因子；f 为工作频率；C_{int} 为互连线单位长度的平均分布电容；L_{tot} 为片上系统的互连总线长，它由互连线随机分布模型估算得到

$$L_{tot} = \int_1^{2\sqrt{N}} l \cdot i(l) \mathrm{d}l \tag{4-50}$$

其中，$i(l)$ 定义为互连密度函数。

逻辑门与插入缓冲器具有相似的动态功耗模型，可以各自表述为[15]

$$P_{logic} = N \frac{\beta}{2} C_{logic} V_{dd}^2 f \tag{4-51}$$

$$P_{rep} = n_{rep} \frac{\beta}{2} C_{rep} V_{dd}^2 f \tag{4-52}$$

其中，C_{logic} 与 C_{rep} 分别为逻辑门与缓冲器的等效栅电容；n_{rep} 为插入缓冲器的数目。

对于等效为集总 RC 模型的硅通孔，其动态功耗由通孔电容产生，与 TSV 的尺寸及集成数目密切相关，即

$$P_{\text{tsv}} = N_{\text{TSV}} \frac{\beta}{2} C_{\text{TSV}} V_{\text{dd}}^2 f \tag{4-53}$$

4.2.3 模型验证与比较

为了分析 TSV RC 效应对片上互连性能的影响，本节基于上述的延时与功耗模型，对 45nm CMOS 工艺下，不同电路规模的片上系统互连延时与功耗进行比较研究。在研究过程中，假设伦特系数乘积 αk 与伦特指数 p 分别为 3 与 0.75；层间距比率因子为 50；三维互连系统的硅有源层 $S=4$，其中用于层间通信的 TSV 直径为 5μm，纵横比(AR)分别为 1、3 与 5，其 RC 寄生参数由表 4.1 可知。计算中涉及的其他电学参数和物理参数如表 4.1 所示[16]。

表 4.1　45nm CMOS 工艺下互连线的电学和物理参数

互 连 参 数	数　值
供电电压 V_{dd}/V	0.6
工作频率/GHz	2.0
单位长度互连电阻 r/(Ω/μm)	3.31
单位长度互连电容 c/(fF/μm)	0.171
缓冲器输出电阻 R_s/kΩ	13.2
缓冲器输入电容 C_0/fF	1.5
缓冲器开关因子 β	0.1
最佳缓冲器间距 l_{opt}/μm	265
最佳缓冲器尺寸 s_{opt}	21

在连线延时方面，表 4.2 的全局互连延时比较结果显示，三维集成技术通过缩短互连线长，有效地减小了连线延时，三维系统的最大全局互连延时相对于二维系统降低了 40%～50%。考虑 TSV RC 效应后，对于逻辑门数在 40～160M 的大规模集成电路，由于其互连线 RC 延时仍占据主导地位，TSV 的影响几乎可忽略不计。但在中小规模的互连电路，TSV 负面效应开始逐步显现。芯片面积 1mm^2 的电路中，包含 TSV RC 效应的三维互连线延时将高达 0.45ns，接近二维互连线延时 0.5ns。若互连电路规模进一步缩小或 TSV 尺寸增大，TSV RC 效应将越加削弱三维互连结构带来的优势，降阶片上电路的互连性能。

三维集成技术通过对全局互连线长的高强度压缩，有效地改善了互连电路的性能，但同时也引入了 TSV RC 负面效应。为了能够在设计初期准确评估三维互连架构优势、指导片上系统设计，图 4.10 基于上述的验证结果，作出了包含 TSV 的互连线延时随电路规模的变化特性曲线。对于 TSV 的 AR=1 的互连线，二维集成技术

与三维集成技术的设计折中点约在 240K 门电路；当门电路规模大于 240K 时，三维互连架构就能够有效改善片上互连性能；随 AR 的增大，互连设计折中点逐步上移。

表 4.2　45 nm CMOS 工艺下不同互连线延时的比较结果

芯片面积/mm²	门/M	最长连线/mm		2D	忽略 TSV 的三维集成电路		考虑 TSV 的三维集成电路					
							AR=1		AR=3		AR=5	
		2D	3D	延时/ns	延时/ns	比率/%	延时/ns	比率/%	延时/ns	比率/%	延时/ns	比率%
400	160	40	20.2	10.04	5.07	−49.5	5.15	−48.7	5.18	−48.4	5.21	−48.1
225	90	30	15.3	7.53	3.84	−49.0	3.92	−48.0	3.95	−47.5	3.98	−47.1
100	40	20	10.2	5.02	2.56	−49.0	2.64	−47.5	2.67	−46.8	2.71	−46.1
25	10	10	5.3	2.51	1.33	−47.0	1.41	−43.9	1.44	−42.6	1.48	−41.2
1	0.4	2	1.2	0.50	0.30	−40.0	0.38	−24.7	0.42	−17.8	0.45	−10.1

对于大规模集成电路，采用包含 TSV 与插入缓冲器的三维互连线结构虽然能够减小最长全局连线与平均互连线长，进而降低互连延时与平均互连功耗，改善片上系统的延时-功耗特性。但如图 4.9 所示，相对于插入缓冲器的二维互连线和不考虑 TSV 的三维互连线，互连电路中用于驱动 TSV 的缓冲器数目急剧增加，插入缓冲器与 TSV 功耗将成为限制互连性能的重要因素。为了准确评估三维集成系统的互连功耗，基于式(4-48)的互连功耗模型，表 4.3 对不同电路规模下的互连功耗密度进行了分析比较。其中，功耗密度 P_D 定义为单位面积电路的平均互连功耗。表 4.3 的功耗比较结果显示，对于互连线占据绝对主导地位的大规模集成电路，三维集成技术通过减小全局互连线长，有效降低了连线电容，改善了片上系统的功耗密度(−29%～−35%)，此时 TSV 功耗影响可以忽略不计；但对于中小规模集成电路，由于全局互连线分布相对较小，三维集成技术对功耗密度优化有限(−5.6%～−17%)，此时 TSV 功耗影响越显现，电路规模越小或 TSV 尺寸越大，TSV 功耗效应越显著；在门电路规模为 0.1M 的集成系统中，考虑 TSV 效应的三维系统功耗密度将相对于二维系统增加 64%，严重制约片上系统的互连性能与可靠性。

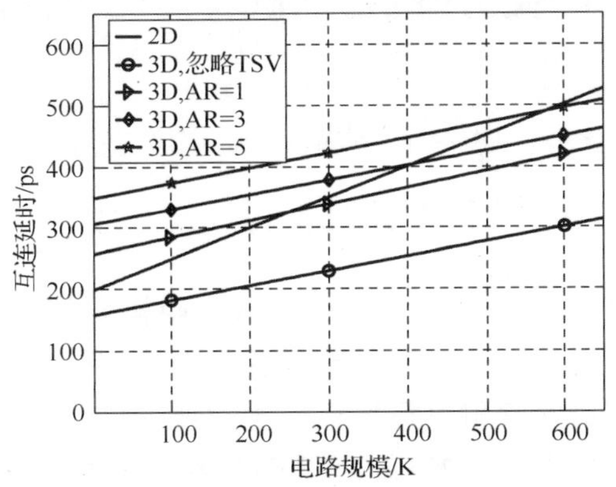

图 4.10　互连延时随电路规模的变化特性曲线

表 4.3　45nm CMOS 工艺下不同互连电路的功耗密度比较结果

芯片面积/mm^2	门/M	2D P_D/(W/cm^2)	忽略 TSV 的三维集成电路		考虑 TSV 的三维集成电路					
					AR = 1		AR = 3		AR = 5	
			P_D/(W/cm^2)	比率/%	P_D/(W/cm^2)	比率/%	P_D/(W/cm^2)	比率/%	P_D/(W/cm^2)	比率/%
250	90	52.57	36.95	−29.7	37.08	−29.5	37.30	−29.1	37.52	−28.7
100	40	51.59	33.70	−34.7	33.87	−34.3	34.17	−33.8	34.48	−33.2
25	10	31.80	26.40	−17.0	26.64	−16.2	27.12	−14.7	27.56	−13.3
1	0.4	19.00	16.00	−15.8	17.00	−10.5	19.00	0	21.00	+10.5
0.25	0.1	14.40	13.60	−5.6	15.60	+8.3	19.60	+36.1	23.60	+64.0

为了更加准确地分析 TSV RC 效应对互连功耗的影响，图 4.11 描述了不同电路规模的互连系统功耗组成结构。从直方图可以看出，连线功耗始终是互连总功耗的主要组成部分，但随着电路规模的缩小，其功耗比率呈下降的趋势，而 TSV 的功耗却在不断上升，对于门电路规模小于 10M 的集成系统，TSV 功耗将超越插入缓冲器功耗，成为集成系统功耗的重要组成部分。

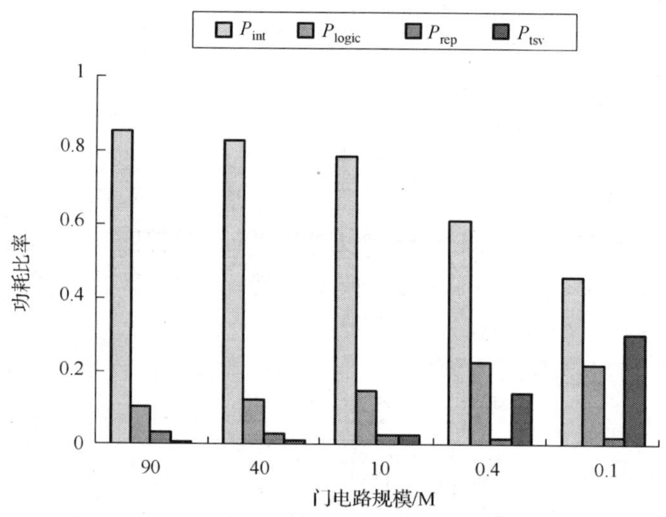

图 4.11　不同电路规模的互连系统功耗组成结构

4.3　三维集成电路的 TSV 布局设计

平面互连电路设计通常将片上互连线等效为阻抗均匀的分布式 RC/RLC 互连线，金属层间通孔(via)则近似于容性负载或忽略不计。但在集成异质单元的 3D SoC 中，各有源层往往具有不同的阻抗特性；由于特征阻抗的差异，TSV 插入位置就会直接影响穿过这些有源层的连线延迟，此时继续采用传统的 TSV 等分连线设计策略将不可避免地造成连线性能的降低。此外，相对于平面集成系统设计，3D 集成技术也带来了连线信号完整性设计方面的问题。由于水平连线与垂直 TSV 的特征阻抗差异，互连传输信号将不可避免地在两者结合处发生反射与失真，导致信号传输质量的下降。为了充分发挥 3D 集成技术的潜力、改善 3D 层间连线时序性能、提高互连信号完整性，需要提出适用于 3D 集成系统的互连设计策略。

4.3.1　RLC 延时模型

随着系统时钟频率增大与信号上升时间缩短，互连传输信号将包含越来越多的高频分量，使得互连的电感效应成为集成电路设计中不可忽视的重要因素之一。此外，尽管低阻率的铜互连工艺减小了连线 RC 延迟，但也导致电感对整个连线阻抗的贡献与电阻贡献具有了可比性，特别是对于那些采用较宽且较厚的金属线进行布线的全局信号线和时钟线，由片上电感造成的延时增大、电压过冲和感性串扰等问题将更为显著。为了保证电路功能正确和设计性能要求，电路设计者需要在片上互连设计中考虑电感效应[17]。

文献[18]将互连线等效为均匀的 RLC 传输线，基于传输线理论给出了评估互连电感效应的连线长度 l 参考判据。可以看出，该式的表述与上面的分析基本一致，即激励信号上升时间 t_r 的减小与连线电阻 R 的降低都将造成感性连线长度 l 的取值范围扩大与互连电感效应的显著增加，即

$$\frac{t_r}{2\sqrt{LC}} < l < \frac{2}{R}\sqrt{\frac{L}{C}} \tag{4-54}$$

图 4.12 给出了连接不同物理层内单元电路的 3D 层间连线示意图及其等效分布式电学模型。其中，每段连线均被等效为分布式 RLC 模型以表征连线阻抗的非一致性。水平连线相当于有源层上的金属线，它们通过垂直 TSV 连线进行连接。其中，R、L、C 分别为连线单位长度的等效分布电阻、分布电感与分布电容。缓冲器用于增加电路驱动能力以减小连线延迟，其等效输出电阻为 R_s，输入电容为 C_L。由于 TSV 可以穿透多个有源层，所以水平连线数目 n 总是小于或等于层叠有源层数 m，即 $m \geqslant n$，式中等号表示 TSV 只用于相邻有源层的连接。由分段水平连线与垂直 TSV 叠加构成的层间连线长度 L 可以表示为

$$L = \sum_{i=1}^{n} l_i + \sum_{i=1}^{n-1} l_{vi} \tag{4-55}$$

其中，l_i 是分布于有源层 i 的金属线线长；l_{vi} 是连接金属线 i 与 $i+1$ 的硅通孔高度。由于工艺设计规则限制，水平分段线长 l_i 通常要求满足如下设计约束

$$l_{\min i} \leqslant l_i \leqslant L - \sum_{j=1, j\neq i}^{n-1} l_{\min j} - \sum_{j}^{n-1} l_{vj} \tag{4-56}$$

其中，$l_{\min i}$ 是 TSV 与连接单元的最小线间距，45nm 工艺下约为 20μm。

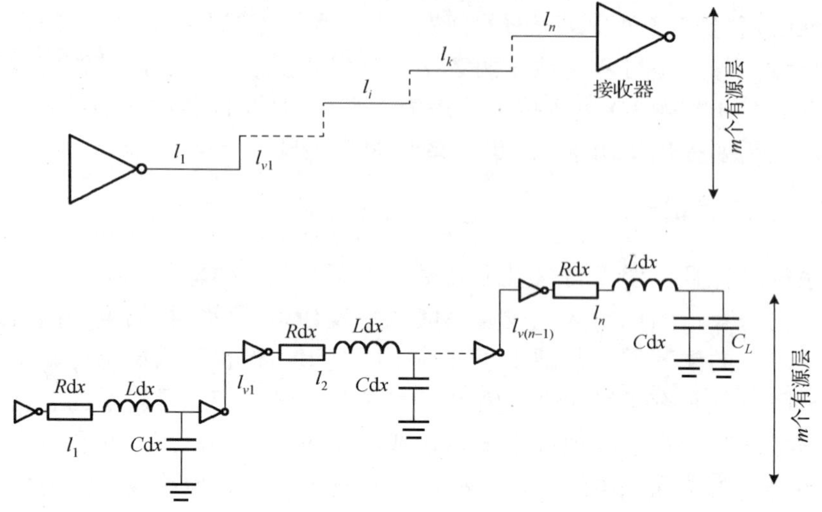

图 4.12　包含 m 个有源层的 3D 层间互连线示意图及其等效分布式 RLC 模型

根据上述的线长分布，3D 互连延时 D_{RLC} 可以表述为 n 个分段水平连线延迟与 $n-1$ 个垂直 TSV 延迟之和，即

$$D_{\mathrm{RLC}}=\sum_{i=1}^{n}d_{l_{i\_\mathrm{RLC}}}+\sum_{i=1}^{n-1}d_{l_{vi\_\mathrm{RLC}}} \tag{4-57}$$

其中，$d_{l_{i\_\mathrm{RLC}}}$ 与 $d_{l_{vi\_\mathrm{RLC}}}$ 分别是水平连线与 TSV 的等效互连延时。根据 Ismail 等[19]的分布式 RLC 互连延时模型，线长为 l 的连线延时 $d(l)$ 可以表述为[19]

$$d(l)=\left(\mathrm{e}^{-2.9\zeta^{1.35}}+1.48\zeta\right)\Big/\omega_n \tag{4-58}$$

其中

$$\omega_n=\frac{1}{\sqrt{Ll(Cl+C_L)}}$$

$$\zeta=\frac{Rl}{2}\sqrt{\frac{C}{L}}\frac{R_T+C_T+R_TC_T+0.5}{\sqrt{1+C_T}}$$

$$R_T=R_s/Rl$$

$$C_T=C_L/Cl$$

由于函数 $f(x)=\mathrm{e}^x$ 在 $x\in(-\infty,+\infty)$ 区间为严格凸函数，所以式中参量 $\mathrm{e}^{-2.9\zeta^{1.35}}$ 也是关于线长的凸函数，而由数值分析可知，变量 ζ 与 ω_n 均是线长 l 的递增凸函数。根据凸函数的定义可知，该连线 RLC 延时 $d(l)$ 为关于线长 l 的凸函数。假定插入 TSV 的尺寸一定，由式(4-57)和式(4-58)可知，全局互连延时 D 是关于线长 l 的目标凸函

数，那么通过合理布局 TSV、优化各有源层的互连线段长 l_i，能够达到三维互连最优设计。

基于上述的论述和式(4-55)及式(4-56)的条件约束，3D 层间互连最佳延时 $D_{\text{opt\_RLC}}$ 同样可以通过数值迭代求得[20]

$$D_{\text{opt\_RLC}}=\min\left(\sum_{i=1}^{n}d_{l_{i\_\text{RLC}}}+\sum_{i=1}^{n-1}d_{l_{vi\_\text{RLC}}}\right) \tag{4-59}$$

4.3.2　信号反射

反射是影响信号完整性与互连传输特性的重要因素。在信号沿传输线向前传播时，每时每刻都会感受到一个瞬态阻抗。若其所受到的瞬态阻抗发生变化，则一部分信号将被反射，另一部分发生失真并继续传播，导致接收信号的质量下降，引发振铃、过冲等信号完整性问题。

在吉规模的 3D 互连线设计中，由于信号上升时间缩小，反射效应将更加显著。为了避免 TSV 插入造成的传输线阻抗突变，需要对 TSV 物理尺寸进行合理优化，尽可能保持信号受到的阻抗恒定，减小互连反射与失真。本章采用反射系数 ρ_i 作为衡量传输线反射信号分量的重要指标，表示为线上阻抗不连续处的反射电压 $V_{\text{reflected}}$ 与入射电压 V_{incident} 的比值[21]，即

$$\rho_i=\frac{V_{\text{reflected}}}{V_{\text{incident}}}=\frac{Z_{l_{vi}}-Z_{l_i}}{Z_{l_{vi}}+Z_{l_i}} \tag{4-60}$$

其中，Z_{l_i} 是图 4.13 所示的信号最初所在区域的瞬态阻抗，即互连线的特征阻抗；$Z_{l_{vi}}$ 是信号进入区域的瞬态阻抗，即 TSV 的特征阻抗。若 $Z_{l_i}=Z_{l_{vi}}$，则反射系数为 0，意味着不存在反射，这种情况称为端接匹配。

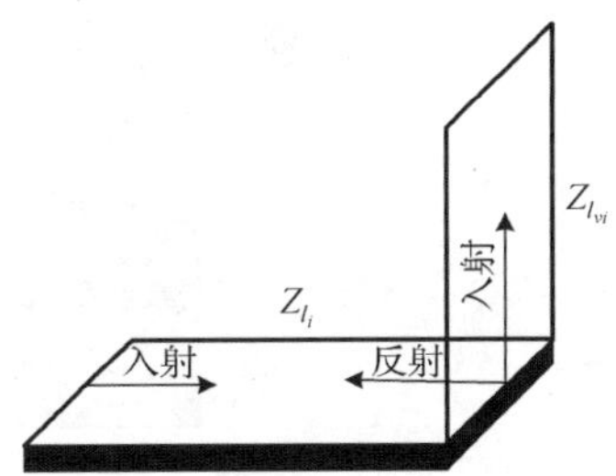

图 4.13　互连传输线横截面

对于图 4.12 所示的分布式 RLC 互连线，其特征阻抗取决于连线的截面积与材料特性，定义为线上任意点处的电压 V 与电流 I 的比值[22]，即

$$Z_0=\frac{V}{I}=\sqrt{\frac{R+\mathrm{j}\omega L}{G+\mathrm{j}\omega C}} \tag{4-61}$$

在高速高频的吉规模集成互连系统中，互连电阻 R 与电导 G 影响微乎其微，因此特征阻抗可以进一步简化为如下形式

$$Z_0=\frac{V}{I}=\sqrt{\frac{L}{C}} \tag{4-62}$$

将式(4-62)代入式(4-60)，得到反射系数的简化表达式为

$$\rho_i = \frac{\sqrt{L_{\mathrm{TSV}}/C_{\mathrm{TSV}}} - \sqrt{L/C}}{\sqrt{L_{\mathrm{TSV}}/C_{\mathrm{TSV}}} + \sqrt{L/C}} \propto \mathrm{TSV}(r_{\mathrm{tsv}}, l_{\mathrm{tsv}}) \tag{4-63}$$

其中，TSV的等效电感L_{TSV}与等效电容C_{TSV}均是关于TSV半径r_{tsv}与高度l_{tsv}的函数。因此，对于连线寄生参数确定的三维互连系统，其信号反射系数ρ_i是关于TSV尺寸的函数。那么，通过优化TSV物理尺寸，能够减小互连反射系数，甚至实现理想的端接匹配，保持信号传输的完整性与可靠性[23]。

然而，对于确定工艺的3D集成系统，TSV的物理尺寸是固定的。为了能够改变TSV的大小，需要引入冗余通孔设计方法。冗余通孔就是在原始通孔周围插入相同通孔，进而加强通孔的连接与电学特性。在IC制造过程中，光刻未对准、金属线端内缩、通孔缺陷、电迁移效应和热应力等因素都可能引起通孔失效，从而造成通孔接触电阻与寄生电容的急剧上升，甚至电路开路，导致芯片功能故障。加入冗余通孔到各个原始通孔旁是现阶段较为推广的一种提升通孔良率与可靠性的方法[24, 25]。图4.14给出了平面集成电路设计中通常采用的冗余通孔示意图。如图4.14所示，对于加入了冗余通孔的节点，由于存在两个通孔，即使某一个通孔失效，也不会对连线的功能造成影响，因此提高了晶片的良率和可靠性。目前冗余通孔插入设计已经成为台湾积体电路公司参考设计流程中的项目之一。

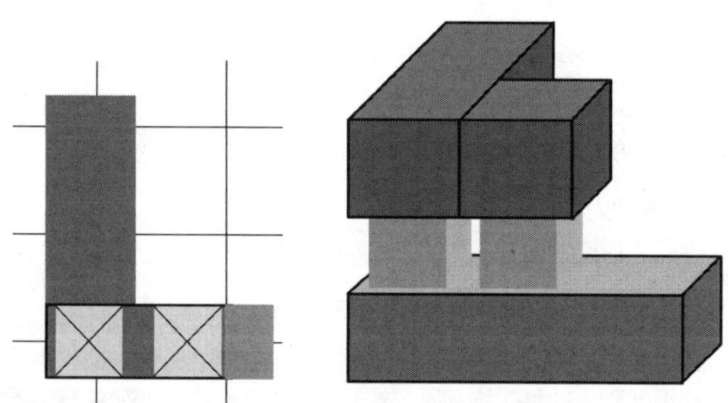

图4.14　冗余通孔的示意图[24]

在多有源层堆叠的3D集成系统设计中，为了实现有源层间的互连通信，需要数目众多的高AR TSV。由于工艺制造技术的限制，这些高AR通孔刻蚀与填充都存在一定的风险与挑战。将冗余通孔设计应用于3D芯片设计，就可能降低这些硅通孔需求，进而改善电路良率和可靠性。此外，冗余通孔插入还能够改变原始通孔的电学参数与特征阻抗，进而达到与改变单个硅通孔物理尺寸相似的电学效果。图4.15给出了采用冗余通孔插入的3D TSV的示意图及其等效电路模型。

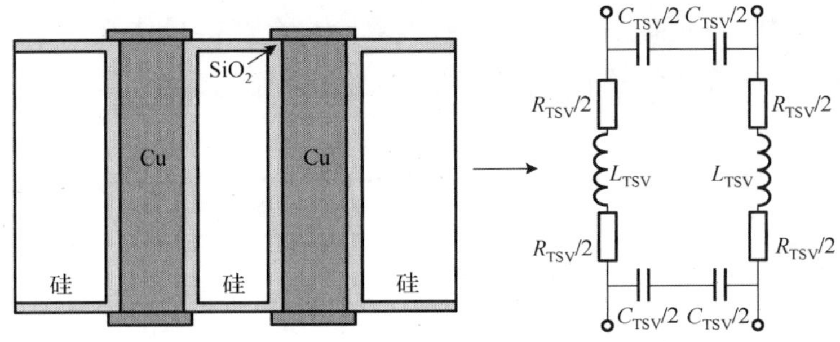

图 4.15　冗余 TSV 示意图及等效电路模型

4.3.3　多目标协同优化算法

由以上的分析可知，连线传输延迟与信号反射系数和水平连线长度与垂直 TSV 物理尺寸相关。为了改善三维连线延时、提高信号传输速率与传输距离，同时消除因反射引起的畸变与失真、增强信号传输的可靠性与完整性，就需要对插入通孔位置与相关通孔的尺寸(冗余通孔数目)进行合理布局与设计，同步优化互连延时 D 与反射系数 ρ_i。由于硅通孔高度 l_{tsv} 取决于衬底减薄技术，在一定工艺技术下可假定为一个固定值，因此信号延时与反射驱动的 TSV 布局设计可以认为是一个多目标函数的优化求解问题，即

$$\begin{aligned}&\text{Minimize}\quad D=\sum_{i=1}^{n}d_{l_i}+\sum_{i=1}^{n-1}d_{l_{vi}}\\&\rho_i=\frac{Z_{l_{vi}}-Z_{l_i}}{Z_{l_{vi}}+Z_{l_i}},\quad i=1,\cdots,n-1\end{aligned}\tag{4-64}$$

其中，分段线长 l_i 要求满足式(4-55)和式(4-56)，冗余通孔数目 $N_{\mathrm{TSV},i}$ 要求满足如下约束条件

$$N_{\mathrm{TSV,min}}\leqslant N_{\mathrm{TSV},i}\leqslant N_{\mathrm{TSV,max}},\quad i=1,\cdots,n-1\tag{4-65}$$

其中，$N_{\mathrm{TSV,min}}$ 与 $N_{\mathrm{TSV,max}}$ 分别为工艺设计规则允许的最小与最大硅通孔插入数目。

迭代计算是求解设计约束下的多目标函数问题的有效方法。图 4.16 为本章迭代算法程序的基本流程图。

(1) 设定各个原始 TSV 的冗余通孔数目 $N_{\mathrm{TSV},i}=0$，根据式(4-64)计算得到相应的反射系数 ρ_i。

(2) 利用 TSV 布局优化算法，得到三维互连最佳延时 D_i 和相应的分段互连线长 l_i。

(3) 基于 TSV 尺寸优化算法，对插入冗余通孔数目进行优化设计，求得最佳反射系数 ρ_{i+1} 与对应延时 D_{i+1}。

(4)若 $D_{i+1} > D_i$ ，则重复开始第(2)步运算，直至获得最佳互连延时 D_{opt} 与反射系数 ρ_{opt} ，及其对应分段线长 l_{opt} 与各个 TSV 的冗余通孔数目。

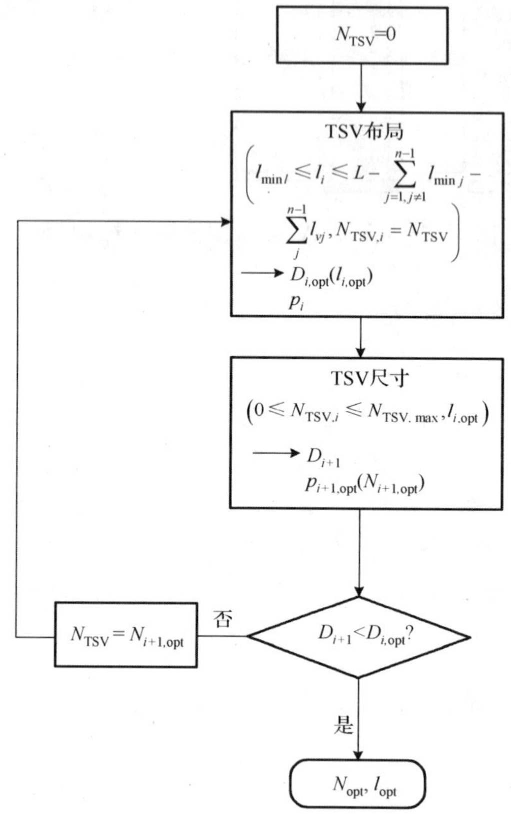

图 4.16 TSV 布局与尺寸优化流程图

4.3.4 结果比较

为了验证上述通孔插入算法对三维互连线时序性能与信号完整性的影响，本节基于 45nm CMOS 工艺，对具有不同阻抗特性的三维连线延时与信号反射系数进行了分析比较。在分析过程中，驱动器的尺寸设为 10 倍最小尺寸缓冲器，其等效输出电阻 R_s 与等效输入电容 C_L 分别为 1.32kΩ 与 15fF；层间异质连线的最短线长 $l_{\min i}$ 定义为 20μm；互连特征阻抗差为 10（$\Delta Z = Z_{i+1} - Z_i = 10$）Ω；为了简化计算，认为 TSV 只用于相邻有源层间的连接，即 $m = n$；TSV 高度 l_{tsv} 和最大冗余通孔数目取决于衬底减薄技术和工艺制造的通孔密度限制，分别设为 20μm 和 30 个；TSV 的等效寄生参数通过第 3 章的 TSV 寄生参数提取模型求得。

表 4.4 采用上述的迭代算法与传统 TSV 等分连线算法，对不同线长与三维架构的层间连线延时进行了分析比较，其中 D_{opt} 为本章优化模型计算得到的互连延时，

D_{equ} 为采用最小尺寸 TSV 等分连线算法得到的互连延时。从表 4.4 可以看出，本章提出的插入算法显著地改善了三维互连延时，连线延时平均降低了 49.96%，最大减小幅度可达 58.55%，在不采用其他电路模块的条件下，该设计方法有效地提高了互连电路的传输速度限，优化了互连系统的性能。另外，同等长度的互连线在不同三维架构下的延时表明，连线延时与特征阻抗密切相关，采用非均匀连线模拟多层异质互连是非常有必要的。

表 4.4　不同阻抗特性的三维互连延时比较结果

有源层数目	互连线长/mm	D_{equ}/ps	D_{opt}/ps	改善率/%
3	1.5	234.44	146.20	37.64
	2.5	391.51	225.03	42.10
	3.5	548.62	328.41	40.14
4	1.5	207.88	86.68	58.55
	2.5	354.83	154.90	56.35
	3.5	484.36	255.01	47.35
5	1.5	182.79	86.112	52.90
	2.5	303.06	147.25	51.50
	3.5	424.00	205.39	51.56
6	1.5	165.06	71.29	56.81
	2.5	272.59	129.51	52.49
	3.5	380.49	182.09	52.14
平均值				49.96

为了深入分析连线的阻抗特性差异对互连性能的影响，图 4.17 采用上述两种算法，对层间阻抗差 ΔZ 分别为 10Ω、20Ω 与 40Ω，分布于 3～4 个有源层的三维连线的传输延时进行比较分析。从图 4.17 的柱状图可以看出，随着层间阻抗差异的增加，TSV 插入优化算法对于互连延时的改善效率将更加明显，当层间阻抗差为 40Ω 时，互连延时平均优化幅值与最大优化幅值将分别达到 78.61%与 82.68%。该比较结果进一步表明了插入算法在 3D 互连设计中的优势。

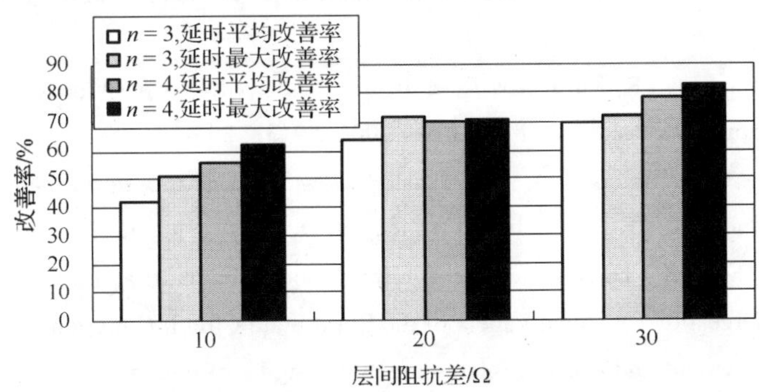

图 4.17　互连延时改善率随层间阻抗差变化的特性曲线

为了验证 TSV 与连线阻抗匹配特性对互连信号传输的影响，表 4.5 对采用上述两种 TSV 插入算法求得的信号反射系数进行分析比较。其中，ρ_{opt} 为优化算法计算得到的反射系数，ρ_{equ} 为 TSV 等分插入算法得到的反射系数。从表 4.5 的比较结果可以看出，考虑阻抗匹配的 TSV 插入算法显著地提高了互连信号的传输质量，使得信号通过通孔产生的反射系数平均降低了 62.28%，最大优化幅值达到了 79.81%。该优化算法对于高速数字传输的信号完整性设计具有重要的参考意义。

表 4.5　不同阻抗特性的三维互连反射系数比较结果

有源层数目	互连线长/μm	ρ_{equ}	ρ_{opt}	改善率/%
n=3	1.5	15.74	5.12	67.5
	2.5	16.01	4.28	73.4
	3.5	15.92	3.22	79.81
n=4	1.5	29.33	7.81	73.4
	2.5	27.7	6.19	77.6
	3.5	27.1	5.16	79.60
n=5	1.5	27.98	12.02	57.1
	2.5	27.82	12.24	56.0
	3.5	27.74	12.48	55.2
n=6	1.5	29.68	16.86	43.2
	2.5	29.94	16.40	45.2
	3.5	30.12	18.27	39.4
平均值				62.28

参 考 文 献

[1] Landmann B S, Russo R L. On a pin versus block relationship for partitions of logic graphs. IEEE Transactions on Computers, 1971, C-20（12）: 1469-1479.

[2] Christie P. A fractal analysis of interconnect complexity. Proceedings of the IEEE, 1993, 81(10): 1492-1499.

[3] Davis J A, Venkatesan R, Kaloyeros A, et al. Interconnect limits on gigascale integration（GSI）in the 21st century. Proceedings of the IEEE, 2001, 89(3): 305-324.

[4] Davis J A, De V K, Meindl J D. A stochastic wire-length distribution for gigascale integration（GSI）-part I and II. IEEE Transactions on Electron Devices, 1998, 45(3): 580-597.

[5] Bakoglu H B, Meindl J D. A system level circuit model for multi-and single chip CPU's. IEEE International Digest of Technical Papers of the Solid State Circuit Conference, 1988: 308-309.

[6] Donath W. Placement and average interconnection lengths of computer logic. IEEE Transactions on Circuit and Systems, 1979, 26(4): 272-277.

[7] Joyner J W, Venkatesan R, Zarkesh-Ha P, et al. Impact of three dimensional architectures on interconnects in gigascale integration. IEEE Transactions on Very Large Scale Integration Systems, 2001, 9(6): 922-928.

[8] Joyner J W. Opportunies and limitation of three dimensional integration for interconnect design. PhD thesis. Atlanta: Georgian Institute of Technology, 2003.

[9] Kim D H, Mukhopadhyay S, Lim S K. TSV aware interconnect distribution models for prediction of delay and power consumption of 3-D stacked ICs. IEEE Transactions on Computer-Aided Design of Integrated Circuits and Systems, 2014, 33(9): 1384-1395.

[10] 钱利波，朱樟明，杨银堂. 一种考虑硅通孔电阻-电容效应的三维互连线模型. 物理学报, 2012, 61(6): 0680011-0680017.

[11] Zhao W S, Wang G F, Sun L L, et al. Repeater insertion for carbon nanotube interconnects. IET Micro & Nano Letters, 2014, 9(5): 337-339.

[12] Kim D H, Lim S K. Through-silicon-via-aware delay and power prediction model for buffered interconnects in 3D ICs. International Workshop on System Level Interconnect Prediction, 2010: 25-35.

[13] Shelar R S, Patyra M. Impact of local interconnects on timing and power in a high performance microprocessor. IEEE Transactions on Computer-Aided Design of Integrated Circuits and Systems, 2013, 32(10): 1623-1627.

[14] Chang S C, Manipatruni S, Nikonov D E, et al. Design and analysis of si interconnect for all spin logic. IEEE Transactions on Magnetics, 2014, 50(9): 3400513.

[15] Davis J A, Meindl J D. Interconnect Technology and Design for Gig Scale Integration. Netherlands: Springer, 2003.

[16] NCSU FreePDK 45nm. http://www.eda.ncsu.edu/wiki/FreePDK.

[17] Gala K, Blaauw D, Joshi A. Inductance model and analysis methodology for high speed on chip interconnect. IEEE Transactions on Very Large Scale Integration Systems, 2002, 10(6): 730-745.

[18] Ismail Y I, Friedman E G, Jose L. Figure of merit to characterize the importance of on chip inductance. Design Automation Conference, 1998: 560-565.

[19] Ismail Y I, Friedman E G. Effect of inductance on the propagation delay and repeater insertion in VLSI circuits. IEEE Transactions on Very Large Scale Integration Systems, 2000, 8(2): 199-206.

[20] Qian L B, Zhu Z M, Yang T T. Through silicon via insertion for performance optimization in three dimensional integrated circuits. Microelectronics Journal, 2012, 43(2): 128-133.

[21] Fan J, Hardock A, Rimolo-Donadio R, et al. Signal integrity: Efficient, physics-based via modeling: Return path, impedance, and stub effect control. IEEE Electromagnetic Compatibility Magazine, 2014, 3(1): 76-84.

[22] Li C H, Ko C L, Kuo C N, et al. A low cost DC to 84 GHz broadband bondwire interconnect for

SoP heterogeneous system integration. IEEE Transactions on Microwave Theory and Techniques, 2013, 12(2): 4345-4352.

[23] Krishna K S, Bhat M S. Minimization of via induced signal reflection in on chip high speed interconnect lines. Circuit Systems and Signal Processing, 2012, 31(2): 689-702.

[24] Lee K Y, Wang T C, Chao K Y. Post routing redundant via insertion and line extension with via density consideration. ACM/IEEE International Conference on Computer-Aided Design, 2006: 633-640.

[25] Hsieh A C, Hwang T T. TSV redundancy: Architecture and design issues in 3-D ICs. IEEE Transactions on Very Large Scale Integration, 2012, 20(4): 711-722.

第 5 章 TSV 热应力和热应变的解析模型和特性

由于 TSV 填充金属(尤其是 Cu)和硅片的 CTE 不匹配，在制作 TSV 时最后退火处理与冷却过程的温度差会导致 TSV 在周围的硅片中引入热应力和热应变[1-6]，从而影响硅片上器件的性能和可靠性。因此，对不同 TSV 结构的热应力和热应变的解析模型和特性分析显得尤为重要。因为器件一般制作在硅片表面，所以对热应力的研究也主要集中在硅片表面上。阻挡层对应力的影响可以忽略不计，一般不予考虑。

5.1 圆柱形 TSV 热应力和热应变的解析模型

2D Lame 理论[7]经常用来研究热应力和热应变问题，但是该方法只能给出定性的分析，而准 3D Kane-Mindlin 理论[8]可以给出定量的热应力分布结果。本节基于准 3D Kane-Mindlin 理论，给出圆柱形 TSV 在硅中引入热应力和热应变的精确解析模型。为了简化分析，本节将硅衬底假设为一种各项同性的材料。

柱坐标系下的圆柱形 TSV 如图 5.1 所示，其中 ox、M 和 Si 分别代表 TSV 氧化层、填充金属和硅片。根据对称性，位移向量 $u_i^P(i=r,\varphi,z)$ 可以表示为[9, 10]

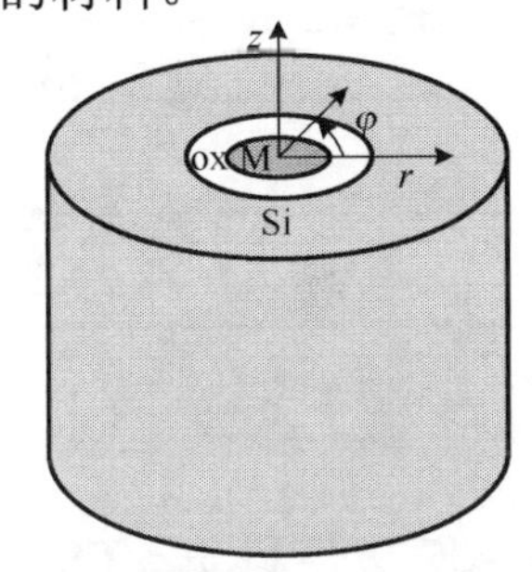

图 5.1 柱坐标系下的圆柱形 TSV 结构

$$u_r^P(r)=u^P(r)+\alpha_P\Delta Tr \quad (5\text{-}1)$$

$$u_z^P(r,z)=\frac{2z}{h}w^P(r)+\alpha_P\Delta Tz \quad (5\text{-}2)$$

$$u_\varphi^P(r)=0 \quad (5\text{-}3)$$

其中，P=ox、M、Si，代表不同的材料；α 是热膨胀系数，温度差 ΔT=−250°C，$u^P(r)$ 和 $w^P(r)$ 可分别表示为[11]

$$u^P(r)=a_Pr+\frac{b_P}{r}+c_PI_1\left(\sqrt{A_P}r\right)-d_PK_1\left(\sqrt{A_P}r\right) \quad (5\text{-}4)$$

$$w^P(r)=-\frac{\lambda_Ph}{\lambda_P+2\mu_P}a_P-\frac{(\lambda_P+2\mu_P)h}{2\lambda_P}\sqrt{A_P}\left[c_PI_0\left(\sqrt{A_P}r\right)+d_PK_0\left(\sqrt{A_P}r\right)\right] \quad (5\text{-}5)$$

其中，$A_P=12(\mu_P+\lambda_P)(2\mu_P+\lambda_P)^{-1}h^{-2}$，剪切模量 $\mu_P=E_P/[2(1+\nu_P)]$，E 为杨氏模量，ν 为泊松比，$\lambda_P=2\mu_P\nu_P(1-2\nu_P)^{-1}$；$I_l$ 和 K_l 分别是第一类和第二类 l 阶修正贝塞尔方程；

a_P、b_P、c_P、d_P 是 12 个未知常数。由于硅片无限大($R_{Si}>>R_{ox2}$)，u_r^{Si} 和 u_z^{Si} 的弹性部分位于无限远处，所以 $a_{Si}=c_{Si}=0$。由于在 TSV 中心处的位移 $u_r^M=0$，所以 $b_M=d_M=0$。根据位移和应力的连续性，剩下的 8 个未知常数可以通过以下边界条件得到

$$\begin{aligned} u_r^M(R_M)=u_r^{ox}(R_M),\quad u_z^M(R_M)=u_z^{ox}(R_M) \\ \sigma_{rr}^M(R_M)=\sigma_{rr}^{ox}(R_M),\quad \sigma_{rz}^M(R_M)=\sigma_{rz}^{ox}(R_M) \end{aligned} \tag{5-6}$$

$$\begin{aligned} u_r^{Si}\left(R_{ox2}\right)=u_r^{ox}\left(R_{ox2}\right),\quad u_z^{Si}\left(R_{ox2}\right)=u_z^{ox}\left(R_{ox2}\right) \\ \sigma_{rr}^{Si}\left(R_{ox2}\right)=\sigma_{rr}^{ox}\left(R_{ox2}\right),\quad \sigma_{rz}^{Si}\left(R_{ox2}\right)=\sigma_{rz}^{ox}\left(R_{ox2}\right) \end{aligned} \tag{5-7}$$

弹性应变张量 $e_{ij}^P\left(i=r,\varphi,z;j=r,\varphi,z\right)$ 可表示为

$$e_{rr}^P=\frac{\mathrm{d}u^P}{\mathrm{d}r},\quad e_{\varphi\varphi}^P=\frac{u^P}{r},\quad e_{zz}^P=\frac{2w^P}{h},\quad e_{rz}^P=\frac{z}{h}\frac{\mathrm{d}w^P}{\mathrm{d}r} \tag{5-8}$$

根据胡克定律，应力 σ_{ij}^P 和应变 e_{ij}^P 的关系为

$$\sigma_{ij}^P=2\mu_P e_{ij}^P+\lambda_P\left(e_{rr}^P+e_{\varphi\varphi}^P+e_{zz}^P\right)\delta_{ij} \tag{5-9}$$

其中，δ_{ij} 是克罗内克函数。由式(5-1)～(5-9)可得热应力和热应变的表达式为

$$\sigma_{rr}^P=2\mu_P\frac{3\lambda_P+2\mu_P}{\lambda_P+2\mu_P}a_P-2\mu_P\frac{b_P}{r^2}-2\mu_P I_1\left(\sqrt{A_P}r\right)\frac{c_P}{r}+2\mu_P K_1\left(\sqrt{A_P}r\right)\frac{d_P}{r} \tag{5-10}$$

$$\begin{aligned} \boldsymbol{e}_{rr}^P=a_P-\frac{b_P}{r^2}+\left[\sqrt{A_P}I_0\left(\sqrt{A_P}r\right)-\frac{1}{r}I_1\left(\sqrt{A_P}r\right)\right]c_P \\ +\left[\sqrt{A_P}K_0\left(\sqrt{A_P}r\right)+\frac{1}{r}K_1\left(\sqrt{A_P}r\right)\right]d_P \end{aligned} \tag{5-11}$$

5.2　环形 TSV 热应力和热应变的解析模型和特性

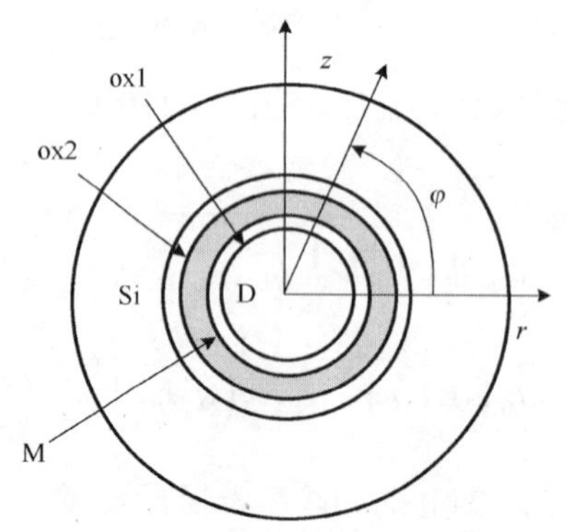

图 5.2　柱坐标系下的环形 TSV 剖面图

环形 TSV 是一种部分填充金属的结构，其引入的热应力和热应变相比全部填充的圆柱形 TSV 要小得多[12]。柱坐标系下的环形 TSV 剖面图如图 5.2 所示，其中 D、ox1、M、ox2 和 Si 分别代表填充介质、第一层氧化层、填充金属、第二层氧化层和硅片。根据目前的 TSV 技术，本节采用的环形 TSV 尺寸如表 5.1 所示。

表 5.1　环形 TSV 的结构参数

参　　数	符　　号	数值/μm
TSV 高度	h	50
介质层半径	R_D	2.9
第一层氧化层半径	R_{ox1}	3
TSV 金属层半径	R_M	5
第二层氧化层半径	R_{ox2}	5.1
硅片半径	R_{Si}	55

5.2.1　解析模型

环形 TSV 热应力的解析模型同样基于准 3D Kane-Mindlin 理论，其推导方法与圆柱形 TSV 的情况类似[13]。不同的是环形 TSV 的层数较多，式(5-4)和式(5-5)中的 a_P、b_P、c_P、d_P 所代表的是 20 个未知常数。由于硅片无限大($R_{Si}>>R_{ox2}$)，u_r^{Si} 和 u_z^{Si} 的弹性部分位于无限远处，所以 $a_{Si}=c_{Si}=0$。由于在 TSV 中心处的位移 $u_r^D=0$，所以 $b_D=d_D=0$。根据位移和应力的连续性，剩下的 16 个未知常数可以通过以下边界条件得到[13]

$$\begin{aligned} &u_r^{D}(R_D)=u_r^{ox}(R_D),\quad u_z^{D}(R_D)=u_z^{ox}(R_D)\\ &\sigma_{rr}^{D}(R_D)=\sigma_{rr}^{ox}(R_D),\quad \sigma_{rz}^{D}(R_D)=\sigma_{rz}^{ox}(R_D)\end{aligned}\tag{5-12}$$

$$\begin{aligned} &u_r^{ox}\left(R_{ox1}\right)=u_r^{M}\left(R_{ox1}\right),\quad u_z^{ox}\left(R_{ox1}\right)=u_z^{M}\left(R_{ox1}\right)\\ &\sigma_{rr}^{ox}\left(R_{ox1}\right)=\sigma_{rr}^{M}\left(R_{ox1}\right),\quad \sigma_{rz}^{D}\left(R_{ox1}\right)=\sigma_{rz}^{M}\left(R_{ox1}\right)\end{aligned}\tag{5-13}$$

$$\begin{aligned} &u_r^{M}(R_M)=u_r^{ox}(R_M),\quad u_z^{M}(R_M)=u_z^{ox}(R_M)\\ &\sigma_{rr}^{M}(R_M)=\sigma_{rr}^{ox}(R_M),\quad \sigma_{rz}^{M}(R_M)=\sigma_{rz}^{ox}(R_M)\end{aligned}\tag{5-14}$$

$$\begin{aligned} &u_r^{Si}\left(R_{ox2}\right)=u_r^{ox}\left(R_{ox2}\right),\quad u_z^{Si}\left(R_{ox2}\right)=u_z^{ox}\left(R_{ox2}\right)\\ &\sigma_{rr}^{Si}\left(R_{ox2}\right)=\sigma_{rr}^{ox}\left(R_{ox2}\right),\quad \sigma_{rz}^{Si}\left(R_{ox2}\right)=\sigma_{rz}^{ox}\left(R_{ox2}\right)\end{aligned}\tag{5-15}$$

从而得到环形 TSV 热应力和热应变的表达式同样为

$$\sigma_{rr}^{P}=2\mu_P\frac{3\lambda_P+2\mu_P}{\lambda_P+2\mu_P}a_P-2\mu_P\frac{b_P}{r^2}-2\mu_P I_1\left(\sqrt{A_P}r\right)\frac{c_P}{r}+2\mu_P K_1\left(\sqrt{A_P}r\right)\frac{d_P}{r}\tag{5-16}$$

$$\begin{aligned} e_{rr}^{P}=a_P-\frac{b_P}{r^2}&+\left[\sqrt{A_P}I_0\left(\sqrt{A_P}r\right)-\frac{1}{r}I_1\left(\sqrt{A_P}r\right)\right]c_P\\ &+\left[\sqrt{A_P}K_0\left(\sqrt{A_P}r\right)+\frac{1}{r}K_1\left(\sqrt{A_P}r\right)\right]d_P\end{aligned}\tag{5-17}$$

其中，a_P、b_P、c_P、d_P 与式(5-10)和式(5-11)中的不同。

5.2.2 模型验证

本节采用 ANSYS 有限元分析方法(Finite Element Method, FEM)对解析模型进行验证。有限元法的基本思想是将复杂模型离散化为很多单元，通过对每个单元的特性分析分别表示全求解域的待求未知函数，利用力的平衡条件和边界条件将这些单元按原先的结构连接起来，最终通过解有限元方程的方式求得结果，这样就把连续域上复杂的求解问题简化为有限个单元的组合求解。它的核心思想是“一分一合”，分是为了将复杂模型单元化，将单元内的近似函数用未知场函数或导数在单元的各个节点的数值及其插值函数表示，生成新的自由度，也就是说将一个连续的无限自由度问题变为离散的有限自由度问题。合是为了将各个单元内计算得到的场函数的近似值通过有限元方程得到整个求解域的近似解。只要单元满足收敛条件，那么最终求得的解必然收敛于精确解，解的精度由网格划分的密度、所给条件的精确性决定。

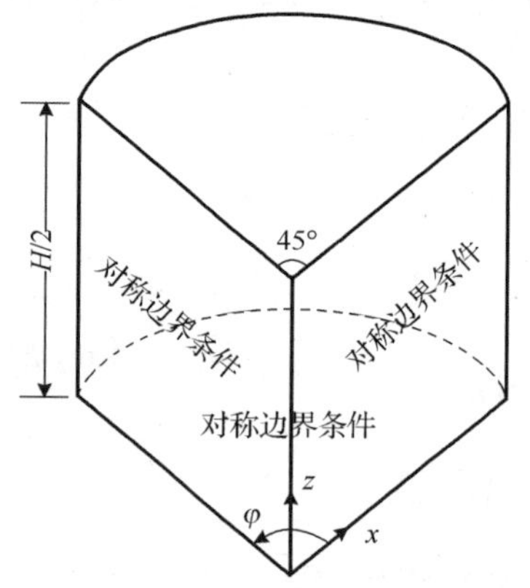

图 5.3　FEM 仿真模型

由于对称性，只对整个结构的 1/16 进行 FEM 仿真，仿真模型如图 5.3 所示，图中没有区分各层结构。本模型的左、右侧面和底面均施加对称边界条件；TSV 和硅衬底的网格尺寸分别为 0.5μm 和 1μm；TSV 和硅衬底接触面的尺寸设置为 0.1μm；温度负载为 –250℃。

为了证明解析模型的普遍适用性，本节考虑了多种介质和金属材料。由于氧化层(SiO_2)的厚度只有 0.1μm，它对热应力的影响可以忽略，因此没有针对不同氧化层材料进行分析。表 5.2 给出了各种介质和金属材料的物理常数。

表 5.2　不同材料的热机械特性

材料	α/(ppm/℃)	E/GPa	ν
Si	2.3	130	0.28
Cu	18	110	0.35
Al	20	70	0.35
W	4.4	400	0.28
SiO_2	0.6	72	0.16
BCB	40	3	0.34
Si_3N_4	3	300	0.28

将金属固定为 Cu 而改变介质材料得到的环形 TSV 热应力和热应变的 FEM 仿真和理论模型计算结果分别如图 5.4(a)和图 5.5(a)所示。将介质固定为 SiO_2 而改变金属材料得到的环形 TSV 热应力和热应变的 FEM 仿真和理论模型计算结果分别如

图 5.4(b)和图 5.5(b)所示。为了与 FEM 结果精确匹配，理论解析模型采用修正因子(Correction Factor, CF)进行了修正。表 5.3 给出了采用不同介质和金属材料时理论计算的 CF 和平均相对误差。可以看出，FEM 仿真和理论模型计算结果匹配，热应力和热应变的平均相对误差分别小于 6.8%和 6.6%，证明了理论解析模型的正确性。

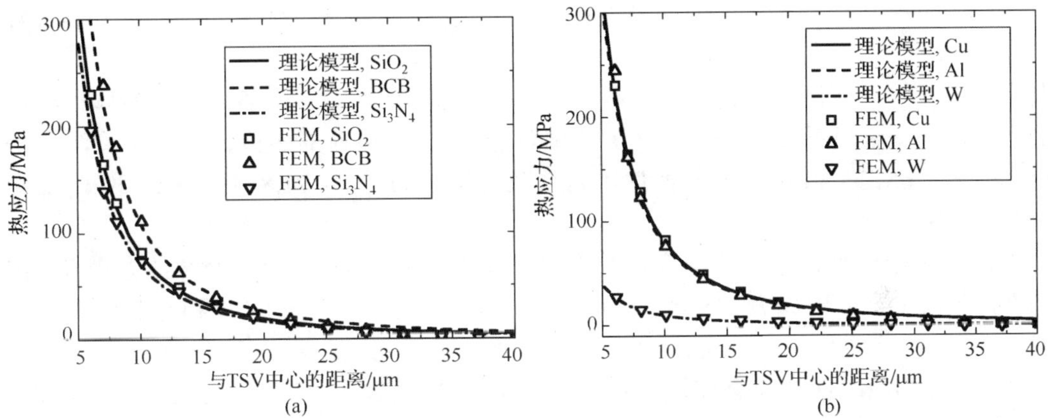

图 5.4 采用不同介质和金属材料时环形 TSV 热应力的 FEM 仿真和理论模型计算结果对比

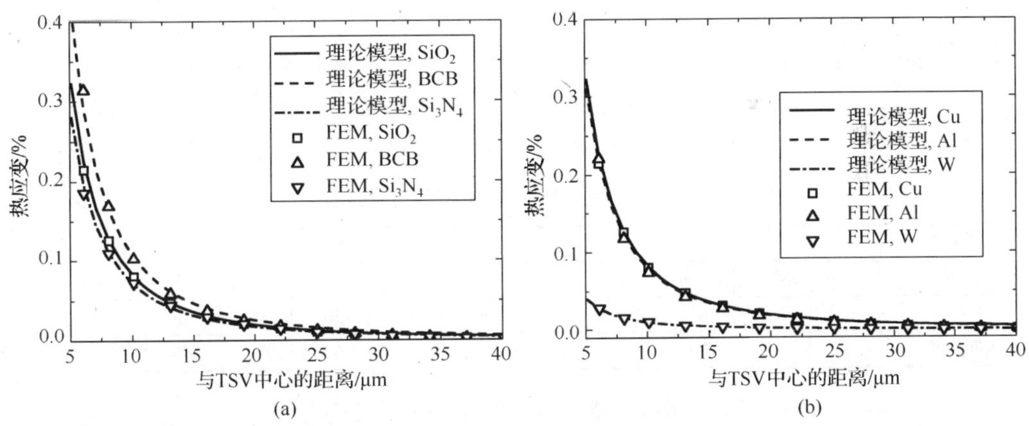

图 5.5 采用不同介质和金属材料时环形 TSV 热应变的 FEM 仿真和理论模型计算结果对比

表 5.3 采用不同介质和金属材料时环形 TSV 热应力和热应变理论计算的 CF 和平均相对误差

金属/介质		Cu/SiO_2	Al/SiO_2	W/SiO_2	Cu/BCB	Cu/Si_3N_4
CF		2.0	2.0	2.1	2.3	1.6
平均相对误差/%	热应力	4.1	2.6	6.8	4.6	6.2
	热应变	2.4	6.5	6.6	5.2	5.1

5.2.3　阻止区

热机械特性可以用阻止区(Keep-Out Zone, KOZ)来表征。KOZ 是指由于 TSV 热应力过大而使得其周围不能制作器件的区域，可以定义为载流子迁移率改变不超过 5%的区域[14]。载流子迁移率与热应力的关系可以表示为[2]

$$\frac{\Delta\mu}{\mu}=\Pi\times\sigma_{rr}\times\beta(\theta) \tag{5-18}$$

其中，σ_{rr} 代表径向热应力；取向因子 $\beta(\theta)$ 如表 5.4 所示，θ 是热应力与晶体管沟道的夹角；Π 是压阻系数。$\theta=0°$ 和 90°分别意味着 TSV 引入的热应力与晶体管沟道平行和垂直。pMOS 和 nMOS 的器件压阻系数分别为 $\Pi_{\text{pMOS}}=71.8\times10^{-11}\text{Pa}^{-1}$ 和 $\Pi_{\text{nMOS}}=-31\times10^{-11}\text{Pa}^{-1}$。

根据解析模型，采用不同介质和金属材料时环形 TSV 在两个最坏的方向($\theta=0°$ 和 90°)的 KOZ 分别如表 5.5 和表 5.6 所示。从表中可以看出，BCB 相比其他介质材料产生的 KOZ 最大，所以当应力是一个重要的考虑因素时不宜采用 BCB 作为填充介质；采用 Cu 和 Al 作为金属填充材料时环形 TSV 的 KOZ 相差不大，这是因为 CTE 和杨氏模量越大，KOZ 就越大，而 Cu 相比 Al 具有较小的 CTE 和较大的杨氏模量；采用 W 作为金属填充材料时没有产生 KOZ，证明 W 的热机械特性相比其他金属最佳。另外，由于 pMOS 器件的压阻系数比较大，所以对热应力比较敏感。当不采用 W 作为金属材料时，TSV 引入的热应力与晶体管沟道平行时，pMOS 器件的 KOZ 比 nMOS 的 KOZ 大 3μm 左右，垂直时大 2μm 左右。

表 5.4　取向因子 $\beta(\theta)$

θ	pMOS	nMOS
0°	1	1
90°	−0.6	0.5

表 5.5　采用不同介质材料时环形 TSV 的 KOZ

介质材料	SiO_2				BCB				Si_3N_4			
器件	pMOS		nMOS		pMOS		nMOS		pMOS		nMOS	
θ	0°	90°	0°	90°	0°	90°	0°	90°	0°	90°	0°	90°
KOZ/μm	5.7	2.6	2.1	0.5	6.6	3.2	2.7	0.9	6.2	2.9	2.4	0.7

表 5.6　采用不同金属材料时环形 TSV 的 KOZ

金属材料	Cu				Al				W			
器件	pMOS		nMOS		pMOS		nMOS		pMOS		nMOS	
θ	0°	90°	0°	90°	0°	90°	0°	90°	0°	90°	0°	90°
KOZ/μm	5.7	2.6	2.1	0.5	5.5	2.5	1.9	0.4	0	0	0	0

5.3　同轴 TSV 热应力和热应变的解析模型和特性

同轴 TSV 因其具有优越的电特性而颇受青睐[15]，但是它同样也在周围的硅片中引入了热应力和热应变，影响了周围器件的可靠性。图 5.6 所示为柱坐标系下的同轴 TSV 结构。与环形 TSV 相似，M、D、ox 和 Si 分别代表金属、介质、氧化层和硅片，下标 j=1, 2, 3 代表第 j 层。同轴 TSV 的结构参数如表 5.7 所示。表 5.2 给出了各种介质和金属材料的物理常数。

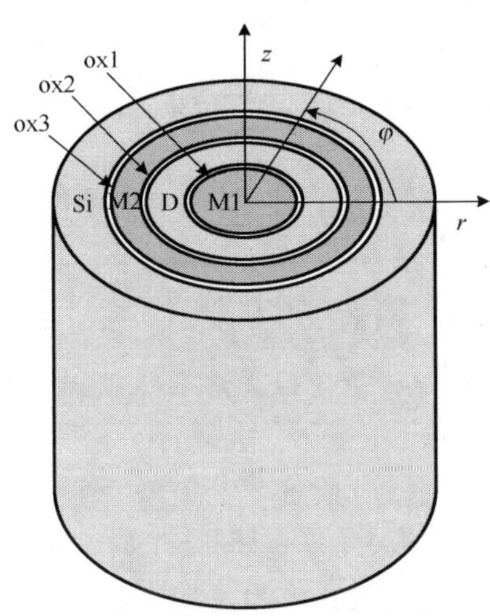

图 5.6　柱坐标系下的同轴 TSV 结构

表 5.7　同轴 TSV 的结构参数

参　　数	符　　号	数值/μm
同轴 TSV 高度	h	50
第一层金属半径	R_{M1}	5
第一层氧化层半径	R_{ox1}	5.1
介质层半径	R_D	7.9
第二层氧化层半径	R_{ox2}	8
第二层金属半径	R_{M2}	10
第三层氧化层半径	R_{ox3}	10.1
硅片半径	R_{Si}	110

5.3.1　解析模型

同轴 TSV 热应力的解析模型同样基于准 3D Kane-Mindlin 理论，其推导方法与环形 TSV 的情况类似。不同的是同轴 TSV 的层数较多，式(5-4)和式(5-5)中的 a_P、b_P、c_P、d_P 所代表的是 28 个未知常数。由于在 TSV 中心处的位移 $u_r^{\mathrm{M}}=0$，所以 $b_{\mathrm{M}}=d_{\mathrm{M}}=0$。同样由于硅片无限大($R_{\mathrm{Si}}>>R_{\mathrm{ox3}}$)，$u_r^{\mathrm{Si}}$ 和 u_z^{Si} 的弹性部分位于无限远处，所以 $a_{\mathrm{Si}}=c_{\mathrm{Si}}=0$。根据位移和应力的连续性，剩下的 24 个未知常数可以通过以下边界条件得到[16]

$$u_r^{P_i}(R_i)=u_r^{P_{i+1}}(R_i),\quad u_z^{P_i}(R_i)=u_z^{P_{i+1}}(R_i)$$
$$\sigma_{rr}^{P_i}(R_i)=\sigma_{rr}^{P_{i+1}}(R_i),\quad \sigma_{rz}^{P_i}(R_i)=\sigma_{rz}^{P_{i+1}}(R_i) \tag{5-19}$$

其中，i= 1, 2, …, 6, 代表同轴 TSV 从中心到边缘的第 i 个接触面；R_i 是第 i 个接触面的半径；P_i 和 P_{i+1} 分别代表第 i 个接触面两侧的材料。从而得到的热应力和热应变分布解析模型表达式同样为

$$\sigma_{rr}^{P}=2\mu_P\frac{3\lambda_P+2\mu_P}{\lambda_P+2\mu_P}a_P-2\mu_P\frac{b_P}{r^2}-2\mu_P I_1\left(\sqrt{A_P}r\right)\frac{c_P}{r}+2\mu_P K_1\left(\sqrt{A_P}r\right)\frac{d_P}{r} \tag{5-20}$$

$$\begin{aligned}e_{rr}^{P}=&a_P-\frac{b_P}{r^2}+\left[\sqrt{A_P}I_0\left(\sqrt{A_P}r\right)-\frac{1}{r}I_1\left(\sqrt{A_P}r\right)\right]c_P\\&+\left[\sqrt{A_P}K_0\left(\sqrt{A_P}r\right)+\frac{1}{r}K_1\left(\sqrt{A_P}r\right)\right]d_P\end{aligned} \tag{5-21}$$

其中，a_P、b_P、c_P、d_P 与式(5-16)和式(5-17)中的不同。

5.3.2 模型验证

同样采用 ANSYS 有限元分析方法，对同轴 TSV 热应力和热应变解析模型进行验证。为了证明解析模型的普遍适用性，本节考虑了多种介质和金属材料。将金属固定为 Cu 而改变介质材料得到的同轴 TSV 热应力和热应变的 FEM 仿真和理论模型计算结果分别如图 5.7(a)和图 5.8(a)所示。将介质固定为 SiO_2 而改变金属材料得到的同轴 TSV 热应力和热应变的 FEM 仿真和理论模型计算结果分别如图 5.7(b)和图 5.8(b)所示。采用不同介质和金属材料时，理论模型计算的 CF 和平均相对误差如表 5.8 所示。可以看出，FEM 仿真和理论模型计算结果匹配良好，热应力和热应变的平均相对误差分别小于 5.2%和 5.6%，证明了理论解析模型的正确性。各种材料对同轴 TSV 热应力的影响和对环形 TSV 热应力的影响一致，这里不再赘述。另外，相对于环形 TSV，同轴 TSV 引入的热应力大得多，原因是同轴 TSV 因结构复杂而半径较大。

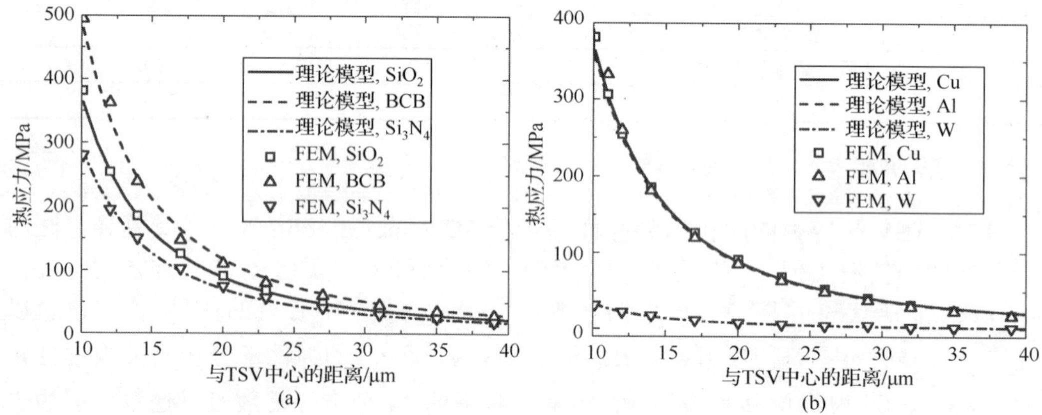

图 5.7 采用不同介质和金属材料时同轴 TSV 热应力的 FEM 仿真和理论模型计算结果对比

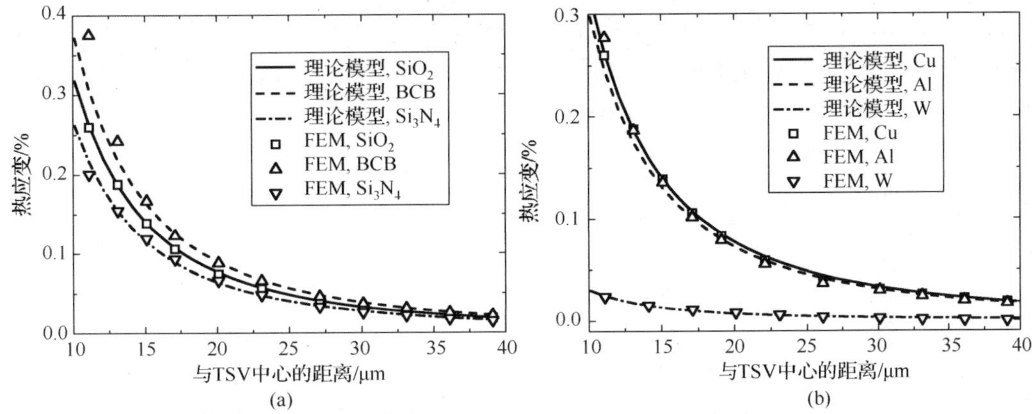

图 5.8　采用不同介质和金属材料时同轴 TSV 热应变的 FEM 仿真和理论模型计算结果对比

表 5.8　采用不同介质和金属材料时同轴 TSV 热应力和热应变理论模型计算的 CF 和平均相对误差

金属/介质		Cu/SiO_2	Al/SiO_2	W/SiO_2	Cu/BCB	Cu/Si_3N_4
CF		2.5	2.5	2.6	3.5	1.7
平均相对误差/%	热应力	1.0	−3.7	5.2	2.3	5.1
	热应变	−2.5	1.3	−1.5	−3.1	5.6

5.3.3　阻止区

采用与 5.2.3 节同样的方法，可以得到同轴 TSV 的 KOZ，结果如表 5.9 和表 5.10 所示。与表 5.5 和表 5.6 的结果相比，同轴 TSV 的 KOZ 比环形 TSV 的 KOZ 要大得多。当不采用 W 作为金属材料时，TSV 引入的热应力与晶体管沟道平行时，pMOS 器件的 KOZ 比 nMOS 的 KOZ 大 7μm 左右，垂直时大 6μm 左右。

表 5.9　采用不同介质材料时同轴 TSV 的 KOZ

介质材料	SiO_2				BCB				Si_3N_4			
器件	pMOS		nMOS		pMOS		nMOS		pMOS		nMOS	
θ	0°	90°	0°	90°	0°	90°	0°	90°	0°	90°	0°	90°
KOZ/μm	12.4	7.4	4.9	0.7	12.9	8.4	5.9	2.4	11.4	5.9	3.3	0

表 5.10　采用不同金属材料时同轴 TSV 的 KOZ

金属材料	Cu				Al				W			
器件	pMOS		nMOS		pMOS		nMOS		pMOS		nMOS	
θ	0°	90°	0°	90°	0°	90°	0°	90°	0°	90°	0°	90°
KOZ/μm	12.4	7.4	4.9	0.7	11.9	6.9	4.6	1.0	0	0	0	0

5.3.4　特性分析

采用最常用的 Cu 和 SiO_2 分别作为同轴 TSV 的金属和介质材料，它的内侧金属

半径 R_M(3μm、4μm、5μm、6μm 和 7μm)对热应力和热应变的影响如图 5.9 所示。从图中可以看出，热应力和热应变均随 R_M 的增大而增大。当 R_M 从 3μm 增大到 7μm 时，TSV 边缘的应力增加了 342MPa。因此可以通过减小 R_M 来减小同轴 TSV 所引入的热应力和热应变。

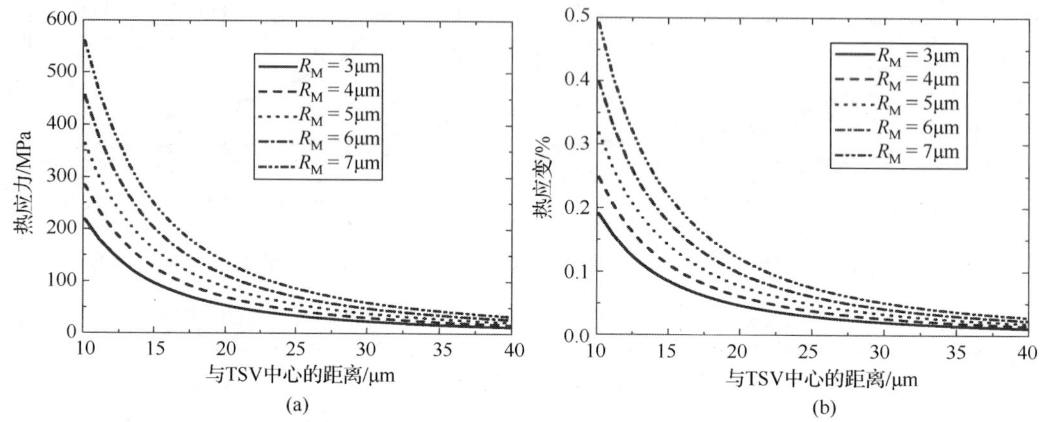

图 5.9　同轴 TSV 内侧金属半径 R_M 对热应力和热应变的影响

同轴 TSV 介质厚度 t_D(1μm、2μm、3μm、4μm 和 5μm)对热应力和热应变的影响如图 5.10 所示。从图中可以看出，t_D 越大，热应力和热应变越大；当 t_D 从 1μm 增加到 5μm 时，热应力只增加了大约 60MPa，变化并不明显，这是因为介质材料与硅衬底的热失配较小。

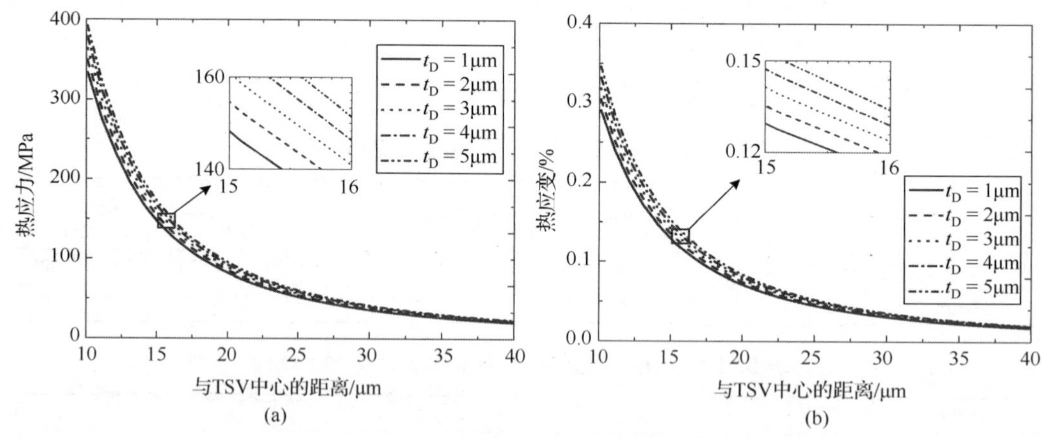

图 5.10　同轴 TSV 介质厚度 t_D 对热应力和热应变的影响

同轴 TSV 外侧金属环厚度 t_M(1μm、2μm、3μm、4μm 和 5μm)对热应力和热应变的影响如图 5.11 所示。从图中可以看出，t_M 为 5μm 时的 TSV 边缘的热应力比 t_M 为 1μm 时的 TSV 边缘的热应力增加了 582MPa (245%)。外侧金属环的厚度对热应力起着至关重要的作用，这是因为它距离硅衬底最近。

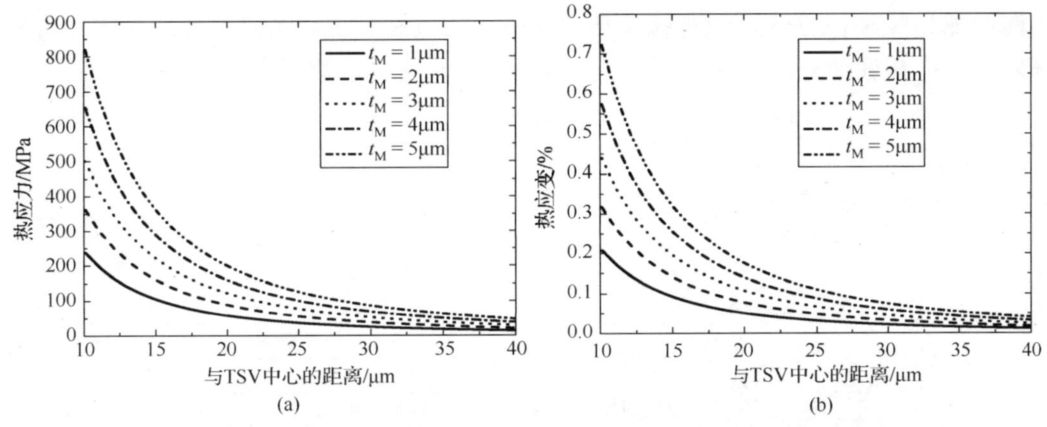

图 5.11　同轴 TSV 外侧金属环厚度 t_M 对热应力和热应变的影响

同轴 TSV 高度 h(10μm、30μm、50μm、70μm 和 90μm)对热应力和热应变的影响如图 5.12 所示。可以看出，TSV 的高度对热应力几乎没有什么影响。

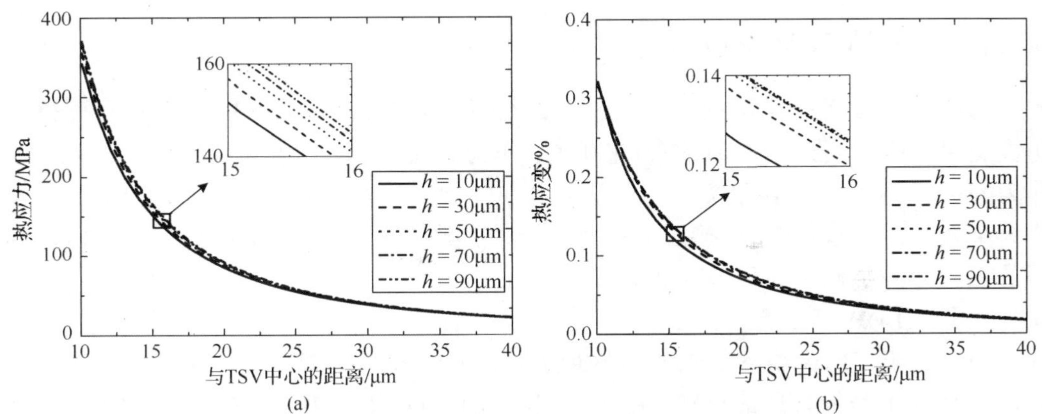

图 5.12　同轴 TSV 高度 h 对热应力和热应变的影响

5.4　双环 TSV 热应力和热应变的解析模型和特性

不同的 TSV 结构有着不同的优越性。部分填充的环形 TSV 引入的热应力相比全部填充的圆柱形 TSV 引入的热应力要小得多。同轴 TSV 由于外侧金属环接地而具有良好的信号屏蔽作用，所以相比其他 TSV 结构，它的信号传输质量要好得多。但是由于中心金属为全部填充，且制作过程中存在温度差，所以在周围的硅片中引入很大的热应力。双环 TSV 结合了环形 TSV 优越的热机械特性和同轴 TSV 优越的电特性，它在保证优良电特性的前提下，减小了在硅片中引入的热应力[17]。双环 TSV

的横截面如图 5.13 所示。它外侧金属环接地，可以起到屏蔽信号干扰的作用，内侧金属环用来传输信号。表 5.11 给出了双环 TSV 的结构参数。

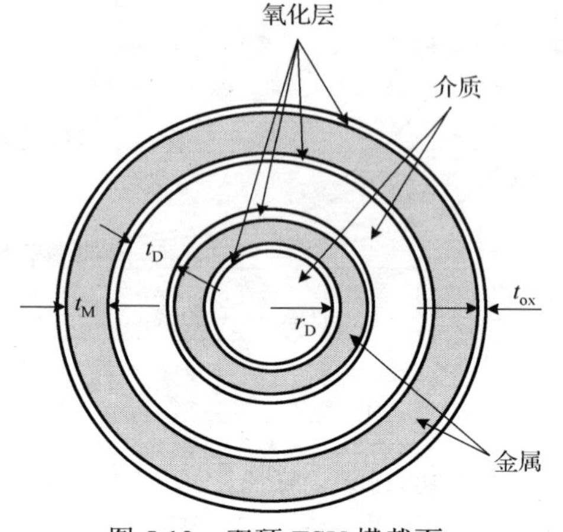

图 5.13　双环 TSV 横截面

表 5.11　双环 TSV 的结构参数

参数	符号	数值/μm
TSV 高度	h	50
环形金属厚度	t_M	2
氧化层厚度	t_{ox}	0.1
环形介质厚度	t_D	3
圆柱形介质半径	r_D	3

5.4.1　与同轴 TSV 热应力对比

图 5.14 对比了采用不同介质和金属材料时双环 TSV 和同轴 TSV 热应力的 FEM 仿真结果。其中，图 5.14(a)～(c)采用 Cu 作为金属材料，图 5.14(d)～(f)采用 SiO_2 作为介质材料。从图中可以看出，当采用 SiO_2 或 Si_3N_4 作为介质或者采用 Cu 或 Al 作为金属时，与双环 TSV 接触的硅片表面的热应力相比，同轴 TSV 接触的硅片表面的热应力减小幅度大于 80MPa。

从图 5.14 还可以看出，采用 BCB 作为介质时，热应力虽然并未减小，但对各种 TSV 结构，BCB 引入的热应力均最大，所以当热应力是一个很重要的考虑因素时，BCB 并不是最合适的材料。由于 W 和硅的 CTE 相差不大，所以 W 的热机械特性最好，引入的热应力最小。双环 TSV 优越的热机械特性将通过 KOZ 进一步讨论。

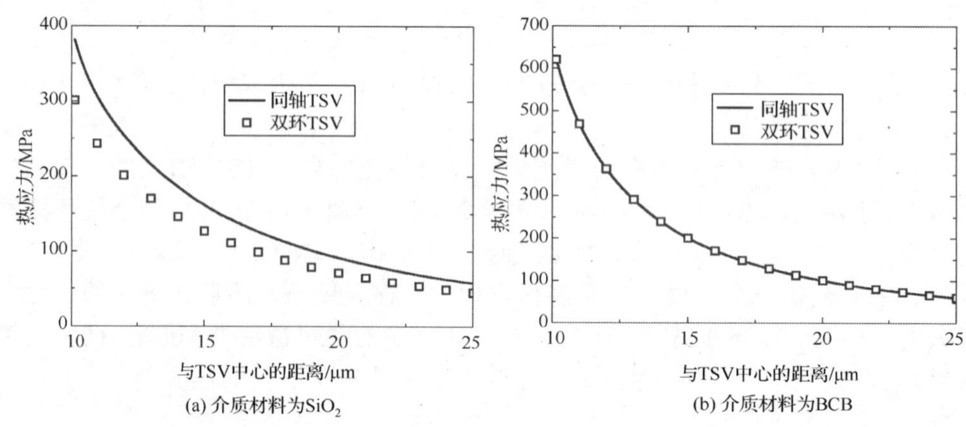

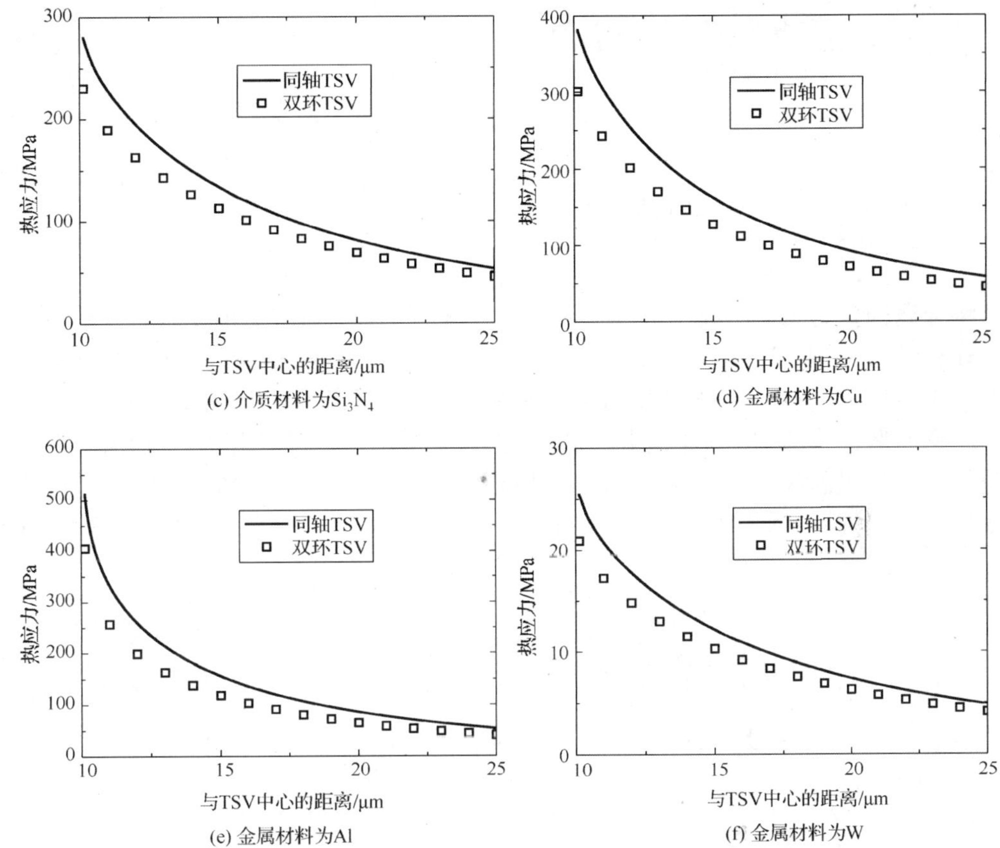

(c) 介质材料为Si_3N_4　　(d) 金属材料为Cu

(e) 金属材料为Al　　(f) 金属材料为W

图 5.14　采用介质材料为 SiO_2、BCB、Si_3N_4 和金属材料为 Cu、Al、W 的双环 TSV 和同轴 TSV 热应力的 FEM 仿真结果对比

5.4.2　热应力解析模型及验证

基于准 3D Kane-Mindlin 理论，对于双环 TSV，式(5.20)和式(5.21)中的 a_P、b_P、c_P、d_P 所代表的是 36 个未知常数。由于在 TSV 中心处的位移 $u_r^{\mathrm{D}}=0$，所以 $b_{\mathrm{D}}=d_{\mathrm{D}}=0$。同样由于硅片无限大($R_{\mathrm{Si}}>>R_{\mathrm{ox3}}$)，$u_r^{\mathrm{Si}}$ 和 u_z^{Si} 的弹性部分位于无限远处，所以 $a_{\mathrm{Si}}=c_{\mathrm{Si}}=0$。根据位移和应力的连续性，剩下的 32 个未知常数可以通过以下边界条件得到[17]

$$\begin{aligned} &u_r^{P_i}(R_i)=u_r^{P_{i+1}}(R_i), \quad u_z^{P_i}(R_i)=u_z^{P_{i+1}}(R_i) \\ &\sigma_{rr}^{P_i}(R_i)=\sigma_{rr}^{P_{i+1}}(R_i), \quad \sigma_{rz}^{P_i}(R_i)=\sigma_{rz}^{P_{i+1}}(R_i) \end{aligned} \tag{5-22}$$

其中，$i=1, 2, \cdots, 8$，代表环形 TSV 从中心到边缘的第 i 个接触面；R_i 是第 i 个接触面的半径；P_i 和 P_{i+1} 分别代表第 i 个接触面两侧的材料。从而得到环形 TSV 热应力和热应变的表达式同样为

$$\sigma_{rr}^{P}=2\mu_{P}\frac{3\lambda_{P}+2\mu_{P}}{\lambda_{P}+2\mu_{P}}a_{P}-2\mu_{P}\frac{b_{P}}{r^{2}}-2\mu_{P}I_{1}\left(\sqrt{A_{P}}r\right)\frac{c_{P}}{r}+2\mu_{P}K_{1}\left(\sqrt{A_{P}}r\right)\frac{d_{P}}{r} \tag{5-23}$$

$$\begin{aligned}e_{rr}^{P}=&a_{P}-\frac{b_{P}}{r^{2}}+\left[\sqrt{A_{P}}I_{0}\left(\sqrt{A_{P}}r\right)-\frac{1}{r}I_{1}\left(\sqrt{A_{P}}r\right)\right]c_{P}\\&+\left[\sqrt{A_{P}}K_{0}\left(\sqrt{A_{P}}r\right)+\frac{1}{r}K_{1}\left(\sqrt{A_{P}}r\right)\right]d_{P}\end{aligned} \tag{5-24}$$

其中，a_P、b_P、c_P、d_P 与式(5-20)和式(5-21)中的不同。

将金属固定为 Cu 而改变介质材料得到的双环 TSV 热应力的 FEM 仿真和理论模型计算结果如图 5.15(a)所示。将介质固定为 SiO_2 而改变金属材料得到的双环 TSV 热应力的 FEM 仿真和理论模型计算结果如图 5.15(b)所示。采用不同介质和金属材料时，理论模型计算的 CF 和平均相对误差如表 5.12 所示。可以看出，FEM 仿真和理论模型计算结果匹配良好，热应力的平均相对误差分别小于 0.38%，证明了理论解析模型的正确性。各种材料对热应力的影响与环形和同轴 TSV 一致，这里不再赘述。

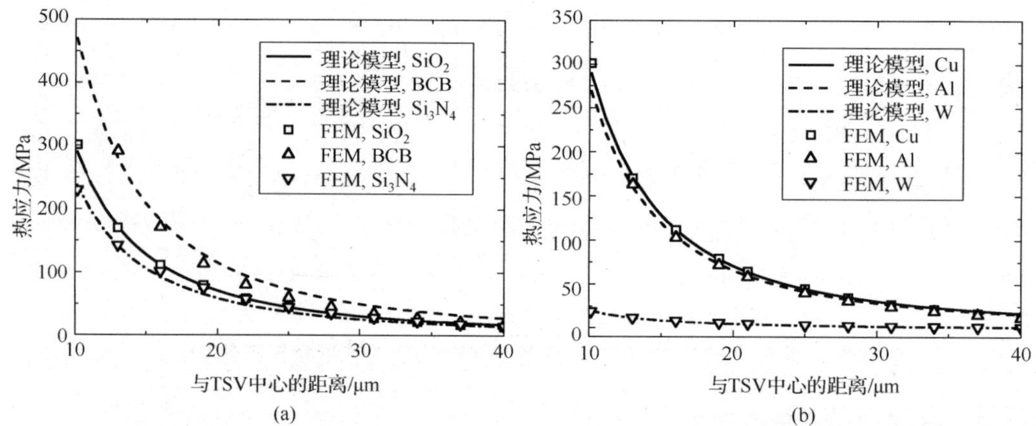

图 5.15　采用不同介质和金属材料时双环 TSV 热应力的 FEM 仿真和理论模型计算结果对比

表 5.12　采用不同介质和金属材料时双环 TSV 热应力和热应变理论模型计算的 CF 和平均相对误差

金属/介质材料	Cu/SiO_2	Al/SiO_2	W/SiO_2	Cu/BCB	Cu/Si_3N_4
CF	2.5	2.5	2.2	3.4	1.7
平均相对误差/%	−2.3	−6.7	3.8	−5.4	4.1

5.4.3　和同轴 TSV 的 KOZ 及等效面积对比

采用与 5.3.3 节同样的方法，可以得到双环 TSV 的 KOZ。表 5.13 和表 5.14 分别对比了采用不同介质和金属材料时双环 TSV 和同轴 TSV 的 KOZ，其中 ΔKOZ 是指两者的差值，S_{equ} 是指 TSV 的等效面积。双环 TSV 和同轴 TSV 的等效面积可分别定义为

$$S_{equ\_coaxial} = \pi\left(R_{ox2} + KOZ_{coaxial}\right)^2 \tag{5-25}$$

$$S_{equ\_double\_annular} = \pi(r_D + 2t_D + 2t_M + 4t_{ox} + KOZ_{double\_annular}) \tag{5-26}$$

从表 5.13 和表 5.14 中可以看出，对于 pMOS 和 nMOS 器件，当 TSV 不采用 BCB 作为介质和 W 作为金属时，双环 TSV 的 S_{equ} 比同轴 TSV 的减幅达到 25.4%，这证明了双环 TSV 优越的热机械特性。如前面所述，当应力为主要的考虑因素时，BCB 并不是理想的材料。而 W 和硅的 CTE 较匹配，但是在 CVD 的过程中会产生很大的压应力，极大地限制了沉积的厚度。另外，W 薄膜里的应力也会在硅片中引入很大的应力，这在本书中没有考虑。所以 Cu 还是比 W 更常用。对于 Cu 和 Al、SiO_2 和 Si_3N_4，双环 TSV 比同轴 TSV 具有更好的热机械特性。

表 5.13　采用不同介质材料时双环 TSV 和同轴 TSV 的 KOZ 对比

介质材料	SiO_2				BCB				Si_3N_4			
器件	pMOS		nMOS		pMOS		nMOS		pMOS		nMOS	
θ	0°	90°	0°	90°	0°	90°	0°	90°	0°	90°	0°	90°
$KOZ_{coaxial}$/μm	12.4	7.5	4.9	0.9	12.9	8.4	5.9	2.4	11.2	6.5	3.8	0
$KOZ_{double\_annular}$/μm	9.7	5.4	3.1	0.1	12.9	8.4	5.9	2.4	8.3	4.3	2.2	0
ΔKOZ/μm	2.7	2.1	1.8	0.8	0	0	0	0	2.9	2.2	1.6	0
KOZ 减幅/%	21.8	28.0	36.7	88.9	0	0	0	0	25.9	33.8	42.1	0
S_{equ} 减幅/%	22.6	22.4	22.6	14.0	0	0	0	0	25.4	24.7	21.7	0

表 5.14　采用不同金属材料时双环 TSV 和同轴 TSV 的 KOZ 对比

介质材料	Cu				Al				W			
器件	pMOS		nMOS		pMOS		nMOS		pMOS		nMOS	
θ	0°	90°	0°	90°	0°	90°	0°	90°	0°	90°	0°	90°
$KOZ_{coaxial}$/μm	12.4	7.5	4.9	0.9	12	7.1	4.5	0.6	0	0	0	0
$KOZ_{double\_annular}$/μm	9.7	5.4	3.1	0.1	9.4	5.1	2.9	0	0	0	0	0
ΔKOZ/μm	2.7	2.1	1.8	0.8	2.6	2	1.6	0.6	0	0	0	0
KOZ 减幅/%	21.8	28.0	36.7	88.9	21.7	28.2	35.6	100.0	0	0	0	0
S_{equ} 减幅/%	22.6	22.4	22.6	14.0	22.1	21.9	20.7	10.9	0	0	0	0

5.4.4　不同 TSV 结构高频电传输特性对比

为了便于对比，不同 TSV 结构的相同部分尺寸相同。各种 TSV 结构的仿真模型如图 5.16 所示。对于圆柱形和环形 TSV，在仿真时还需要另外一个同样的 TSV 来作为其电流回路，也就是说，用信号-地(S-G)TSV 对结构进行仿真，其间距为 20μm。对于同轴和双环 TSV，外侧金属环作为信号回路接地，内侧金属为信号传输线。在仿真时，硅衬底的尺寸为 220μm×200μm×50μm，真空盒子的尺寸为 620μm×600μm×110μm，并在其表面添加辐射边界条件。体硅的电阻率为 10Ω·cm。

Cu、Al 和 W 的电阻率分别为 1.7μΩ·cm、2.7μΩ·cm 和 5.5μΩ·cm，BCB、SiO_2 和 Si_3N_4 的介电常数分别为 2.6、3.9 和 7。

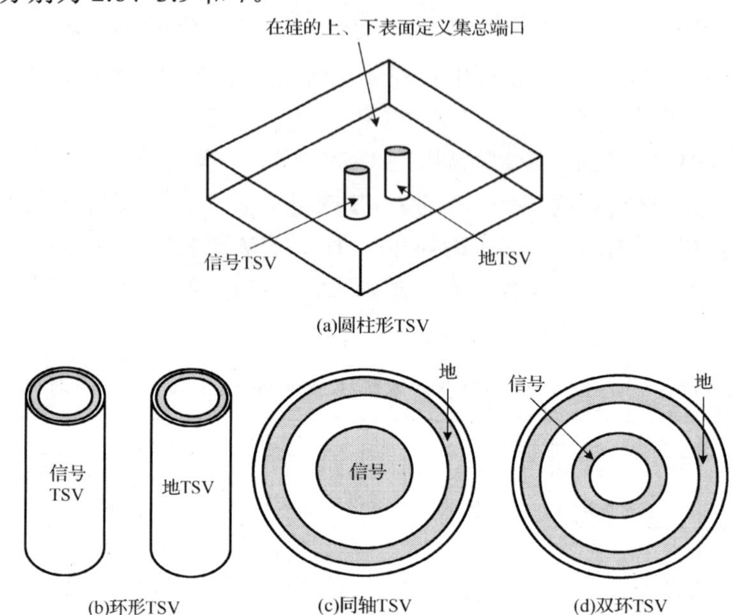

图 5.16　各种 TSV 结构的仿真模型

采用不同介质和金属材料时，不同 TSV 结构的 S_{21} 对比如图 5.17 所示。从图中可以看出，双环 TSV 与同轴 TSV 的传输系数是一致的，环形 TSV 与圆柱形 TSV 的传输系数也是一致的。这是因为 TSV 的阻抗是容性的[18]，TSV 的电容取决于信号传输导体的外表面、隔离介质材料及厚度和衬底掺杂浓度，而这些均与 TSV 是否全部填充没有关系。另外，由于外层接地环的存在，双环 TSV 和同轴 TSV 相对于环形 TSV 和圆柱形 TSV 具有非常优越的信号传输特性。

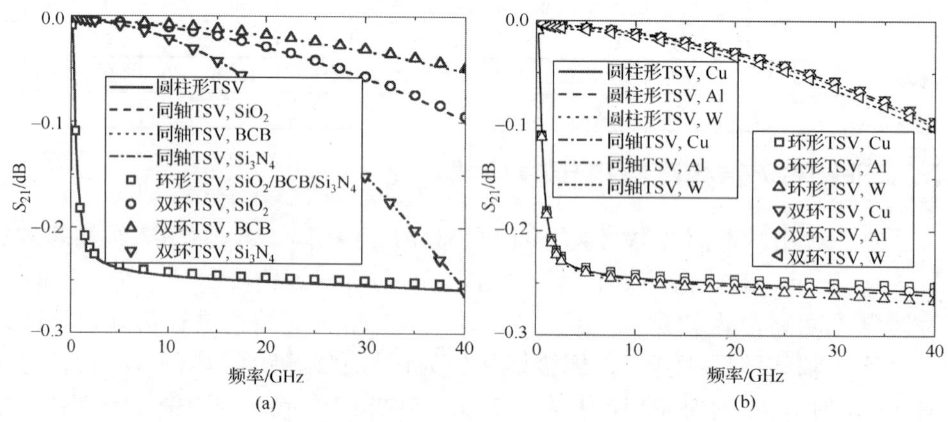

图 5.17　采用不同介质和金属材料时不同 TSV 结构的 S_{21} 对比

采用不同介质和金属材料时，双环 TSV 相比圆柱形 TSV S_{21} 的提高幅度如图 5.18 所示。从图中可以看出，当采用 BCB 作为介质材料时，传输系数在 20GHz 时提高了 93%，在 40GHz 时提高了 81%；当采用 SiO_2 作为介质材料时，传输系数在 20GHz 时提高了 88%，在 40GHz 时提高了 63%。另外，当采用不同金属时，传输系数并没有明显的变化。

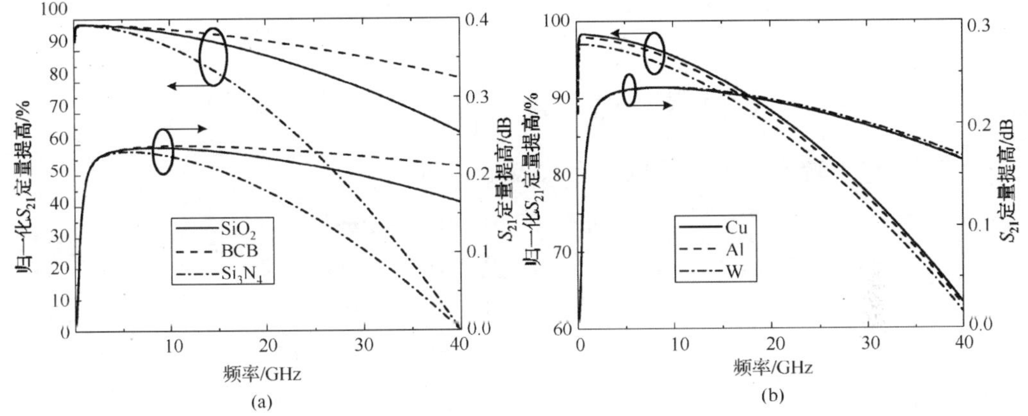

图 5.18　采用不同介质和金属材料时双环 TSV 相比圆柱形 TSV S_{21} 的提高幅度

5.5　考虑硅各向异性时 TSV 热应力的研究方法

本章前面将硅衬底简化为各向同性的材料，但是实际上硅是各向异性的。本节将给出考虑硅各向异性时 TSV 热应力的研究方法。晶体管一般制作在(001)硅片上，其沟道沿[100]或[110]晶向。图 5.19 给出了晶体管放置在 TSV 周围的四种情况。在图中，晶体管沟道分别沿着[100]或[110]晶向，对于每种晶向，又分为晶体管放置在位置 x 和位置 y 两种情况。

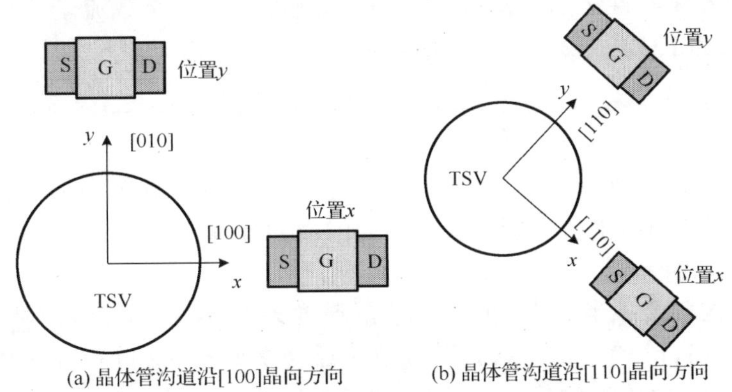

图 5.19　晶体管放置在 TSV 周围的四种情况

对于[100]或[110]晶向，硅的刚度矩阵可以表示为[19]

$$
\boldsymbol{C}_{[100]}^{\mathrm{Si}}=\begin{bmatrix}166.2 & 64.4 & 64.4 & 0 & 0 & 0\\ 64.4 & 166.2 & 64.4 & 0 & 0 & 0\\ 64.4 & 64.4 & 166.2 & 0 & 0 & 0\\ 0 & 0 & 0 & 79.8 & 0 & 0\\ 0 & 0 & 0 & 0 & 79.8 & 0\\ 0 & 0 & 0 & 0 & 0 & 79.8\end{bmatrix}(\mathrm{GPa}) \tag{5-27}
$$

$$
\boldsymbol{C}_{[110]}^{\mathrm{Si}}=\boldsymbol{T}_1^{-1}\boldsymbol{C}_{[100]}^{\mathrm{Si}}\boldsymbol{T}_2 \tag{5-28}
$$

其中，$\boldsymbol{T}_1$和$\boldsymbol{T}_2$为转换矩阵，可以用下式表示，即

$$
\boldsymbol{T}_1=\begin{bmatrix}m^2 & n^2 & 0 & 0 & 0 & 2mn\\ n^2 & m^2 & 0 & 0 & 0 & -2mn\\ 0 & 0 & 1 & 0 & 0 & 0\\ 0 & 0 & 0 & m & -n & 0\\ 0 & 0 & 0 & n & m & 0\\ -mn & mn & 0 & 0 & 0 & m^2-n^2\end{bmatrix} \tag{5-29}
$$

$$
\boldsymbol{T}_2=\begin{bmatrix}m^2 & n^2 & 0 & 0 & 0 & mn\\ n^2 & m^2 & 0 & 0 & 0 & -mn\\ 0 & 0 & 1 & 0 & 0 & 0\\ 0 & 0 & 0 & m & -n & 0\\ 0 & 0 & 0 & n & m & 0\\ -2mn & 2mn & 0 & 0 & 0 & m^2-n^2\end{bmatrix} \tag{5-30}
$$

其中，$m=\cos\theta$；$n=\sin\theta$，$\theta=45°$。

考虑硅的各向异性之后，KOZ 的估算与前面一样，将载流子迁移率变化超过5%的区域定义为 KOZ。载流子迁移率与热应力的关系可以表示为[5]

$$
\frac{\Delta\mu}{\mu}=\Pi_l\sigma_x+\Pi_t(\sigma_y+\sigma_z) \tag{5-31}
$$

其中，σ_x、σ_y和σ_z分别表示 TSV 引入的热应力在 x、y 和 z 方向的分量，它们可以通过 FEM 仿真得到；垂直于硅片表面方向的应力分量 σ_z 可以忽略不计；Π 为压阻系数，如表 5.15 所示。

对于一个内部金属半径为 3μm、介质层厚度为 1μm、外层金属环厚度为 1μm 和氧化层厚度为 0.1μm 的同轴 TSV，其载流子迁移率如图 5.20 所示。图中的 5%分界线可以直观地读出 KOZ 的值。表 5.16 为考虑硅的各向异性时 pMOS 和 nMOS 的

KOZ 和等效面积。对于 nMOS，等效面积的减小量是指沟道沿着[110]晶向比沿着[100]晶向时等效面积的减小量；而对于 pMOS，等效面积的减小量是指沟道沿着[100]晶向比沿着[110]晶向时等效面积的减小量。从表 5.16 中可以看出，为了减小 KOZ，pMOS 和 nMOS 的沟道应该分别沿着[100]和[110]晶向的方向放置。

表 5.15　体硅的压阻系数

掺杂衬底类型	晶向	$\Pi_l/(10^{-11}\ \mathrm{Pa}^{-1})$	$\Pi_t/(10^{-11}\ \mathrm{Pa}^{-1})$
n-Si	[100]	−102.2	53.7
	[110]	−31.6	−17.6
p-Si	[100]	6.6	−1.1
	[110]	71.8	−66.3

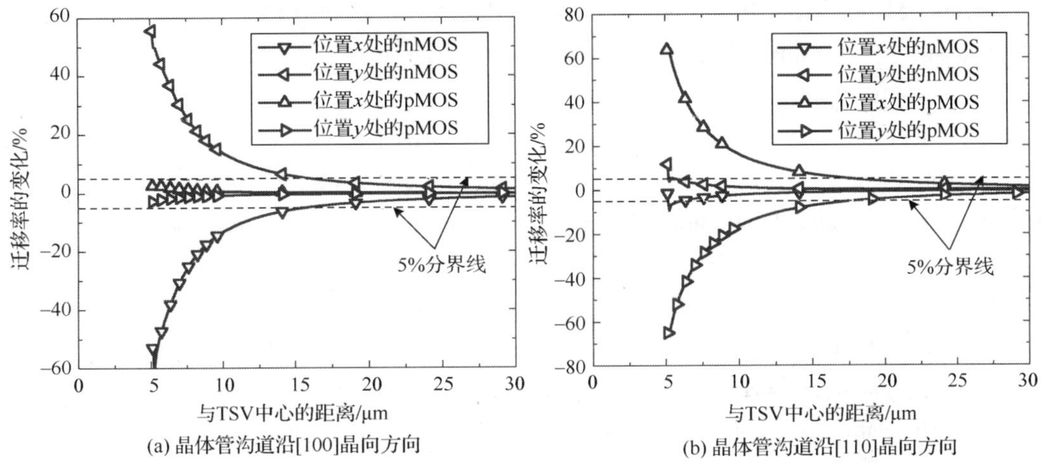

图 5.20　同轴 TSV 周围 pMOS 和 nMOS 的沟道载流子迁移率变化情况[20]

表 5.16　考虑硅的各向异性时 pMOS 和 nMOS 的 KOZ 和等效面积

器件	位置	[100]晶向		[110]晶向		S_{eff}减小量/%
		KOZ/μm	$S_{eff}/\mu m^2$	KOZ/μm	$S_{eff}/\mu m^2$	
nMOS	x	15.6	1346.1	0.6	102.1	92.4
	y	15.9	1385.4	0.8	109.4	92.1
pMOS	x	0	81.7	12.7	995.4	91.8
	y	0	81.7	13.2	1052.1	92.2

参 考 文 献

[1] Ryu S K, Lu K H, Jiang T, et al. Effect of thermal stresses on carrier mobility and keep-out zone around through-silicon vias for 3-D integration. IEEE Transactions on Device and Materials Reliability, 2012, 12(2): 255-262.

[2] Kuo C Y, Shih C J, Lu Y C, et al. Testing of TSV-induced small delay faults for 3-D integrated circuits. IEEE Transactions on Very Large Scale Integration (VLSI) Systems, 2014, 22(3): 667-674.

[3] Jan S R , Chou T P , Yeh C Y, et al. A compact analytic model of the strain field induced by through silicon vias. IEEE Transactions on Electron Devices, 2012, 59(3): 777-782.

[4] Lee C C, Yang T F, Wu C S, et al. Impact of high density TSVs on the assembly of 3D-ICs packaging. Microelectronic Engineering, 2013, 107(2): 101-106.

[5] Tsai M Y, Huang P S, Huang C Y, et al. Investigation on Cu TSV-induced KOZ in silicon chips: Simulations and experiments. IEEE Transactions on Electron Devices, 2013, 60(7): 2331-2337.

[6] Weerasekera R, Li H Y, Yi L W, et al. On the impact of through-silicon-via-induced stress on 65-nm CMOS devices. IEEE Electron Device Letters, 2013, 34(1): 18-20.

[7] Landau L D, Lifshitz E M. Theory of Elasticity: Course of Theoretical Physics. New York: Pergamon Press, 1986: 21-75.

[8] Jan S R, Chou T P, Che Y Y, et al. A compact analytic model of the strain field induced by through silicon vias. IEEE Transactions on Electron Devices, 2012, 59(3): 777-782.

[9] Kane T R, Mindlin R D, High-frequency extensional vibrations of plates. Journal of Applied Mechanics, 1956, 23(2): 277-283.

[10] Kotousov A, Wang C H. Three-dimensional stress constraint in an elastic plate with a notch. International Journal of Solids and Structures, 2002, 39(16): 4311-4326.

[11] Chang T, Guo W, Dong H R. Three-dimensional effects for through-thickness cylindrical inclusions in an elastic plate. Journal of Strain Analysis for Engineering Design, 2001, 36(3): 277-286.

[12] Xu Z, Lu J Q. Three-dimensional coaxial through-silicon-via (TSV) design. IEEE Electron Device Letters, 2012,33(10): 1441-1443.

[13] Wang F J, Zhu Z M, Yang Y T, et al. Analytical models for the thermal strain and stress induced by annular through-silicon-via (TSV). IEICE Electronics Express, 2013, 10(20): 1-6.

[14] Yin X K, Zhu Z M, Yang Y T, et al. Metal proportion optimization of annular through-silicon via considering temperature and keep-out zone. IEEE Transactions on Components, Packaging and Manufacturing Technology, 2015,5(8): 151-162.

[15] Adamshick S, Coolbaugh D, Liehr M. Feasibility of coaxial through silicon via 3D integration. Electronics Letters, 2013, 49(16): 1028-1030.

[16] Wang F J, Zhu Z M, Yang Y T, et al. Thermo-mechanical performance of Cu and SiO_2 filled coaxial through-silicon-via (TSV). IEICE Electronics Express, 2013, 10(24): 1-5.

[17] Wang F J, Zhu Z M, Yang Y T, et al. An effective approach of reducing the keep-out-zone induced by coaxial through-silicon-via. IEEE Transactions on Electron Devices, 2014, 61(8): 2928-2934.

[18] Xu Z, Lu J Q. High-speed design and broadband modeling of through-strata-vias (TSVs) in 3D integration. IEEE Transactions on Components, Packaging and Manufacturing Technology, 2011, 1 (2): 154-162.

[19] Tsai M Y, Huang P S, Lin P C. A study of overlaying dielectric layer and its local geometry effects on TSV-induced KOZ in 3-D IC. IEEE Transactions on Electron Devices, 2014, 61 (9): 3090-3095.

[20] Wang F J, Yu N M, Zhu Z M, et al. Effects of coaxial through-silicon via on carrier mobility along [100] and [110] crystal directions of (100) silicon. IEICE Electronics Express, 2015, 12 (14): 1-6.

第 6 章　三维集成电路热管理

三维集成电路采用三维堆叠的方式，有效提高了系统的集成度。但是系统功率密度也急剧增大，这将导致严重的散热问题[1-7]，成为限制三维集成电路发展的瓶颈。在这种情况下，如何将集成电路中的热量快速去除、实现有效热管理，成为三维集成电路发展的关键。为了解决三维集成电路中的散热问题，国内外研究者提出了很多热管理方案，如导热 TSV 技术、采用液体循环系统以及采用新型材料石墨烯和碳纳米管等具有良好导热性能的新材料。但是，无论哪种热管理方案，都需要建立在热分析的基础之上。

6.1　热分析概述

在研究三维集成电路热管理之前，首先介绍一下热分析的基础知识。主要包括热传递的三种基本方式及基本定律、稳态传热和瞬态传热、线性与非线性热分析，以及其所遵循的基本定律[8, 9]。

6.1.1　热传递基本方式

热传递是由于物体内部或物体之间的温度不同而引起的。根据热力学第二定律，当无外功输入时，热总是从温度较高的部分传给温度较低的部分。根据传热机理的不同，传热的基本方式有热传导、热对流和热辐射三种。

1. 热传导

热传导可以定义为完全接触的两个物体之间或一个物体的不同部分之间由于温度梯度而引起的内能的交换。热能就从物体的温度较高的部分传给温度较低的部分或从一个温度较高的物体传递给直接接触的温度较低的物体。这种热传递方式的特点是物体各个部分不发生宏观的相对位移。导电固体中，导热是通过自由电子的扩散运动引起的；非导电固体和大部分的液体中，导热是通过振动能从一个分子传递到另一个分子引起的；在气体中，导热则是由于分子的不规则运动引起的。

热传导遵循傅里叶定律，即在单位时间内热传导的方式传递的热量与垂直于热流的截面积成正比，与温度梯度成正比，可表示为

$$Q=-kA\frac{\mathrm{d}T}{\mathrm{d}z} \tag{6-1}$$

其中，负号表示导热方向与温度梯度方向相反；Q 表示热流量，是指单位时间内通过某一给定面积的热量，单位为 W；dT/dz 表示温度梯度，单位为℃/m；A 表示导热面积，单位为 m^2；k 为材料的导热系数，单位为 W/(m·℃)，该系数表示物质的导热能力的大小，导热系数值越大，物质的导热性能越好。一般金属的导热系数最大，非金属的固体次之，液体的较小，而气体的最小。

2. 热对流

热对流是指由于流体的宏观运动，从而使流体各部分之间发生相对位移，冷热流体相互掺混所引起的热量传递过程。对流是流体中热传递的特有方式，对流的同时必伴随有导热现象。对流可分为自然对流和强迫对流两种。自然对流往往自然发生，是由于温度不均匀而引起的。强迫对流是由于外界影响对流体搅拌而形成的。加大流体的流动速度，能加快对流传热。

流体流过一个物体表面时的热量传递过程称为对流换热，可以用牛顿冷却方程来描述

$$Q = Ah\left(t_s - t_f\right) \tag{6-2}$$

其中，t_s 和 t_f 分别表示表面温度和流体温度；h 表示对流换热系数，是指单位温差作用下通过单位面积的热流量，单位为 W/(m^2·℃)。显然，对流换热系数越大，传热越剧烈。对流换热系数的大小不仅取决于换热表面的形状、物体的物性、大小相对位置，还与流体的流速有关。一般而言，水的对流换热比空气强烈，强制对流强于自然对流。

3. 热辐射

物体通过电磁波来传递能量的方式称为辐射。由热的原因而发出辐射能的现象称为热辐射。辐射与吸收过程的综合作用造成的以辐射方式进行的物体间的热量传递称为辐射换热。自然界中的物体都在不停地向空间发出热辐射，同时又不断地吸收其他物体发出的辐射热。辐射换热是一个动态过程，当物体与周围环境温度处于热平衡时，辐射换热量为零，但辐射与吸收过程仍在不停地进行，只是辐射热与吸收热相等。热传导和热对流都需要有传热介质，而热辐射不需要任何介质，真空中的热辐射效率最高。

斯特藩-玻尔兹曼定律是热辐射的基本规律，实际物体辐射热流量根据斯特藩-玻尔兹曼定律求得

$$Q = \varepsilon A \sigma T^4 \tag{6-3}$$

其中，Q 表示物体自身向外辐射的热流量，而不是辐射换热量；ε 代表物体的发射率(黑度)，其大小与物体的种类和表面状态有关；T 代表黑体的热力学温度，单位

为 K；斯特藩-玻尔兹曼常数(黑体辐射常数) σ=5.67×10^{-8}W/(m^2·K^4)；A 代表辐射表面积，单位为 m^2。黑体是指吸收率等于 1 的物体，是一种假想的理想物体。从斯特藩-玻尔兹曼定律可以看出，物体温度越高，单位时间辐射的热量越多。

在工程中通常考虑两个或两个以上物体之间的辐射，系统中每个物体同时辐射并吸收热量，它们之间的净热量传递可以用斯特藩-玻尔兹曼方程来计算

$$Q=\varepsilon_1 A_1 \sigma F_{12}\left(T_1^4-T_2^4\right) \tag{6-4}$$

其中，Q 表示热流量；ε_1 表示该物体的辐射率(黑度)；A_1 表示辐射面 1 的面积；σ 表示斯特藩-玻尔兹曼常数；F_{12} 表示由辐射面 1 到辐射面 2 的形状系数；T_1 和 T_2 分别表示辐射面 1 和辐射面 2 的绝对温度。由上式可看出，包含热辐射的热分析是高度非线性的。

6.1.2　稳态传热和瞬态传热

热传导、热对流和热辐射的基本定律，即傅里叶定律、牛顿冷却方程和斯特藩-玻尔兹曼定律，适用于稳态和瞬态传热过程，若瞬态时公式中的温度是瞬时温度，温度 T 不仅是坐标的函数，而且与时间有关。连续过程中所进行的传热多为稳态传热。在间歇操作中的换热设备中或连续操作的换热设备处于开、停阶段所进行的传热，都属于瞬态传热。

1. 稳态传热

稳态传热是指传热系统中各点的温度仅随位置的变化而变化，不随时间的变化而变化。它的特点是单位时间通过传热面的额定热量是一个常量。如果系统的净流量为零，即流入系统的热量加上系统自身产生的热量等于流出系统的热量，则系统热稳态。稳态热分析的能量平衡方程以矩阵形式表示为

$$\boldsymbol{KT}=\boldsymbol{Q} \tag{6-5}$$

其中，$\boldsymbol{K}$ 为热传导矩阵，包含热传导系数、热对流系数及热辐射和形状系数；$\boldsymbol{T}$ 为节点温度向量；$\boldsymbol{Q}$ 为节点热流量向量，包括热生成。

2. 瞬态传热

瞬态传热过程是指一个系统的加热或冷却过程。在这个过程中，系统的温度、热流率、热边界条件和系统内能是位置的函数，而且随时间发生变化。根据能量守恒原理，以矩阵形式表示的瞬态热平衡可以表达为

$$\boldsymbol{C\dot{T}}+\boldsymbol{KT}=\boldsymbol{Q} \tag{6-6}$$

其中，$\boldsymbol{C}$ 为比热矩阵，衡量系统内能的增加；$\boldsymbol{\dot{T}}$ 为温度对时间的导数。

6.1.3 线性与非线性热分析

当材料特性或边界条件随温度变化，或者含有非线性单元，或者考虑辐射传热时，为非线性热分析。非线性热分析的热平衡方程为

$$\boldsymbol{C}(\boldsymbol{T})\cdot\dot{\boldsymbol{T}}+\boldsymbol{K}(\boldsymbol{T})\cdot\boldsymbol{T}=\boldsymbol{Q}(\boldsymbol{T}) \tag{6-7}$$

6.2 最高层芯片温度的解析模型和特性

三维集成电路的最高层芯片距离热沉最远，在绝热的边界条件下散热最困难。本节给出在绝热条件下三维集成电路最高层芯片温度的解析模型并分析其特性。

6.2.1 忽略 TSV 的最高层芯片温度解析模型

忽略 TSV 的三维集成电路由 n 层芯片堆叠而成，底部连接热沉，芯片间通过黏合层进行黏合，每层芯片由 Si 衬底和绝缘层构成，如图 6.1 所示。三维集成电路的热量由每层芯片上的有源层产生，在图中假设第 n 层芯片的功耗为 Q_n。忽略 TSV 的三维集成电路一维热传导模型如图 6.2 所示。在图 6.2 中，芯片产生的热量沿垂直于芯片的方向传导，最终通过热沉散失；R_{Si_n}、R_{glue_n}、R_{ins_n} 分别表示第 n 层芯片中硅衬底、黏合层和绝缘层的热阻；R_{pk} 和 R_{hs} 分别表示封装和热沉的热阻；R_n 表示第 n 层芯片的总热阻。

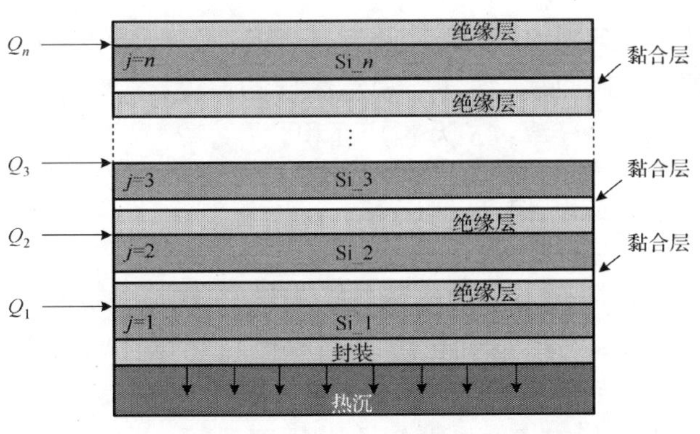

图 6.1 忽略 TSV 的三维集成电路的结构

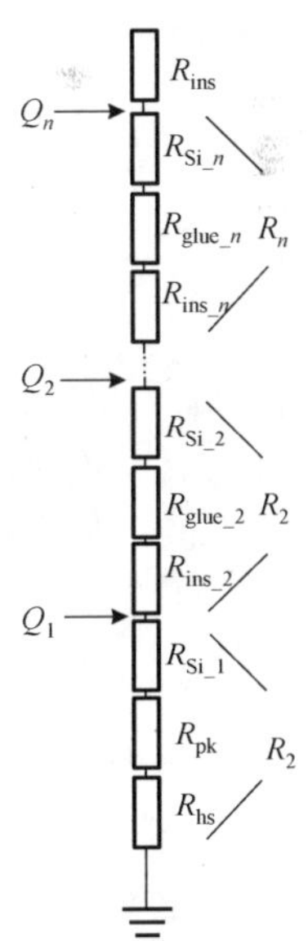

图 6.2 忽略 TSV 的三维集成电路一维热传导模型

由于三维集成电路各层之间的绝缘层和黏合层的热导率很小，导致层间热传导非常困难，层内温差相对于层间温差可以忽略不计。因此，用每一层的平均温度来定义每一层的温度，三维集成电路则由 n 层温度不同的二维集成电路堆叠而成。根据目前应用比较成熟的傅里叶热流分析理论，将热流类比电流，温度类比电压，热阻类比电阻，可得知第 j 层温度为

$$T_j = \sum_{i=1}^{j}\left[R_i\left(\sum_{m=i}^{n} Q_m\right)\right] \tag{6-8}$$

其中，n 为总层数；R_i 为第 i 层的热阻；Q_m 为第 m 层的功耗。

假设每层芯片功耗相同，均为 Q，且第一层芯片热阻为 R_1，其余各层芯片热阻相同，均为 R，则对于 n 层忽略 TSV 的三维集成电路，最高层(第 n 层)芯片的温度可以表示为[4]

$$T_n = Q\left[\frac{R}{2}n^2 + \left(R_1 - \frac{R}{2}\right)n\right] \tag{6-9}$$

从图 6.2 可以看出，第一层热阻 R_1 包括 Si 衬底、封装和热沉，其余各层热阻 R 包括 Si 衬底、黏合层和绝缘层。因为热阻的定义为 $R=l/(kS)$，l 为热流传导的长度，k 为热导率，S 为热流的横截面积，所以 R_1 和 R 可以分别表示为

$$R_1 = R_{Si} + R_{pk} + R_{hs} = \frac{l_{Si}}{k_{Si}S} + R_{pk} + R_{hs} \tag{6-10}$$

$$R = R_{Si} + R_{glue} + R_{ins} = \frac{l_{Si}}{k_{si}S} + \frac{l_{glue}}{k_{glue}S} + \frac{l_{ins}}{k_{ins}S} \tag{6-11}$$

其中，R_{Si}、R_{pk}、R_{hs}、R_{glue}、R_{ins} 分别表示各层 Si 衬底、封装、热沉、黏合层和绝缘层的热阻；l_{Si}、l_{glue}、l_{ins} 分别表示每层中 Si 衬底、黏合层和绝缘层的厚度；k_{Si}、k_{glue}、k_{ins} 分别表示 Si 衬底、黏合层和绝缘层的热导率；S 为芯片面积。

6.2.2　考虑 TSV 的最高层芯片温度解析模型

在三维集成电路中，TSV 一般由 Cu 填充，热导率较大，散热性较强。如果模型中忽略 TSV，会造成对芯片温度的高估，所以分析三维集成电路热特性时考虑 TSV 因素变得十分必要。考虑 TSV 的三维集成电路结构如图 6.3 所示。图 6.4 为考虑 TSV 的三维集成电路一维热传导模型，其中 R_{TSV1} 和 R_{TSV} 分别表示第一层和其余各层芯片 TSV 的热阻。

假设三维集成电路每层芯片中 TSV 面积总和均为 S_{TSV}，芯片总面积为 S，则 TSV 面积比例因子 r 可定义为

$$r=\frac{S_{\mathrm{TSV}}}{S} \tag{6-12}$$

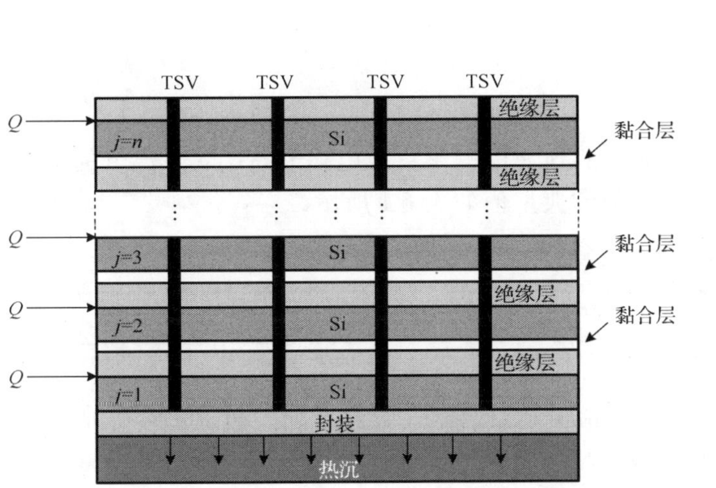

图 6.3　考虑 TSV 的三维集成电路结构

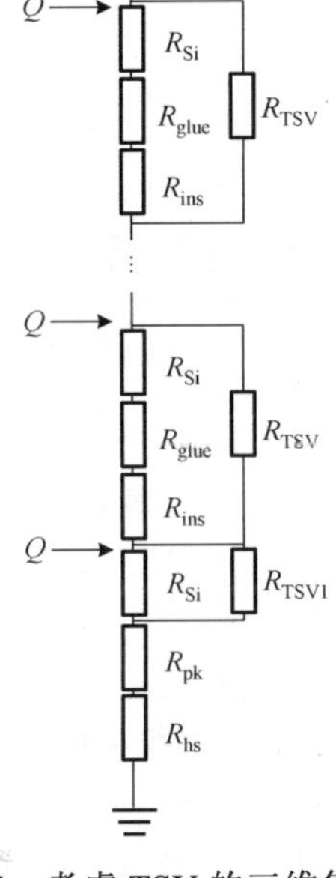

图 6.4　考虑 TSV 的三维集成电路一维热传导模型

当考虑 TSV 时，各层热阻修正为原来热阻与 TSV 热阻 R_{TSV} 的并联，如图 6.4 所示。假设芯片总面积不变，加入 TSV 以后其余部分所占的面积有所减小，修正为 $(1-r)S$，所以，第一层热阻 R_1 调整为 R_1'，即

$$R_1'=\frac{l_{\mathrm{Si}}}{k_{\mathrm{Si}}(1-r)S}//R_{\mathrm{TSV}}+R_{\mathrm{pk}}+R_{\mathrm{hs}}=\frac{l_{\mathrm{Si}}}{k_{\mathrm{Si}}(1-r)S}//\frac{l_{\mathrm{Si}}}{k_{\mathrm{TSV}}rS}+R_{\mathrm{pk}}+R_{\mathrm{hs}} \tag{6-13}$$

其余各层热阻 R 调整为 R'，即

$$\begin{aligned}R'&=\left(\frac{l_{\mathrm{Si}}}{k_{\mathrm{Si}}}+\frac{l_{\mathrm{glue}}}{k_{\mathrm{glue}}}+\frac{l_{\mathrm{ins}}}{k_{\mathrm{ins}}}\right)\frac{1}{(1-r)S}//R_{\mathrm{TSV1}}\\&=\left(\frac{l_{\mathrm{Si}}}{k_{\mathrm{Si}}}+\frac{l_{\mathrm{glue}}}{k_{\mathrm{glue}}}+\frac{l_{\mathrm{ins}}}{k_{\mathrm{ins}}}\right)\frac{1}{(1-r)S}//\frac{l_{\mathrm{Si}}+l_{\mathrm{glue}}+l_{\mathrm{ins}}}{k_{\mathrm{TSV}}rS}\end{aligned} \tag{6-14}$$

因此，考虑 TSV 的三维集成电路最高层芯片温度可表示为

$$T_n = Q\left[\frac{\left(\left(\frac{l_{\mathrm{Si}}}{k_{\mathrm{Si}}}+\frac{l_{\mathrm{glue}}}{k_{\mathrm{glue}}}+\frac{l_{\mathrm{ins}}}{k_{\mathrm{ins}}}\right)\frac{1}{(1-r)S} // \frac{l_{\mathrm{Si}}+l_{\mathrm{glue}}+l_{\mathrm{ins}}}{k_{\mathrm{TSV}} rS}\right)}{2}n^2 + \left(\left(\frac{l_{\mathrm{Si}}}{k_{\mathrm{Si}}(1-r)S} // \frac{l_{\mathrm{Si}}}{k_{\mathrm{TSV}} rS}+R_{\mathrm{pk}}+R_{\mathrm{hs}}\right) - \frac{\left(\left(\frac{l_{\mathrm{Si}}}{k_{\mathrm{Si}}}+\frac{l_{\mathrm{glue}}}{k_{\mathrm{glue}}}+\frac{l_{\mathrm{ins}}}{k_{\mathrm{ins}}}\right)\frac{1}{(1-r)S} // \frac{l_{\mathrm{Si}}+l_{\mathrm{glue}}+l_{\mathrm{ins}}}{k_{\mathrm{TSV}} rS}\right)}{2}\right)n\right] \tag{6-15}$$

6.2.3 特性分析

本节采用 MATLAB 对层数 n 从 1 到 8 的三维集成电路最高层芯片温度的特性进行仿真研究。在仿真中，相关参数的典型值如表 6.1 所示。

表 6.1　三维集成电路最高层芯片温度仿真相关参数典型值

Q/W	l_{Si}/μm	l_{glue}/μm	l_{ins}/μm	k_{Si} /[W/(m·K)]	k_{glue} /[W/(m·K)]	k_{TSV} /[W/(m·K)]	k_{ins} /[W/(m·K)]	R_{hs} /(K/W)	R_{pk} /(K/W)	S/mm^2
2	50	2	8.8	150	0.25	390	0.07	2	20	10×10

忽略 TSV 和考虑 TSV 的三维集成电路最高层芯片温度随层数 n 的变化情况如图 6.5 所示。从图中可以看出，忽略 TSV 时随着层数的增加，最高层芯片温度几乎直线上升，且当 n=8 时，芯片温度已经上升到 427K；考虑 TSV 之后，随着三维集成电路层数的增加，芯片温度下降越来越明显，且 TSV 比例因子 r 越大温度越低；对于 8 层三维集成电路，当 r 为 0.0001 时，最高层芯片温度从忽略 TSV 时的 427K 下降到 421K，当 r=0.001 时，温度下降为 392K，当 r=0.01 时，为 360K，这是由于 TSV 具有散热作用。

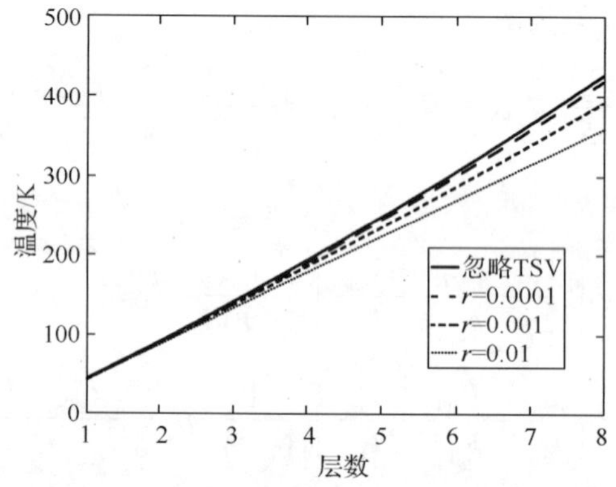

图 6.5　三维集成电路最高层芯片温度随层数 n 的变化情况

三维集成电路最高层芯片温度随 TSV 面积比例因子 r 和层数 n 的变化情况如图 6.6 所示。在图中，r 的变化范围为 0.0001～0.9999，n 的变化范围与图 6.5 中 n 的变化范围一致。从图中可以看出，对于同样的 r，随着 n 的增加，最高层芯片温度直线上升；当 n 较小时，r 对温度几乎没有影响；随着 n 的增加，r 对最高层芯片温度的影响越来越明显；当 n 较大时，随着 r 的减小，芯片温度开始几乎没有变化，当 r 减小到一定程度时，最高层芯片温度开始急剧增大。

当 $n = 8$ 时，三维集成电路最高层芯片温度随 r 的变化情况如图 6.7 所示。从图中可以看出，当 r 为 0.0001 时，三维集成电路最高层芯片温度为 421K，随着 r 的增大，温度急剧下降；当 r 为 0.005 时，温度降为 366K，下降幅度为 55K，下降了 13%；当 r 为 0.01 时，温度降为 360K，相比 $r = 0.005$ 时温度下降幅度为 6K，下降了 1.6%；当 r 为 0.015 时，温度为 357K，相比 $r = 0.01$ 时温度下降幅度只有 3K，下降了 0.8%，幅度很小；随着 r 的继续增大，温度变化更加不明显。所以，在进行三维集成电路设计时，对于 $n = 8$ 的情况，TSV 面积比例因子 r 的最佳范围为 0.5%～1%。可根据实际温度要求进行调整，如果芯片中不需要这么多的层间互连线，可以以虚拟热通孔的形式进行添加，以达到较强的散热能力。三维集成电路的电路设计者也可根据实际温度要求来确定适当的 TSV 面积比例因子。当已知对温度的要求时，从图 6.7 可以读出对应的 r 值。当 n 为其他的值时，也可以通过此方法设计最佳 r 值。

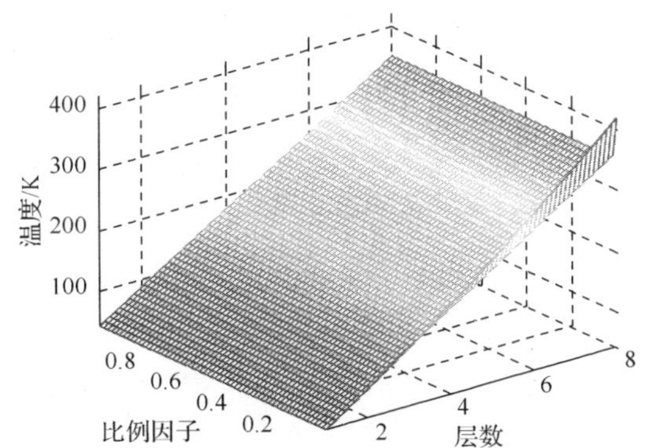

图 6.6　三维集成电路最高层芯片温度随比例因子和层数的变化情况

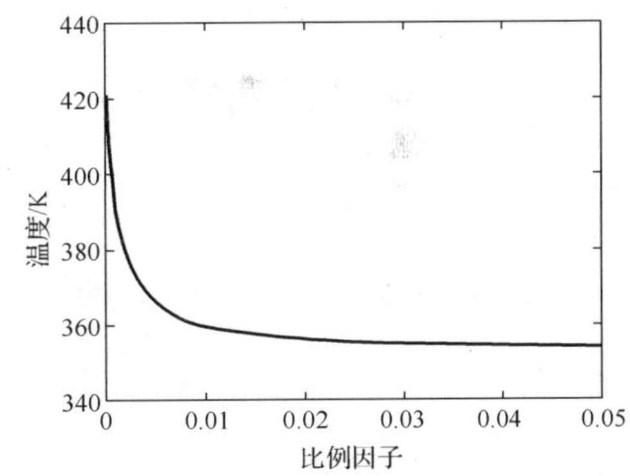

图 6.7　三维集成电路最高层芯片温度随比例因子 r 的变化情况(n=8)

6.3　各层芯片温度的解析模型和特性

6.2 节给出了在绝热条件下三维集成电路最高层芯片温度的简单解析模型。在实际的三维集成电路中，封装材料并不是完全绝热的，也可以散发一定的热量。本节同时考虑热沉和封装的散热，给出三维集成电路各层芯片温度的解析模型并分析其特性。

6.3.1　忽略 TSV 的各层芯片温度的解析模型

由于在实际的三维集成电路中存在多种热源，因此它的热传导分析非常复杂。图 6.8 所示为考虑热沉和封装且忽略 TSV 的三维集成电路结构。假设每个芯片层所产生的热量是均匀分布的，并且热流只是从垂直于芯片的方向进行的，忽略每个芯片层热量的横向扩散。考虑热沉和封装且忽略 TSV 的三维集成电路一维热传导模型如图 6.9 所示，它包含了 n 个热源和 n+2 个热阻。在图中，R_{hs} 和 R_{pk} 分别代表热沉和封装的热阻；T_{amb} 代表外部环境的温度；T_j 和 Q_j 分别代表节点 j 处的温度和功耗；R_j 为节点 j 和 j–1 之间的热阻，它可简单表示为芯片层热阻 R_s 和黏合层热阻 R_e 之和；q_j 代表从 j 流向 j–1 的热量，热阻网络中每个节点产生的热量通过热沉或者封装传递到外部环境。

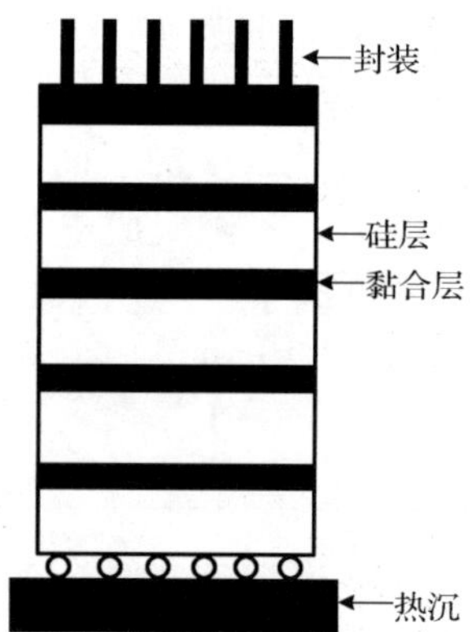

图 6.8　考虑热沉和封装且忽略 TSV 的三维集成电路结构[10]

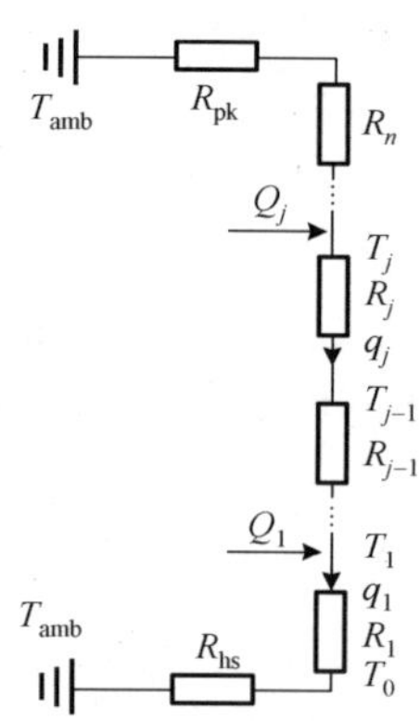

图 6.9　考虑热沉和封装且忽略 TSV 的三维集成电路一维热传导模型[10]

在稳定状态下，不同层芯片的温度分布可由能量守恒方程来确定

$$q_j = q_{j+1} + Q_j,\quad j = 1,2,\cdots,n-1 \tag{6-16}$$

$$q_n = q_{pk} + Q_n,\quad j = n \tag{6-17}$$

温度和热流的关系为

$$T_j - T_{j-1} = q_j \cdot R_j,\quad j = 1,2,\cdots,n \tag{6-18}$$

热沉和封装处的热流方程可分别表示为

$$T_0 - T_{amb} = q_1 \cdot R_{hs} \tag{6-19}$$

$$T_N - T_{amb} = -q_{pk} \cdot R_{pk} \tag{6-20}$$

式(6-16)～(6-20)共有 2n+2 个方程，未知数数量也是 2n+2，即 T_0，T_1，…，T_n，q_1，

q_2，…，q_n 和 q_{pk}。因此可以求解出忽略 TSV 的三维集成电路各层芯片的温升表达式为

$$\frac{\theta_i}{R_{hs}}=\sum_{j=i}^{N}Q_j\left(1-F_j\right)\left(1+\sum_{m=1}^{i}r_m\right)+\sum_{j=1}^{i-1}Q_j\left[\left(1-F_j\right)\left(1+\sum_{m=1}^{j}r_m\right)-F_j\sum_{m=j+1}^{i}r_m\right] \tag{6-21}$$

其中

$$F_j=\frac{1+\sum_{m=1}^{j}r_m}{1+\alpha+\sum_{m=1}^{N}r_m} \tag{6-22}$$

其中，r_m 和 α 分别表示第 m 层芯片和封装被 R_{hs} 无量纲化后的热阻，即 $r_m=R_m/R_{hs}$，$\alpha=R_{pk}/R_{hs}$；θ_i 代表第 i 层芯片相对外部环境升高的温度，即 $\theta_i=T_i-T_{amb}$。

假设每层芯片的热阻和功耗相同，即 $R_i=R$、$Q_i=Q$。此时，忽略 TSV 的三维集成电路各层芯片的温升表达式可简化为[11]

$$\theta_i=\frac{Q}{2\left(R_{hs}+R_{pk}+nR\right)}\cdot\begin{bmatrix}ni\left(n-i\right)R^2\\+n\left(n-1\right)R_{hs}R+2niR_{pk}R\\-i\left(i-1\right)\left(R_{pk}+R_{hs}\right)R+2nR_{pk}R_{hs}\end{bmatrix} \tag{6-23}$$

6.3.2　考虑 TSV 的各层芯片温度的解析模型

图 6.10 为考虑 TSV 的三维集成电路中某一层(第 j 层)芯片的俯视示意图。在图中，D 为 TSV 的直径；P 为两个 TSV 之间的间距；边长为 P 的正方形（虚线所示）可以看成该芯片层中的一个“单元”；q_2 和 R_2 分别表示“单元”中 TSV 的热流和热阻；q_1 和 R_1 分别表示“单元”中剩余部分的热流和热阻。图 6.11 为图 6.10 中“单元”的等效热传导模型，其中 q_{eq} 和 R_{eq} 分别表示等效热流和等效热阻。

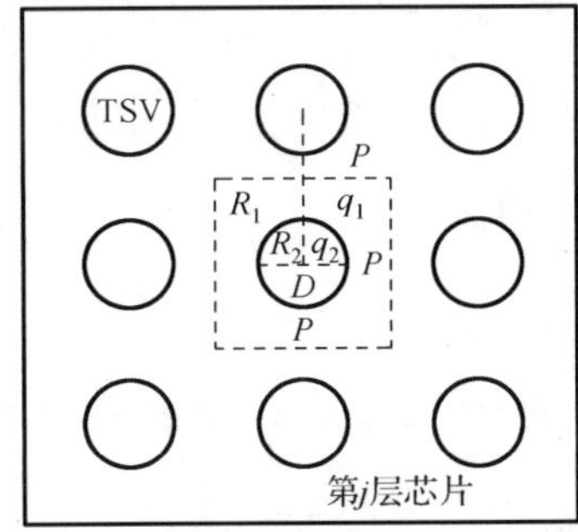

图 6.10　考虑 TSV 的三维集成电路中第 j 层芯片的俯视示意图

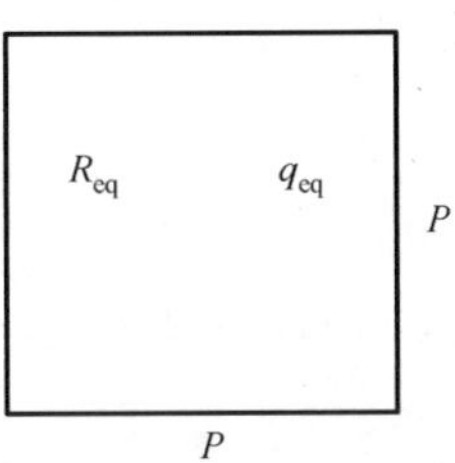

图 6.11　“单元”的等效热模型

对于图 6.10 中的“单元”，根据热阻和温度的关系，可得

$$q_1 \cdot R_1 = \Delta T_1 \tag{6-24}$$

$$q_2 \cdot R_2 = \Delta T_2 \tag{6-25}$$

假设每层芯片的温度是均匀分布的，则

$$\Delta T_1 = \Delta T_2 = \Delta T \tag{6-26}$$

对于图 6.11 中“单元”的等效热模型，类似可以得到

$$q_{\text{eq}} \cdot R_{\text{eq}} = \Delta T \tag{6-27}$$

并且

$$q_1 + q_2 = q_{\text{eq}} \tag{6-28}$$

由式(6-24)～(6-28)，可得

$$\frac{1}{R_{\text{eq}}} = \frac{1}{R_1} + \frac{1}{R_2} \tag{6-29}$$

另一方面，对于横截面为 s 的圆柱体，设其两个截面的温差和距离分别为ΔT 和 ΔX，截面之间的热流为 q，则根据热力学定律可得

$$q = k \cdot \frac{\mathrm{d}T}{\mathrm{d}X} \cdot s = k \cdot \frac{\Delta T}{\Delta X} \cdot s \tag{6-30}$$

$$q \cdot R = \Delta T \tag{6-31}$$

由式(6-30)和式(6-31)可以解得

$$R = \frac{\Delta X}{k \cdot s} \tag{6-32}$$

其中，k 为材料的热导率。根据式(6-32)并根据前面的结论，可得

$$R_1 = R_s + R_e = \frac{\Delta X_s}{k_s \cdot \left(P^2 - \frac{\pi}{4} D^2\right)} + \frac{\Delta X_e}{k_e \cdot \left(P^2 - \frac{\pi}{4} D^2\right)} \tag{6-33}$$

$$R_2 = \frac{\Delta X_c}{k_c \cdot \frac{\pi}{4} D^2} = \frac{\Delta X_s + \Delta X_e}{k_c \cdot \frac{\pi}{4} D^2} \tag{6-34}$$

其中，k_s、k_e、k_c 和 ΔX_s、ΔX_e、ΔX_c 分别为硅层、黏合层、TSV 材料的热导率和厚度。

将式(6-33)和式(6-34)代入式(6-29)可得到图 6.11 中“单元”的等效热阻 R_{eq} 为

$$R_{\text{eq}}=\frac{\left(\dfrac{\Delta X_s}{k_s\cdot\left(P^2-\dfrac{\pi}{4}D^2\right)}+\dfrac{\Delta X_e}{k_e\cdot\left(P^2-\dfrac{\pi}{4}D^2\right)}\right)\cdot\dfrac{\Delta X_s+\Delta X_e}{k_c\cdot\dfrac{\pi}{4}D^2}}{\dfrac{\Delta X_s}{k_s\cdot\left(P^2-\dfrac{\pi}{4}D^2\right)}+\dfrac{\Delta X_e}{k_e\cdot\left(P^2-\dfrac{\pi}{4}D^2\right)}+\dfrac{\Delta X_s+\Delta X_e}{k_c\cdot\dfrac{\pi}{4}D^2}} \tag{6-35}$$

所以，对于面积为 S 的叠层芯片，其热阻可表示为

$$R'_{\text{eq}}=\frac{\Delta X_s}{k_s\cdot S}+\frac{\Delta X_e}{k_e\cdot S}，\text{不考虑 TSV} \tag{6-36}$$

$$R'_{\text{eq}}=\frac{P^2}{S}\cdot\frac{\left(\dfrac{\Delta X_s}{k_s\cdot\left(P^2-\dfrac{\pi}{4}D^2\right)}+\dfrac{\Delta X_e}{k_e\cdot\left(P^2-\dfrac{\pi}{4}D^2\right)}\right)\cdot\dfrac{\Delta X_s+\Delta X_e}{k_c\cdot\dfrac{\pi}{4}D^2}}{\dfrac{\Delta X_s}{k_s\cdot\left(P^2-\dfrac{\pi}{4}D^2\right)}+\dfrac{\Delta X_e}{k_e\cdot\left(P^2-\dfrac{\pi}{4}D^2\right)}+\dfrac{\Delta X_s+\Delta X_e}{k_c\cdot\dfrac{\pi}{4}D^2}}，\text{考虑 TSV} \tag{6-37}$$

将式(6-37)代入式(6-23)，可得到考虑 TSV 的三维集成电路各层芯片的温升表达式[11]为

$$\theta_i=\frac{Q}{2\left(R_{\text{hs}}+R_{\text{pk}}+nR'_{\text{eq}}\right)}\cdot\begin{bmatrix}ni(n-i)R'^{\,2}_{\text{eq}}\\+n(n-1)R_{\text{hs}}R'_{\text{eq}}+2niR_{\text{pk}}R'_{\text{eq}}\\-i(i-1)\left(R_{\text{pk}}+R_{\text{hs}}\right)R'_{\text{eq}}+2nR_{\text{pk}}R_{\text{hs}}\end{bmatrix} \tag{6-38}$$

6.3.3　特性分析

本节采用 MATLAB 对 8 层三维集成电路各层芯片温度的特性进行仿真研究。为了简单起见，假设每层芯片的面积、热阻和功耗相同，即 $S_i=S$、$R_i=R$、$Q_i=Q$。在仿真中，相关参数的典型值如表 6.2 所示。

表 6.2　三维集成电路各层芯片温度仿真相关参数典型值

Q/W	ΔX_s/μm	ΔX_e/μm	D/μm	P/mm	k_c /[W/(m·K)]	k_e /[W/(m·K)]	k_s /[W/(m·K)]	R_{hs} /(K/W)	R_{pk} /(K/W)	S/mm^2
5	50	10	0.0015	0.03	390	0.1	150	2	20	10×10

根据式(6-23)和式(6-38)，忽略 TSV 和考虑 TSV 的三维集成电路各层芯片温升对比如图 6.12 所示。从图中可以看出，忽略 TSV 的三维集成电路最高温升为 177.2K，

而考虑 TSV 时其值为 125.2K，两种情形下的最大温差为 52K。另外，最高温度并不一定出现在距离热沉最远的芯片(即 i=8)，这是和 R_{hs} 、 R_{pk} 等参数相关的。

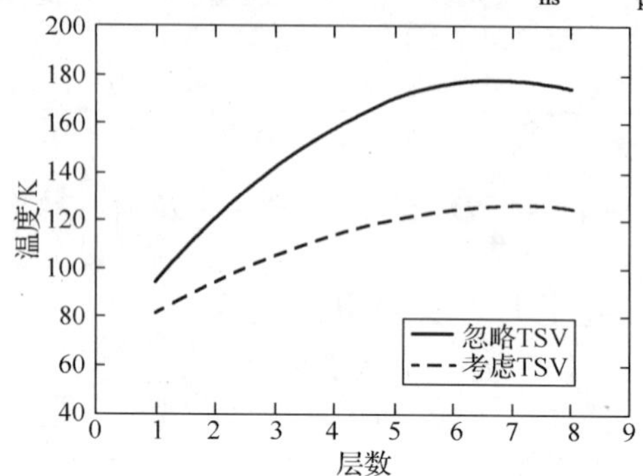

图 6.12　忽略 TSV 和考虑 TSV 的三维集成电路各层芯片温升对比

取 D=0.005mm，其他参数保持不变，得到三维集成电路各层芯片温升随 TSV 间距 P 和直径 D 的变化情况，分别如图 6.13 和图 6.14 所示。从图中可以看出，随着 TSV 间距 P(直径 D)的增大(减小)，叠层芯片的温升不断增加并逐渐接近于忽略 TSV 的三维集成电路各层芯片温升，这和实际情况非常吻合。

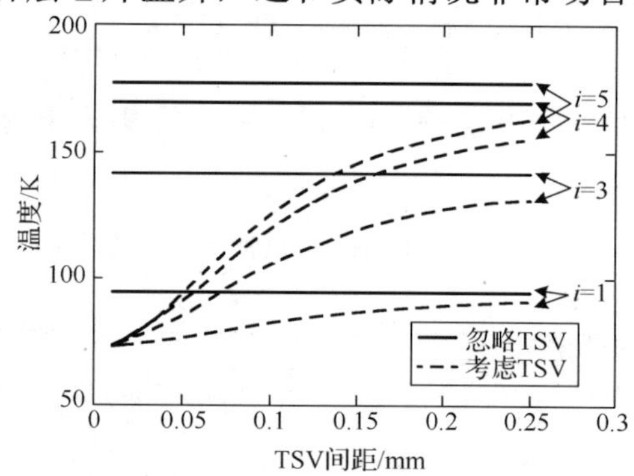

图 6.13　三维集成电路各层芯片温升随 TSV 间距 P 的变化情况

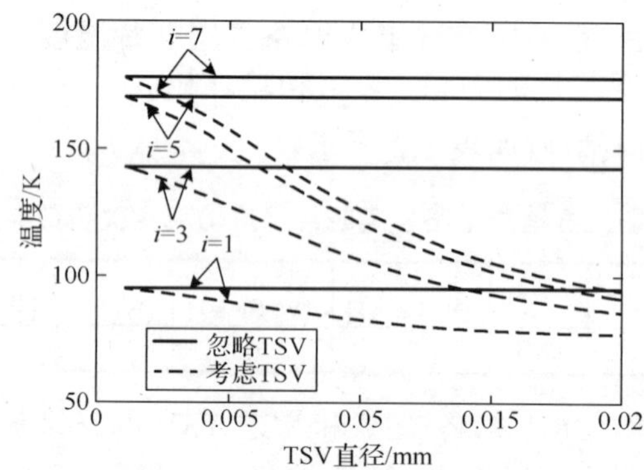

图 6.14　三维集成电路各层芯片温升随 TSV 直径 D 的变化情况

6.4　三维单芯片多处理器温度特性

随着微处理器体系结构的发展，传统超标量技术在指令并行上的性能提升已经十分有限，同时功耗问题也限制了处理器时钟频率的进一步提高。这些限制因素要求计算机系统结构进行大的变动，要求微处理器的设计划分成许多规模更小、局部性更好的基本单元结构。在此背景下，研究人员提出了单芯片多处理器(Chip Multiprocessor, CMP)技术[12, 13]。CMP 是指在单芯片上集成两个以上的耦合紧密的处理器核，每个处理器核可同时执行多个线程。增加集成度和提高性能是 CMP 设计者的主要目标。然而，随着集成电路产业集成度的不断提高和特征尺寸的不断减小，芯片内部的互连线延时也越来越大，尤其是芯片特征尺寸减小到 0.18μm 以后，线延时已经超过了门延时，给 CMP 性能的进一步提高带来了严峻的挑战[14]。采用 3D 结构将多核结构 CMP 中各核以垂直集成的方式堆叠在一起，可以有效地解决 2D CMP 所遇到的问题，但是由于 3D CMP 的每层芯片上都有多个散热核心，因此它所面临的散热问题比其他的三维集成电路更加严峻。

对于 3D CMP 的温度特性来说，热阻矩阵是一个非常关键的参数，它表征了单位功耗变化对温度的影响，一旦确定了热阻矩阵，就可以得出任何一个核的功耗对另外任何一个核温度的影响。因此，得到 3D CMP 的热阻矩阵是分析其温度特性的关键。

6.4.1　3D CMP 温度模型

多核结构 3D CMP 是将各核以垂直集成的方式堆叠在一起。对于两层 3D CMP，芯片内部热传导模型如图 6.15 所示。在图中，假设每层含有两个核，用 H 和 I、J 和 K 代表各核；C_H、C_I、C_J 和 C_K 表示各核热容；P_H、P_I、P_J 和 P_K 表示各核功耗；g_{inter}、g_{intra} 和 g_{hs} 分别表示层间热导、层内核间热导和热沉热导；T_{amb} 为周围环境温度。

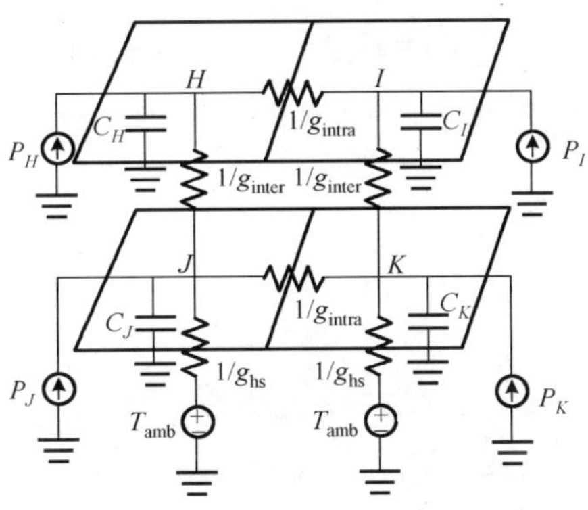

图 6.15　3D CMP 热传导模型

根据目前应用比较成熟的傅里叶热流分析理论，热流类比电流，温度类比电压，热导类比电导，热容类比电容。图 6.15 所示的 3D CMP 的温度特性可用非稳态方程描述为[3]

$$\boldsymbol{C}\frac{\mathrm{d}\boldsymbol{T}(t)}{\mathrm{d}t}+\boldsymbol{A}\boldsymbol{T}(t)=\boldsymbol{P}u(t) \tag{6-39}$$

其中，$\boldsymbol{C}$ 是一个 4×4 的对角矩阵，其对角线元素为各核热容；$\boldsymbol{T}(t)$ 是一个四维向量，代表 t 时刻四个核的温度；$\boldsymbol{A}$ 是一个 4×4 的热导矩阵；$\boldsymbol{P}$ 是四维功耗向量；$u(t)$ 是阶跃函数。

6.4.2 热阻矩阵

对于稳态的情况，忽略热容矩阵 $\boldsymbol{C}$，式(6-39)可以简化为

$$\boldsymbol{T}=\boldsymbol{A}^{-1}\boldsymbol{P} \tag{6-40}$$

其中，$\boldsymbol{A}^{-1}$ 称为热阻矩阵，它描述了单位功耗变化对温度的影响，因此也可以称为热影响矩阵。

用 $\zeta_{i,j}$ 来表示核 j 功耗变化对核 i 的影响，则热阻矩阵可以表示为

$$\boldsymbol{A}^{-1}=\begin{bmatrix}\zeta_{H,H} & \zeta_{H,I} & \zeta_{H,J} & \zeta_{H,K}\\ \zeta_{I,H} & \zeta_{I,I} & \zeta_{I,J} & \zeta_{I,K}\\ \zeta_{J,H} & \zeta_{J,I} & \zeta_{J,J} & \zeta_{J,K}\\ \zeta_{K,H} & \zeta_{K,I} & \zeta_{K,J} & \zeta_{K,K}\end{bmatrix} \tag{6-41}$$

由于核 H 和核 K 之间并不存在直接的热流通路，两者之间的热影响可以忽略，核 I 与核 J 之间也是如此，所以

$$\zeta_{H,K}=\zeta_{I,J}=\zeta_{J,I}=\zeta_{K,H}=0 \tag{6-42}$$

分别用 ζ_H、ζ_I、ζ_J 和 ζ_K 来表示核 H、核 I、核 J 和核 K 与地之间的热阻，ζ_{intra} 表示同层核之间的热阻。根据图 6.15 所示的热传导模型可得

$$\begin{aligned}&\zeta_H=\zeta_I=\frac{1}{g_{\text{inter}}}+\frac{1}{g_{\text{hs}}}\\ &\zeta_J=\zeta_K=\frac{1}{g_{\text{hs}}}\\ &\zeta_{\text{intra}}=\frac{1}{g_{\text{intra}}}\end{aligned} \tag{6-43}$$

因此

$$\begin{aligned}&\zeta_{H,H}=\zeta_H\\ &\zeta_{I,I}=\zeta_I\\ &\zeta_{J,J}=\zeta_{H,J}=\zeta_{J,H}=\zeta_J\\ &\zeta_{K,K}=\zeta_{I,K}=\zeta_{K,I}=\zeta_K\\ &\zeta_{H,I}=\zeta_{I,H}=\zeta_{J,K}=\zeta_{K,J}=\zeta_{\text{intra}}\end{aligned} \tag{6-44}$$

将式(6-42)、式(6-43)和式(6-44)代入式(6-41)中，可得到热阻矩阵为

$$\boldsymbol{A}^{-1}=\begin{bmatrix} g_{\text{inter}}^{-1}+g_{\text{hs}}^{-1} & g_{\text{intra}}^{-1} & g_{\text{hs}}^{-1} & 0 \\ g_{\text{intra}}^{-1} & g_{\text{inter}}^{-1}+g_{\text{hs}}^{-1} & 0 & g_{\text{hs}}^{-1} \\ g_{\text{hs}}^{-1} & 0 & g_{\text{hs}}^{-1} & g_{\text{intra}}^{-1} \\ 0 & g_{\text{hs}}^{-1} & g_{\text{intra}}^{-1} & g_{\text{hs}}^{-1} \end{bmatrix} \tag{6-45}$$

6.4.3 特性分析

得到了热阻矩阵式(6-45)之后，将其代入式(6-39)，便可得到 3D CMP 的温度特性方程为

$$\begin{bmatrix} C_H & 0 & 0 & 0 \\ 0 & C_I & 0 & 0 \\ 0 & 0 & C_J & 0 \\ 0 & 0 & 0 & C_K \end{bmatrix} \cdot \begin{bmatrix} \dfrac{\mathrm{d}T_H(t)}{\mathrm{d}t} \\ \dfrac{\mathrm{d}T_I(t)}{\mathrm{d}t} \\ \dfrac{\mathrm{d}T_J(t)}{\mathrm{d}t} \\ \dfrac{\mathrm{d}T_K(t)}{\mathrm{d}t} \end{bmatrix} + \begin{bmatrix} g_{\text{inter}}^{-1}+g_{\text{hs}}^{-1} & g_{\text{intra}}^{-1} & g_{\text{hs}}^{-1} & 0 \\ g_{\text{intra}}^{-1} & g_{\text{inter}}^{-1}+g_{\text{hs}}^{-1} & 0 & g_{\text{hs}}^{-1} \\ g_{\text{hs}}^{-1} & 0 & g_{\text{hs}}^{-1} & g_{\text{intra}}^{-1} \\ 0 & g_{\text{hs}}^{-1} & g_{\text{intra}}^{-1} & g_{\text{hs}}^{-1} \end{bmatrix}^{-1} \begin{bmatrix} T_H(t) \\ T_I(t) \\ T_J(t) \\ T_K(t) \end{bmatrix} = \begin{bmatrix} P_H \\ P_I \\ P_J \\ P_K \end{bmatrix} u(t) \tag{6-46}$$

为了简单起见，假设每个核热容相同，均用 C 表示，其功耗也相同，均用 P 表示。本节采用 MATLAB 仿真求解式(6-46)得到 3D CMP 的温度特性。在仿真中，相关参数的典型值如表 6.3 所示。

表 6.3　3D CMP 温度仿真相关参数典型值[3]

P/W	C/(J/K)	g_{intra}/(W/K)	g_{inter}/(W/K)	g_{hs}/(W/K)
25	5	0.41	6.67	0.82

在 t =0 时输入阶跃热流，即各核功耗阶跃变化时，3D CMP 的瞬态温度特性如图 6.16 所示。从图中可以看出，核 H 和核 I 的温度特性相同，核 J 和核 K 的温度特性也相同，这是由于它们处于同样的热环境下；热流的阶跃变化使得各核温度逐渐上升，最后趋于稳定；核 H 和核 I 的温度比核 J 和核 K 高约 5K，这是因为核 H 和核 I 距离热沉较远，散热比较困难。

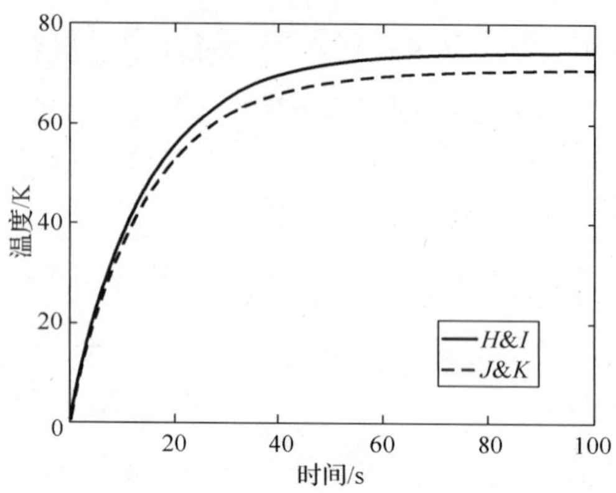

图 6.16　3D CMP 瞬态温度特性

对于不同的热容，核 H 和核 I 与核 J 和核 K 的瞬态温度特性如图 6.17(a)和图 6.17(b)所示。从图中可以看出，热容 C 越大，各核温度上升越慢，达到稳态所需要的时间也越长；热容 C 不会改变温度峰值，即稳态温度，因此通过改变热容约束 3D CMP 温度是不可行的。

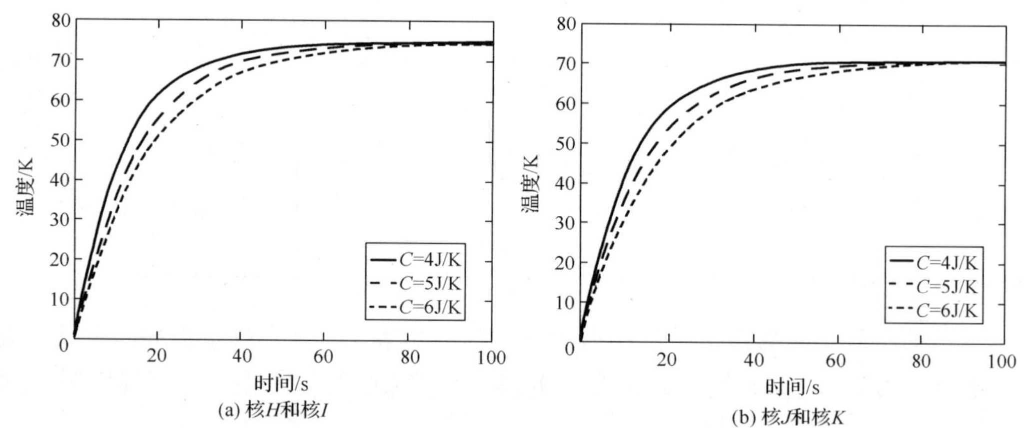

图 6.17　不同热容的 3D CMP 瞬态温度特性

对于不同的功耗，核 H 和核 I 与核 J 和核 K 的瞬态温度特性分别如图 6.18(a)和图 6.18(b)所示。从图中可以看出，功耗每增加 5W，核 H 和核 I 的稳态温度增加 15K，核 J 和核 K 的稳态温度增加 14K；功耗的改变对核 H 和核 I 影响较大，这是因为它们距离热沉较远；各核稳态温度随功耗线性变化，因此可以通过采用各种低功耗电路设计技术来减小各核功耗，从而降低温度。

热阻为典型值的 1/2、典型值和典型值的 1.5 倍时，核 H 和核 I 与核 J 和核 K 的瞬态温度特性分别如图 6.19(a)和图 6.19(b)所示。从图中可以看出，热阻越大，稳态温度越高，达到稳态所需时间越长；热阻每增加典型值的 1/2 倍，核 H 和核 I 的稳态温度增加 37K，核 J 和核 K 的稳态温度增加 35K；稳态温度随热阻线性增大，因此可以通过选择热导率较大的材料等方式来减小芯片热阻，从而达到约束芯片温度的目的。

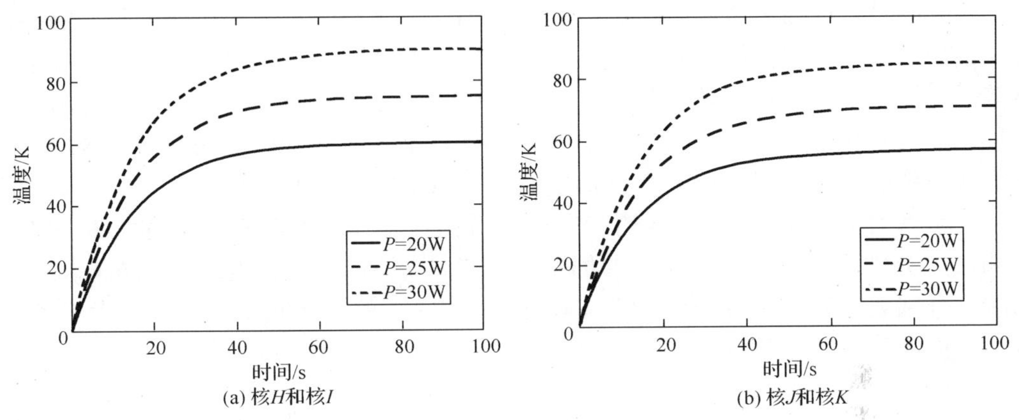

图 6.18　不同功耗的 3D CMP 瞬态温度特性

从图 6.17～6.19 还可以看出，不管热容、功耗和热阻如何变化，核 H 和核 I 的温度始终高于核 J 和核 K 的温度，这是因为核 H 和核 I 距离热沉较远，散热比较困难。

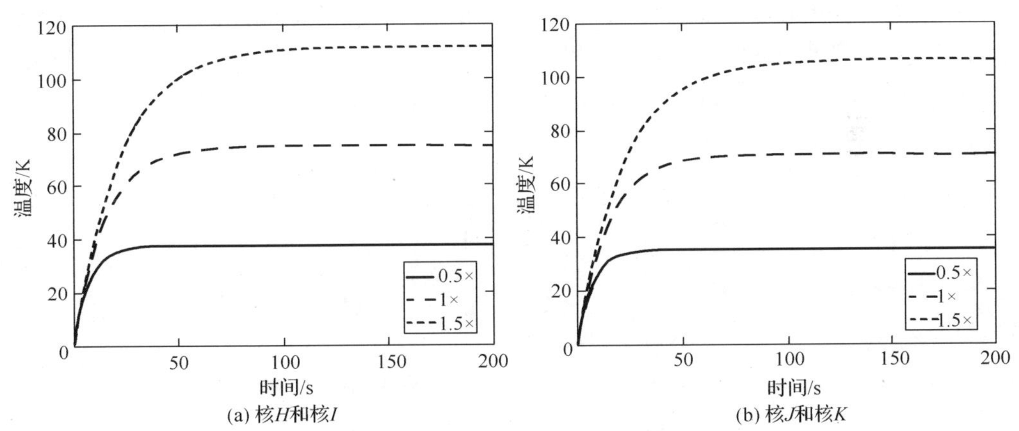

图 6.19　不同热阻的 3D CMP 瞬态温度特性

6.5　热优化设计技术

三维集成电路有源层堆叠数目的增加，导致片上晶体管集成密度与互连功耗密度急剧上升，产生的芯片温升使得热传导问题变得更加严峻。它可能导致器件性能的下降、芯片可靠性的降低，以及加速其他失效机制，为此需要探讨新的热优化技术。

6.5.1 CNT TSV 技术

低维材料 CNT 具有高热导率与单向导热特性，其电导率为 1750～5800W/(m·K)，远高于金属 Cu 的热导率(380W/(m·K))。目前它已作为复合材料的添加剂用以提升材料的热学与力学性能，或用以制备纳米流体来提高流体的导热性能等[15-17]。在三维集成电路设计中，采用 CNT 替代金属 Cu 作为 TSV 填充材料是一种有效的热优化手段。首先，CNT 高热导特性能够有效加强层间热转移速率，降低集成系统的峰值温度与层间温度梯度。其次，CNT 垂直生长特性适用于层间 TSV 应用。考虑 CNT TSV 热导效应的 3D IC 一维热传导模型如图 6.20 所示。在图中，Q_j 和 Q_{j-1} 分别表示节点 j 和 $j-1$ 的功耗；q_j 代表从 j 流向 $j-1$ 的热量；R_{Si}、R_{bond}、R_{BEOL} 和 R_{tsv} 分别表示衬底、键合层、后端互连层和 TSV 的等效热阻。所以，考虑 CNT 导热效应的层间等效热阻 R_j 的表达式为

$$R_j = \frac{1}{k_1(1-\beta)S}\left(\frac{t_{\mathrm{Si}}}{k_{\mathrm{Si}}} + \frac{t_{\mathrm{bond}}}{k_{\mathrm{bond}}} + \frac{t_{\mathrm{BEOL}}}{k_{\mathrm{BEOL}}}\right) // \frac{t_{\mathrm{tsv}}}{k_2 \beta k_{\mathrm{tsv}} S} \tag{6-47}$$

其中，β 表示片上 TSV 密度，定义为插入 TSV 面积 S_{tsv} 占据硅片横截面积 S 的比例，$\beta = S_{\mathrm{tsv}}/S$；$t_{\mathrm{Si}}$、$t_{\mathrm{bond}}$ 和 t_{BEOL} 分别表示衬底、键合层和后端互连层的厚度；t_{tsv} 表示 TSV 的高度，它取决于硅片层叠的类型，在 F2B 三维堆叠结构中，TSV 通常连通下面有源层的顶层金属与上面有源层的底层金属，因此 t_{tsv} 是 t_{Si}、t_{bond} 和 t_{BEOL} 之和；k_{Si}、k_{bond} 和 k_{BEOL} 分别表示衬底、键合层和后端互连层的导热系数；k_{tsv} 是 CNT 填充的 TSV 电导率。为了减小计算结果与 ANSYS 的 FEM 仿真结果的差距，引入拟合系数 k_1 和 k_2。

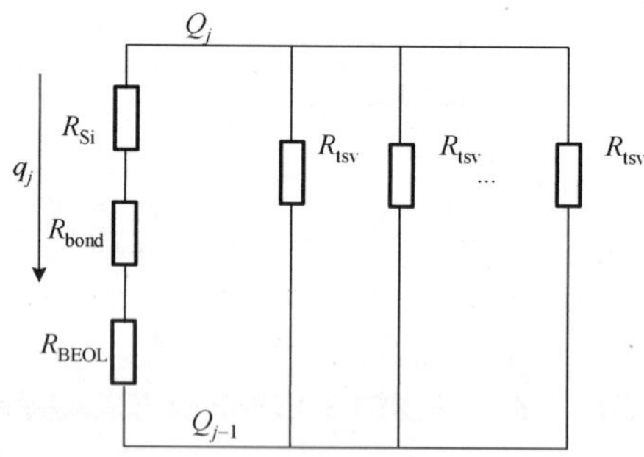

图 6.20　考虑 CNT TSV 热导效应的三维集成电路一维热传导模型

将式(6-47)代入式(6-21)就可以得到包含 CNT TSV 热传导的三维集成电路温度解析模型，进而求得芯片的实际温度分布。三维集成电路峰值温度随 TSV 插入密度和填充材料的变化情况如图 6.21 所示。从图中可以看出，插入少量的 TSV 就可显著降低芯片峰值温度和层间温度梯度；随 TSV 集成密度的进一步增加，层间热阻逐

步减小，散热片和封装热阻成为决定芯片温度分布的关键因素，此时 TSV 对于芯片温度分布的影响开始减弱，TSV 热传导效应逐步趋于饱和。另外，得益于 CNT 的高热传导(k_{CNT}=3000W/(m·K))特性，采用 CNT 作为 TSV 填充材料的三维集成电路峰值温度明显低于采用 Cu(k_{Cu}=380W/(m·K))和 W(k_W=173W/(m·K))作为填充材料的同类芯片温度。

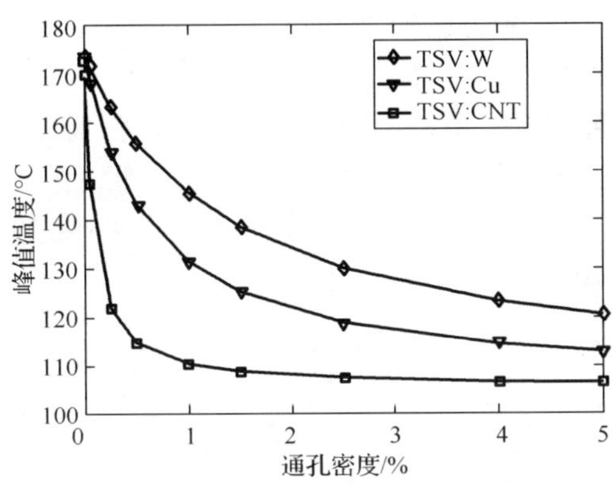

图 6.21　三维集成电路峰值温度随 TSV 插入密度和填充材料的变化情况

6.5.2　热沉优化技术

集成电路系统的热沉通常由高热导率的金属材质制成，具有良好的热传导特性和较低的热阻，还可以通过增加风扇、热沉片面积或导热硅脂等方式来进一步降低其热阻，它被认为是决定芯片温度分布特性的一个重要因素[18, 19]。基于上述的热解析模型，表 6.4 分析了热沉等效热阻对三维集成电路峰值温度的影响。从表 6.4 中可以看出，峰值温度与热沉等效热阻 R_{hs} 密切相关，热沉等效热阻的减小能够显著地降低芯片峰值温度，提高系统的热设计可靠性。

表 6.4　热沉等效热阻对芯片峰值温度的影响

热沉等效热阻	峰值温度/°C				
	β=0	β=0.5%	β=1.0%	β=5.0%	β=10%
R_{hs}=1K/W	145.88	91.56	82.87	73.61	72.26
R_{hs}=4K/W	217.41	178.90	172.93	166.62	165.70
R_{hs}=8K/W	292.99	267.71	263.93	259.98	259.41

由于热沉具有良好的热传导特性，改善其等效热阻成为应对芯片功耗密度和峰值温度急剧上升、保证三维集成电路可靠工作的一个有效方式。采用不同堆叠模式的两层芯片温度特性的对比如图 6.22 所示。在图中，C/M 代表高功耗 CPU 模块堆叠到功耗相对较低的 Memory 模块之上，同时 CPU 邻近热沉放置的堆叠模式；M/C

堆叠模式与 C/M 方式则恰好相反，低功耗 Memory 模块位于 CPU 与热沉之间；假设芯片能够承受的峰值温度为 125℃，环境温度为 27℃，CPU 模块功耗为 20W。另外，Memory 模块功耗相对于 CPU 模块功耗的比率定义为γ。若γ值逐步增大，即 Memory 功耗增加，为了减小功耗上升对芯片温度分布的影响，将峰值温度控制在允许设计范围，就需要对热沉等效热阻进行相应的调整与改善。从图 6.22 中可以看出，当γ=50%时，在 M/C 堆叠模式下的热沉等效热阻至少需要降低 41.4%；而在 C/M 堆叠模式下由于高功耗 CPU 模块邻近散热片放置，热沉承担了芯片绝大部分的功耗散失，层间温度梯度与峰值温度都相对较低，热沉等效热阻仅需要降低 27.9%就可以满足设计要求。由此可见，在三维集成电路热管理中，将高功耗源邻近热沉放置的堆叠结构是改善芯片温度特性的有效方式。该优化方式同样可以推广到包含更多有源层的三维集成电路设计中。

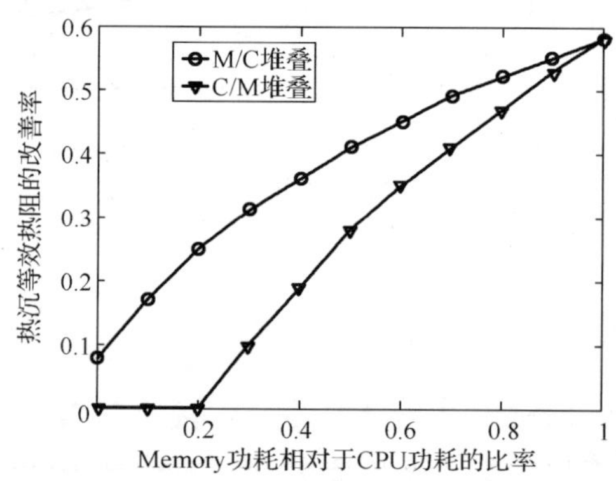

图 6.22 采用不同堆叠模式的两层芯片温度特性的对比

6.5.3 液体冷却技术

液体冷却技术是指将对流或蒸发式微流体冷却方式直接融入微芯片设计和封装中的技术。利用液体单位热容大且可以循环工作的特点，液态冷却可以达到比传统风冷更好的冷却效果[20-22]。美国国防先期研究计划局于 2013 年委托 IBM 微电子热管理专家开发芯片内与芯片间蒸发式液体冷却的基本构建，为军用电子器件探索新的热管理技术。根据驱动方式的不同，液体冷却技术可以分为液体喷射冷却、宏观水冷管路冷却和微沟道液体冷却。其中，微沟道结构是一种广泛应用于超大规模集成电路的强化换热结构。

集成微沟道冷却技术的三维集成系统如图 6.23 所示。在图中，微沟道由硅、Cu、Al 或其合金构成，沟道内的冷却介质，如水、液氮、乙醇、硅油与氟利昂等由电渗泵驱动。通过改变沟道数目、尺寸与流体流动速率(压强)等参数可实现芯片温度控制。但现有微沟道全芯片分布技术也导致了额外冷却功耗的浪费，且容易与片上 TSV 的布局位置冲突，为此需要对微沟道各个设计参数进行合理优化设计。

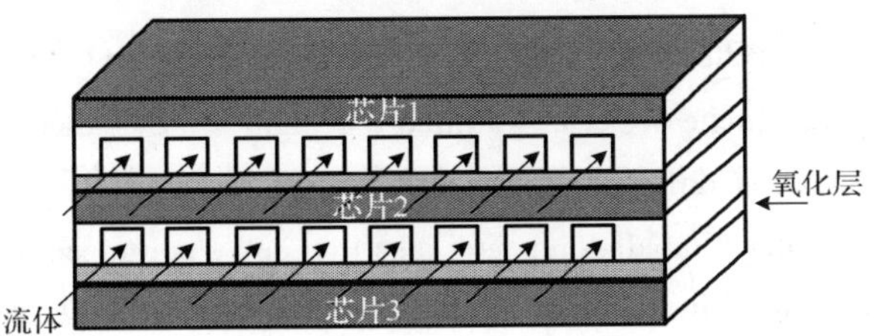

图 6.23　集成微沟道冷却技术的三维集成系统

参 考 文 献

[1] Jain A, Jones R E, Chatterjee R, et al. Analytical and numerical modeling of the thermal performance of three-dimensional integrated circuits. IEEE Transactions on Components and Packaging Technologies, 2010, 33(1): 56-63.

[2] Tang G Y, Tan S P, Khan N, et al. Integrated liquid cooling systems for 3-D stacked TSV modules. IEEE Transactions on Components and Packaging Technologies, 2010, 33(1): 184-195.

[3] Zhu C Y, Gu Z Y, Shang L, et al. Three-dimensional chip-multiprocessor run-time thermal management. IEEE Transactions on Computer-Aided Design of Integrated Circuits and Systems, 2008, 27(8): 1479-1492.

[4] Im S, Banerjee K. Full chip thermal analysis of planar (2-D) and vertically integrated (3-D) high performance ICs. IEEE International Electron Devices Meeting (IEDM), 2000: 727-730.

[5] Balandin A A. The heat is on: Graphene applications. IEEE Nanotechnology Magazine, 2011, 5(4): 15-19.

[6] Soga L, Kondo D, Yamaguchi Y, et al. Carbon nanotube bumps for LSI interconnect. Electronic Components and Technology Conference, 2008: 1390-1394.

[7] Banerjee K, Souri S J, Kapur P, et al. 3-D ICs: A novel chip design for improving deep-submicrometer interconnect performance and systems-on-chip integration. Proceedings of the IEEE, 2001, 89(5): 602-633.

[8] 张朝晖. ANSYS 热分析教程与实例详解. 北京: 中国铁道出版社, 2007.

[9] 张红松，胡仁喜，康士廷. ANSYS 14.0 热力学有限元分析从入门到精通. 北京: 机械工业出版社, 2013.

[10] Jain A, Jones R E, Chatterjee R, et al. Thermal modeling and design of 3D integrated circuits. Intersociety Conference on Thermal and Thermomechanical Phenomena in Electronic Systems, 2008: 1139-1345.

[11] 朱樟明，左平，杨银堂. 考虑硅通孔的三维集成电路热传输解析模型. 物理学报，2011, 60(11): 118001.

[12] Kunle O, Lance H, James L. Chip multiprocessor architecture: Techniques to improve throughput

and latency. Synthesis Lectures on Computer Architecture, 2007, 2(1): 1-154.

[13] Eshel H, Hiroyuki Y, Wayne W, et al. Multicore design is the challenge! what is the solution. IEEE Design Automation Conference, 2008: 128-130.

[14] Dong G, Chai C C, Wang Y, et al. A repeater insertion delay optimized method with interconnect temperature distribution. Chinese Journal Computational Physics, 2011, 28(1): 152-158.

[15] Xu C, Li H, Suaya R, et al. Compact AC modeling and performance analysis of through silicon vias in 3-D ICs. IEEE Transactions on Electron Devices, 2010, 57(12): 3405-3417.

[16] Deng L B, Yong R J, Kinloch I A, et al. Coefficient of thermal expansion of carbon nanotubes measured by raman spectroscopy. Applied Physics Letters, 2014, 104(5): 051907.

[17] Sobha A P, Narayanankutty S K. Electrical and thermalelectric properties of functionalized multiwalled carbon nanotube/polyaniline composite prepared by different methods. IEEE Transactions on Nanotechnology, 2014, 13(4): 835-841.

[18] Athikulwongse K, Ekpanyapong M, Lim S K. Exploiting die to die thermal coupling in 3D IC placement. IEEE Transactions on Very Large Scale Integration, 2014, 22(10): 2145-2155.

[19] Shi B, Srivastave A, Cohen A B. Co-design of micro fluidic heat sink and thermal through silicon vias for cooling of three dimensional integrated circuit. IET Circuit, Devices & Systems, 2013, 7(5): 223-231.

[20] Feng Z, Li P. Fast thermal analysis on GPU for 3D ICs with integrated microchannel cooling. IEEE Transactions on Very Large Scale Integration, 2012, 21(8): 1526-1539.

[21] Sridhar A, Vincenzi A, Atienza D, et al. 3-D ice: A compact thermal model for early stage design of liquid cooled ICs. IEEE Transactions on Computers, 2014, 63(10): 2576-2589.

[22] Shi B, Srivastava A. Optimized micro-channel design for stacked 3D ICs. IEEE Transactions on Computer-Aided Design of Integrated Circuits and Systems, 2014, 33(1): 90-100.

第 7 章　新型 TSV 的电磁模型和特性

三维集成电路朝着多功能、高速、高集成度、低功耗等方向发展，相应的 TSV 的结构和其他方面的设计也必须有所更新和发展。另外，为了适应不同应用场合和成本的要求，TSV 的结构也应朝着多样化的方向发展。提出新的 TSV 结构不但有助于提高三维集成电路的性能，还增加了它的设计灵活性。传统的 TSV 结构主要有信号-地 TSV 对、同轴 TSV 和 GSSG 型差分 TSV，研究者已经对它们的电磁特性进行了深入而广泛的研究。提出新的 TSV 结构并对其电磁模型和特性进行深入的分析研究是 TSV 技术更新发展的原动力。新型 TSV 结构主要有空气隙 TSV、空气腔 TSV 和屏蔽差分 TSV(Shield Differential Through-Silicon Via, SDTSV)等，每种结构都有其独特的优势。

7.1　GSG 型空气隙 TSV 的电磁模型和特性

目前以 Cu 为导体填充材料的 TSV 技术已得到了广泛的研究，如 IBM、MIT、Intel、IMEC、斯坦福大学等科研机构的研究人员已经在 Cu TSV 电磁模型、制备工艺等方面进行了大量研究。Katti 等[1]提出了单个 TSV 的等效电路模型。Xu 和 Lu[2,3]提出了信号-地 TSV 对和同轴 TSV 的等效电路模型。Zhao 等[4]提出了考虑温度效应的同轴 TSV 等效电路模型。然而，随着三维集成电路工作频率和集成度的进一步提高，尤其是当它工作到微波、毫米波段时，共面波导(Coplanar Waveguide, CPW)的大量使用使得地-信号-地(Ground-Signal-Ground, GSG)型 Cu TSV 单元的应用变得尤为常见[5]。因而建立准确的 GSG 型 Cu TSV 的等效电路模型至关重要。高频时 TSV 的 Cu 导体上出现的趋肤效应、邻近效应和硅衬底中的涡流损耗等都会对 TSV 的电磁特性产生显著的影响，因此这些因素都必须反映在 TSV 的等效电路模型中。

以空气作为介质层的 TSV 称为空气隙(air-gap) TSV。空气隙 TSV 的高频电磁特性由其高频寄生参数决定，所以它对高频寄生参数的准确提取至关重要，尤其是寄生电容。由于空气的介电常数比 SiO_2 的介电常数小，所以用空气隙作为 TSV 的介质层能够大幅度减小 TSV 的寄生电容。另外，空气隙 TSV 的电磁特性相比传统 SiO_2 TSV 的电磁特性具有明显的优势。

GSG 型空气隙 TSV 的结构和参数如图 7.1 所示，其中空气隙充当 TSV Cu 导体和硅衬底之间的绝缘介质层。和传统 GSG 型 TSV 结构类似，中间的 TSV 作为信号通道，位于两侧的 TSV 作为信号的返回通道，共形成两个电流回路。

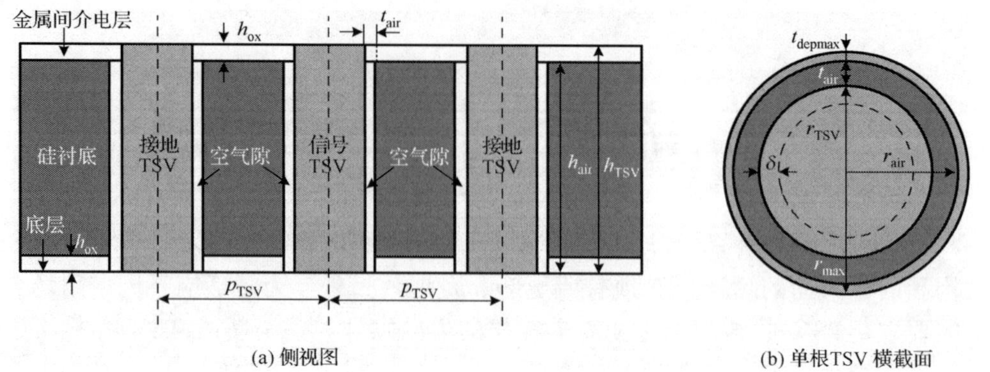

图 7.1　GSG 型空气隙 TSV 的结构和参数

7.1.1　寄生参数提取

在第 3 章已经提取了单个 TSV 的低频寄生参数，但本节主要针对 GSG 型空气隙 TSV，所以有必要对新条件下的 TSV 寄生参数进行提取。

1. 电阻

圆柱形 TSV 是最常用的 TSV 结构，如图 7.1 所示，填充的导电材料可以采用 Cu、W、多晶硅等，可根据需要选择合适的材料。TSV 的寄生电阻包括直流电阻和交流电阻两部分，即[6]

$$R_{TSV}=\sqrt{R_{TSV\_DC}^2+R_{TSV\_AC}^2} \tag{7-1}$$

其中，R_{TSV_DC} 为 TSV 的直流电阻，它只与 TSV 的半径 r_{TSV}、高度 h_{TSV} 和填充导电材料的电阻率 ρ_{TSV} 有关。由欧姆定律可知

$$R_{TSV\_DC}=\frac{h_{TSV}\rho_{TSV}}{\pi r_{TSV}^2} \tag{7-2}$$

随着应用频率的升高，导体上的趋肤效应(skin effects)和邻近效应(proximity effects)以及硅衬底的耦合效应开始凸显，这些效应在毫米波段的影响尤为显著[7]。因此，对这些效应的正确认识和准确表征是提高高频 TSV 模型准确性的关键。当交变电流通过导体时，电流密度在导体横截面上的分布不再均匀，且随着频率的升高，电流越来越集中在导体的表面附近，这种现象称为趋肤效应。相邻导线通过高频电流时，每条导线产生的时变磁场会对附近的其他导线产生一定的影响，使得其他导线上的电流分布偏向一边，这种现象称为邻近效应[8]。当两个相邻导体中的交变电流同向时，两者相互靠近部分的磁场彼此加强，电流向相邻导体的非相邻边缘聚集；当相邻导线中的交变电流反向时，两者相互靠近部分的磁场彼此抵消，电流向相邻导体的相邻边缘聚集。但总体看来，无论是同向电流还是反向电流，都会使导体内部电流分布不均匀，产生电流拥挤现象，从而使导体的电阻升高。同时考虑趋肤效应和

邻近效应的影响，TSV 的交流电阻 $R_{\mathrm{TSV\_AC}}$ 可表示为

$$R_{\mathrm{TSV\_AC}}=\frac{k_p h_{\mathrm{TSV}}\rho_{\mathrm{TSV}}}{2\pi r_{\mathrm{TSV}}\delta} \tag{7-3}$$

其中，k_p 为表征邻近效应的修正系数，它由 $p_{\mathrm{TSV}}/2r_{\mathrm{TSV}}$ 决定，其中 p_{TSV} 表示相邻 TSV 之间的间距[6]；δ 为趋肤深度，表示导体内部传输的电流降低到表面的 1/e 时的深度，即

$$\delta=\sqrt{\frac{\rho_{\mathrm{TSV}}}{\pi f\mu_0}} \tag{7-4}$$

其中，f 为工作频率；$\mu_0=4\pi\times10^{-7}\mathrm{H/m}$ 为自由空间的磁导率。

2. 电感

随着集成电路工作频率的提高和新低电阻工艺的使用，导线电感对阻抗的影响越来越大，甚至超过了电阻 R 的影响。因此提取高频情况下 TSV 的寄生电感至关重要。

对于图 7.1 中的 GSG 型 TSV 结构，电流流经中间的信号 TSV 后分为两部分分别流入两侧的接地 TSV，其电流和部分电感如图 7.2 所示。两侧接地 TSV 的电流为中间信号 TSV 的电流的一半且方向相反。本章利用部分电感的概念来提取高速电路中 TSV 的寄生电感[9]。部分电感包括 TSV 导体的自感和它们之间的互感，它是由 TSV 的结构参数决定的，即 r_{TSV}、h_{TSV}、p_{TSV} 等。L_{self} 表示各个 TSV 导体的自感，M_1 表示相邻两根 TSV 的互感，M_2 则表示两侧接地 TSV 的互感，它们可分别表示为[9]

$$L_{\mathrm{self}}=a\left[\ln\left(b+\sqrt{b^2+1}\right)-\sqrt{1+\frac{1}{b^2}}+\frac{1}{b}\right] \tag{7-5}$$

$$M_1=a\left[\ln\left(c+\sqrt{c^2+1}\right)+\frac{1}{c}-\sqrt{\left(\frac{1}{c}\right)^2+1}\right] \tag{7-6}$$

$$M_2=a\left[\ln\left(\frac{c}{2}+\sqrt{\left(\frac{c}{2}\right)^2+1}\right)+\frac{2}{c}-\sqrt{\left(\frac{2}{c}\right)^2+1}\right] \tag{7-7}$$

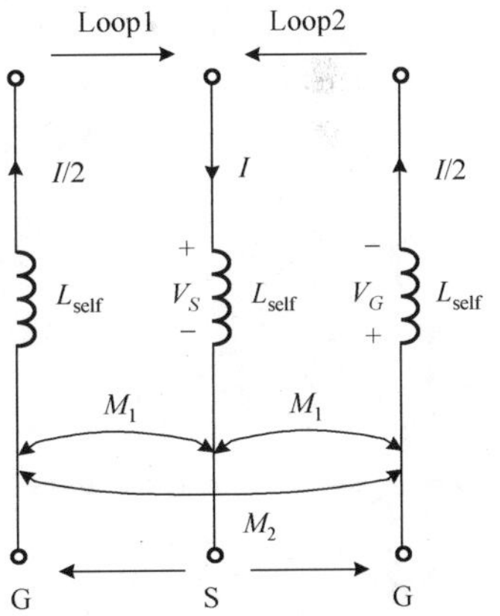

图 7.2　GSG 型 TSV 的电流和部分电感

其中，$a=\mu_0 h_{\mathrm{TSV}}/2\pi$；$b=h_{\mathrm{TSV}}/r_{\mathrm{TSV}}$；$c=h_{\mathrm{TSV}}/(r_{\mathrm{TSV}}+p_{\mathrm{TSV}})$。在高频电路中趋肤效应的影响非常显著，导体上的电流聚集在导体表面，TSV 导体的内部电感 $\mu_0 h_{\mathrm{TSV}}/8\pi$ 趋于零[9]，所以在式(7-5)～(7-7)中将它忽略。

如图 7.2 所示，假设由信号 TSV 和右侧接地 TSV 形成回路 Loop2。显然，左侧

接地 TSV 会对 Loop2 产生影响，它的电流会影响中间信号 TSV 上的感应信号源电压 V_S 和右侧接地 TSV 上的感应地弹电压 V_G。该现象可由 TSV 导体的自感与互感来表示，即[9]

$$V_S = L_{\text{self}}\frac{\mathrm{d}I_1}{\mathrm{d}t} - M_1\frac{\mathrm{d}I_2}{\mathrm{d}t} - M_1\frac{\mathrm{d}I_3}{\mathrm{d}t} \tag{7-8}$$

$$V_G = L_{\text{self}}\frac{\mathrm{d}I_2}{\mathrm{d}t} - M_1\frac{\mathrm{d}I_1}{\mathrm{d}t} + M_2\frac{\mathrm{d}I_3}{\mathrm{d}t} \tag{7-9}$$

其中，I_2 和 I_3 分别为左侧和右侧接地 TSV 导体上的电流；I_1 为中间信号 TSV 导体上的电流，它们之间满足 $I_2=I_3=I_1/2$。因而 Loop2 上总的电压降为

$$V_{\text{Loop}} = V_S + V_G = \left(\frac{3L_{\text{self}}}{2} - 2M_1 + \frac{M_2}{2}\right)\frac{\mathrm{d}I_1}{\mathrm{d}t} \tag{7-10}$$

该电压降是由回路 Loop2 的回路电感 L_{Loop} 引起的，因而 GSG 型 TSV 结构的回路电感可表示为

$$L_{\text{Loop}} = \frac{3}{2}L_{\text{self}} - 2M_1 + \frac{1}{2}M_2 + \frac{R_{\text{TSV}}}{\pi f} \tag{7-11}$$

其中，$R_{\text{TSV}}/\pi f$ 表示高频电路中趋肤效应和邻近效应对 TSV 电感的影响[7]。因此，每根 TSV 上的电感 $L_{\text{TSV,signal}}$ 和 $L_{\text{TSV,ground}}$ 可分别表示为

$$L_{\text{TSV,signal}} = L_{\text{self}} - M_1 + \frac{R_{\text{TSV}}}{2\pi f} \tag{7-12}$$

$$L_{\text{TSV,ground}} = \frac{1}{2}L_{\text{self}} - M_1 + \frac{1}{2}M_2 + \frac{R_{\text{TSV}}}{2\pi f} \tag{7-13}$$

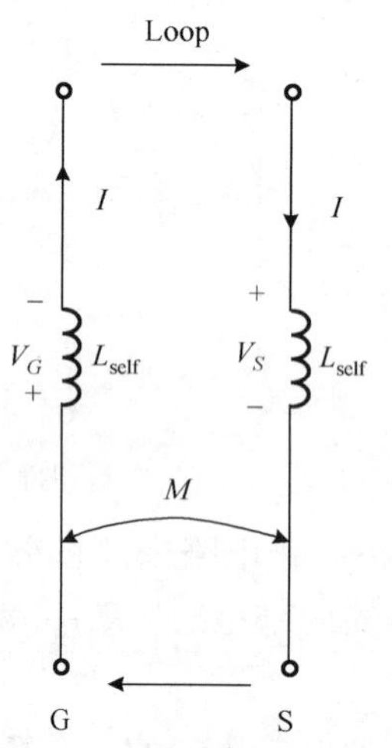

图 7.3　GS 型 TSV 的电流和部分电感

对于包含两根 TSV 的 GS 型 TSV，流经信号 TSV 与接地 TSV 的电流大小是相同的、方向相反，接地 TSV 与信号 TSV 之间只存在一种互感，如图 7.3 所示。信号 TSV 上的感应信号源电压 V_S 与接地 TSV 上的感应地弹电压 V_G 可分别表示为

$$V_S = L_{\text{self}}\frac{\mathrm{d}I}{\mathrm{d}t} - M\frac{\mathrm{d}I}{\mathrm{d}t} \tag{7-14}$$

$$V_G = L_{\text{self}}\frac{\mathrm{d}I}{\mathrm{d}t} - M\frac{\mathrm{d}I}{\mathrm{d}t} \tag{7-15}$$

因而，两根 TSV 所形成的 Loop 上总的电压降为

$$V_{\text{Loop}} = V_S + V_G = 2(L_{\text{self}} - M)\frac{\text{d}I}{\text{d}t} \tag{7-16}$$

该电压降 V_{Loop} 则是由回路 Loop 的回路电感 L_{Loop} 引起的，因而 GS 型 TSV 结构的回路电感可表示为

$$L_{\text{Loop}} = 2(L_{\text{self}} - M) + \frac{R_{\text{TSV}}}{\pi f} \tag{7-17}$$

因此，每根 TSV 上的电感 $L_{\text{TSV,signal}}$ 和 $L_{\text{TSV,ground}}$ 可分别表示为

$$L_{\text{TSV,signal}} = L_{\text{TSV,ground}} = L_{\text{self}} - M + \frac{R_{\text{TSV}}}{2\pi f} \tag{7-18}$$

为了更好地验证本节的回路电感模型，将它们的结果与现有的实验数据进行对比[10,11]，如图 7.4 所示。对于 GSG 型 TSV，直径为 10μm，间距为 40μm[10]；对于 GS 型 TSV 结构，直径为 3μm[11]。可以看出，它们在高达 20GHz 的频率范围内均匹配良好，可见电感模型是准确的。以上对 GSG 型和 GS 型 TSV 结构寄生电感的提取过程可进一步延伸并应用到包含多根 TSV 的阵列结构中。通过研究各个信号 TSV 与接地 TSV 上的电流关系和回路电压关系，可得到 TSV 阵列的回路电感。

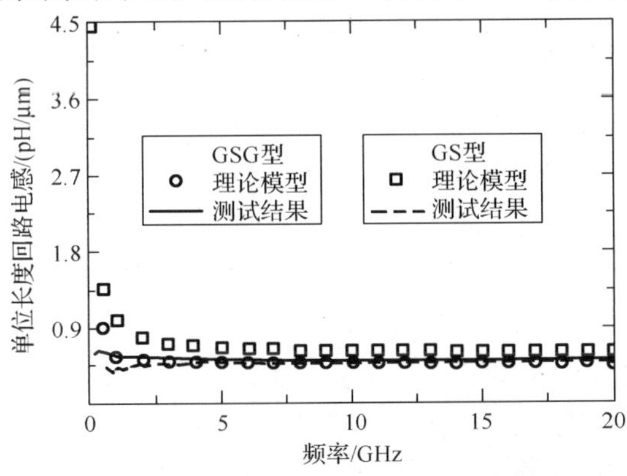

图 7.4　GSG 型和 GS 型 TSV 结构单位长度回路电感的理论模型计算值和实测数据的对比

3. 电容

由于 TSV 的寄生电容与其传输延时、功耗和串扰等信号传输问题密切相关，所以它对三维集成电路的性能有着举足轻重的作用。TSV 导体、绝缘介质层和硅衬底共同构成了一个金属-介质层-半导体(Metal-Insulator-Semiconductor, MIS)结构。TSV 导体和半导体硅衬底作为 MIS 结构电容的两个极板，所以 TSV 的寄生主要由其导体周围绝缘介质材料的介电常数决定[6, 7, 12]。SiO_2 是目前主流工艺所采用的绝缘介质材料，然而研究者并没有停止对具有更低介电常数材料的探索。目前常用 BCB 和空气作为 TSV 的绝缘介质材料[13, 14]。

与一般电容器不同，MIS 结构的电容值不是恒定的，它随着偏置电压 V_{TSV} 的变化而变化，可以用 C-V 特性曲线来描述这一关系[1]。以 p 型硅衬底为例，当 V_{TSV} 小于平带电压 V_{FB} 时，TSV 处于积累区，其寄生电容实质上是 TSV Cu 导体周围的圆环形介质层的电容。当 V_{TSV} 大于 V_{FB} 而小于 V_{TH} 时，TSV 进入耗尽区，与 TSV 介质层相邻的硅衬底表面上的多数载流子空穴会被排斥并向硅衬底内部扩散，形成一层很薄的耗尽层。此时，TSV 的寄生电容则是由介质层寄生电容与耗尽层寄生电容串联而成的。随着 V_{TSV} 的继续增加，更多的空穴被排斥，耗尽层宽度相应地增加。因而 TSV 的寄生电容在此区域是不稳定的，它随着 V_{TSV} 的变化而变化，不能为三维集成电路提供一个稳定的工作状态。当 V_{TSV} 大于 V_{TH} 时，耗尽层宽度达到最大值，TSV 的寄生电容值达到稳态值，这也正是 TSV 能够稳定工作的区域。此时，空气隙 TSV 的寄生电容可表示为[1, 12]

$$C_{TSV}=\left(\frac{1}{C_{air}}+\frac{1}{C_{depmin}}\right)^{-1} \tag{7-19}$$

其中，C_{air} 为空气隙的寄生电容；C_{depmin} 为硅衬底中耗尽层宽度达到其最大值 t_{depmax} 时耗尽层的寄生电容。如图 7.1(b)所示，C_{air} 与 C_{depmin} 可分别表示为[1, 12]

$$C_{air}=\frac{2\pi\varepsilon_{air}h_{air}}{\ln(r_{air}/r_{TSV})} \tag{7-20}$$

$$C_{depmin}=\frac{2\pi\varepsilon_{Si}h_{Si}}{\ln\left(r_{max}/r_{air}\right)} \tag{7-21}$$

其中，$r_{air}=r_{TSV}+t_{air}$ 表示 TSV 空气隙半径，其中 t_{air} 表示空气隙的厚度；$r_{max}=r_{TSV}+t_{air}+t_{depmax}$ 为耗尽层宽度达到其最大值 t_{depmax} 时耗尽层的半径；h_{air} 和 h_{Si} 分别表示空气隙和硅衬底的高度；$\varepsilon_{air}=\varepsilon_0\varepsilon_{r,air}$ 表示空气介电常数，$\varepsilon_0=8.854187817\times10^{-12}$F/m 表示真空介电常数，$\varepsilon_{r,air}=1$ 表示空气的相对介电常数；$\varepsilon_{Si}=\varepsilon_0\varepsilon_{r,Si}$ 表示硅的介电常数，$\varepsilon_{r,Si}=11.9$ 表示硅的相对介电常数。由于空气的介电常数只有 SiO_2 的 1/4，所以空气隙 TSV 的寄生电容相比 SiO_2 TSV 的寄生电容有大幅度的降低，这对于提高电路特性和信号传输质量有很大的帮助[13]。

根据目前空气隙 TSV 的主流工艺水平，这里选取 GSG 型 TSV 的结构参数为 $r_{TSV}=5\mu m$，$h_{TSV}=60\mu m$，$p_{TSV}=40\mu m$，金属间介电(Inter-Metal Dielectric, IMD)层和底层(bottom layer)的厚度相同(一般为 SiO_2)，即 $h_{ox}=2\mu m$。由式(7-19)～(7-21)可得采用不同介质层材料的 TSV 单位长度寄生电容随介质层厚度 t_{die} 的变化情况，如图 7.5 所示。从图中可以看出，随着介质层厚度 t_{die} 的增大，TSV 的寄生电容呈近似指数函数迅速减小，且最终趋于稳定。因此较厚的介质层厚度可以减小 TSV 的寄生电容、提高信号传输质量，但是会减小 TSV 的集成密度，增加 TSV 在三维芯片中所占的面积与体积。这就需要根据具体的电路需求，在介质层厚度与 TSV 所占据的面积之间取适当的折中，使得三维集成电路的性能达到最优。另外，与 SiO_2、BCB

介质相比，空气隙具有最小的介电常数，因而也具有最小的寄生电容，这是空气隙 TSV 最大的优势。

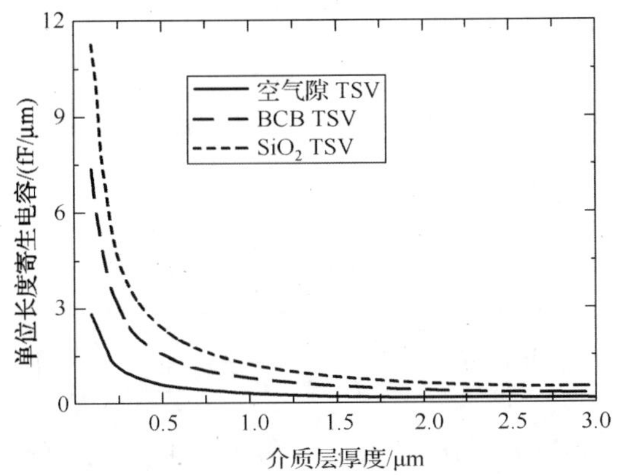

图 7.5　采用不同介质层材料的 TSV 单位长度寄生电容随介质层厚度 t_{die} 的变化情况

假设介质层厚度 t_{die}=1μm，其他参数不变。空气隙 TSV 的寄生电容随外加偏置电压的变化如图 7.6(a)所示。为了凸显空气隙 TSV 的优势，本节将相同结构参数的 SiO_2 TSV 的寄生电容随偏置电压的变化情况示于图 7.6(b)中，以便于比较。从图中可以看出，当偏置电压从 V_{FB} 升高到 V_{TH} 时，空气隙 TSV 的寄生电容基本没有发生变化，即从 0.3fF/μm 降低到 0.29fF/μm，而 SiO_2 TSV 的寄生电容从 1.22fF/μm 降低到 0.98fF/μm，即下降了大约 20%。另外，空气隙的寄生电容 C_{air} 远小于最大耗尽层电容 C_{depmax}，而 C_{TSV} 是 C_{air} 与 C_{depmax} 的串联结果，这使得 V_{TSV} 达到 V_{TH} 时 C_{TSV} 非常接近于 C_{air}。所以对于空气隙 TSV，当 V_{TSV} 达到 V_{FB} 时，其寄生电容就已达到稳定状态，即 $C_{TSV}=C_{air}$，进而可以不用计算耗尽层电容和 V_{TH}，这简化了空气隙 TSV 寄生电容提取的过程。然而，该近似过程并不适用于所有的空气隙 TSV 的电容提取，它有一定的使用范围。

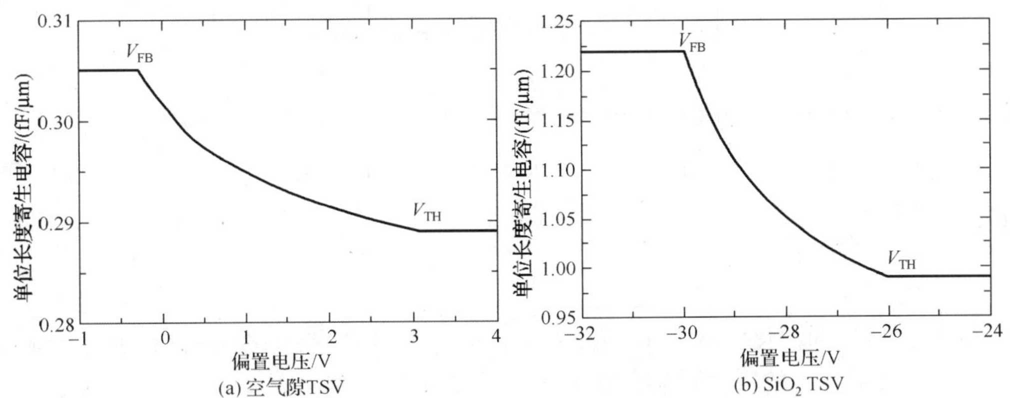

图 7.6　TSV 单位长度寄生电容随偏置电压的变化情况

为了定量地分析这一现象，这里引入参量 Δ 来表征 C_{air} 与 C_{TSV} 之间的差异，其表达式为

$$\Delta=\frac{C_{air}-C_{TSV}}{C_{air}} \tag{7-22}$$

其中，C_{TSV} 为 C_{air} 和 C_{depmin} 的串联。将式(7-20)和式(7-21)代入式(7-22)，并假设 $h_{air}=h_{Si}$，则

$$\Delta=\frac{\ln\left(1+\dfrac{t_{depmax}}{r_{TSV}+t_{air}}\right)}{\ln\left(1+\dfrac{t_{depmax}}{r_{TSV}+t_{air}}\right)+\dfrac{\varepsilon_{r,Si}}{\varepsilon_{r,air}}\ln\left(1+\dfrac{t_{air}}{r_{TSV}}\right)} \tag{7-23}$$

由式(7-23)可知，Δ 是关于 t_{air}、t_{depmax} 和 r_{TSV} 的一个复杂函数。为了直观地理解 Δ 与 TSV 结构和材料参数的关系，采用不同介质层材料的 Δ 随介质层厚度 t_{die} 的变化情况示于图 7.7 中。从图中可以看出，随着 r_{TSV} 从 2.5μm 增加到 10μm，Δ 均没有明显变化，说明 r_{TSV} 对 Δ 的影响可以忽略不计；随着 t_{depmax} 从 0.5μm 增加到 0.8μm，Δ 也没有明显变化，这说明 t_{depmax} 对 Δ 的影响很小，可忽略不计；随着 t_{die} 的增加，Δ 以近似于指数函数的速度迅速降低；材料的介电常数对 Δ 的影响很大。

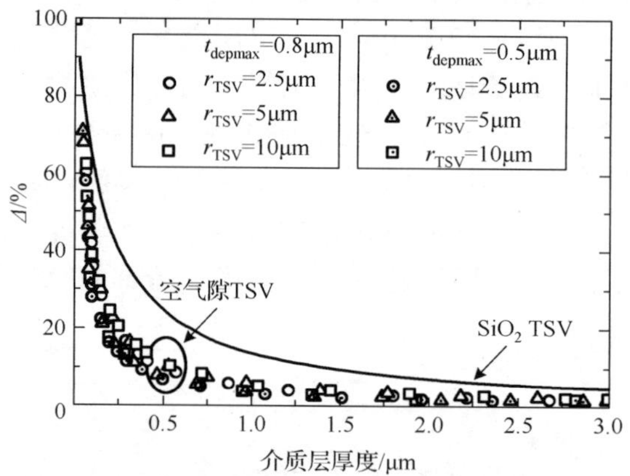

图 7.7　采用不同介质层材料的 Δ 随介质层厚度 t_{die} 的变化情况

若规定 TSV 寄生电容的误差范围为 5%，经计算可知，当空气隙的厚度大于 0.75μm 时，Δ 均小于 5%。在这一较大的空气隙厚度范围内，当 V_{TSV} 高于 V_{FB} 时，可以将 C_{TSV} 近似为 C_{air}，而不需要计算耗尽层的寄生电容与 V_{TH}。对于 SiO_2 TSV 而言，当 SiO_2 介质层的厚度为 2.65μm 时，Δ 就已达到 5%，而目前 TSV 的主流工艺中，SiO_2 介质层的厚度一般为 0.1μm 左右，此时的 Δ 值高达 63%。因此必须要考虑耗尽层对 SiO_2 TSV 的寄生电容的影响，并需要精确计算出 V_{FB} 与 V_{TH}，以保证 V_{TSV} 高于 V_{TH}，使 TSV 工作在稳定状态。

通过上述分析可以发现，使用空气隙来代替 SiO_2 作为 TSV 的绝缘介质层，不仅可以有效地降低 TSV 的寄生电容，也可以简化 TSV 寄生电容的提取过程。因此，可以根据具体的工艺条件与设计指标来选取合适的空气隙厚度，并详细分析 TSV 寄生电容的提取过程是否需要考虑耗尽层电容的影响。

4. 硅衬底电容与电导

在高频段，由硅衬底的导电性引起的损耗变得尤为显著，它包括电场耦合损耗与磁场耦合损耗。电场耦合是由于金属导体之间的电场线穿过介质层进入硅衬底，导致介质层与硅衬底都存在寄生电容，从而在衬底中产生电流引起的。磁场耦合则是由时变的磁场耦合感应的涡流引起的，涡流会以焦耳损耗的形式耗散。信号 TSV 与地 TSV 之间的电场线穿过硅衬底，并在硅衬底中产生损耗。因此，在三维集成电路设计中，硅衬底的损耗是必须提取的重要寄生参数，它可表示为[6]

$$C_{\mathrm{Si}}=\frac{\pi\varepsilon_{\mathrm{Si}}h_{\mathrm{Si}}}{\ln\left[\frac{p_{\mathrm{TSV}}}{2r_{\mathrm{TSV}}}+\sqrt{\left(\frac{p_{\mathrm{TSV}}}{2r_{\mathrm{TSV}}}\right)^{2}-1}\right]} \tag{7-24}$$

$$G_{\mathrm{Si}}=\left(\frac{\sigma_{\mathrm{Si}}}{\varepsilon_{\mathrm{Si}}}+\omega\tan\delta_{c,\mathrm{Si}}\right)C_{\mathrm{Si}} \tag{7-25}$$

其中，$\tan\delta_{c,\mathrm{Si}}=0.004$ 表示硅衬底的损耗角正切值；σ_{Si} 表示硅衬底的电导率；$\omega=2\pi f$ 为角频率。由式(7-24)可知，C_{Si} 是 TSV 结构和材料参数的函数，它不受工作频率的影响。但由式(7-25)可知，G_{Si} 受到工作频率的影响。通过计算可知，当频率从零升高到 100GHz 时，G_{Si} 升高了大约 2.6%，因此可以忽略 $\omega\tan\delta_{c,\mathrm{Si}}$ 的作用。所以，式(7-25)可简化为

$$G_{\mathrm{Si}}=\frac{\sigma_{\mathrm{Si}}C_{\mathrm{Si}}}{\varepsilon_{\mathrm{Si}}} \tag{7-26}$$

由图 7.1 可知，在硅衬底的上、下两侧，还分布着 IMD 层和底层，它们一般采用 SiO_2 且厚度相同均为 h_{ox}。在高频电路中，信号 TSV 与接地 TSV 之间的电场线也会穿透这些介质层，进而产生寄生损耗。因此，IMD 层与底层的寄生电容也不容忽视，它们均可表示为[6]

$$C_{\mathrm{ox}}=\frac{\pi\varepsilon_{\mathrm{ox}}h_{\mathrm{ox}}}{\operatorname{arcosh}\left(\frac{p_{\mathrm{TSV}}}{2r_{\mathrm{TSV}}}\right)} \tag{7-27}$$

其中，$\varepsilon_{\mathrm{ox}}=\varepsilon_0\varepsilon_{r,\mathrm{ox}}$ 表示 SiO_2 的介电常数，$\varepsilon_{r,\mathrm{ox}}=4$ 表示 SiO_2 的相对介电常数。

7.1.2　等效电路模型及验证

利用 7.1.1 节的 RLCG 寄生参数模型，建立图 7.1 所示的 GSG 型空气隙 TSV 的

等效电路模型，如图 7.8 所示。假设 t_{air}=2.5μm，其他参数和 7.1.1 节的第 3 部分中的参数相同。GSG 型空气隙 TSV *S* 参数的 HFSS 仿真和 ADS(Advanced Design System)电路仿真结果如图 7.9 所示。可以看出，它们匹配良好，验证了等效电路模型的正确性。

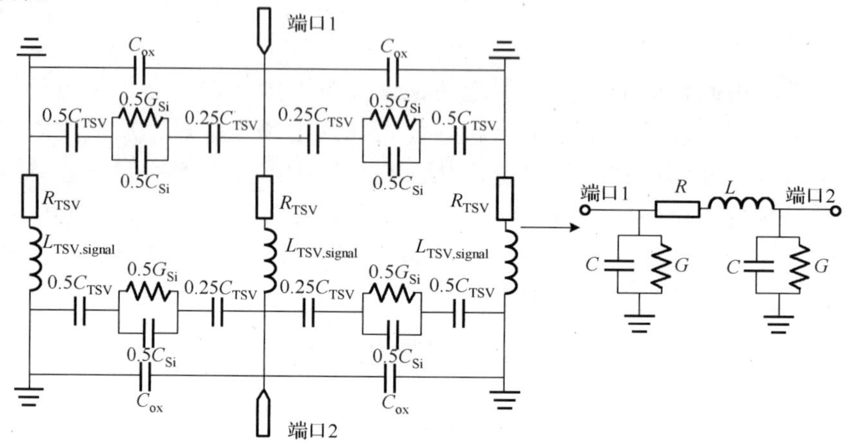

图 7.8　GSG 型空气隙 TSV 的等效电路模型及其 π 型集总模型

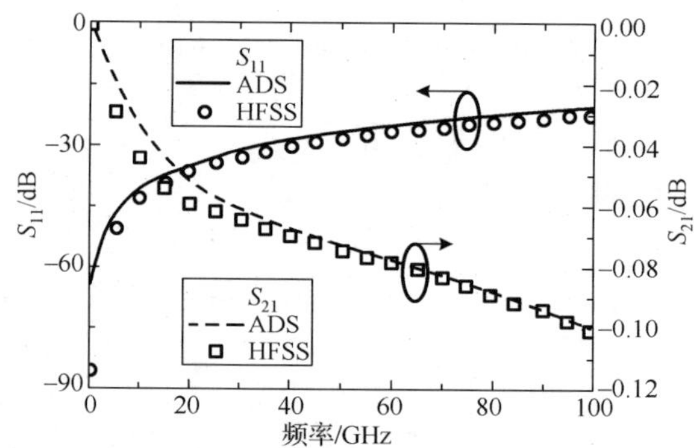

图 7.9　GSG 型空气隙 TSV *S* 参数的 HFSS 仿真和 ADS 电路仿真结果的对比

图 7.8 还给出了 GSG 型空气隙 TSV 的等效电路模型的简化模型，即 π 型集总模型，它的 RLGC 参数可表示为

$$R = R_{TSV} \tag{7-28}$$

$$L = L_{Loop} \tag{7-29}$$

$$G = \frac{\omega^2 mp + nq}{(\omega m)^2 + n^2} \tag{7-30}$$

$$C = \frac{np - mq}{(\omega m)^2 + n^2} \tag{7-31}$$

其中，m、n、p、q 分别为

$$m = C_{\mathrm{TSV}} + 3C_{\mathrm{Si}} \tag{7-32}$$

$$n = 6G_{\mathrm{Si}} \tag{7-33}$$

$$p = 12C_{\mathrm{ox}}G_{\mathrm{Si}} + 2C_{\mathrm{TSV}}G_{\mathrm{Si}} \tag{7-34}$$

$$q = -\omega^2(C_{\mathrm{TSV}}C_{\mathrm{Si}} + C_{\mathrm{TSV}}C_{\mathrm{ox}} + 6C_{\mathrm{ox}}C_{\mathrm{Si}}) \tag{7-35}$$

TSV 的 RLCG 参数也可采用 HFSS 仿真得到，即

$$R = \mathrm{Re}\left(-2/\left(Y_{12} + Y_{21}\right)\right) \tag{7-36}$$

$$L = \mathrm{Im}\left(-2/\left(Y_{12} + Y_{21}\right)\right)/\omega \tag{7-37}$$

$$G = \mathrm{Re}\left(2Y_{11} + \left(Y_{12} + Y_{21}\right)\right) \tag{7-38}$$

$$C = \mathrm{Im}\left(2Y_{11} + \left(Y_{12} + Y_{21}\right)\right)/\omega \tag{7-39}$$

图 7.10 所示为 GSG 型空气隙 TSV 单位长度 RLCG 参数的 HFSS 仿真和理论模型计算结果。可以看出，它们匹配良好，这也进一步验证了等效电路模型的正确性。

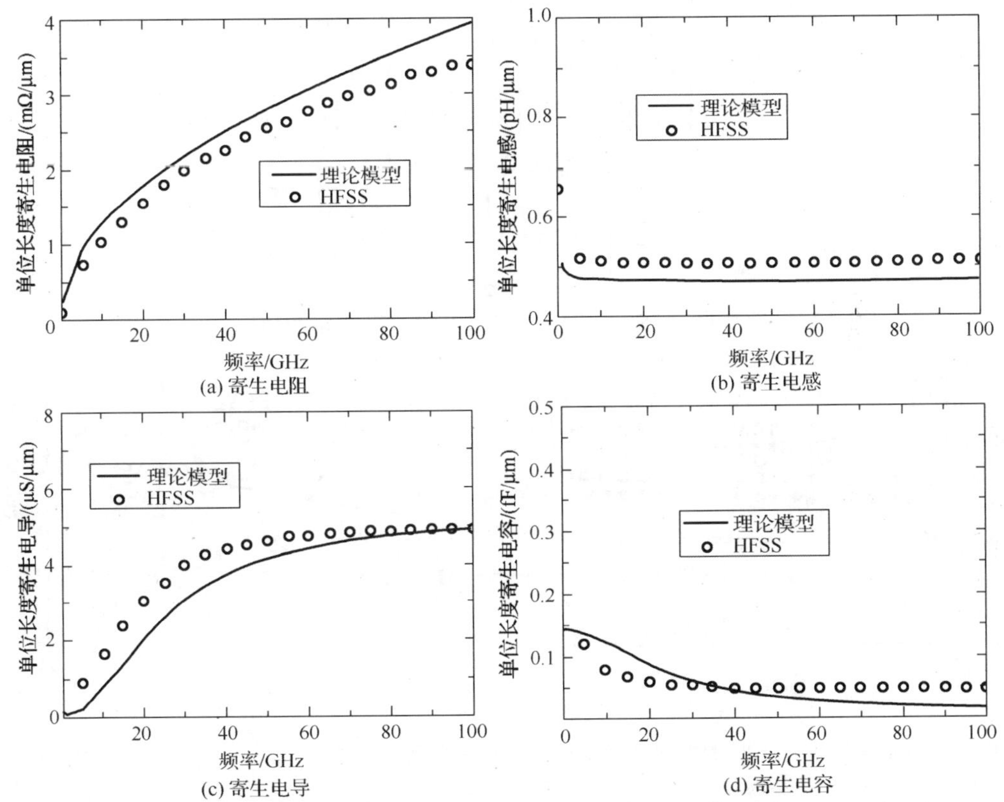

图 7.10　GSG 型空气隙 TSV 单位长度 RLCG 参数的 HFSS 仿真和理论模型计算结果

从前面内容可知，当空气隙的厚度大于 0.75μm 时，TSV 的寄生电容可以近似

为空气隙的寄生电容；而当空气隙的厚度小于 0.75μm 时，需要考虑耗尽层电容的影响。因此在建立空气隙 TSV 的等效电路模型时也要考虑这一点。对于 GSG 型薄空气隙 TSV，它的等效电路模型如图 7.11 所示。图 7.12(a)所示为 GSG 型薄空气隙 TSV *S* 参数的 HFSS 仿真和 ADS 电路仿真结果。其中，空气隙的厚度为 0.5μm，可以看出，它们匹配良好。另外，SiO_2 TSV 的 *S* 参数也包含在图中。可以看出，空气隙 TSV 的特性优于 SiO_2 TSV 的特性，这是由于空气隙作为介质层具有更小的介电常数，使得 TSV 的寄生电容大幅度减小的缘故。

为了进一步验证 GSG 型薄空气隙 TSV 等效电路模型的准确性，将它的 ADS 仿真结果与文献[15]中 SiO_2 TSV 的实验测试结果进行对比，如图 7.12(b)所示。其中，TSV 的高度为 90μm，直径为 75μm，TSV 之间的距离为 150μm，SiO_2 的厚度为 0.1μm，测试频率达 20GHz。从图中可以看出，GSG 型薄空气隙 TSV 等效电路模型的 ADS 电路仿真结果与实测数据在较大的频率范围内都能够实现良好的匹配。

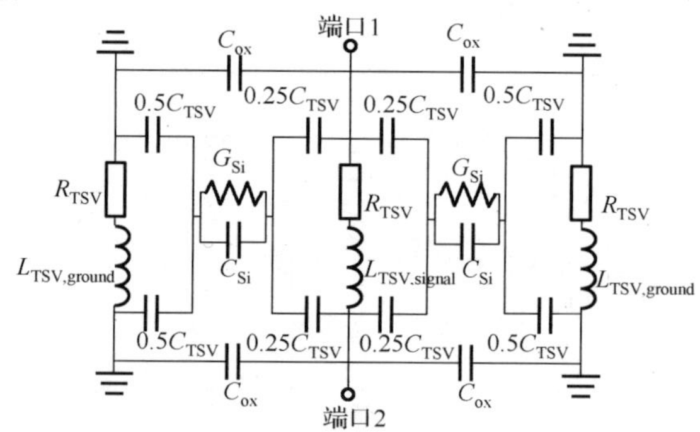

图 7.11　GSG 型薄空气隙 TSV 的等效电路模型

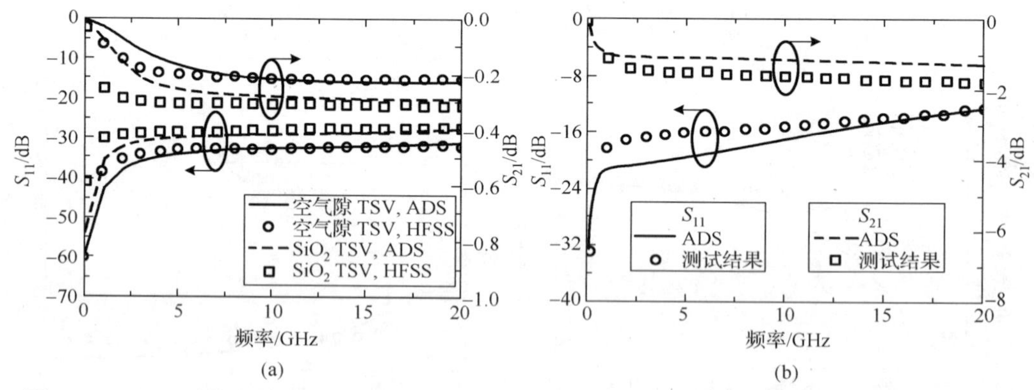

图 7.12　GSG 型薄介质层 TSV *S* 参数的 HFSS 仿真和实测结果与 ADS 电路仿真结果的对比

7.1.3　特性分析

GSG 型空气隙 TSV 的等效电路模型可用于更深入地分析其电磁特性。选用的基准参数为：r_{TSV}=5μm；t_{air}=1μm；p_{TSV}=40μm。GSG 型空气隙 TSV 的 S 参数随其结构参数的变化情况如图 7.13 所示。从图中可以看出，HFSS 仿真和 ADS 电路仿真结构匹配良好；随着 p_{TSV} 和 t_{air} 的增大，GSG 型空气隙 TSV 的传输特性均得到大幅度的提高，即 S_{11} 减小且 S_{21} 增大；随着 r_{TSV} 的增大，GSG 型空气隙 TSV 的 S_{21} 和 S_{11} 均有所减小。

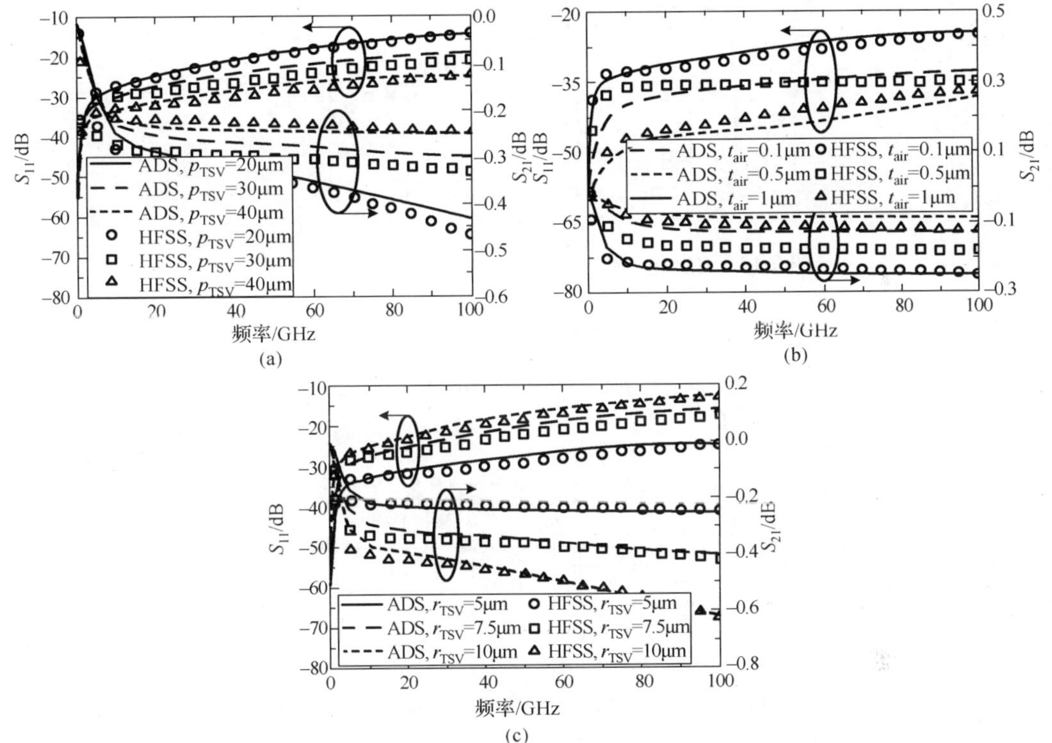

图 7.13　GSG 型空气隙 TSV 的 S 参数随其结构参数的变化情况

7.1.4　和 GS 型空气隙 TSV 特性比较

本节将 GSG 型和 GS 型空气隙 TSV 的特性进行对比，所用结构参数和 7.1.3 节相同。图 7.14 所示为 GSG 型和 GS 型空气隙 TSV 的 S 参数。从图中可以看出，二者的 S_{21} 差距不大，但是当频率较高时，前者的 S_{11} 要远小于后者的。由式(7-37)和式(7-38)可得到 GSG 型和 GS 型空气隙 TSV 单位长度集总电感和电导，如图 7.15 所示。从图中可以看出，由于 GSG 型中两根接地 TSV 的屏蔽作用，它的集总电感大幅度降低，而集总电导则大幅度提高。这使得 GSG 型 TSV 的寄生参数在很大的频率范围内得以抑制，提高了信号传输的质量，尤其是在高速三维集成电路中。

通过上述的对比可以看出，GSG 型 TSV 不仅是高速三维集成电路中的 CPW 互连线，更是通过两根接地 TSV 的屏蔽作用减少了信号传输过程中的多种寄生参数，提高了信号的传输质量。

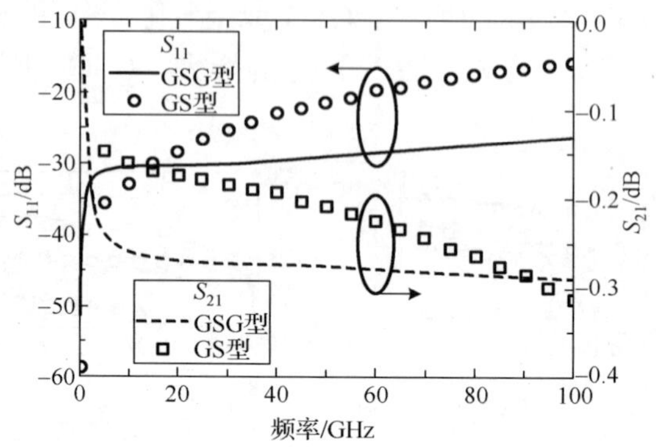

图 7.14　GSG 型和 GS 型空气隙 TSV 的 S 参数对比

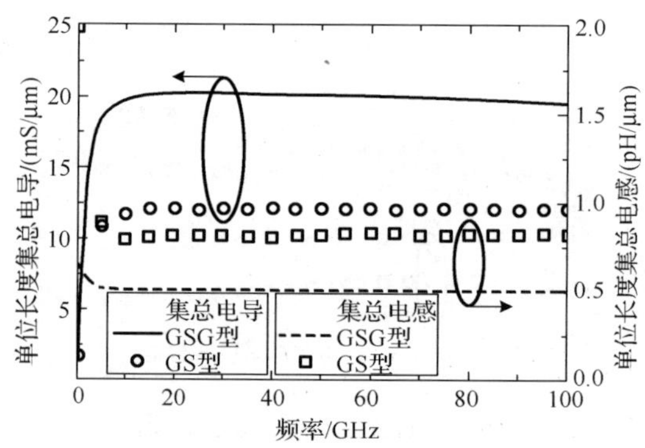

图 7.15　GSG 型和 GS 型空气隙 TSV 的单位长度集总电感和集总电导对比

7.1.5　温度的影响

随着三维集成电路技术的迅速发展和硅基 CMOS 工艺技术的不断进步，三维集成电路单位体积中的功耗急剧增加，这将导致严重的发热问题。对于散热问题，三维集成电路内部产生的热量则必须要通过相邻的芯片层和键合层才能传导到散热器或者是热沉，而键合层材料的热导率一般都较低，再加上目前人们对具有较小体积的电子设备的需求日益提高，使得高密度集成设备的散热能力也有所下降。另外，三维集成电路采用三维堆叠的方式，使得系统内部的互连线长度有了大幅度的缩短，有利于系统工作频率的提高，使得高速三维集成电路在高速无线通信、汽车雷达和成像等多个领域都有着广阔的应用前景，这也会加剧高速三维集成电路的散热问题[4]。因此，在发热、散热和高工作频率的综合影响下，热问题已经成为限制三维集成电路发展的重要瓶颈。

1. 寄生电阻及其温度系数

Cu 的电阻率 ρ_{TSV} 受温度影响较大，其表达式可由两部分组成：一部分为常数，另一部分为关于温度的线性函数[16]，即

$$\rho_{TSV}(T) = \rho_0[1 + \alpha_0(T - T_0)] \tag{7-40}$$

其中，T_0=293.15K(20℃)；ρ_0=1.72×10^{-8} Ω·m；对于全局互连线尺寸规模的 Cu 导体，α_0=0.004。结合式(7-1)～(7-4)以及式(7-40)可知，TSV Cu 导体的寄生电阻不仅是频率的函数，还是温度的函数。对于 r_{TSV}=5μm、h_{TSV}=60μm 的 Cu TSV，不同温度下它的单位长度寄生电阻的 HFSS 仿真和理论模型计算结果如图 7.16 所示，可见它们匹配良好。从图 7.16 中可以看出，随着工作频率的提高，由于趋肤效应与邻近效应的作用越来越显著，电流在 TSV Cu 导体中的有效横截面积急剧减小，从而导致 TSV Cu 导体的寄生电阻随频率的升高而急剧增大。另外，因为 Cu 的电阻率随温度的升高而升高，所以 TSV Cu 导体的寄生电阻随温度的升高而增大。

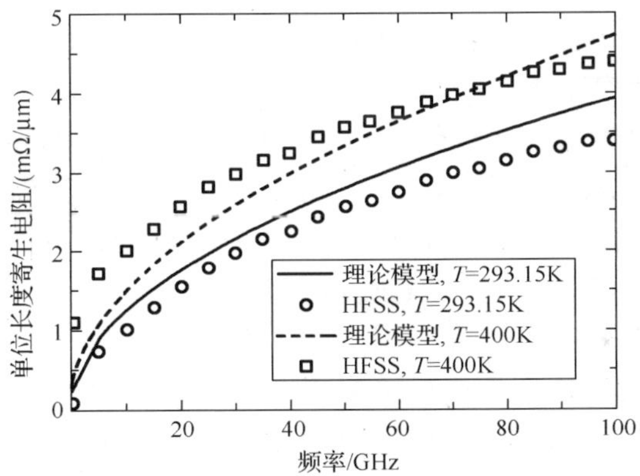

图 7.16　不同温度下 TSV Cu 导体单位长度寄生电阻的 HFSS 仿真和理论模型计算结果的对比

电阻温度系数(Temperature Coefficient of Resistance, TCR)可表征 TSV Cu 导体的寄生电阻对温度变化的敏感程度，即温度每改变 1℃时 Cu 导体寄生电阻的相对变化，它定义为

$$\mathrm{TCR}(T^*) = \frac{\partial R/R}{\partial T}\bigg|_{T=T^*} \tag{7-41}$$

对于直流和低频应用，TSV Cu 导体的寄生电阻可用直流电阻式(7-2)表征，将它和式(7-40)代入式(7-41)中可得

$$\mathrm{TCR}(T) = \frac{\partial R/R}{\partial T} = \frac{\alpha_0}{1 + \alpha_0(T - T_0)} \tag{7-42}$$

根据目前三维互连的主流工艺，TSV Cu 导体的直径要远远大于趋肤深度，并且

电路的工作频率也越来越高，在微波频域范围内的应用越来越广泛，如果继续使用式(7-42)来表征 TSV Cu 导体寄生电阻对温度的敏感特性将会带来很大的误差。本节对 TCR(T)进行修正，将趋肤效应和邻近效应考虑到 TCR 中，使其不仅适用于直流和低频应用，也适用于高频应用。

考虑趋肤效应和邻近效应的 TSV Cu 导体寄生电阻由式(7-1)～(7-4)表征，将它们和式(7-40)代入式(7-41)中可得

$$
\begin{aligned}
\mathrm{TCR}_{\mathrm{TSV}}(T) &= \frac{\partial R_{\mathrm{TSV}}/R_{\mathrm{TSV}}}{\partial T} \\
&= \frac{\rho_0\alpha_0}{2}\frac{2\rho(T)+afr_{\mathrm{TSV}}^2}{\rho(T)^2+afr_{\mathrm{TSV}}^2\rho(T)} \\
&= \frac{\alpha_0}{2}\frac{2\rho_0[1+\alpha_0(T-T_0)]+afr_{\mathrm{TSV}}^2}{\rho_0[1+\alpha_0(T-T_0)]^2+afr_{\mathrm{TSV}}^2[1+\alpha_0(T-T_0)]}
\end{aligned}
\tag{7-43}
$$

其中，$a=\pi\mu_0/4$。可见，高频 TSV Cu 导体寄生电阻温度系数 $\mathrm{TCR}_{\mathrm{TSV}}(T)$是一个包含多个变量的复杂函数。它不仅是温度的函数，也受到 TSV Cu 导体物理尺寸(即 TSV Cu 导体的半径 r_{TSV})和工作频率 f 的影响。

对于 r_{TSV}=5μm 的 TSV Cu 导体，在 T=293.15K 时 $\mathrm{TCR}_{\mathrm{TSV}}$ 随工作频率 f 的变化如图 7.17 所示。从图 7.17 中可以看出，$\mathrm{TCR}_{\mathrm{TSV}}$ 随着工作频率的升高而迅速降低；当工作频率大于 20GHz 时，其值趋于稳定，这时可以忽略工作频率对它的影响；当工作频率从零提高到 100GHz 时，$\mathrm{TCR}_{\mathrm{TSV}}$ 下降了 47.8%。工作频率 f 对 TSV Cu 导体寄生电阻产生影响主要由于 Cu 导体中的高频电流出现了趋肤效应。因此，工作频率 f 对 $\mathrm{TCR}_{\mathrm{TSV}}(T)$的影响也是通过影响趋肤深度 δ 来体现的。δ 随工作频率 f 的变化如图 7.18 所示。从图 7.18 中可以看出，在低频时，δ 随着频率的升高而迅速降低，表现出较大的变化率；随着 f 的升高，尤其是进入吉赫兹范围，δ 减小的速率变得很缓慢并很快地趋于稳定值。另外，比较图 7.17 和图 7.18 可以看出，$\mathrm{TCR}_{\mathrm{TSV}}(T)$和 δ 的变化趋势相同，这也说明 δ 的变化是导致 $\mathrm{TCR}_{\mathrm{TSV}}(T)$变化的原因。

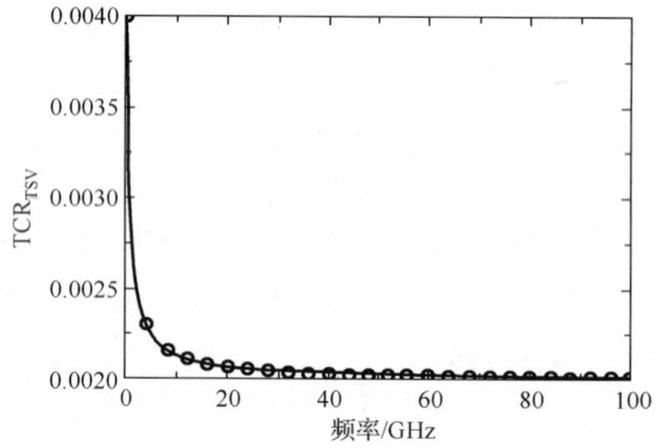

图 7.17 在 T=293.15K 时 TSV Cu 导体的 $\mathrm{TCR}_{\mathrm{TSV}}$ 随工作频率的变化

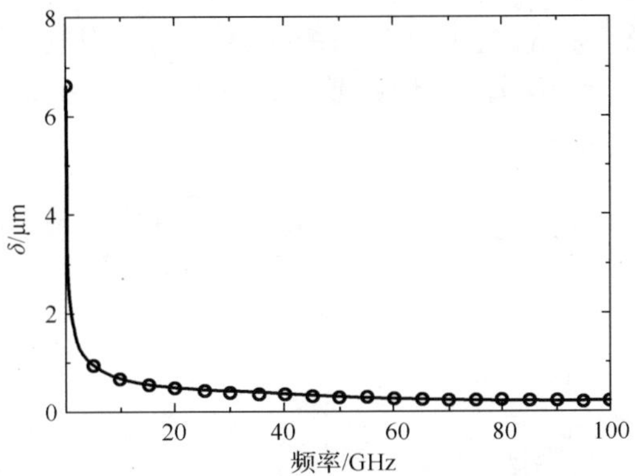

图 7.18　TSV Cu 导体的趋肤深度 δ 随工作频率的变化

当工作频率趋于零时，由式(7-43)可得 $\mathrm{TCR_{TSV}}$ 的极限为

$$\begin{aligned}\lim_{f\to 0}\mathrm{TCR_{TSV}}(T)&=\lim_{f\to 0}\frac{\rho_0\alpha_0}{2}\frac{2\rho(T)+afr_{\mathrm{TSV}}^2}{\rho(T)^2+afr_{\mathrm{TSV}}^2\rho(T)}\\&=\frac{\alpha_0}{2}\frac{2\rho_0[1+\alpha_0(T-T_0)]}{\rho_0[1+\alpha_0(T-T_0)]^2}\\&=\frac{\alpha_0}{1+\alpha_0(T-T_0)}\end{aligned}\tag{7-44}$$

它和式(7-42)一致，所以 $\mathrm{TCR_{TSV}}$ 模型同样适用于直流和低频工作条件。当工作频率为零时，$\mathrm{TCR_{TSV}}$ 在 $T=T_0$(293.15 K)时达到其最大值 $\alpha_0=0.004$。随着工作频率的提高，$\mathrm{TCR_{TSV}}$ 急剧下降，而当工作频率达到几十吉赫兹时，其值趋于稳定。当工作频率趋于∞时，由式(7-43)可得 $\mathrm{TCR_{TSV}}$ 的极限为

$$\begin{aligned}\lim_{f\to \infty}\mathrm{TCR_{TSV}}(T)&=\lim_{f\to \infty}\frac{\rho_0\alpha_0}{2}\frac{2\rho(T)+afr_{\mathrm{TSV}}^2}{\rho(T)^2+afr_{\mathrm{TSV}}^2\rho(T)}\\&=\frac{\rho_0\alpha_0}{2}\frac{1}{\rho_0[1+\alpha_0(T-T_0)]}\\&=\frac{\alpha_0/2}{1+\alpha_0(T-T_0)}\end{aligned}\tag{7-45}$$

此时，$\mathrm{TCR_{TSV}}$ 在 $T=T_0$(293.15K)时达到其最大值 $\alpha_0/2=0.002$。因此，在微波频率范围内，$\mathrm{TCR_{TSV}}$ 表现出了新的特性。

为了分析 TSV Cu 导体的半径 r_{TSV} 对 $\mathrm{TCR_{TSV}}$ 的影响，固定 TSV 的工作温度 $T=T_0$(293.15K)和工作频率 f=20GHz。此时，式(7-43)可简化为

$$\mathrm{TCR_{TSV}}(T_0)=\frac{\alpha_0}{2}\left(1+\frac{\rho_0}{\rho_0+ar_{\mathrm{TSV}}^2}\right)\tag{7-46}$$

TCR_{TSV} 随着 TSV 半径 r_{TSV} 的变化情况如图 7.19 所示。从图 7.19 中可以看出，随着 r_{TSV} 的增大，TCR_{TSV} 迅速下降，并最终趋于稳定值 $\alpha_0/2=0.002$。当 r_{TSV} 趋于零时，由式(7-46)可得 TCR_{TSV} 的极限为

$$\begin{aligned}\lim_{r_{TSV}\to 0} TCR_{TSV}(T_0) &= \lim_{r_{TSV}\to 0} \frac{\alpha_0}{2}\frac{2\rho_0 + ar_{TSV}^2}{\rho_0 + ar_{TSV}^2} \\ &= \alpha_0\end{aligned} \tag{7-47}$$

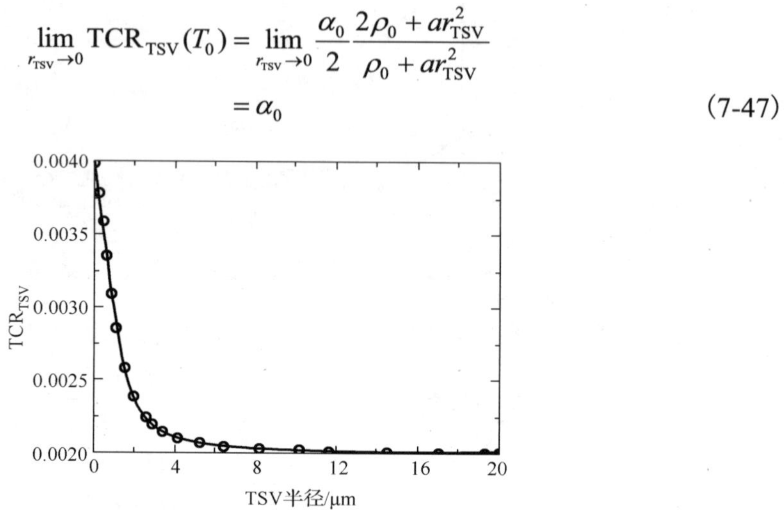

图 7.19　TSV Cu 导体的 TCR_{TSV} 随其半径 r_{TSV} 的变化情况

不同工作频率 f 下 TCR_{TSV} 随着 TSV 半径 r_{TSV} 的变化情况如图 7.20 所示。从图中可以看出，TCR_{TSV} 随着工作频率的提高而显著下降，当频率达到微波频率范围时，下降的速率显著降低，这是由于随着频率的升高，趋肤深度 δ 迅速降低且其变化速度也迅速降低；对于给定的工作频率 f，趋肤深度 δ 的值是固定的，因而 TCR_{TSV} 会随着 r_{TSV} 的增加而降低。

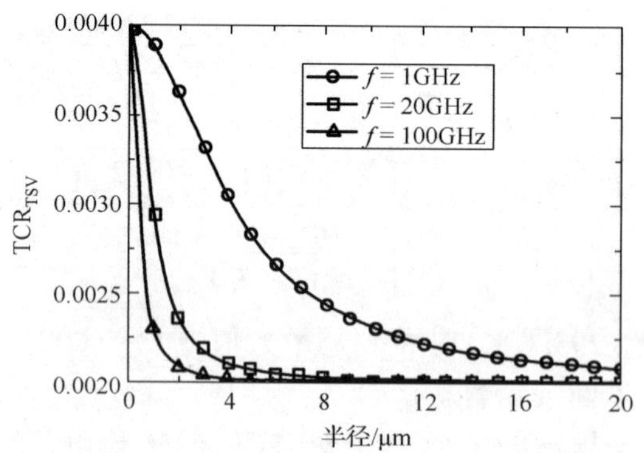

图 7.20　不同工作频率 f 下 TSV Cu 导体的 TCR_{TSV} 随其半径 r_{TSV} 的变化情况

2. 寄生电容

在 TSV 工作时，硅衬底中靠近介质层的接触面上会形成一层较薄的耗尽层，该

耗尽层的寄生电容与介质层的寄生电容串联构成 TSV 的总寄生电容。由于温度对硅衬底中载流子的运动有较为显著的影响，所以耗尽层寄生电容会受到影响，进而导致 TSV 的总寄生电容也受到温度的影响。

温度对空气隙寄生电容没有影响，但它会对耗尽层寄生电容产生显著影响。当 TSV 上的外加电压 $V_{TSV} \geqslant V_{TH}$ 时，耗尽层宽度达到其最大值，即[17]

$$t_{\mathrm{depmax}} = \sqrt{\frac{4\varepsilon_0 \varepsilon_{r,\mathrm{Si}} K_B T}{q^2 N_a} \ln\left(\frac{N_a}{n_i}\right)} \tag{7-48}$$

其中，单位电荷 $q=1.60217733\times10^{-19}$C；p 型硅衬底的掺杂浓度为 $N_a=1.3\times10^{15}\ \mathrm{cm}^{-3}$；真空介电常数 $\varepsilon_0=8.85\times10^{-12}$ F/m；本征载流子浓度 $n_i=1.18\times10^{10}\ \mathrm{cm}^{-3}$；玻尔兹曼常数 $K_B=1.3806505\times10^{-23}$J/K。由于最大耗尽层宽度影响耗尽层寄生电容，进而影响 TSV 的总寄生电容，所以，温度会影响 TSV 的总寄生电容。对于空气隙厚度为 2μm 的 TSV 结构，当工作温度从 293.15K 升高到 400K 时，由式(7-48)可知最大耗尽层宽度增加了 17%，单位长度耗尽层寄生电容则相应降低了 13.8%。与空气隙寄生电容串联之后，TSV 的总寄生电容值仅降低了 0.3%，这是由于较大的空气隙厚度与较低的空气介电常数导致耗尽层寄生电容远远大于空气隙寄生电容，二者并联之后的总电容非常接近空气隙寄生电容。因此，空气隙厚度在一定范围时，即 TSV 的总寄生电容可以近似为空气隙寄生电容，而耗尽层寄生电容可忽略不计时，可以忽略温度对 TSV 的总寄生电容的影响。

虽然 TSV 的寄生电容在一定条件下不受温度的影响，但平带电压 V_{FB} 与阈值电压 V_{TH} 仍然是温度的函数。对于 SiO_2 TSV，通过对其 MIS 系统应用高斯定理，并考虑 TSV 导体的功函数和氧化层电量，得到其阈值电压的表达式为[17]

$$V_{\mathrm{TH}} = \phi_{\mathrm{ms}} - \frac{2\pi r_{\mathrm{ox}} q Q_{\mathrm{ot}}}{2\pi\varepsilon_{\mathrm{ox}}} \ln\left(\frac{r_{\mathrm{ox}}}{r_{\mathrm{TSV}}}\right) + 2\frac{K_B T}{q}\ln\left(\frac{N_a}{n_i}\right) + \frac{qN_a\pi\left(r_{\max}^2 - r_{\mathrm{ox}}^2\right)}{2\pi\varepsilon_{\mathrm{Si}}}\ln\left(\frac{r_{\mathrm{ox}}}{r_{\mathrm{TSV}}}\right) \tag{7-49}$$

其中，r_{ox} 表示 SiO_2 介质层的厚度；ϕ_{ms} 表示 TSV 导体与硅衬底之间的功函数差。平带电压 V_{FB} 则表示为[17]

$$V_{\mathrm{FB}} = \phi_{\mathrm{ms}} - \frac{2\pi r_{\mathrm{ox}} q Q_{\mathrm{ot}}}{2\pi\varepsilon_0\varepsilon_{r,\mathrm{ox}}} \ln\left(\frac{r_{\mathrm{ox}}}{r_{\mathrm{TSV}}}\right) \tag{7-50}$$

其中，Q_{ot} 表示在 Si/SiO_2 界面处存在的大量表面固定正电荷，它是在通孔刻蚀或电介质沉积过程中由于等离子损伤所导致的。Q_{ot} 不随能带弯曲而变化，所以 V_{FB} 和 V_{TH} 都为绝对值很大的负数[17]。空气隙 TSV 不存在这部分表面固定正电荷，即 $Q_{ot}=0$，所以它的平带电压 V_{FB} 和阈值电压 V_{TH} 可分别表示为

$$V_{\mathrm{FB}} = \phi_{\mathrm{ms}} = \phi_m - \phi_{\mathrm{Si}} = \phi_m - \chi - \frac{E_g}{2q} - \frac{K_B T}{q}\ln\left(\frac{N_a}{n_i}\right) \tag{7-51}$$

$$V_{\mathrm{TH}}=\phi_{\mathrm{ms}}+2\frac{K_BT}{q}\ln\left(\frac{N_a}{n_i}\right)+\frac{qN_a\pi\left(r_{\max}^2-r_{\mathrm{ox}}^2\right)}{2\pi\varepsilon_{\mathrm{Si}}}\ln\left(\frac{r_{\mathrm{ox}}}{r_{\mathrm{TSV}}}\right) \tag{7-52}$$

其中，ϕ_m=4.65V 和 χ=4.05V 分别表示 Cu 导体的功函数与电子亲和能；禁带宽度 E_g 可表示为

$$E_g(T)=E_g(T=0)-\frac{\alpha T^2}{T+\beta} \tag{7-53}$$

其中，$\alpha=4.73\times10^{-4}$eV/K；β=636K。

由式(7-49)～(7-53)可知，尽管 SiO_2 TSV 与空气隙 TSV 的平带电压 V_{FB} 与阈值电压 V_{TH} 存在一些差异，但是它们都是温度 T 的函数。不同温度 TSV 单位长度寄生电容随偏置电压的变化情况如图 7.21 所示。从图 7.21 中可以看出，温度对 V_{FB} 的影响很小，可忽略不计；对 V_{TH} 的影响较大，当温度从 293.15K 升高到 400K 时，空气隙 TSV 的 V_{TH} 提高了大约 33.3%，SiO_2 TSV 的 V_{TH} 提高了大约 2%，可忽略不计。因此，虽然空气隙 TSV 相比 SiO_2 TSV 具有很多优点，如较小的寄生电容和热应力等，但同时也引入了其他的问题，如温度对 V_{TH} 的影响较为显著，在电路设计中需要特别考虑。如前面所分析，当空气隙的厚度大于 0.75μm 时，其总的寄生电容 C_{TSV} 可近似为空气隙寄生电容 C_{air}，这时候则不需要考虑耗尽层的影响，即不需要计算出 V_{TH}，此时，温度对空气隙 TSV 寄生电容的影响可忽略不计；当空气隙的厚度小于 0.75μm 时，需要考虑温度对空气隙 TSV 寄生电容的影响。

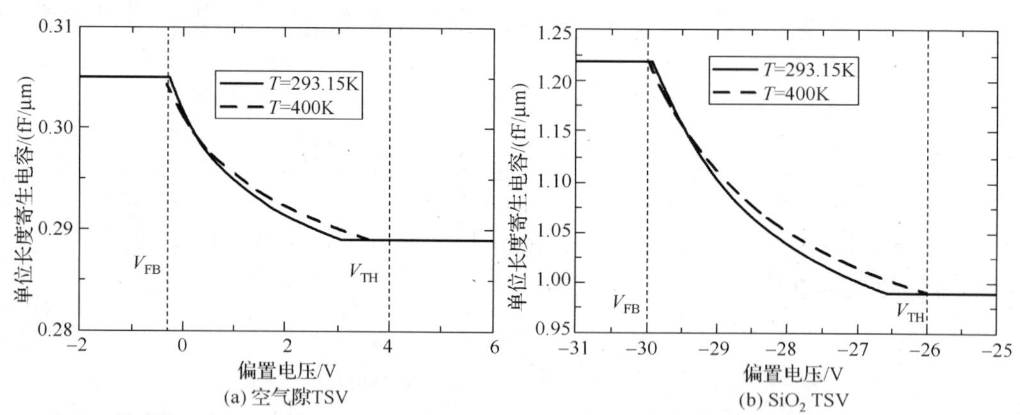

图 7.21　不同温度 T 下 TSV 单位长度寄生电容随偏置电压的变化情况

3. 硅衬底电导率

硅衬底中的多数载流子的迁移率容易受到温度的影响，进而对硅衬底的电导率产生影响，所以硅衬底的电导率也是温度的函数。对于 p 型硅衬底，它的多数载流子空穴的迁移率可表示为[4]

$$\mu_{\mathrm{p}}(T)=\mu_{\mathrm{p}}(T=300\mathrm{K})\cdot(T/300)^{-3/2} \tag{7-54}$$

$$\mu_{\mathrm{p}}(T=300\mathrm{K})=\frac{\mu_{\max}-\mu_{\min}}{1+(N_a/N_{\mathrm{ref}})^{\alpha}}+\mu_{\min} \tag{7-55}$$

其中，$\mu_{\max}$=495cm^2/(V·s)；$\mu_{\min}$=47.7cm^2/(V·s)；α=0.76；N_{ref}=6.3×10^{16}cm^{-3}；N_a=1.3×10^{15}cm^{-3} 为硅衬底的掺杂浓度。硅衬底的电导率可表示为[4]

$$\sigma_{\mathrm{Si}}=1.602\times10^{-19}N_a\mu_{\mathrm{p}}(T) \tag{7-56}$$

将式(7-54)和式(7-55)代入式(7-26)中，可得到硅衬底的寄生电导与温度的关系表达式。通过计算可知，随着温度的升高，硅衬底的寄生电导下降，即其电阻损耗增加；当温度从 293.15K 升高到 400K 时，G_{Si} 下降了 37.3%。温度对硅衬底的寄生电导的显著影响使得在集成电路设计时，必须要考虑温度对电路性能的影响。不同温度下 GSG 型空气隙 TSV 单位长度集总电导的 HFSS 仿真和由式(7-30)的计算结果如图 7.22 所示。从图中可以看出，它们的结果匹配良好。随着温度的升高，GSG 型空气隙 TSV 的集总电导也大幅下降，这加剧了硅衬底的损耗。因此，温度对硅衬底的影响不可忽视。

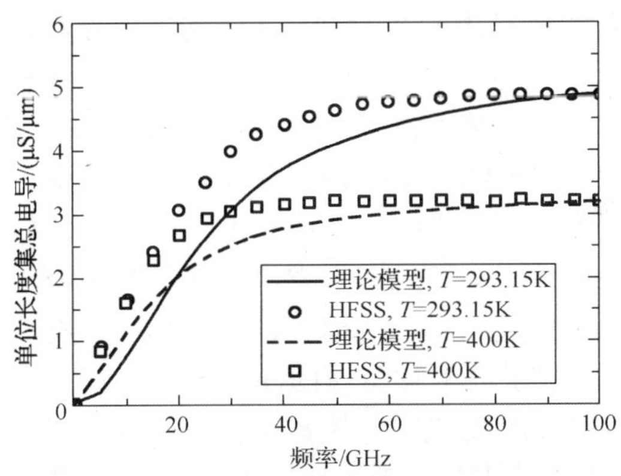

图 7.22　不同温度 T 下 GSG 型空气隙 TSV 单位长度集总电导的 HFSS 仿真和由式(7-30)的计算结果的对比

4. 传输特性

不同温度下 GSG 型空气隙 TSV S 参数的 HFSS 仿真和 ADS 电路仿真结果如图 7.23 所示，可见它们匹配良好。从图 7.23 中可以看出，当温度 T 从 293.15K 升高到 400K 时，S_{11} 的变化很小，可忽略不计，S_{21} 的变化比 S_{11} 大，但仍然最大只有 1%的变化，也可忽略不计。这是由空气隙较低的介电常数与较大的厚度所致。当空气隙的厚度变化时，温度对 S 参数的影响需要进一步分析研究，本章不再赘述。

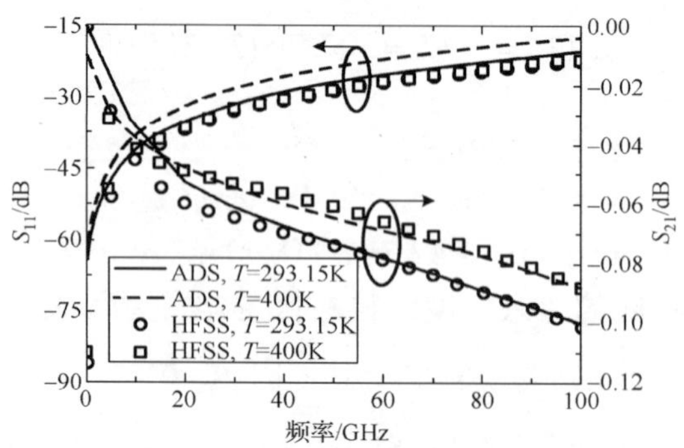

图 7.23　不同温度 T 下 GSG 型空气隙 TSV S 参数的 HFSS 仿真和 ADS 电路仿真结果

7.2　GSG 型空气腔 TSV 的电磁模型和特性

随着半导体工艺技术的迅速发展和人们对电子产品速度要求的提高，电路的工作频率不断地升高。同时，这也导致集成电路中各种损耗的急速增大。高速信号在三维集成电路中比在传统平面集成电路中具有更加严峻的信号完整性和散热问题。因此，学者致力于新型 TSV 结构的探索和研究，用以提高高速三维互连的信号传输质量、降低功耗和延迟等。在高速互连中，硅衬底的涡流损耗是影响信号传输质量的重要因素之一。随着集成电路工作频率的升高，如何有效地减少硅衬底损耗成为学者研究的热点之一。在信号 TSV 周围掺杂一个屏蔽环来降低硅衬底的损耗是提高信号传输质量的一个有效方法，然而该方法对工艺的要求比较高[18]。另外，使用高阻硅衬底也是一个降低硅衬底损耗的有效方法，但是高阻硅的成本较高，不适合于大规模的批量生产[19]。空气腔 TSV 结构可以有效降低硅衬底对高速三维互连通道信号完整性的影响，并克服了前两种方法的缺点。研究它的电磁模型和特性对 TSV 技术乃至三维集成电路的发展具有巨大的推动作用。

GSG 型空气腔 TSV 的结构和参数如图 7.24 所示，它周围的硅衬底被刻蚀掉，只包含三根 TSV Cu 导体。和 GSG 型空气隙 TSV 结构类似，中间的 TSV 作为信号通道，位于两侧的 TSV 作为信号的返回通道，共形成两个电流回路。

7.2.1　工艺技术

根据图 7.24 所示的空气腔 TSV 结构，空气腔 TSV 的工艺技术除了包括传统 TSV 的工艺技术，还主要包括在硅衬底上刻蚀空气腔的工艺技术。在二维平面芯片的低阻硅衬底上刻蚀空气腔，可用来降低硅衬底的损耗、提高信号的传输质量。具体工艺流程如图 7.25 所示：①将低阻硅衬底的表面进行清洁处理，去除掉表面自氧化的 SiO_2 层，并沉积一层 3μm 厚的低应力 SiO_2 介质层，然后在 SiO_2 介质层的上面沉积金属层 M1，如图 7.25(a)所示；②在金属层 M1 上涂覆高分子材料 BCB，并通过 RIE 技术对其进行刻蚀，直至 BCB 下面的金属层 M1 裸露出来，如图 7.25(b)所示；③在 250°的高温环境中对 BCB 进行一小时的固化后完成金属层 M2 的沉积，如图 7.25(c)所示；④对硅衬底的背面进行减薄并将其正面临时键合在载晶圆上，键合材料为热释放键合胶，它的热释放温度为 150°，接着在减薄之后的硅衬底背面进行空气腔光刻胶的涂覆与刻蚀，如图 7.25(d)和图 7.25(e)所示；⑤通过 DRIE 技术对低阻硅衬底进行刻蚀，直到硅衬底正面的 SiO_2 介质层裸露出来，如图 7.25(f)所示；⑥通过热释放键合胶层，使得低阻硅芯片从载晶圆上脱离下来，如图 7.25(g)所示；⑦硅衬底正、反两面的光刻胶也通过丙酮被一起剥离掉，最终形成如图 7.25(h)所示的空气腔悬浮结构。

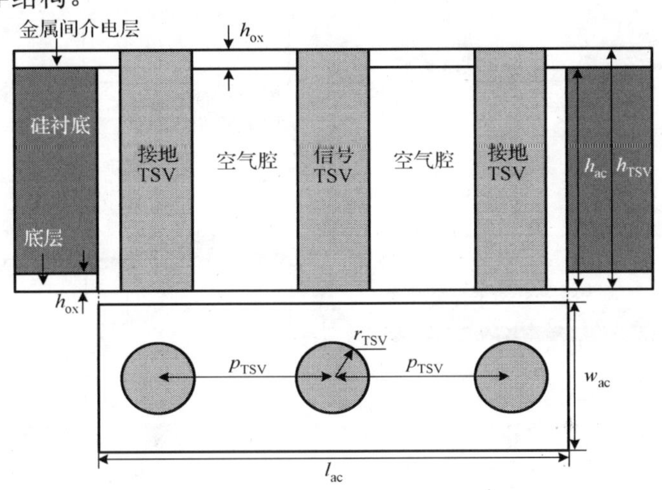

图 7.24　GSG 型空气腔 TSV 的结构和参数

在硅衬底中刻蚀空气腔悬浮结构可大幅度降低高频电路中由低阻硅衬底所带来的损耗。另外，随着电路进入微波和毫米波段范围，电路整体尺寸减小，也使得空气腔上面悬浮的部分相应地缩小，进而提高了悬浮结构的可靠性。因此，这种带有空气腔的悬浮结构为微波电路提供了一个很好的平台，即通过在低成本的低阻硅衬底上刻蚀空气腔来降低硅衬底的损耗。然而，刻蚀空气腔技术也面临着诸多挑战，包括厚层 BCB 的刻蚀、薄层晶片的键合和薄层晶片上悬浮结构的可靠性等问题。由于悬浮结构比较脆弱，在后续的键合和热释放的过程中很有可能会破坏悬浮结构，所以必须小心地处理晶片，并合理地选择空气腔的物理尺寸。虽然空气腔悬浮结构容易受到后续工艺的损坏和机械应力，但是当该结构与其他 PCB 或者芯片键合在一起之后，其结构可靠性则大幅度提高。由于三维集成电路是将多个晶片垂直键合在一起，因此理论上讲可以将该刻蚀空气腔技术应用在三维互连中，为空气腔悬浮结构提供较好的可靠性。

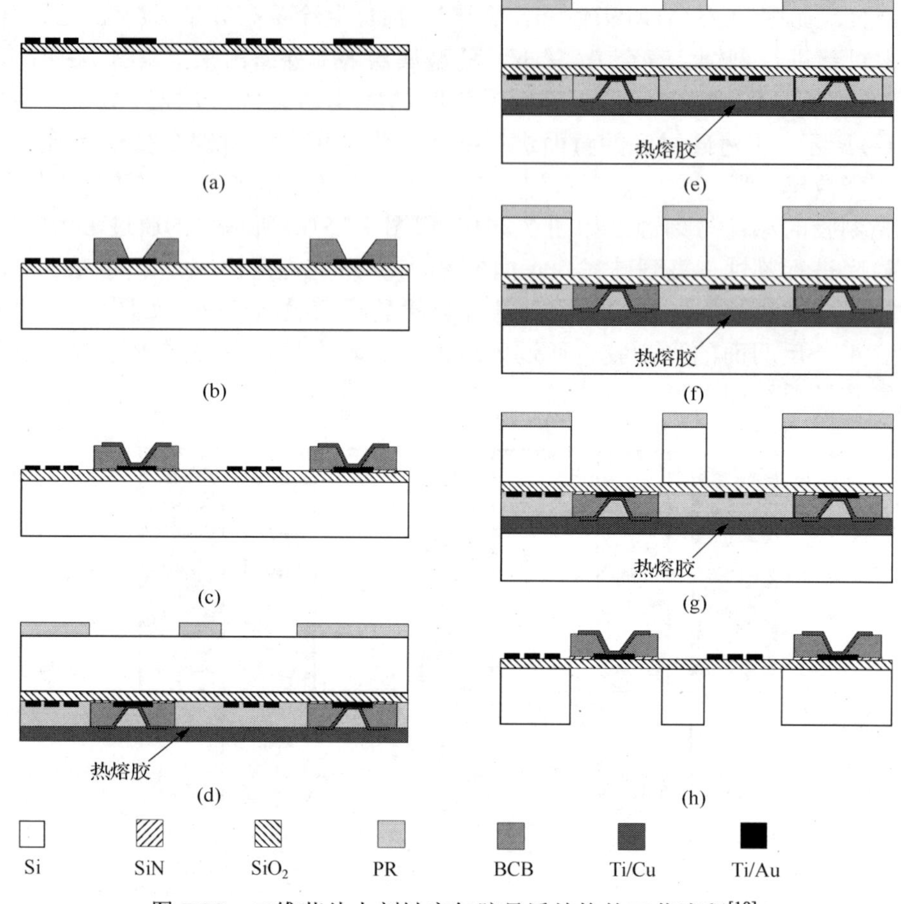

图 7.25　二维芯片上刻蚀空气腔悬浮结构的工艺流程[19]

对于空气隙 TSV 结构，当 TSV Cu 导体电镀完成之后，先刻蚀掉高分子牺牲层材料，然后在硅衬底的背面涂覆空气腔光刻胶掩膜版，接着刻蚀掉 TSV 周围的硅衬底，直到硅衬底正面的 SiO_2 介质层裸露出来，最后用丙酮剥离掉光刻胶，并在硅衬底背面生长 SiO_2 介质层，以及电镀键合凸起、再分布互连线等。可见，空气腔 TSV 的工艺技术可以与空气隙 TSV 的工艺技术实现良好的兼容，即只需要在空气隙 TSV 制作之后多进行一步，即硅衬底中空气腔的刻蚀即可。同时，TSV 上、下两端的键合凸起以及多层芯片的垂直键合都可以为空气腔悬浮结构提供良好的稳定性与可靠性。

7.2.2　品质因数

在三维互连通道中，若考虑有耗媒质的影响，复传播常数 γ 可表示为

$$\gamma = \alpha + \mathrm{j}\beta \tag{7-57}$$

其中，α 为衰减常数，表征信号随距离的衰减率；β 为相位常数。复传播常数 γ 则可以通过求解传输结构所构成的二端口网络的传输矩阵来得到。对于图 7.24 所示的 GSG 型空气腔 TSV 结构，它的 ABCD 矩阵可表示为

$$\begin{bmatrix} A & B \\ C & D \end{bmatrix} = \begin{bmatrix} \cosh(\gamma h_{\mathrm{TSV}}) & Z_0 \sinh(\gamma h_{\mathrm{TSV}}) \\ \sinh(\gamma h_{\mathrm{TSV}})/Z_0 & \cosh(\gamma h_{\mathrm{TSV}}) \end{bmatrix} \tag{7-58}$$

其中，Z_0=50Ω 为端口参考阻抗。所以，复传输常数 γ 可表示为

$$\gamma = \frac{\mathrm{arcosh} A}{h_{\mathrm{TSV}}} \tag{7-59}$$

其中，A 可由 GSG 型空气腔 TSV 结构的 S 参数计算得到，即

$$A = \frac{(1+S_{11})(1-S_{22}) + S_{12}S_{21}}{2S_{21}} \tag{7-60}$$

为了定量地描述空气腔 TSV 中高速信号的传输质量，本节引入了一个物理量，即品质因数 Q，它可定义为

$$Q = \beta/2\alpha \tag{7-61}$$

由于空气几乎是无耗的，所以使用空气腔代替了部分硅衬底，可以消除 TSV 周围硅衬底的大部分损耗，尤其是在高频电路中，进而提高信号的传输质量。前面也提到，使用高阻硅衬底也可以降低硅衬底的损耗，然而成本较高，不适用于大规模的批量生产。在理想情况下，即硅衬底的电阻率 $\rho_{\mathrm{Si}}=\infty$时，GSG 型空气隙和 SiO_2 TSV 的品质因数如图 7.26 所示。从图中可以看出，当 $\rho_{\mathrm{Si}}=\infty$时，空气隙 TSV 和 SiO_2 TSV 的品质因数基本相同，尤其是在高频范围内。这从另一方面说明在高频电路中硅衬底的损耗占 TSV 的总损耗的比例较大，而介质层和导体的损耗所占比例很小。

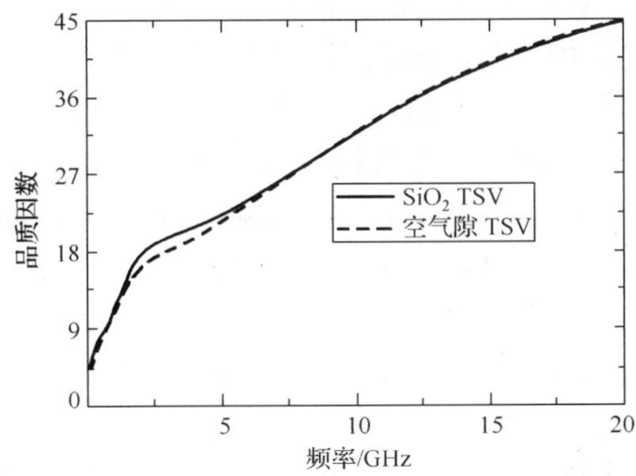

图 7.26　$\rho_{\mathrm{Si}}=\infty$时 GSG 型空气隙和 SiO_2 TSV 品质因数的对比

不同硅衬底电阻率下 GSG 型空气腔 TSV 的品质因数如图 7.27 所示。通过 HFSS

仿真发现，当空气腔的长度 l_{ac} 超过两根接地 TSV 的间距即 $2p_{TSV}$ 时，继续增加空气腔的长度 l_{ac}，GSG 型空气腔 TSV 的品质因数几乎不再增加。这是由于 GSG 型空气腔 TSV 的电场主要集中在信号 TSV 与接地 TSV 之间，并且主要沿空气腔的宽度 w_{ac} 方向[7]。因此，本节后面的论述将不详细讨论 l_{ac} 对 GSG 型空气腔 TSV 的品质因数的影响，而将重点放在 w_{ac} 对品质因数的影响上。不同 w_{ac} 所对应的 GSG 型空气腔 TSV 的品质因数也包含在图 7.27 中。

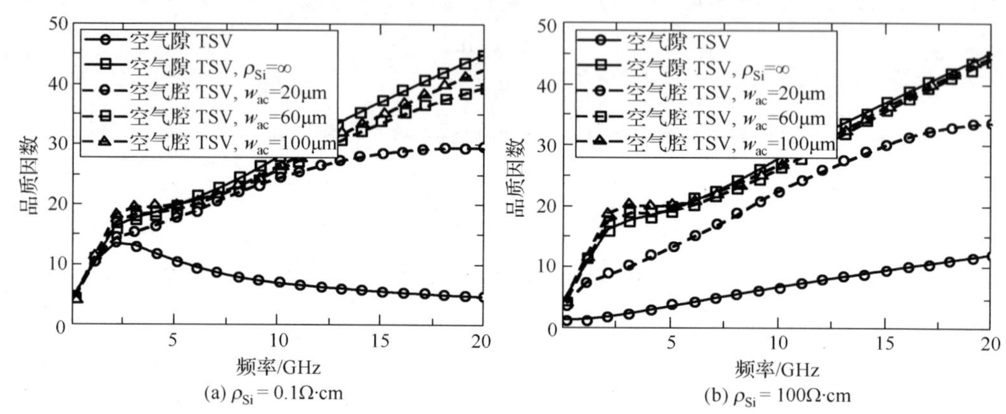

图 7.27　不同硅衬底电阻率下 GSG 型空气腔 TSV 的品质因数

对比图 7.27(a)和图 7.27(b)中空气隙 TSV 的品质因数可以发现，提高硅衬底的电阻率的确可以提高三维通道中信号的传输质量，尤其是在高频电路中。然而，使用高阻硅衬底提高了生产成本，而且对电路性能的提升非常有限。另外，当工作频率较低时，高阻硅衬底空气隙 TSV 的品质因数甚至小于低阻硅衬底空气隙 TSV 的品质因数；当工作频率达到 20GHz 时，低阻硅衬底空气隙 TSV 的品质因数为 5，而高阻硅衬底空气隙 TSV 的品质因数也仅提升了两倍左右，即 12。因此，使用高阻硅衬底来降低高频电路中的衬底损耗不是最佳的选择。

对于空气腔 TSV，从图 7.27 可知，不管是在低阻硅衬底上还是在高阻硅衬底上，使用空气腔的 GSG 型 TSV 的品质因数都得到了较为显著的提高；随着 w_{ac} 的增加，品质因数也不断提高，并逐渐接近理想的空气隙 TSV($\rho_{Si}=\infty$)的品质因数。这是由于随着 w_{ac} 的增加，信号 TSV 与接地 TSV 之间的电磁场越来越多地存在于空气腔中，当 w_{ac} 增加到一定程度时，TSV 周围的硅衬底中基本不存在电磁场，进而消除硅衬底的损耗。另外，当 w_{ac} 达到 60μm 时，品质因数就已经非常接近理想条件下的品质因数，继续增加 w_{ac}，品质因数提高已经变得不明显了。因此，不需要一味地通过提高 w_{ac} 来提高空气腔 TSV 的品质因数，可根据具体的 TSV 的设计尺寸选择适当的空气腔结构参数，包括其长度与宽度。对比图 7.27(a)和图 7.27(b)中空气腔 TSV 的品质因数可以发现，硅衬底电阻率的提高并没有使空气腔 TSV 的品质因数得以显著提高。综上所述，与单纯提高硅衬底的电阻率的方法相比，使用空气腔可显著降低硅衬底的损耗，提高三维通道中信号的传输质量，该特点在高频电路中尤为显著；相对于高阻硅衬底，低阻硅衬底比较经济实用，适合大批量的实际生产。

使用 HFSS 对含有和不含有 SiO_2 介质层的空气腔 TSV 进行仿真可知，它们的品质因数是几乎相同的。这说明使用空气腔悬浮结构之后，TSV Cu 导体周围介质层的损耗可以忽略不计。因此，本节没有将空气腔 SiO_2 TSV 的品质因数包含在图 7.27 中。当使用空气腔 TSV 时，不需要再使用介质层来实现 TSV 导体与硅衬底之间的直流隔离，因此可以对空气腔 TSV 的工艺流程进行简化。首先将器件层圆片与载圆片进行键合，键合材料为热释放键合胶。然后对器件层圆片的背面进行减薄，在减薄后的器件层圆片背面进行 DRIE 深刻蚀，得到环形通孔，使得该通孔穿透硅衬底到达器件层下表面。与 SiO_2 和空气隙 TSV 不同的是，空气腔 TSV 结构不需要进行介质层的制作，因此，接下来可以直接利用电镀技术在深孔内填充金属 Cu。在 TSV 导体填充好之后，需要对其表面进行 CMP 平整化处理，然后涂覆预先设计好相对位置和物理尺寸的空气腔光刻胶掩膜版，类似于图 7.25(e)和图 7.25(f)所示的步骤，并通过 DRIE 技术对硅衬底进行刻蚀并形成空气腔，直到硅衬底正面的 SiO_2 介质层裸露出来。最后用丙酮剥离掉光刻胶，并在硅衬底背面生长 SiO_2 介质层，以及电镀键合凸起、再分布互连线等。所以，空气腔 TSV 的工艺技术比传统结构 TSV 的工艺技术少了介质层的刻蚀与填充等工艺过程，易于制造。

7.2.3　特性分析

在理想情况下，即 $\rho_{Si}=\infty$时，GSG 型 SiO_2 和空气隙 TSV 的 S 参数如图 7.28 所示。从图中可以看出，当 $\rho_{Si}=\infty$时，SiO_2 和空气隙 TSV 的 S 参数基本重合，尤其是在低频范围内；随着频率的提高，空气隙 TSV 的插入损耗要优于 SiO_2 TSV 的插入损耗。这也说明单纯使用提高硅衬底电阻率的方法来降低高频电路的损耗并不是一种经济有效的技术方案，其适用的工作频率是有限的。

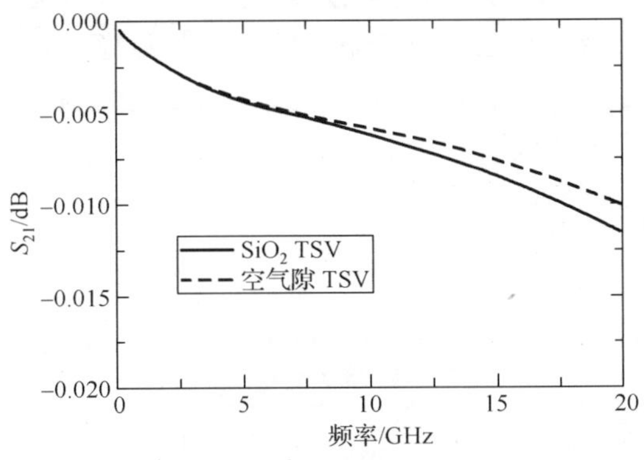

图 7.28　$\rho_{Si}=\infty$时 GSG 型 SiO_2 和空气隙 TSV 的 S 参数

不同硅衬底电阻率下 GSG 型空气腔 TSV 的 S 参数如图 7.29 所示。从图中可以看出，不管是在低阻硅衬底上还是在高阻硅衬底上，使用空气腔的 GSG 型 TSV 的插入损耗都得到了较为显著的改善；与空气腔 TSV 的品质因数不同的是，随着 w_{ac} 的增加，插入损耗的变化不太明显，并且与 $\rho_{Si}=\infty$ 时空气隙 TSV 的插入损耗基本相同。这也是由于随着 w_{ac} 的增加，信号 TSV 与接地 TSV 之间的电磁场越来越多地存在于空气腔中，大幅度提高了高速信号的传输质量。对比图 7.29(a)和图 7.29(b)可知，硅衬底电阻率的提高并没有使空气腔 TSV 的插入损耗得以显著减低，它们几乎相同。因此，低阻硅衬底上的空气腔 TSV 结构能够有效降低信号在传输过程中产生的损耗，并且在空气腔 TSV 结构中使用高阻硅衬底也是无用的。另外，使用 HFSS 对含有和不含有 SiO_2 介质层的空气腔 TSV 进行仿真可知，它们的 S 参数是几乎相同的。这也进一步验证了介质层在空气腔 TSV 结构中的作用可以忽略的结论。因此，本节没有将空气腔 SiO_2 TSV 的 S 参数包含在图 7.29 中。

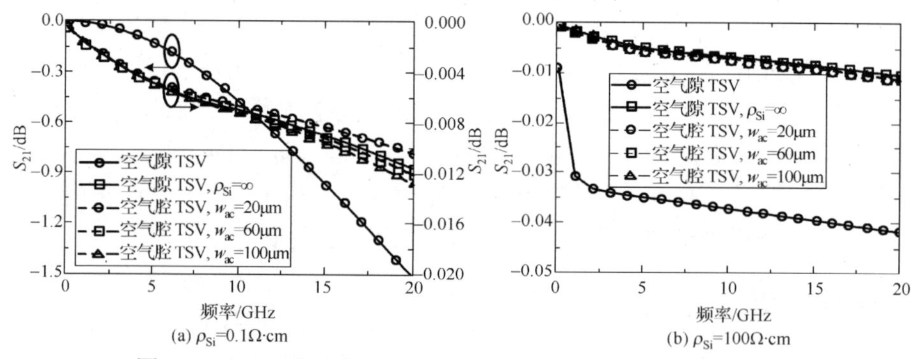

图 7.29　不同硅衬底电阻率下 GSG 型空气腔 TSV 的 S 参数

可见，使用空气腔悬浮结构确实能够有效地提高高速三维集成电路中信号的传输质量、降低其插入损耗，这主要是由于具有高频损耗的硅衬底几乎被无耗的空气腔所代替。另外，信号传输的品质因数会随着 w_{ac} 的增大而提高，且达到一定值后不再增加，而插入损耗随 w_{ac} 的变化不明显。因此，一味地增大 w_{ac} 是不必要的，并且太大的空气腔宽度也会影响芯片和 RDL 互连线结构稳定性。可根据具体的电路设计要求来选择适当宽度的空气腔，以达到最好的电路性能和最佳的结构稳定性。在本章，根据图 7.27 和图 7.29 将空气腔的宽度 w_{ac} 定为 60μm。

7.2.4　等效电路模型及验证

如图 7.24 所示的 GSG 型空气腔 TSV 结构，TSV Cu 导体周围全部都是空气，可根据平行线电容器的计算公式来计算 TSV Cu 导体之间的寄生电容，即

$$C_{ac}=\frac{\pi\varepsilon_0\varepsilon_{r,\text{air}}h_{ac}}{\operatorname{arcosh}\left(\dfrac{p_{TSV}}{2r_{TSV}}\right)} \tag{7-62}$$

其中，h_{ac} 为 TSV 空气腔的高度。其他的寄生参数与前面的空气隙 TSV 的寄生参数相同，包括 TSV Cu 导体的寄生电阻和电感以及 IMD 层的寄生电容。综合各个寄生参数模型，建立 GSG 型空气腔 TSV 的等效电路模型及其 π 型集总模型，如图 7.30 所示。在 π 型集总模型中，C_1 与 C_2 可分别表示为

$$C_1 = 2C_{ox} + C_{ac} \tag{7-63}$$

$$C_2 = C_{ac} \tag{7-64}$$

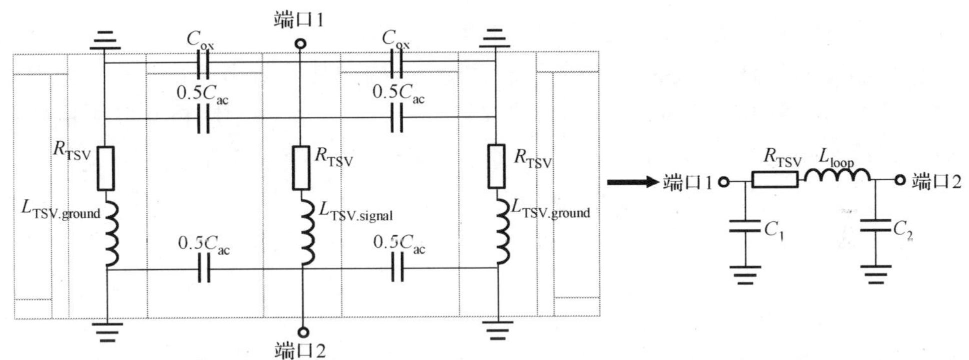

图 7.30　GSG 型空气腔 TSV 的等效电路模型及其 π 型集总模型

GSG 型空气腔 TSV 的等效电路模型及其 π 型集总模型 S 参数的 ADS 电路仿真结果如图 7.31 所示。从图中可以看出，它们匹配良好，这验证了将等效电路模型简化为 π 型集总模型的正确性。为了进一步验证等效电路模型的正确性，使用 HFSS 对 GSG 型空气腔 TSV 进行仿真，结果仍然示于图 7.31 中。从图中可以看出，HFSS 仿真和 ADS 电路仿真结果也能够实现良好的匹配。所以，GSG 型空气腔 TSV 寄生参数模型及其等效电路模型具有很高的准确度。

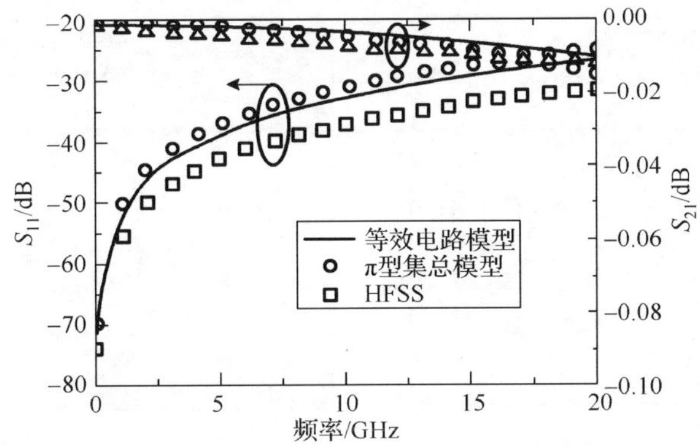

图 7.31　GSG 型空气腔 TSV S 参数的 HFSS 仿真和 ADS 电路仿真结果的对比

7.3　SDTSV 的电磁模型和特性

根据信号的传输方式，TSV 可分为单端信号 TSV 和差分信号 TSV。单端信号 TSV 包括信号-地 TSV 对和同轴 TSV。同轴 TSV 内部的导体用来传输信号，同时外面的金属层作为其返回通路，它具有传输损耗小和能抑制耦合噪声的优点。随着三维集成电路工作频率的提高，为了保证高速信号的信号完整性，差分信号技术通常使用在芯片的高速 I/O 通道中[20]。所以差分 TSV 将成为高速三维集成电路的一个必要组件。差分 TSV 需要用两根信号 TSV 来传输差分信号而其他 TSV 作为其返回通路。文献[20]和文献[21]提出了 GSSG 型的差分 TSV 结构和其等效电路模型，并且已经成功地进行了加工和测试。然而，在高密度 TSV 阵列中，由于周围 TSV 状态的不确定性，对于采用 GSSG 型的差分 TSV 不可避免地会存在差模噪声干扰，致使差分信号严重恶化，尤其是在高频段。另外这种形式的差分 TSV 还存在传输损耗大的缺点。

SDTSV 内部使用两根信号 TSV 来传输差分信号，同时外部使用一个金属层作为抑制周围电磁干扰的屏蔽层和信号的返回通路。它具有同轴 TSV 和差分 TSV 的共同优点。另外，相比同轴 TSV，SDTSV 的加工不需要额外的工艺步骤。所以，在未来高速三维集成电路的设计中，SDTSV 必将得到广泛的应用。

7.3.1　结构

SDTSV 结构的三维视图和横截面如图 7.32 所示，其中内部两根 TSV 用来传输差分信号，外面的金属层作为其屏蔽层和返回通路。在图中，r_1 表示两根信号线的半径；r_2 表示环绕信号线的 SiO_2 层的外表面半径；r_3 和 r_4 分别表示屏蔽层内部 SiO_2 层的内表面和外表面半径；r_5 和 r_6 分别表示屏蔽层外部 SiO_2 层的内表面和外表面半径；p 表示两根信号线的距离；h 表示 SDTSV 的高度。另外，假定硅衬底不加任何偏置电压，所以 Cu 导体和硅衬底之间的 MOS 电容不需要考虑。

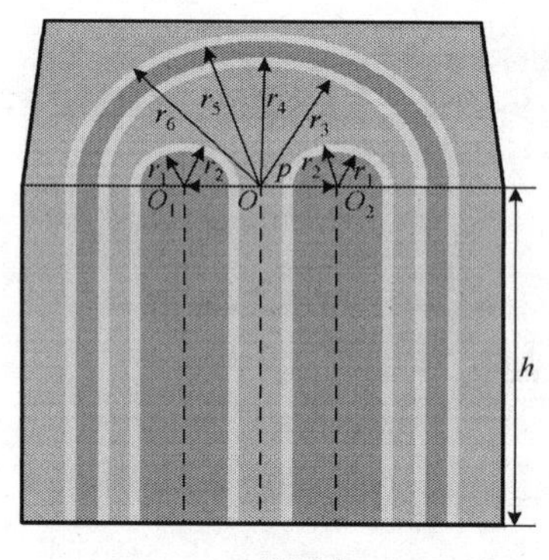

(a) 三维视图

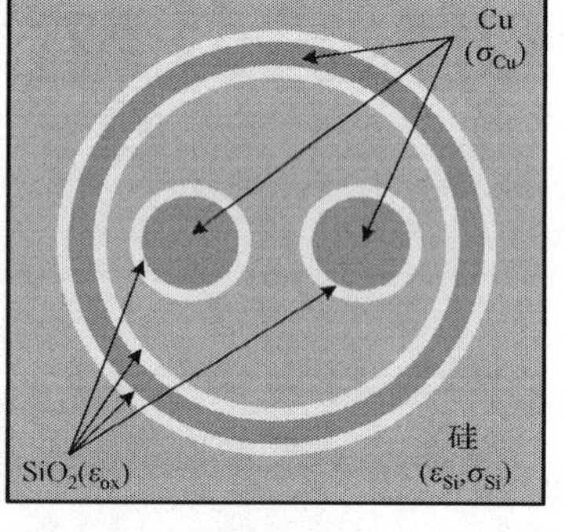

(b) 横截面

图 7.32　SDTSV 结构的三维视图和横截面

7.3.2　等效电路模型

SDTSV 的等效电路模型如图 7.33 所示。由于它是根据 SDTSV 的物理结构提取得到的，所以它的每个参数都有其明确的物理意义。

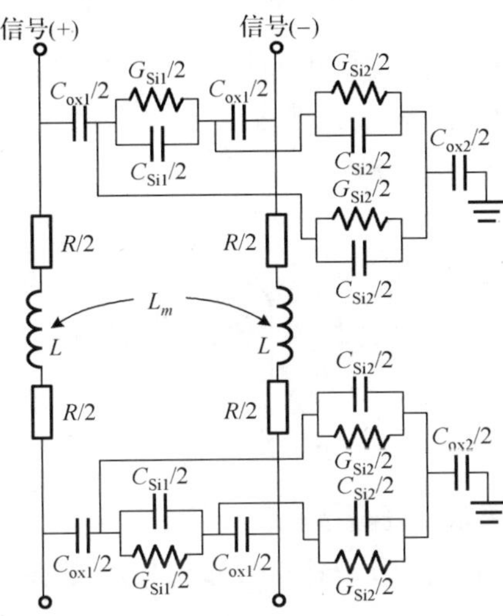

图 7.33　SDTSV 的等效电路模型

R 表示环路电阻，它包括一根信号线的电阻和其返回通路的电阻。它可表示为[22]

$$R = \mathrm{Re}(Z_{\text{wire}}) + \mathrm{Re}(Z_{\text{shield}}) \tag{7-65}$$

其中

$$Z_{\text{wire}} = \frac{TI_0\left(Tr_1\right)}{2\pi r_1 \sigma_{\text{Cu}} I_1\left(Tr_1\right)} \tag{7-66}$$

$$Z_{\text{shield}} = \frac{T}{\pi \sigma_{\text{Cu}} r_5} \cdot \frac{I_0(Tr_5)K_1(Tr_4) + I_1(Tr_4)K_0(Tr_5)}{I_1(Tr_5)K_1(Tr_4) - I_1(Tr_4)K_1(Tr_5)} \tag{7-67}$$

其中，$T = \left(\omega\mu_0\sigma_{\text{Cu}}\right)^{1/2} \mathrm{e}^{\mathrm{j}(\pi/4)}$；$I_0$ 和 I_1 分别表示第一类零阶和一阶修正贝塞尔函数；K_0 和 K_1 分别表示第二类零阶和一阶修正贝塞尔函数。

和 R 类似，L 表示环路电感，它包括一根信号线的电感和其返回通路的电感。它可表示为[23，24]

$$L = L_{i,\text{wire}} + L_{i,\text{shield}} + L_e \tag{7-68}$$

其中

$$L_{i,\text{wire}} = \frac{\mathrm{Im}\left(Z_{\text{wire}}\right)}{2\pi f} \tag{7-69}$$

$$L_{i,\text{shield}} = \frac{\text{Im}(Z_{\text{shield}})}{2\pi f} \tag{7-70}$$

$$L_e = \frac{\mu_0}{2\pi}\ln\left(\frac{r_4^2 - (p/2)^2}{r_4 r_1}\right) \tag{7-71}$$

它们分别表示信号线和它在屏蔽层中的返回通路的内部电感和外部电感。

两条信号线之间的耦合电感 L_m 可表示为[23,24]

$$L_m = L_{m,e} + m\left(L_{i,\text{wire}} + L_{i,\text{shield}}\right) \tag{7-72}$$

其中

$$L_{m,e} = \frac{\mu_0}{2\pi}\ln\left(\frac{r_4^2 + (p/2)^2}{r_4 p}\right) \tag{7-73}$$

$$m = L_{m,e}/L_e \tag{7-74}$$

它们分别代表外部耦合电感和耦合系数。

C_{ox1} 和 C_{ox2} 分别代表$[r_1,r_2]$和$[r_3,r_4]$之间的氧化层电容，它们可分别表示为

$$C_{\text{ox1}} = \frac{2\pi\varepsilon_{\text{ox}}}{\ln(r_2/r_1)} \tag{7-75}$$

$$C_{\text{ox2}} = \frac{2\pi\varepsilon_{\text{ox}}}{\ln(r_4/r_3)} \tag{7-76}$$

因为硅衬底可以看成均匀介质，所以 SDTSV 的电容矩阵可以通过它的电感矩阵得到，它们之间的关系为[25]

$$\begin{bmatrix} L' & L'_m \\ L'_m & L' \end{bmatrix} \cdot \begin{bmatrix} C_{\text{Si2}} + C_{\text{Si1}} & -C_{\text{Si1}} \\ -C_{\text{Si1}} & C_{\text{Si2}} + C_{\text{Si1}} \end{bmatrix} = \mu_0\varepsilon_{\text{Si}} \begin{bmatrix} 1 & 0 \\ 0 & 1 \end{bmatrix} \tag{7-77}$$

其中

$$L' = \frac{\mu_0}{2\pi}\ln\left(\frac{r_3^2 - (p/2)^2}{r_3 r_2}\right) \tag{7-78}$$

$$L'_m = \frac{\mu_0}{2\pi}\ln\left(\frac{r_3^2 + (p/2)^2}{r_3 p}\right) \tag{7-79}$$

其中，C_{Si1} 和 C_{Si2} 分别代表两根信号线之间和信号线与屏蔽层之间的硅衬底电容。求解式(7-77)，可以得到

$$C_{\text{Si1}} = \frac{\mu_0\varepsilon_{\text{Si}} L'_m}{L'^2 - L_m'^2} \tag{7-80}$$

$$C_{\mathrm{Si2}} = \frac{\mu_0 \varepsilon_{\mathrm{Si}}}{L' + L'_m} \tag{7-81}$$

所以，两根信号线之间和信号线与屏蔽层之间的硅衬底电导 G_{Si1} 和 G_{Si2} 可分别表示为[24]

$$G_{\mathrm{Si1}} = \frac{\sigma_{\mathrm{Si}} \mu_0 L'_m}{L'^2 - L'^2_m} \tag{7-82}$$

$$G_{\mathrm{Si2}} = \frac{\sigma_{\mathrm{Si}} \mu_0}{L' + L'_m} \tag{7-83}$$

图 7.33 所示的 SDTSV 的等效电路模型经过“Δ-Y-Δ”变换可得到它的简化等效电路模型，如图 7.34 所示。在图中，C 和 G 分别表示信号线和屏蔽层之间的等效电容和电导，C_m 和 G_m 分别表示两根信号线之间的等效电容和电导。它们可分别表示为

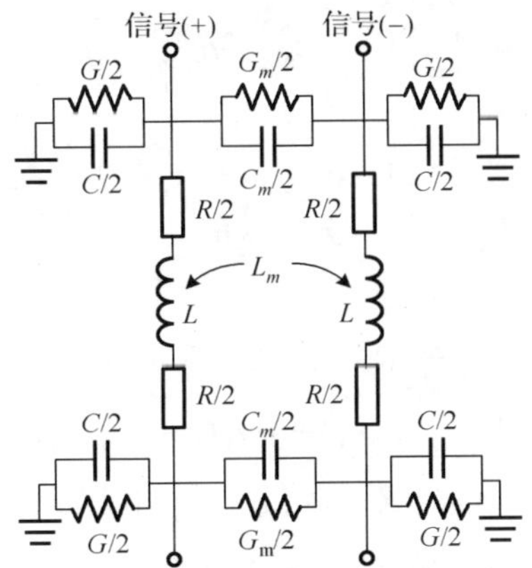

图 7.34　SDTSV 的简化等效电路模型

$$C = \mathrm{Im}\left(\frac{Y_1 Y_2}{2Y_1 + Y_2}\right)\Big/\omega \tag{7-84}$$

$$C_m = \mathrm{Im}\left(\frac{Y_1^2}{2Y_1 + Y_2}\right)\Big/\omega \tag{7-85}$$

$$G = \mathrm{Re}\left(\frac{Y_1 Y_2}{2Y_1 + Y_2}\right) \tag{7-86}$$

$$G_m = \mathrm{Re}\left(\frac{Y_1^2}{2Y_1 + Y_2}\right) \tag{7-87}$$

其中

$$Y_1 = \frac{Y_1' \cdot \mathrm{j}\omega C_{\mathrm{ox1}}}{Y_1' + \mathrm{j}\omega C_{\mathrm{ox1}}} \tag{7-88}$$

$$Y_2 = \frac{Y_2' \cdot \mathrm{j}\omega C_{\mathrm{ox2}}}{Y_2' + \mathrm{j}\omega C_{\mathrm{ox2}}} \tag{7-89}$$

其中

$$Y_1' = \left(2G_{\mathrm{Si1}} + G_{\mathrm{Si2}}\right) + \mathrm{j}\omega\left(2C_{\mathrm{Si1}} + C_{\mathrm{Si2}}\right) \tag{7-90}$$

$$Y_2' = 2\left(G_{\mathrm{Si2}} + \mathrm{j}\omega C_{\mathrm{Si2}}\right) + \frac{\left(G_{\mathrm{Si2}} + \mathrm{j}\omega C_{\mathrm{Si2}}\right)^2}{G_{\mathrm{Si1}} + \mathrm{j}\omega C_{\mathrm{Si1}}} \tag{7-91}$$

7.3.3 模型验证

为了验证 SDTSV 等效电路模型的准确性，首先必须通过它的简化等效电路模型求出它的 S 参数矩阵。对于 SDTSV 的简化等效电路模型，它的奇模和偶模 ABCD 矩阵可分别表示为[26]

$$\begin{bmatrix} A_o & B_o \\ C_o & D_o \end{bmatrix} = \begin{bmatrix} 1 + a_o^2 b_o^2 + 3a_o b_o & 2a_o + a_o^2 b_o \\ 2b_o + a_o b_o^2 & 1 + a_o b_o \end{bmatrix} \tag{7-92}$$

$$\begin{bmatrix} A_e & B_e \\ C_e & D_e \end{bmatrix} = \begin{bmatrix} 1 + a_e^2 b_e^2 + 3a_e b_e & 2a_e + a_e^2 b_e \\ 2b_e + a_e b_e^2 & 1 + a_e b_e \end{bmatrix} \tag{7-93}$$

其中

$$a_o = \left[R + \mathrm{j}\omega\left(L - L_m\right)\right] \cdot h/2 \tag{7-94}$$

$$b_o = \left[\left(G + 2G_m\right) + \mathrm{j}\omega\left(C + 2C_m\right)\right] \cdot h/2 \tag{7-95}$$

$$a_e = \left[R + \mathrm{j}\omega\left(L + L_m\right)\right] \cdot h/2 \tag{7-96}$$

$$b_e = \left(G + \omega C\right) \cdot h/2 \tag{7-97}$$

进一步，差分和共模 S 参数矩阵可分别表示为[27]

$$\begin{bmatrix} S_{d1d1} & S_{d1d2} \\ S_{d2d1} & S_{d1d1} \end{bmatrix} = \begin{bmatrix} \dfrac{A_o + B_o/Z_0 - C_o Z_0 - D_o}{A_o + B_o/Z_0 + C_o Z_0 + D_o} & \dfrac{2\left(A_o B_o - B_o C_o\right)}{A_o + B_o/Z_0 + C_o Z_0 + D_o} \\ \dfrac{2}{A_o + B_o/Z_0 + C_o Z_0 + D_o} & \dfrac{-A_o + B_o/Z_0 - C_o Z_0 + D_o}{A_o + B_o/Z_0 + C_o Z_0 + D_o} \end{bmatrix} \tag{7-98}$$

$$\begin{bmatrix} S_{c1c1} & S_{c1c2} \\ S_{c2c1} & S_{c1c1} \end{bmatrix} = \begin{bmatrix} \dfrac{A_e + B_e/Z_0 - C_e Z_0 - D_e}{A_e + B_e/Z_0 + C_e Z_0 + D_e} & \dfrac{2\left(A_e B_e - B_e C_e\right)}{A_e + B_e/Z_0 + C_e Z_0 + D_e} \\ \dfrac{2}{A_e + B_e/Z_0 + C_e Z_0 + D_e} & \dfrac{-A_e + B_e/Z_0 - C_e Z_0 + D_e}{A_e + B_e/Z_0 + C_e Z_0 + D_e} \end{bmatrix} \tag{7-99}$$

其中，$Z_0 = 50\Omega$。

在验证过程中，使用的 SDTSV 结构参数为：r_1=1μm；r_4=12μm；r_5=13μm；p=6μm；h=50μm；SiO_2 的厚度 t_{ox}=0.2μm。选用终端驱动求解模式，并且定义波端口的半径

等于屏蔽层外表面的半径，即 13μm。同时，屏蔽层和两根信号线分别定义为参考导体和差分对。图 7.35(a)～(d)分别对比了由 HFSS 仿真和等效电路模型计算得到的 S_{d1d1}、S_{d2d1}、S_{c1c1} 和 S_{c2c1} 的幅度和相位。可以看出，在高达 100GHz 的频率范围内，SDTSV 的等效电路模型具有很高的准确度。对比图 7.35(a)和文献[20]的结果，可以得出结论：SDTSV 具有比 GSSG 型的差分 TSV 更小的差模插入损耗。另外，由于在差分模式时两根信号线间存在互电容和互电导，而在共模模式时它们不存在，所以在整个频段内差模插入损耗大于共模插入损耗，这一点从图 7.35(a)和图 7.35(d)的对比可以看出。

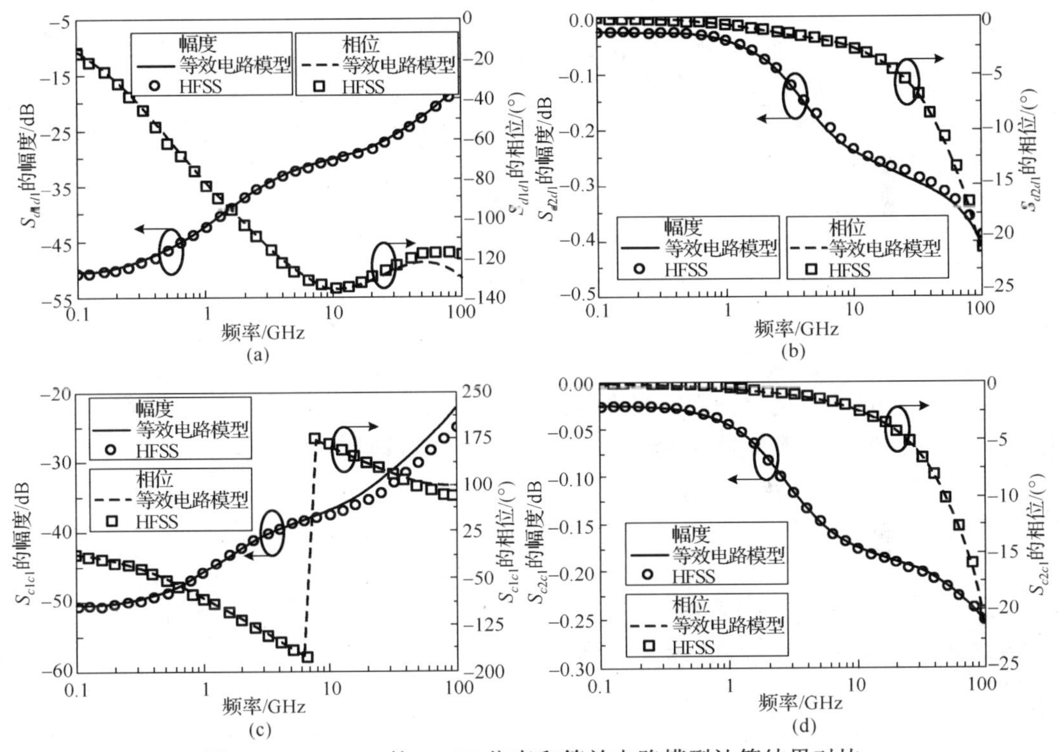

图 7.35　SDTSV 的 HFSS 仿真和等效电路模型计算结果对比

7.3.4　RLCG 参数全波提取方法

SDTSV 的 RLCG 参数除了可以使用理论模型计算，还可以使用全波提取得到，即通过 HFSS 仿真得到。

1. 提取方法

实际上，SDTSV 可以看成有耗差分传输线，它是由很多相同的 RLCG 单元串联而成的。所以它的奇模和偶模 ABCD 矩阵可分别表示为[26, 27]

$$\begin{bmatrix} A_o' & B_o' \\ C_o' & D_o' \end{bmatrix} = \begin{bmatrix} \cosh(\gamma_o h) & Z_{0o}\sinh(\gamma_o h) \\ \dfrac{1}{Z_{0o}}\sinh(\gamma_o h) & \cosh(\gamma_o h) \end{bmatrix} \tag{7-100}$$

$$\begin{bmatrix} A_e' & B_e' \\ C_e' & D_e' \end{bmatrix} = \begin{bmatrix} \cosh(\gamma_e h) & Z_{0o}\sinh(\gamma_e h) \\ \dfrac{1}{Z_{0e}}\sinh(\gamma_e h) & \cosh(\gamma_e h) \end{bmatrix} \tag{7-101}$$

其中

$$Z_{0o} = \sqrt{\frac{R + \mathrm{j}\omega(L - L_m)}{(G + 2G_m) + \mathrm{j}\omega(C + 2C_m)}} \tag{7-102}$$

$$\gamma_0 = \sqrt{\left[(G + 2G_m) + \mathrm{j}\omega(C + 2C_m)\right]\cdot\left[R + \mathrm{j}\omega(L - L_m)\right]} \tag{7-103}$$

$$Z_{0e} = \sqrt{\frac{R + \mathrm{j}\omega(L + L_m)}{G + \mathrm{j}\omega C}} \tag{7-104}$$

$$\gamma_e = \sqrt{(G + \mathrm{j}\omega C)\cdot\left[R + \mathrm{j}\omega(L + L_m)\right]} \tag{7-105}$$

它们分别代表奇模和偶模状态下的特性阻抗和传播常数。

本节的目的是利用全波仿真的结果提取 SDTSV 的 RLCG 参数。根据三维全波电磁仿真得到的 S 参数矩阵，奇模和偶模 ABCD 矩阵可分别表示为[27]

$$\begin{bmatrix} A_o' & B_o' \\ C_o' & D_o' \end{bmatrix} = \frac{1}{2S_{d2d1}} \times \begin{bmatrix} 1 + S_{d1d1} - S_{d2d2} - \Delta_o & Z_0(1 + S_{d1d1} + S_{d2d2} + \Delta_o) \\ (1 - S_{d1d1} - S_{d2d2} + \Delta_o)/Z_0 & 1 - S_{d1d1} + S_{d2d2} - \Delta_o \end{bmatrix} \tag{7-106}$$

$$\begin{bmatrix} A_e' & B_e' \\ C_e' & D_e' \end{bmatrix} = \frac{1}{2S_{c2c1}} \times \begin{bmatrix} 1 + S_{c1c1} - S_{c2c2} - \Delta_e & Z_0(1 + S_{c1c1} + S_{c2c2} + \Delta_e) \\ (1 - S_{c1c1} - S_{c2c2} + \Delta_e)/Z_0 & 1 - S_{c1c1} + S_{c2c2} - \Delta_e \end{bmatrix} \tag{7-107}$$

其中

$$\Delta_o = S_{d1d1}S_{d2d2} - S_{d1d2}S_{d2d1} \tag{7-108}$$

$$\Delta_e = S_{c1c1}S_{c2c2} - S_{c1c2}S_{c2c1} \tag{7-109}$$

所以式(7-100)和式(7-101)的左边可以使用全波提取得到。进一步根据式(7-100)和式(7-101)，Z_{0o}、γ_o、Z_{0e} 和 γ_e 可分别表示为

$$Z_{0o} = \sqrt{\frac{B_o'}{C_o'}} \tag{7-110}$$

$$\gamma_o = \frac{\operatorname{arcosh} A_o'}{h} \tag{7-111}$$

$$Z_{0e} = \sqrt{\frac{B'_e}{C'_e}} \tag{7-112}$$

$$\gamma_e = \frac{\mathrm{arcosh} A'_e}{h} \tag{7-113}$$

最后，根据式(7-102)～(7-105)中 Z_{0o}、γ_o、Z_{0e} 和 γ_e 的定义，SDTSV 的 RLCG 参数可以利用以下 7 个关系式提取，即

$$R = \mathrm{Re}(\gamma_o Z_{0o}) = \mathrm{Re}(\gamma_e Z_{0e}) \tag{7-114}$$

$$L = \frac{\mathrm{Im}(\gamma_o Z_{0o}) + \mathrm{Im}(\gamma_e Z_{0e})}{2\omega} \tag{7-115}$$

$$L_m = \frac{\mathrm{Im}(\gamma_e Z_{0e}) - \mathrm{Im}(\gamma_o Z_{0o})}{2\omega} \tag{7-116}$$

$$C = \frac{\mathrm{Im}(\gamma_e / Z_{0o})}{\omega} \tag{7-117}$$

$$C_m = \frac{\mathrm{Im}(\gamma_o / Z_{0o}) - \mathrm{Im}(\gamma_e / Z_{0e})}{2\omega} \tag{7-118}$$

$$G = \mathrm{Re}(\gamma_e / Z_{0o}) \tag{7-119}$$

$$G_m = \frac{\mathrm{Re}(\gamma_o / Z_{0o}) - \mathrm{Re}(\gamma_e / Z_{0e})}{2} \tag{7-120}$$

其中，Z_{0o}、γ_o、Z_{0e} 和 γ_e 由式(7-110)～(7-113)给出。SDTSV 的 RLCG 参数全波提取流程图如图 7.36 所示。另外，SDTSV 的 RLCG 参数全波提取方法适合于所有差分传输线。

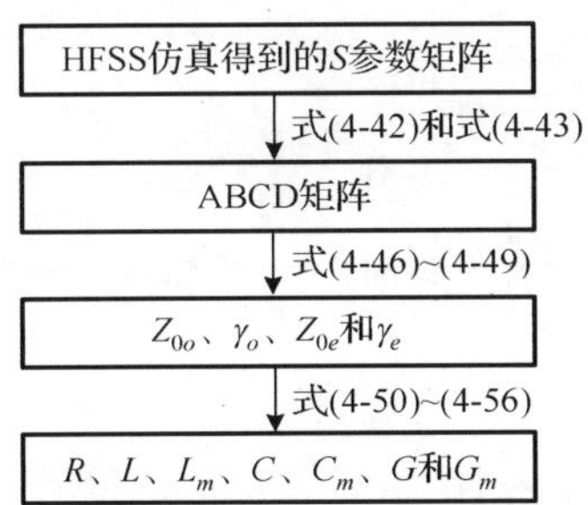

图 7.36　SDTSV 的 RLCG 参数全波提取流程图

2. 方法验证

在验证过程中，HFSS 的仿真设置和选用的 SDTSV 的结构参数及材料参数与

7.3.3 节的仿真设置和选用的参数均相同。图 7.37(a)～(d)分别对比了由 HFSS 仿真和理论模型计算得到的 R、L、L_m、C、C_m、G 和 G_m 的单位长度值。可见，它们在高达 100GHz 的频率范围内均匹配良好。这进一步验证了 SDTSV 等效电路模型的准确性。正如所预料的，由于受趋肤效应的影响，在高频时 R 快速增大，如图 7.37(a)所示。虽然信号线和屏蔽层的内部电感随频率的增大而减小，但是外部电感是不随频率而改变的，并且它远大于内部电感，所以环路电感和互电感只在高频时随频率的增大略微减小，如图 7.37(b)所示。由于在 SDTSV 中存在 SiO_2 层-硅衬底-SiO_2 层结构，所以随着频率的增大，电容减小而电导增大，尤其是在中频段，如图 7.37(c)和图 7.37(d)所示。另外，硅衬底在低频和高频时可分别看成有耗导体和纯介质[7, 28]，所以电容、互电容、电导和互电导在低频和高频时均趋于恒定值。

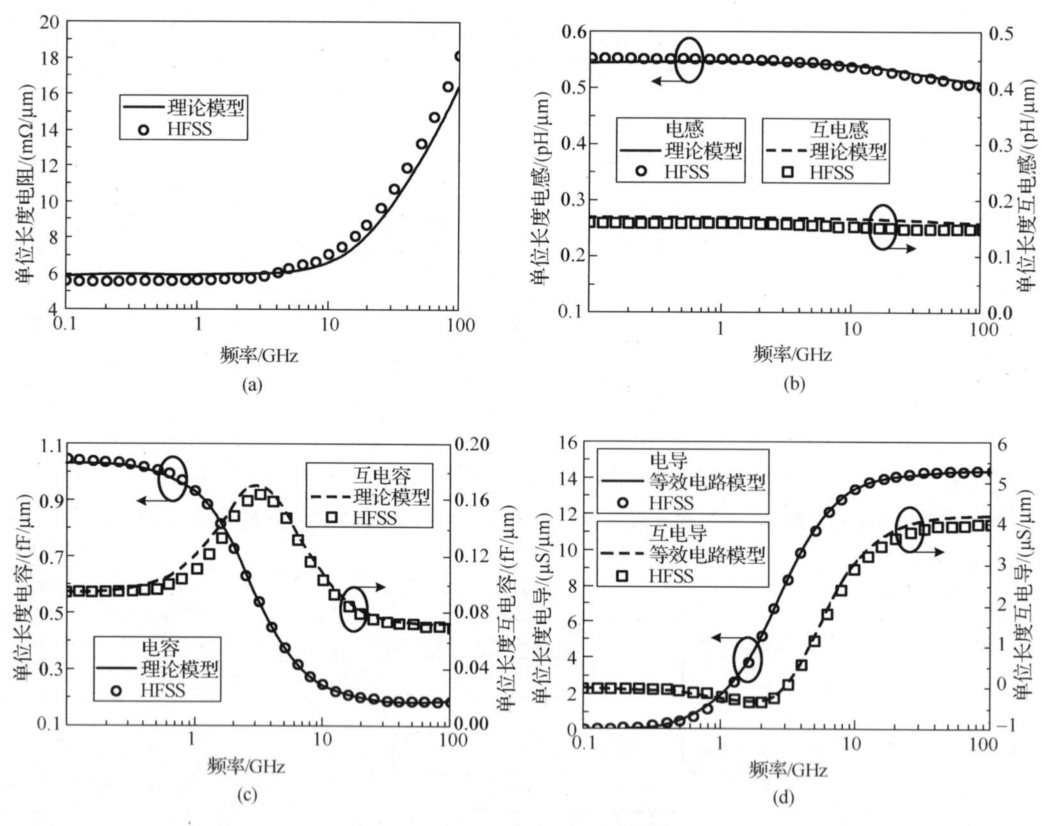

图 7.37　SDTSV 的 HFSS 仿真和理论模型计算结果的对比

7.3.5　特性分析

在实际的应用中，最关心的是 SDTSV 的差模插入损耗 S_{d2d1} 的幅度和差分特性阻抗 Z_{diff} 的实部。Z_{diff} 定义为 Z_{0o} 的两倍，它可表示为

$$Z_{\text{diff}} = 2\sqrt{\frac{R + \text{j}\omega(L - L_m)}{(G + 2G_m) + \text{j}\omega(C + 2C_m)}} \tag{7-121}$$

本节主要分析 r_1、t_{ox}、p、r_4、σ_{Si} 对 S_{d2d1} 的幅度和 Z_{diff} 的实部的影响。在分析过程中采用的基准参数与 7.3.3 节相同。

1. 差分插入损耗

从式(7-94)和式(7-95)可以看出，S_{d2d1} 由 R、$L-L_m$、$C+2C_m$、$G+2G_m$ 决定。使用式(7-71)、式(7-73)、式(7-84)～(7-91)，可以得到

$$L - L_m \approx \frac{\mu_0}{2\pi}\ln\left(\frac{r_4^2 - (p/2)^2}{r_4^2 + (p/2)^2}\cdot\frac{p}{r_1}\right) \tag{7-122}$$

$$C + 2C_m = \frac{C_{\text{ox1}}(2G_{\text{Si1}} + G_{\text{Si2}})^2 + \omega^2 C_{\text{ox1}}(2C_{\text{Si1}} + C_{\text{Si2}})(2C_{\text{Si1}} + C_{\text{Si2}} + C_{\text{ox1}})}{(2G_{\text{Si1}} + G_{\text{Si2}})^2 + \omega^2(2C_{\text{Si1}} + C_{\text{Si2}} + C_{\text{ox1}})^2} \tag{7-123}$$

$$G + 2G_m = \frac{\omega^2 C_{\text{ox1}}^2(2G_{\text{Si1}} + G_{\text{Si2}})}{(2G_{\text{Si1}} + G_{\text{Si2}})^2 + \omega^2(2C_{\text{Si1}} + C_{\text{Si2}} + C_{\text{ox1}})^2} \tag{7-124}$$

由于信号线和屏蔽层的内部电感远小于外部电感，所以在式(7-122)中将它们的影响忽略。SDTSV 的这些电参数随它的结构和材料参数的变化趋势如表 7.1 所示，其中↑、↓、→分别代表增大、减小、不变。为了得到这些变化趋势，采用了求一阶导数的方法。可以看出，随着 p、r_4、σ_{Si} 的变化，$G+2G_m$ 在低频和高频时呈现出不同的变化趋势。

表 7.1　SDTSV 的电参数随它的结构和材料参数的变化趋势

参数	R	$L-L_m$	C_{ox1}	$2C_{\text{Si1}}+C_{\text{Si2}}$	$C+2C_m$	$G+2G_m$	
r_1↑	↓	↓	↑	↑	↑	↑	
t_{ox}↑	→	→	↓	↑	↓	↓	
p↑	→	↑	→	↓	↓	低 ω	↑
						高 ω	↓
r_4↑	↓	↑	→	↓	↓	低 ω	↑
						高 ω	↓
σ_{Si}↑	→	→	→	↑	↑	低 ω	↓
						高 ω	↑

从 SDTSV 的等效电路模型得到的它的 S_{d2d1} 幅度随 r_1、t_{ox}、p、r_4、σ_{Si} 的变化情况分别如图 7.38(a)～(e)所示。在低频段，由于 R 和 $G+2G_m$ 几乎保持不变，并且此时 $C+2C_m$ 的影响可以忽略，所以 S_{d2d1} 的幅度缓慢地增大。然而，在中频段，虽然 R

仍然几乎保持不变并且 $C + 2C_m$ 迅速地减小，但是由于此时 $G+2G_m$ 迅速地增大，所以 S_{d2d1} 的幅度迅速地增大。在高频段，虽然由于受趋肤效应的影响 R 开始快速地增大，但是此时 $R<\omega(L - L_m)$ 并且 $G+2G_m$ 已经接近其最大值，所以 S_{d2d1} 幅度的增长速度减小。

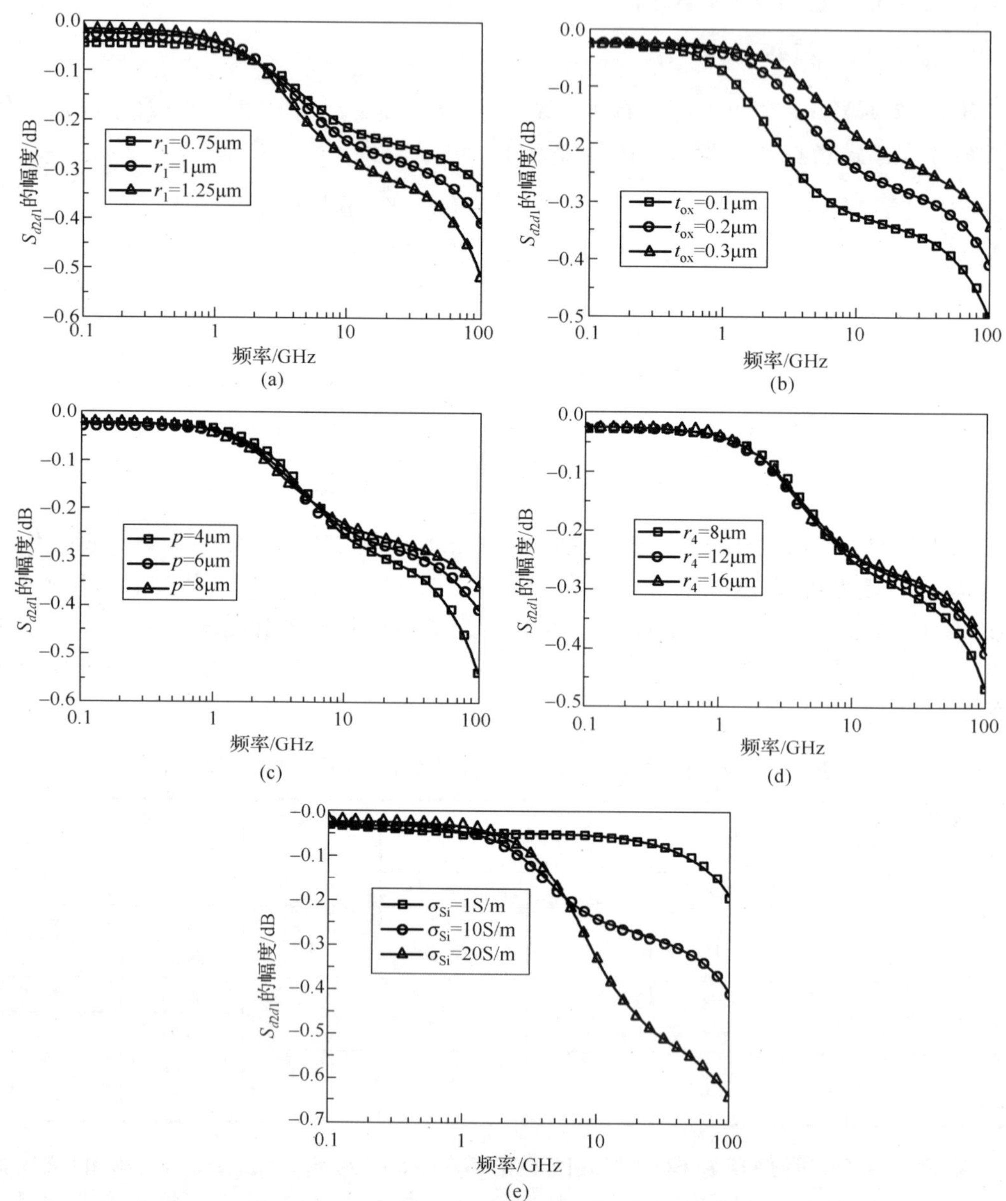

图 7.38　SDTSV 的 S_{d2d1} 幅度随它的结构和材料参数的变化情况

随着 r_1 的变化，S_{d2d1} 的幅度在低频和高频段呈现出不同的变化趋势，如图 7.38(a)

所示。随着 r_1 的增大，R 迅速地减小，这引起 S_{d2d1} 的幅度在低频段减小。相反，在高频段，随着 r_1 的增大，虽然 R 和 $L-L_m$ 减小了，但是此时 S_{d2d1} 的幅度却增大了。这主要是因为在高频段 $C+2C_m$ 和 $G+2G_m$ 随 r_1 的增大快速地增大。所以，S_{d2d1} 的幅度在低频段主要由 r_1 决定，而在高频段主要由 $C+2C_m$ 和 $G+2G_m$ 决定。

随着 t_{ox} 的增加，R 保持不变并且 $C+2C_m$ 和 $G+2G_m$ 减小。所以，几乎在整个频段内，S_{d2d1} 的幅度随 t_{ox} 的增大而快速地减小，如图 7.38 (b)所示。

正如表 7.1 所示，在高频段 $C+2C_m$ 和 $G+2G_m$ 随 p 的增大而减小，并且它们的变化趋势在低频段相反，此时它们对 S_{d2d1} 幅度的影响部分相互抵消。所以，随着 p 的增大，S_{d2d1} 幅度在低频段几乎保持不变，而在高频段减小，如图 7.38 (c)所示。

在整个频段内，$C+2C_m$ 和 $G+2G_m$ 随 r_4 的变化趋势与它们随 p 的变化趋势相同，如表 7.1 所示。另外，由于 R 主要由 r_1 决定，而不是由 r_4 决定，所以 R 只随 r_4 的增大而缓慢地减小。因此，S_{d2d1} 的幅度随 r_4 的变化与它随 p 的变化类似，如图 7.38(c)和图 7.38(d)所示。

在整个频段内，$C+2C_m$ 和 $G+2G_m$ 随 σ_{Si} 的变化趋势与它们随 p 的变化趋势相反，如表 7.1 所示。所以，随着 σ_{Si} 的增大，S_{d2d1} 的幅度在低频段几乎保持不变，而在高频段增大，如图 7.38 (e)所示。

2. 差分阻抗

从式(7-121)可以看出，和 S_{d2d1} 类似，Z_{diff} 也由 R、$L-L_m$、$C+2C_m$、$G+2G_m$ 决定。Z_{diff} 的理想值为 100Ω，但在实际中它是随频率变化的。根据式(7-123)和式(7-124)，当 $\omega\to0$ 和 $\omega\to\infty$ 时，Z_{diff} 的极限值为

$$Z_{\text{diff}}\big|_{\omega\to0}=\sqrt{\frac{2R}{\omega C_{\text{ox1}}}} \tag{7-125}$$

$$Z_{\text{diff}}\big|_{\omega\to\infty}=\sqrt{\left(L-L_m\right)\left(\frac{1}{C_{\text{ox1}}}+\frac{1}{2C_{\text{Si1}}+C_{\text{Si2}}}\right)} \tag{7-126}$$

可以看出，它们除了由 R 和 $L-L_m$ 决定外，还由 C_{ox1} 和 $2C_{\text{Si1}}+C_{\text{Si2}}$ 决定。C_{ox1} 由式(7-75)给出，根据式(7-78)～(7-81)，$2C_{\text{Si1}}+C_{\text{Si2}}$ 可表示为

$$2C_{\text{Si1}}+C_{\text{Si2}}=2\pi\varepsilon_{\text{Si}}\Big/\ln\left(\frac{r_3^2-(p/2)^2}{r_3^2+(p/2)^2}\cdot\frac{p}{r_2}\right) \tag{7-127}$$

它们随 SDTSV 的结构和材料参数的变化趋势如表 7.1 所示。

从 SDTSV 的等效电路模型得到它的 Z_{diff} 实部随 r_1、t_{ox}、p、r_4、σ_{Si} 的变化情况分别如图 7.39(a)～(e)所示。在低频时 Z_{diff} 实部快速地减小，而在高频时趋于恒定值，这一点可以从式(7-125)和式(7-126)看出。在式(7-125)中，Z_{diff} 与 $\sqrt{\omega}$ 成反比，

而在式(7-126)中，Z_{diff}几乎与 ω 无关。在中频段，由于此时 R 增加并且 $C+2C_m$ 快速地减小，所以 Z_{diff}实部缓慢地增大。

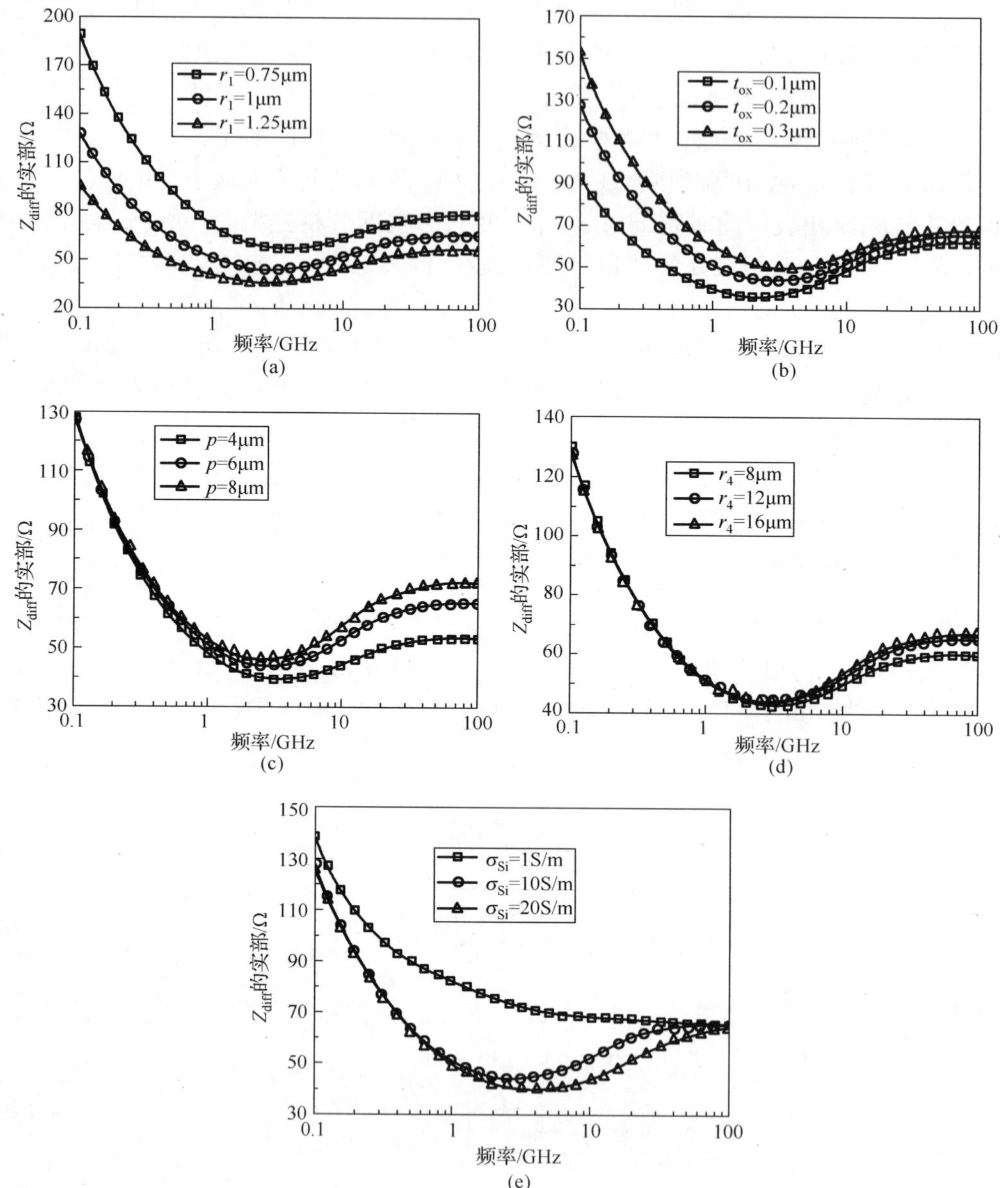

图 7.39 SDTSV 的 Z_{diff}实部随它的结构和材料参数的变化情况

随着 r_1 的增加，R 和 $L-L_m$ 减小并且 $C+2C_m$ 和 $G+2G_m$ 增加。所以在整个频段内，Z_{diff}实部随 r_1 的增大而减小，如图 7.39(a)所示。

和 r_1 的情况相反，在整个频段内，Z_{diff} 实部随 t_{ox} 的增大而增大，如图 7.39(b)所示。这主要是因为 $C+2C_m$ 和 $G+2G_m$ 随 t_{ox} 的增大而减小。另外，在式(7-126)中，C_{ox1} 和 $2C_{\mathrm{Si1}}+C_{\mathrm{Si2}}$ 随 t_{ox} 的变化趋势相反。所以，Z_{diff} 实部随 t_{ox} 的增长速度在高频段小于低频段。

在低频段，$C+2C_m$ 和 $G+2G_m$ 随 p 的变化趋势相反，如表 7.1 所示，所以它们对 Z_{diff} 实部的影响部分相互抵消。进一步，在高频段，随着 p 的增大，$L-L_m$ 增大并且 $C+2C_m$ 和 $G+2G_m$ 减小。所以，随着 p 的增大，在低频段 Z_{diff} 实部几乎保持不变而在高频段 Z_{diff} 实部增大，如图 7.39(c)所示。另一方面，随着 p 的增大，R 和 C_{ox1} 仍然保持不变并且 $2C_{\mathrm{Si1}}+C_{\mathrm{Si2}}$ 减小，进而从式(7-125)和式(7-126)也可以得出此相同的结论。

在整个频段内，$C+2C_m$ 和 $G+2G_m$ 随 r_4 的变化趋势与它们随 p 的变化趋势相同，如表 7.1 所示。另外由于 R 主要由 r_1 决定，而不是由 r_4 决定，所以 R 只随 r_4 的增大而缓慢地减小。所以，和 S_{d2d1} 幅度的情况类似，Z_{diff} 实部随 r_4 的变化与它随 p 的变化类似，如图 7.39(c)和图 7.39(d)所示。

最后，分析了 σ_{Si} 对 Z_{diff} 实部的影响，如图 7.39(e)所示。在低频段，由于此时 $C+2C_m$ 和 $G+2G_m$ 对 Z_{diff} 实部的影响部分相互抵消，所以 Z_{diff} 实部随 σ_{Si} 缓慢减小。在中频段，随着 σ_{Si} 的增大，$C+2C_m$ 和 $G+2G_m$ 增大，所以 Z_{diff} 实部减小。在高频段，由于在式(7-126)中 $C_{\mathrm{ox1}}>(2C_{\mathrm{Si1}}+C_{\mathrm{Si2}})$，所以 Z_{diff} 实部主要由 C_{ox1} 决定，它是不随 σ_{Si} 变化的。因此，Z_{diff} 实部在高频段随 σ_{Si} 的增大几乎保持不变。

参 考 文 献

[1] Katti G, Stucchi M, Meyer K D, et al. Electrical modeling and characterization of through silicon via for three-dimensional ICs. IEEE Transactions on Electron Devices, 2010, 57(1): 256-262.

[2] Xu Z, Lu J Q. Through-strata-via (TSV) parasitics and wideband modeling for three-dimensional integration/packaging. IEEE Electron Device Letters, 2011, 32(9): 1278-1280.

[3] Xu Z, Lu J Q. Three-dimensional coaxial through-silicon-via (TSV) design. IEEE Electron Device Letters, 2012, 33(10):1441-1443.

[4] Zhao W S, Yin W Y, Wang X P, et al. Frequency-and temperature-dependent modeling of coaxial through-silicon vias for 3-D ICs. IEEE Transactions on Electron Devices, 2011, 58(10): 3358-3368.

[5] Hu S M, Wang L, Xiong Y Z, et al. TSV Technology for millimeter-wave and terahertz design and applications. IEEE Transactions on Components, Packaging and Manufacturing Technology, 2011, 1(2): 260-267.

[6] Kim J, Pak J S, Cho J, et al. High-frequency scalable electrical model and analysis of a through

silicon via (TSV). IEEE Transactions on Components, Packaging and Manufacturing Technology, 2011, 1(2): 181-195.

[7] Ndip I, Curran B, Löbbicke K, et al. High-frequency modeling of TSVs for 3-D chip integration and silicon interposers considering skin-effect, dielectric quasi-TEM and slow-wave modes. IEEE Transactions on Components, Packaging and Manufacturing Technology, 2011, 1(10): 1627-1641.

[8] 王皇. 基于传递函数分析的毫米波片上无源元件建模技术研究. 上海: 华东师范大学, 2012.

[9] Paul C R. Inductance: Loop and Partial. New York: John Wiley & Sons, 2011.

[10] Brocard M, Le M P, Bermond C, et al. Characterization and modelling of Si-substrate noise induced by RF signal propagating in TSV of 3D-IC stack. IEEE Electronic Components and Technology Conference (ECTC), 2012: 665-672.

[11] Roullard J, Capraro S, Farcy A, et al. Electrical characterization and impact on signal integrity of new basic interconnection elements inside 3D integrated circuits. IEEE Electronic Components and Technology Conference (ECTC), 2011: 1176-1182.

[12] Xu C A, Li H, Suaya R, et al. Compact AC modeling and performance analysis of through-silicon vias in 3-D ICs. IEEE Transactions on Electron Devices, 2010, 57(12): 3405-3417.

[13] Huang C, Chen Q W, Wang Z Y. Air-gap through-silicon vias. IEEE Electron Device Letters, 2013, 34(3): 441-443.

[14] Chen Q W, Huang C, Tan Z M, et al. Low capacitance through-silicon-vias with uniform benzocyclobutene insulation layers. IEEE Transactions on Components, Packaging and Manufacturing Technology, 2013, 3(5): 724-731.

[15] Ryu C H, Chung D Y, Lee J, et al. High frequency electrical circuit model of chip-to-chip vertical via interconnection for 3-D chip stacking package. IEEE Topical Meeting on Electrical Performance of Electronic Packaging, 2005: 151-154.

[16] Kang K W, Cai W. Size and temperature effects on the fracture mechanisms of silicon nanowires: Molecular dynamics simulations. International Journal of Plasticity, 2010, 26(9): 1387-1401.

[17] Sze S M, Ng K K. Physics of Semiconductor Devices. New Jersey: John Wiley & Sons, 2007.

[18] Lin L J H, Chiou Y P. 3-D transient analysis of TSV-induced substrate noise: Improved noise reduction in 3-D-ICs with incorporation of guarding structures. IEEE Electron Device Letters, 2014, 35(6): 660-662.

[19] Li R, Jin C, Tang M, et al. Low loss suspended membrane on low resistivity silicon and its applications to millimetre-wave passive circuits. IEEE Transactions on Components, Packaging and Manufacturing Technology, 2014, 4(7): 1237-1244.

[20] Kim J, Cho J, Kim J, et al. High-frequency scalable modeling and analysis of a differential signal through-silicon via. IEEE Transactions on Components, Packaging and Manufacturing

Technology, 2014, 4 (4) : 697-707.

[21] Kim J, Pak J S, Cho J, et al. Modeling and analysis of differential signal through silicon via (TSV) in 3D IC. IEEE CPMT Symposium Japan, 2010: 1-4.

[22] Schelkunoff S A. The electromagnetic theory of coaxial transmission lines and cylindrical shields. Bell System Technical Journal, 1934, 13 (4) : 532-578.

[23] Paul C R. Inductance–Loop and Partial. New York, NY, USA: Wiley, 2010.

[24] Paul C R. Analysis of Multiconductor Transmission Lines. New York, NY, USA: Wiley, 2008.

[25] Paul C R. Prediction of crosstalk in ribbon cables: Comparison of model predictions and experimental results. IEEE Transactions on Electromagnetic Compatibility, 1978, EMC-20 (3) : 394-406.

[26] Palit A K, Hasan S, Anheier W. Decoupled victim model for the analysis of crosstalk noise between on-chip coupled interconnects. IEEE Electronics Packaging Technology Conference, 2009: 697-701.

[27] Cho J, Song E, Kim H, et al. Mixed-mode ABCD parameters: Theory and application to signal integrity analysis of pcb-level differential interconnects. IEEE Transactions on Electromagnetic Compatibility, 2011, 53 (3) : 814-822.

[28] Engin A E, Narasimhan S R. Modeling of crosstalk in through silicon vias. IEEE Transactions on Electromagnetic Compatibility, 2013, 55 (1) : 149-158.

第 8 章 CNT TSV 和三维集成电路互连线

基于 TSV 的三维集成电路技术是延续摩尔定律的有效途径。但高性能、多功能的微型集成系统不断发展，也导致 TSV 尺寸持续缩小以实现高密度与高带宽互连设计。国际半导体工业协会(ITRS) 2013 报告预测，TSV 直径在 2017 年将达到 0.8μm。在深亚微米及更小纳米尺度下，金属 Cu 的电子散射显著增加，表面散射与晶粒边界散射叠加在本征声波散射之上，导致它的导电特性的恶化与电阻率的增加；随着工艺技术的进步，Cu 互连的电流密度已达到 10^7A/cm^2，由电流密度增加导致的电子迁移效应将严重降低 Cu 互连的可靠性，并产生电迁移故障。为了满足三维互连电路高性能、低功耗与高可靠性的设计目标，需要寻找取代 Cu 的新型 TSV 导体材料。

碳纳米管(Carbon Nanotube, CNT)有着很高的电流承载能力，可以承载超过 10^9A/cm^2 的电流密度；此外，CNT 具有高杨氏模量、低热膨胀系数与高热导率的特性。这些特性有效弥补了传统 Cu 互连的设计缺陷，使得 CNT 成为当前最为热门的通孔互连材料。

8.1 CNT 制 备

CNT 的生长有很多种方法，包括电弧放电法、激光烧蚀法和催化剂 CVD 等。电弧放电法是在高温条件下，在两个石墨棒之间施加很强的电场来产生碳原子的电弧，之后引入金属催化剂，如铁、钴和镍，生长出 CNT。激光烧蚀法是通过激光将石墨靶材表面加热到很高的温度，最终通过靶材碳原子的气化合成 CNT。上述两种方法都要求很高的工作温度，一般在 2000～3000℃，而且容易产生较多的碳同位素杂质，因此，这些生长技术并不适用于三维集成电路的工艺。催化剂 CVD 技术采用催化剂粒子，选择性地在特定部位生长 CNT，工作温度一般在 500～1000℃，能够与现有的集成电路工艺技术兼容，是目前常用的 CNT TSV 制备方法。

8.1.1 CNT 生长

垂直 CNT TSV 普遍采用自下而上的方式生成，根据 CVD 方法的不同，CNT TSV 生长方式主要分为两种。第一种是基于 PECVD 技术的垂直 CNT 生长，如图 8.1 所示。在金属表面生长 CNT，首先通过等离子体溅射技术在拟生长 CNT 的区域沉积催化剂镍颗粒，之后采用 PECVD 方法控制 CNT 在与晶圆垂直方向上的对齐生长；为了消除空隙相关问题，基于正硅酸乙酯 CVD 技术，在 CNT 间沉积 SiO_2 隔离介质；

再使用 CMP 方法使 CNT 与上层金属进行接触。基于 PECVD 技术的 CNT TSV 制备方法不需要通过刻蚀工艺，就可以生成纵横比大于 20:1 的 CNT TSV。但该方法的缺点在于生成的 CNT 容易产生缺陷，导致电阻增加。已有实验结果显示利用该方法生成的单根 CNT 电阻达到了 300kΩ。

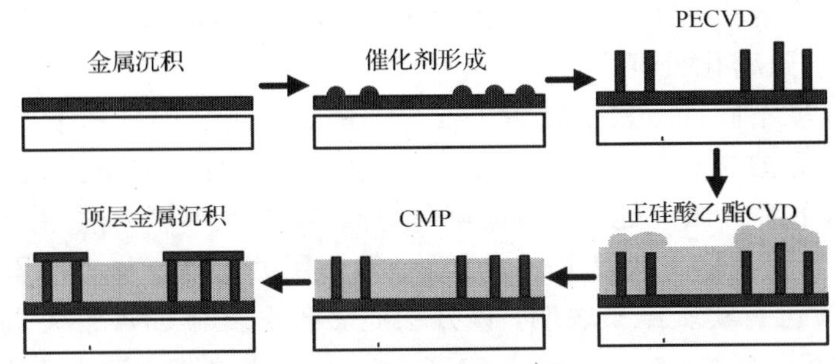

图 8.1　采用 PECVD 技术的 CNT TSV 生长示意图[1]

第二种是基于热化学气相沉积(Thermal CVD, TCVD)技术的垂直 CNT 生长，如图 8.2 所示。首先，采用光刻与深层离子刻蚀技术在拟生长 CNT 区域刻蚀垂直通孔，之后采用溅射、电子束蒸发或涂敷等方式在通孔内部分别沉积氧化铝(Al_2O_3)与铁(Fe)催化剂颗粒；再通过 TCVD 方法，从通孔底部开始生长 CNT；由于现有技术还无法精确地控制 CNT 的生长长度，在进行金属平坦化处理之前，要求在 CNT 表面沉积支撑层。最后，通过机械研磨与抛光，形成 CNT TSV 结构。基于 TCVD 技术的 CNT TSV 制备方法与二维集成电路的工艺技术类似，因此被富士通、三星与英飞凌等大多数半导体公司所广泛采用。但该方法容易将催化剂黏附到通孔侧壁，导致部分 CNT 从两壁生长。在高纵横比的通孔中，横向生长的 CNT 可能对通孔电导特性造成较大的影响。

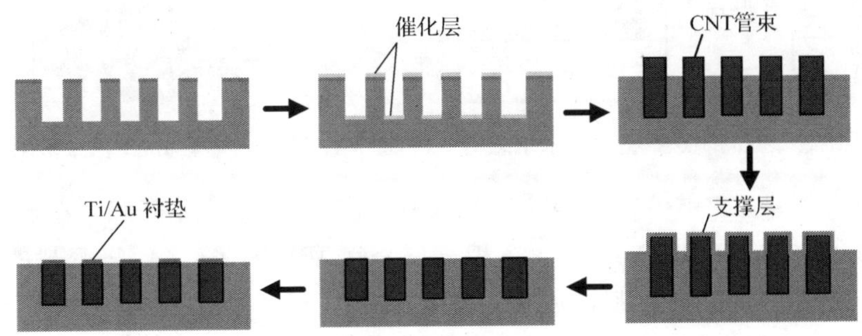

图 8.2　采用 TCVD 技术的 CNT TSV 生长示意图[2]

8.1.2　CNT 致密化

尽管 CNT 具有良好的电、热与机械特性，但使用催化剂 CVD 技术生成的 CNT

TSV 普遍存在相邻 CNT 间距大与容积率低的缺陷。采用尺寸可控的催化剂颗粒技术与 Al_2O_3-Fe-Al_2O_3 型催化剂沉积方法能够在一定程度上提高 CNT 的分布密度，但由这些工艺技术合成的 CNT TSV 的容积率仍远低于 CNT 理想的分布情况。在完全紧密排列的情况下，CNT 的范德华间距约为 0.34nm，分布密度可以达到 $1/1.5nm^2$。为了形成紧密封装的束状 CNT，以适用于电热传导材料应用，需要对 CVD 技术生成的 CNT 进行后致密化处理。

根据处理环境不同，致密化技术主要分为两类。第一类是基于毛细管效应的湿法致密化技术，如图 8.3 所示。将通过 CVD 技术产生的 CNT 放置于液态有机溶剂中，在常温常压下进行风干处理；液面降低导致 CNT 承受压力的相应增加，这个过程类似于将 CNT 从液体中抽取出来；在毛细管作用力与范德华力作用下，逐步形成束状 CNT 结构。已有实验结果表明，该方法能够在不影响 CNT 传导特性的情况下，将 CNT 封装密度提高约 15 倍，加速 CNT 材料在集成电路互连电路中的应用[3]。

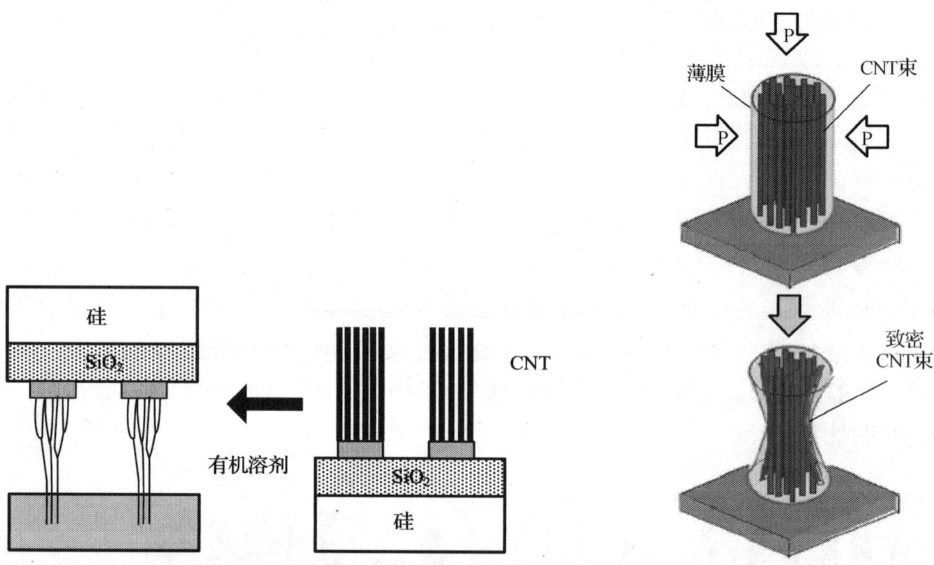

图 8.3　基于毛细管效应的湿法致密化技术示意图[3]　　图 8.4　基于空气压力的干法致密化技术示意图[4]

第二类方法是基于空气压力的干法致密化技术，如图 8.4 所示。在低压环境下，通过反应溅射方法在束状CNT表面沉积一层 SiO_2 密封薄膜；之后将密封的束状CNT放置于常压环境中，此时密封薄膜内外的空气压差接近于大气压；在该气压力作用下，CNT 不断向内变形，形成紧密排列的蘑菇型 CNT 束。相对于湿法致密化，该方法形成的束状 CNT，彼此形状分布更加均匀，且具有很好的扩展性与通用性。它不但适用于不同材料与薄膜沉积技术，而且适用于其他垂直排列微型通孔与互连结构。但该方法的缺点在于单一管束垂直方向承受的空气压力分布不均，管束中间区域压力与致密度明显高于两端，导致管束整体致密度下降。另外，沉积形成的 SiO_2 薄膜在后期工艺中，很难完全清除。图 8.5 所示为采用干法致密化技术形成的束状 CNT 扫描电子显微镜图。从图中可以清楚地看到单个 CNT 束蘑菇形态与束状 CNT 间的一致性分布。

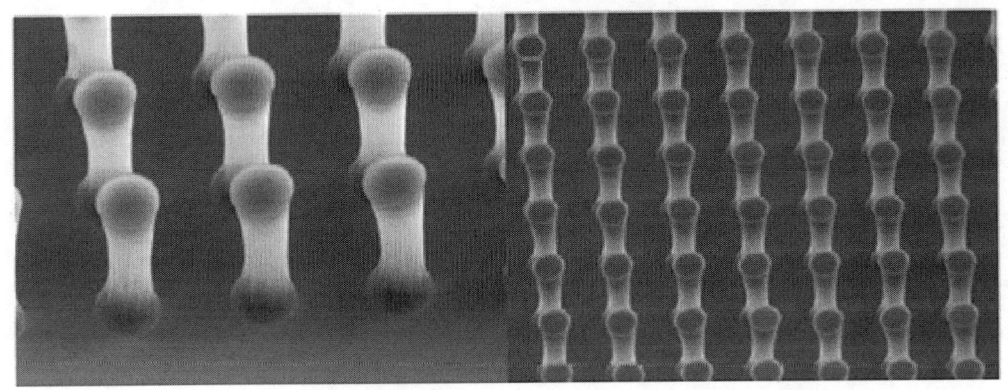

图 8.5　基于干法致密化技术生长的束状 CNT 扫描电子显微镜图[4]

8.2　CNT 等效参数提取

根据上述 CNT TSV 的物理结构，典型 CNT TSV 的横截面如图 8.6 所示，它采用束状 CNT 作为导体材料，通过 SiO_2 绝缘介质实现导体与硅衬底之间的直流隔离。在导体-绝缘介质-硅半导体构成的 MIS 结构中，通孔栅偏置电压的增加将导致硅衬底内部多数载流子远离导体，TSV 与硅衬底之间会形成额外耗尽区。根据 CNT TSV 的物理结构，它的等效电路模型如图 8.7 所示。

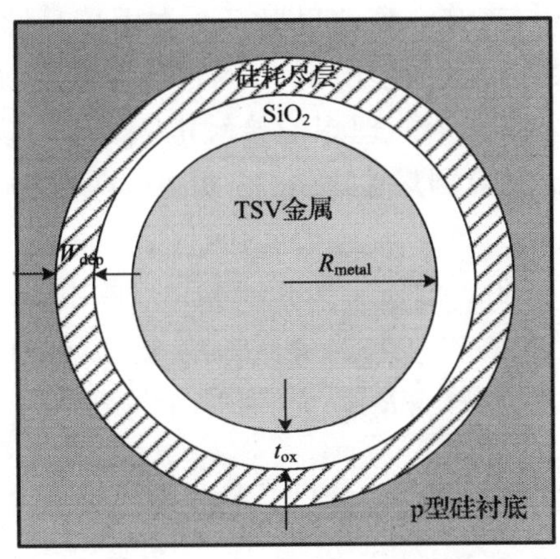

图 8.6　典型 CNT TSV 的横截面

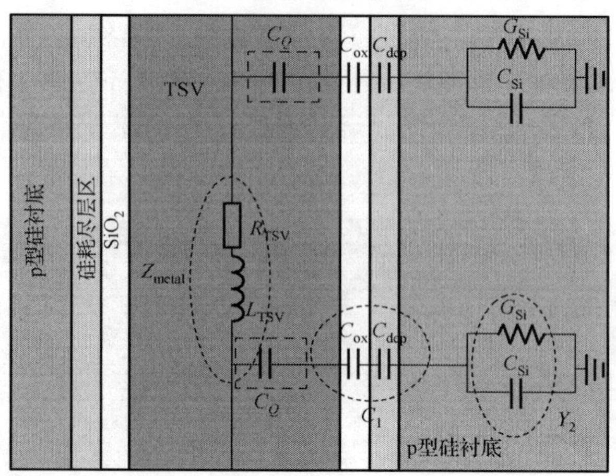

图 8.7　CNT TSV 的等效电路模型

8.2.1 等效电阻

CNT 作为一维导体，它的电阻特性与三维导体并不相同。CNT 的电阻主要由三部分构成[5]，即本征量子电阻 R_Q、散射电阻 R_S 和非理想接触电阻 R_{mc}。如果 CNT 的长度 L 远小于电子的平均自由程 λ，可以假设电子的散射只发生在金属-CNT 接触区域，而在 CNT 的内部没有电子散射即弹道传输区域，此时，可用本征量子电阻 R_Q 来表征 CNT 的等效电阻。当 CNT 的长度 L 大于电子的平均自由程 λ 时，电子运动将受到缺陷与声子散射的影响，因此，除了上述量子电阻，还引入了附加的散射电阻 R_S。在低偏置电压的情况下，长波声学声子对电子造成的散射将占据电子散射主导地位，该附加散射电阻与 CNT 长度呈现线性关系；在高偏压情况下，CNT 中的电子主要受到光声子与区域边界声子散射的作用，此时散射电阻取决于两端偏置电压与流过 CNT 的电流。已有实验结果显示，在电压足够大时，CNT 中电流趋于饱和，饱和电流为 20～25μA[6]。在实际的 CNT 应用中，CNT 与其两端连接材料的接触并非是理想的，还存在一个非理想的接触电阻 R_{mc}，该阻值大小与连接材料的接触属性有关。在现有的实验测量中，R_{mc} 从几乎为零到大约 120kΩ，已测得的最小电阻约为 300Ω[7]。

基于上述讨论的量子电阻、散射电阻和非理想接触电阻，CNT 的总电阻可表示为

$$R_{CNT}=\begin{cases}R_{mc}+R_Q, & L<\lambda\\ R_{mc}+R_Q+R_S\cdot L, & L>\lambda\end{cases}\tag{8-1}$$

量子电阻可以由 Landauer-Buttiker 公式推导求得[8]

$$R_Q=\frac{h}{4e^2}\tag{8-2}$$

其中，h 与 e 分别是普朗克常数和单位电子电荷。散射电阻可以描述为一个分布电阻模型，每单位长度的电阻值可表示为

$$R_S = \begin{cases} \dfrac{h}{4e^2} \cdot \dfrac{1}{\lambda}, & \text{低偏置电压} \\ \dfrac{V_{\text{bias}}}{I_o L}, & \text{高偏置电压} \end{cases} \tag{8-3}$$

其中，λ 表示电子的平均自由程(Mean Free Paths, MFP)；V_{bias} 和 I_o 分别表示 CNT 连线的偏置电压和饱和电流。MFP 与 CNT 的材质和直径密切相关，对于直径 1nm 的典型 SWCNT，MFP 的理论值和实际测量值分别约为 2.8μm 和 0.9μm[9]。

由式(8-1)可知，如果使用单根 CNT 作为互连线，其电阻值非常大，限制了其在互连线中的应用。为了降低等效电阻同时提高 CNT 互连线的性能，需要采用束状 CNT 作为 TSV 的填充材质。图 8.8 所示为紧密封装的束状 CNT TSV 横截面。在图中，s 表示范德华距离；D_{out} 表示 CNT 最外层直径；r_{via} 表示 TSV 半径。TSV 包含的总 CNT 数目 N_{CNT} 为

$$N_{\text{CNT}} = \frac{\pi r_{\text{via}}^2}{\dfrac{\sqrt{3}}{2}(D_{\text{out}} + s)^2} \tag{8-4}$$

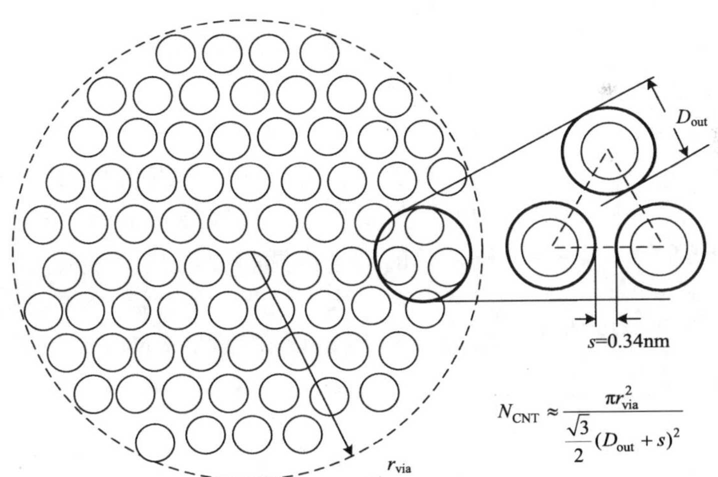

图 8.8　紧密封装的束状 CNT TSV 横截面[10]

根据传导特性的不同，CNT TSV 中的 CNT 可以分为两类：导电 CNT 和半导体 CNT。对于随机手性的束状 CNT，其金属密度 P_m 约为 1/3，表示管束的 1/3 部分为金属传导介质，其余部分为半导体结构。因此，由 N_{CNT} 个 CNT 并联组合的束状 CNT 的等效电阻可表示为

$$R_{\text{bundle}} = \frac{R_{\text{CNT}}}{N_{\text{CNT}} P_m} \tag{8-5}$$

8.2.2 等效电感

CNT 等效分布电感由磁性电感 L_M 与动态电感 L_{kin} 两部分构成[11-13]。磁性电感代表由电流引起的磁场能量，可表示为

$$L_M = \frac{\mu}{2\pi} \operatorname{arcosh}\left(\frac{2t}{D_{\text{out}}}\right) \tag{8-6}$$

它是关于 CNT 尺寸因子 t / D_{out} 的弱函数，其中参数 t 表示 CNT 离地中心距。动态电感代表由电流引起的动态能量，单个导电沟道的动态电感可以通过玻尔兹曼运输方程推导得到，即

$$L_{\text{kin}} = \frac{h}{2e^2 \upsilon_F} \approx 16 / (\text{nH}/\mu\text{m}) \tag{8-7}$$

其中，$\upsilon_F = 8.0\times10^5 \text{m/s}$ 表示费米速度。由于 CNT 包含 4 个导电通道，所以总的等效动态电感 L_K 是其四分之一，如图 8.9 所示。所以 CNT 的总电感可表示为

$$L_{\text{CNT}} = \frac{L_{\text{kin}}}{4} + L_M \tag{8-8}$$

对于 $1 < t / D_{\text{out}} < 100$ 的 CNT，L_M 为 0.2～1.2pH，低于其动态电感 L_{kin}3～4 个数量级，因此在单根 CNT 中，动态电感占主导地位，而磁性电感可以忽略。

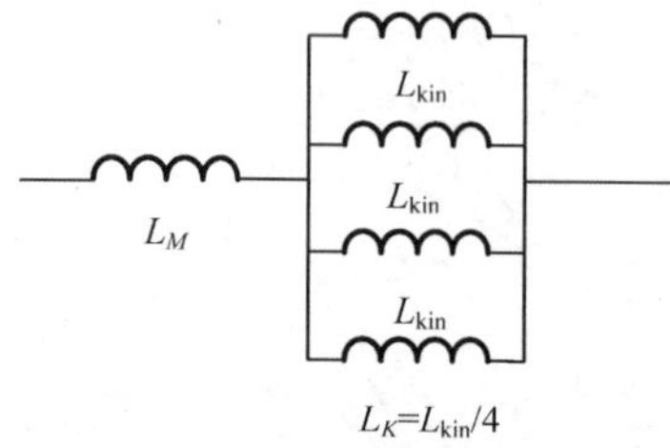

图 8.9 CNT 的等效电感模型[13]

对于多管并行连接的束状 CNT 结构，导电通道的并联导致了动态电感急剧下降。当 N_{CNT} 很大的时候，总的动态电感将会很小，而磁性电感却随导体尺寸变化不大。因此，在束状 CNT 结构中，磁性电感效应逐步显现。束状 CNT 单位长度等效电感 L_{bundle} 可表示为[11, 12]

$$L_{\text{bundle}} = \frac{L_K}{N_{\text{CNT}} P_m} + L_M \tag{8-9}$$

8.2.3 等效电容

CNT 等效电容 C_{CNT} 由表征静态势能的静电电容 C_E 和本征量子电容 C_Q 串联构成[14]。静电电容取决于 CNT 的互连几何结构，单位长度静电电容可表示为

$$C_E = \frac{2\pi\varepsilon}{\operatorname{arcosh}\left(\frac{2t}{D_{\text{out}}}\right)} \tag{8-10}$$

量子电容源于减小的二维态密度，单位长度本征量子电容可表示为

$$C_q = \frac{2e^2}{h\upsilon_F} \tag{8-11}$$

考虑自旋简并与晶格简并，单管包含四个共同传输的导电通道，因此单管的等效量子电容约为 $4C_q$，如图 8.10 所示。所以 CNT 的总电容可表示为

$$C_{\text{CNT}} = 4C_q // C_E \tag{8-12}$$

由上述电容提取模型可以得到单管静电电容 C_E 约为 100aF/μm，与量子电容 C_Q 数值相当。然而随着 CNT 并联数目的增大，束状 CNT 的态密度与导电通道急剧增加，导致 C_Q 也急剧增大。此时，CTN 束的等效电容将由较小的 C_E 占主导，量子电容效应可以忽略不计。三维场求解器仿真数据已经证明，束状 CNT 等效电容 C_{bundle} 等同于相同横截面积的 Cu 互连线电容[6]。

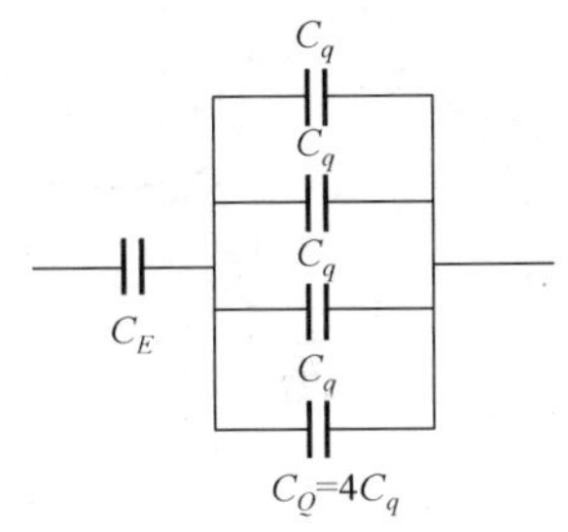

图 8.10　CNT 的等效电容模型[14]

8.3　信号完整性分析

串扰、反射、振铃和地弹等信号完整性问题已经成为影响高速互连信号传输质量的关键因素，本节从时域和频域角度对 CNT TSV 互连面临的耦合串扰与信号传输等问题进行深入分析与研究。

8.3.1　耦合串扰

信号-地-信号三根 CNT TSV 结构的耦合串扰模型以及其简化模型如图 8.11 所示。在图中，TSV 采用束状 CNT 填充；施扰 TSV 与受扰 TSV 由相同尺寸的 I/O 端口驱动；接地 TSV 作为信号回流路径。目前，TSV 高度普遍小于电信号在硅衬底内传输波长的 1/20(在40GHz时信号波长 λ=2192.5μm)，因此可以采用集总单元 R_{TSV}、C_Q、C_{ox}、C_{dep} 和 L_{TSV} 分别表示 CNT TSV 的电阻、量子电容、隔离层电容、耗尽层电容和电感[15]。根据电磁镜像理论，硅衬底等效为电导 G_{Si} 和电容 C_{Si} 的并联结构。采用基尔霍夫定理，该等效电路的输入输出关系可表示为

$$\begin{bmatrix} V_{\text{ia}} \\ V_{\text{iv}} \\ I_{\text{ia}} \\ I_{\text{iv}} \end{bmatrix} = \begin{bmatrix} 1 & 0 & Z_0 & 0 \\ 0 & 1 & 0 & Z_0 \\ 0 & 0 & 1 & 0 \\ 0 & 0 & 0 & 1 \end{bmatrix} \cdot \begin{bmatrix} 1+ab & -ac & a & 0 \\ -ac & 1+ab & 0 & a \\ b & -c & 1 & 0 \\ -c & b & 0 & 1 \end{bmatrix} \cdot \begin{bmatrix} V_{\text{oa}} \\ V_{\text{ov}} \\ I_{\text{oa}} \\ I_{\text{ov}} \end{bmatrix} \tag{8-13}$$

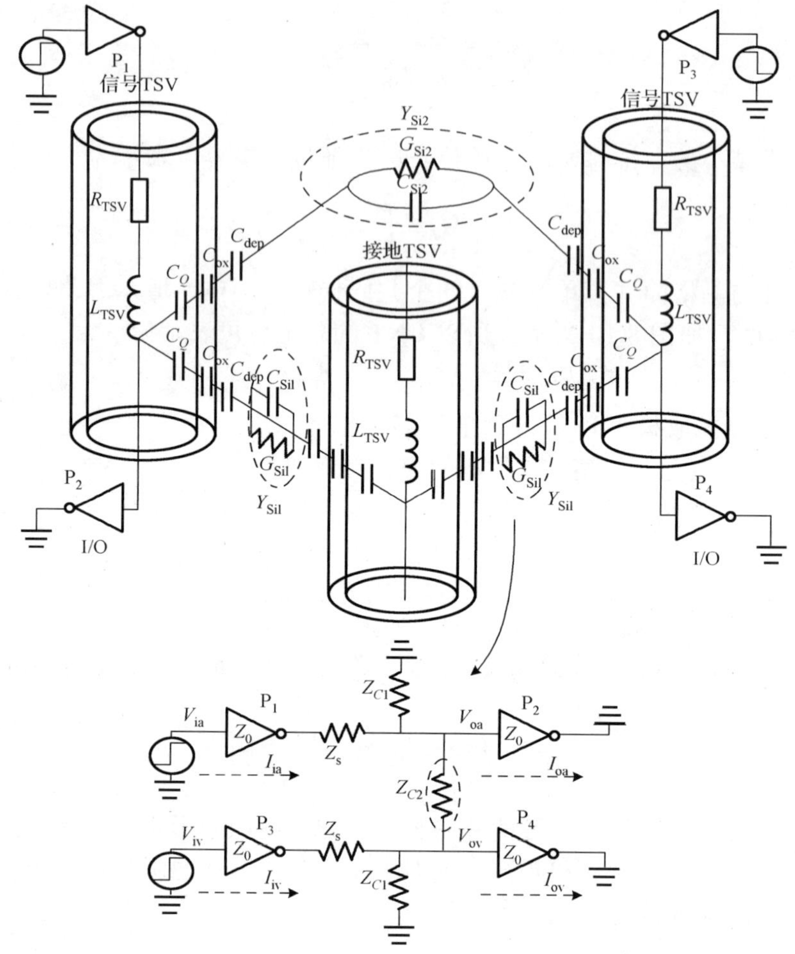

图 8.11　信号-地-信号三根 CNT TSV 结构的耦合串扰模型以及其简化模型

其中，$a=(R_{\text{TSV}}+sL_{\text{TSV}})$；$b=1/Z_{C1}+1/Z_{C2}$；$c=1/Z_{C2}$；$Z_{C1}$ 和 Z_{C2} 分别表示 TSV 沟道的本征阻抗和耦合阻抗；Z_0 表示 I/O 端口阻抗。考虑受扰 TSV 的驱动信号总是保持为“0”或“1”静止状态，同时信号 TSV 均为阻性负载，因此可得到 $V_{\text{iv}}=0$、$I_{\text{oa}}=V_{\text{oa}}/\text{Z}_0$ 以及 $I_{\text{ov}}=V_{\text{ov}}/\text{Z}_0$。将上述等式代入式(8-13)中消除电流变量，得到耦合电路的电压传输函数为

$$H(s)=\frac{V_{\text{ov}}}{V_{\text{ia}}}=\frac{H_2}{H_2^{\ 2}-H_1^{\ 2}} \tag{8-14}$$

其中，$H_1=(1+ab+a/Z_0)+Z_0\cdot(b+1/Z_0)$；$H_2=-1/Z_{C2}\cdot(a+Z_0)$。

图 8.11 所示的 CNT TSV 沟道的简化电路模型包含三个部分，即 TSV 与衬底间的 MOS 电容 C_{MOS}、本征量子电容 C_Q 和衬底耦合导纳 Y_{Si}。根据模型，TSV 沟道的

等效阻抗 Z_C 可表示为

$$Z_C = Z_{Y_{\text{Si}}} + 2Z_{C_Q} + 2Z_{C_{\text{MOS}}} \tag{8-15}$$

C_{MOS} 是隔离介质层电容 C_{ox} 和硅耗尽层电容 C_{dep} 的串联等效电容[16]，即

$$C_{\text{MOS}} = \left(\frac{1}{C_{\text{ox}}} + \frac{1}{C_{\text{dep}}}\right)^{-1} = \left[\frac{\ln\left(r_{\text{ox}}/r_{\text{via}}\right)}{2\pi\varepsilon_{\text{ox}} l_{\text{tsv}}} + \frac{\ln\left(r_{\text{dep}}/r_{\text{via}}\right)}{2\pi\varepsilon_{\text{Si}} l_{\text{tsv}}}\right]^{-1} \tag{8-16}$$

其中，r_{via} 和 l_{tsv} 分别表示 TSV 半径和高度；r_{ox} 和 r_{dep} 分别表示 SiO_2 隔离介质层和耗尽层半径；$\varepsilon_{\text{ox}}=\varepsilon_0\varepsilon_{r,\text{ox}}$ 表示 SiO_2 介质层的介电常数，$\varepsilon_0=8.854187817\times10^{-12}$F/m 表示真空介电常数，$\varepsilon_{r,\text{ox}}=3.9$ 表示 SiO_2 介质层的相对介电常数；$\varepsilon_{\text{Si}}=\varepsilon_0\varepsilon_{r,\text{Si}}$ 表示硅的介电常数，$\varepsilon_{r,\text{Si}}=11.9$ 表示硅的相对介电常数。束状 CNT TSV 的等效本征量子电容 C_Q 可表示为[17]

$$C_Q = N_{\text{CNT}} N_{\text{channel}} C_q l_{\text{tsv}} \tag{8-17}$$

其中，N_{channel} 是单个 CNT 的沟道传导数目。根据电磁镜像理论[18]，在两根 TSV 的耦合结构中，TSV 间衬底耦合导纳可以表示为复杂频率 jω 的函数。但是，在图 8.11 所示的三根 TSV 耦合等效模型中，第三根接地 TSV 的插入产生了新的电场分布，因此 TSV 间的耦合导纳不能再采用文献[15]中的等效导纳模型来表示。基于两端口等效电阻的求解方法，信号 TSV 间的衬底耦合导纳 Y_{Si1} 与信号-地 TSV 间耦合导纳 Y_{Si2} 可分别表示为

$$Y_{\text{Si1}} = \frac{Y_{\text{Si}}\left(p_{\text{tsv}}\right)\cdot Y_{\text{Si}}\left(\sqrt{5}p_{\text{tsv}}/2\right)}{2Y_{\text{Si}}\left(p_{\text{tsv}}\right) - Y_{\text{Si}}\left(\sqrt{5}p_{\text{tsv}}/2\right)/2} \tag{8-18}$$

$$Y_{\text{Si2}} = \frac{Y_{\text{Si}}\left(p_{\text{tsv}}\right)\cdot\left[2Y_{\text{Si}}\left(p_{\text{tsv}}\right) - Y_{\text{Si}}\left(\sqrt{5}p_{\text{tsv}}/2\right)\right]}{2Y_{\text{Si}}\left(p_{\text{tsv}}\right) - Y_{\text{Si}}\left(\sqrt{5}p_{\text{tsv}}/2\right)/2} \tag{8-19}$$

其中，$Y_{\text{Si}}\left(p_{\text{tsv}}\right)$ 和 $Y_{\text{Si}}\left(\sqrt{5}p_{\text{tsv}}/2\right)$ 分别表示 TSV 间距为 p_{tsv} 和 $\sqrt{5}p_{\text{tsv}}/2$ 情况时的硅衬底导纳。

CNT TSV 的集总 RL 串联阻抗由 TSV 集总等效电阻和集总等效电感组成，即

$$Z_{\text{striple}} = R_{\text{TSV}} + \text{j}\omega L_{\text{TSV}} = R_{\text{bundle}} + \text{j}\omega L_{\text{bundle}} l_{\text{tsv}} \tag{8-20}$$

为了验证模型的正确性并研究 Cu TSV 和 CNT TSV 互连的性能差异，图 8.12 对在 100MHz～40GHz 频段范围内，由式(8-14)、多导体传输线(MTL)模型[18]以及 Cu TSV 互连模型得到的噪声传输函数进行了对比，相关的结构和等效电学参数如表 8.1 所示。同时，为了消除信号反射影响，假设 I/O 端口阻抗为 50Ω。从图中可以看出，在情况 A 和情况 B 中，式(8-14)的耦合噪声模型和 MTL 模型都显示出了

很好的一致性，这表明该耦合模型可应用于 CNT TSV 互连耦合噪声分析与优化设计。另外，相对于 Cu TSV，CNT TSV 具有更高的电导率，但两者耦合传输函数基本上没有差异，主要原因是 TSV 耦合噪声由高阻值的耦合阻抗决定，受低阻值的 TSV 串联阻抗影响很小。Liang 等[19]在研究中等和全局层多壁碳纳米管(Multi Walled Carbon Nanotube, MWCNT)互连线的延时特性时，也发现了类似的现象，这是由于 Cu 和 MWCNT 互连具有相似的线间耦合电容，MWCNT 互连对于铜互连串扰噪声的改善微乎其微。

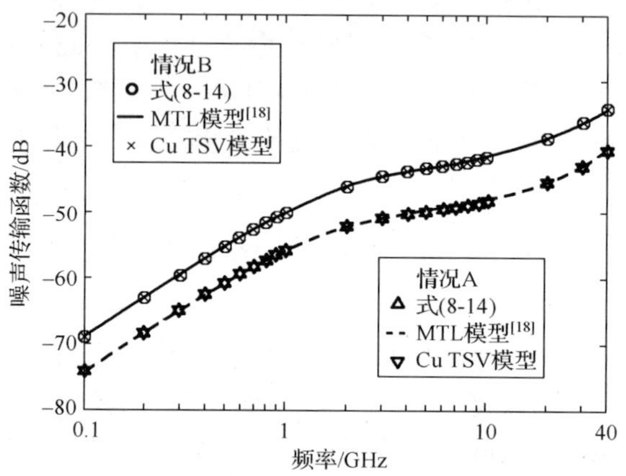

图 8.12　由式(8-14)、MTL 模型以及 Cu TSV 互连模型得到的噪声传输函数对比

表 8.1　不同情况下的 TSV 互连结构和等效电学参数

参数	数值	
	情况 A	情况 B
通孔半径 r_{via}/μm	2.5	10
隔离介质层厚度 t_{ox}/μm	0.1	1
耗尽层半径 r_{dep}/μm	3.472	10.872
通孔高度 l_{tsv}/μm	30	50
通孔间距 p_{tsv}/μm	30	60
硅衬底电导率 σ_{Si}/(S/m)	10	10
氧化层介电常数 ε_{ox}	$3.9\varepsilon_0$	$3.9\varepsilon_0$
硅衬底介电常数 ε_{Si}	$11.9\varepsilon_0$	$11.9\varepsilon_0$
R_{TSV}/mΩ	59.6	6.9
L_{TSV}/pH	15.09	30.01
C_Q/nF	3.79	12.16
C_{MOS}/fF	48.57	108.20
C_{Si1}/fF	3.19	8.76
G_{Si1}/μS	303	832.8
C_{Si2}/fF	2.88	7.61
G_{Si2}/μS	273.8	722.7

从频域和时域角度分析 CNT TSV 结构和材料参数对其噪声传输函数和峰值噪声电压的影响，对 CNT TSV 设计与优化具有重要的指导意义。

TSV 的噪声传输函数和峰值噪声电压随介质层厚度 t_{ox} 的变化情况如图 8.13 所示。当激励信号频率小于 1GHz 时，硅衬底的阻性阻抗远小于其容性阻抗，此时阻性耦合是衬底耦合的主要耦合路径。同时，隔离介质层阻抗又远大于衬底阻抗，所以隔离介质层成为影响该低频段 TSV 耦合的主导因素。从图 8.13(a) 中可以看出，当 t_{ox} 从 100nm 变化为 1000nm 时，低频噪声传输函数平均改善了 15.06%。图 8.13(b) 所示的时域响应结果也验证了上述的分析，当 t_{ox} 从 100nm 增加为 500nm 和 1000nm 时，100MHz 激励信号下的峰值噪声电压分别下降了 49.45%和 67.11%，而高频噪声传输函数对于 t_{ox} 的变化并不敏感，10GHz 激励信号下的峰值噪声电压仅分别下降了 8.67%和 16.97%。用于瞬态耦合仿真的 SPICE(Simulation Program with Integrated Circuit Emphasis) 电路模型如图 8.14 所示。在图中，激励信号的幅值为 1.0V；I/O 驱动器尺寸为 100 倍最小尺寸反相器。在 22nm 技术节点下，反相器的等效输出电阻 R_s、输出电容 C_{out} 以及输入电容 C_{in} 分别为 344.44Ω、4.9fF 以及 13.7fF。

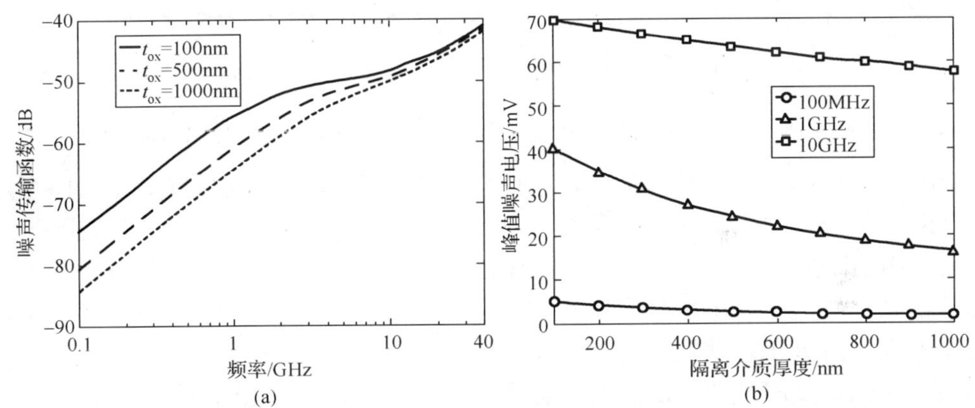

图 8.13　噪声传输函数和峰值噪声电压随隔离介质层厚度 t_{ox} 的变化情况

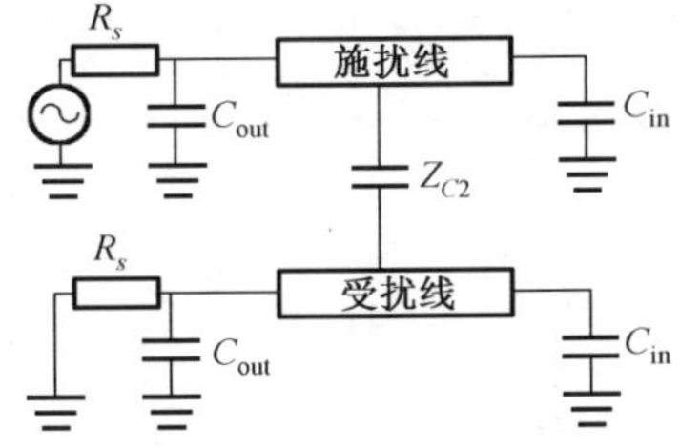

图 8.14　TSV 瞬态耦合仿真的 SPICE 电路模型

TSV 的噪声传输函数和峰值噪声电压随通孔间距 p_{tsv} 的变化情况如图 8.15 所示。从图 8.15(a) 可以看出，p_{tsv} 的增加并未对低频噪声传输函数产生显著影响，这是由于在低频情况下，TSV 沟道的耦合阻抗 Z_C 取决于介质层电容。随着激励信号频率的逐步增加，容性耦合成为衬底耦合的主要路径。同时，衬底阻抗又远大于介质阻抗，所以衬底容性阻抗成为影响高频噪声传输函数的决定因素。图 8.15(a)所示的频域响应图显示，当 p_{tsv} 从 30μm 增加为 90μm 时，10GHz 激励信号下的噪声传输函数改善了约 6.5%。图 8.15(b)所示的时域响应结果验证了上述的分析，当 p_{tsv} 从 30μm 增加至 60μm 和 90μm 时，10GHz 激励信号下的峰值噪声电压分别下降了 24.44%和 32.63%，相反，100MHz 激励信号下的峰值噪声电压的变化基本可以忽略不计。

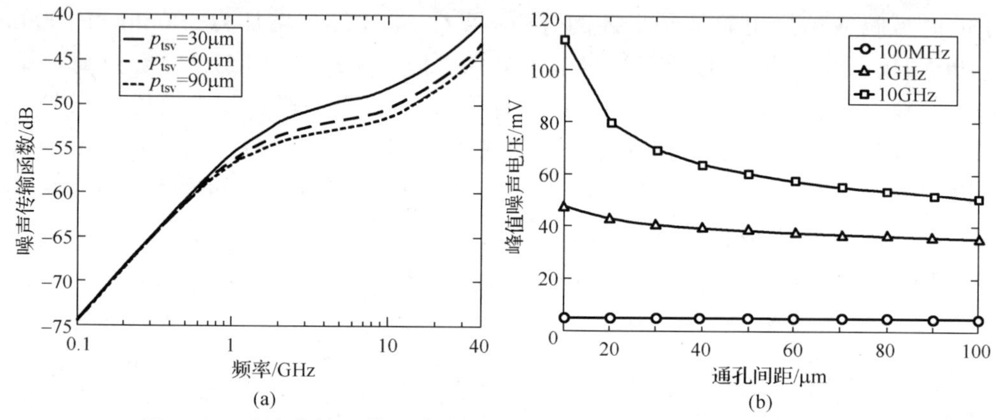

图 8.15 噪声传输函数和峰值噪声电压随通孔间距 p_{tsv} 的变化情况

TSV 的噪声传输函数和峰值噪声电压随通孔高度 l_{tsv} 的变化情况如图 8.16 所示。由于 TSV 寄生参数与 l_{tsv} 呈正比关系，所以 TSV 耦合随 l_{tsv} 的增加而急剧上升。从图 8.16 中所示的频域与时域响应结果可以看出，当 l_{tsv} 从 15μm 增加至 50μm 时，噪声传输函数和峰值噪声电压分别平均增加了 17.12% 和 193.45%。所以，减薄硅片或晶圆厚度是改善 TSV 耦合的有效方式，但减薄技术与后期面临的可靠性问题限制了该技术在三维集成电路中的发展与应用。

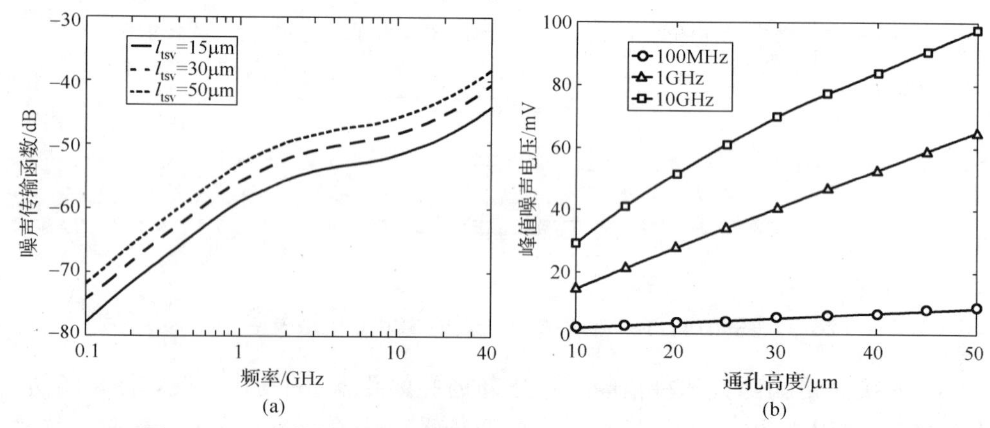

图 8.16 噪声传输函数和峰值噪声电压随通孔高度 l_{tsv} 的变化情况

TSV 的噪声传输函数和峰值噪声电压随通孔半径 r_{tsv} 的变化情况如图 8.17 所示。由于 TSV 寄生电容与 r_{tsv} 呈正比关系，所以 TSV 耦合随 r_{tsv} 的缩放而急剧下降。从图 8.17 可以看出，当 r_{tsv} 从 5μm 减小至 1μm 时，噪声传输函数和峰值噪声电压分别平均下降了 16.95%和 50.23%。但在实际的三维集成电路中，通孔尺寸的缩放往往伴随着 TSV 数目的增加，大规模通孔构成的 TSV 阵列可能面临着更高的耦合噪声和电磁干扰问题。

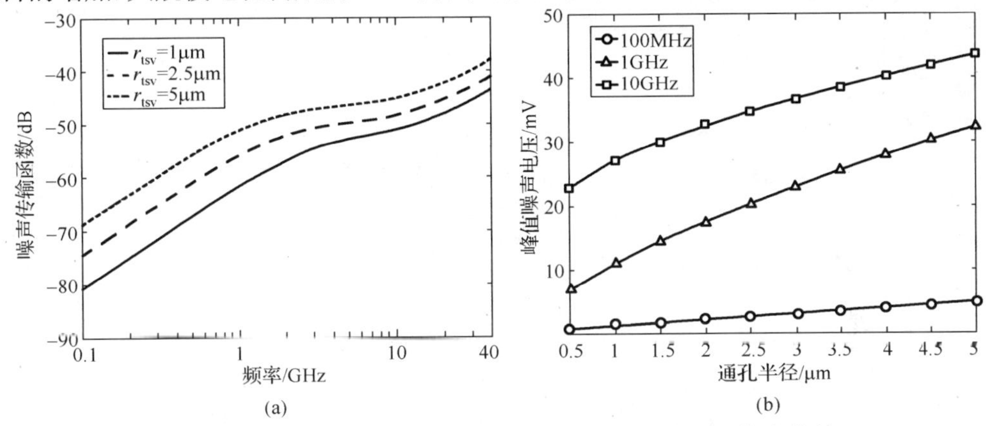

图 8.17　噪声传输函数和峰值噪声电压随通孔半径 r_{tsv} 的变化情况

由衬底掺杂浓度决定的衬底电导率是影响 TSV 耦合的关键材料参数之一。在集成电路的实际制造中，轻掺杂和低传导的衬底通常用于制备低功耗、低性能的电路，相反重掺杂和高电导的衬底用于制备高性能的集成器件。为了评估不同性能器件中的 TSV 耦合，TSV 的噪声传输函数和峰值噪声电压随衬底电导率 σ_{Si} 的变化情况如图 8.18 所示。在激励信号频率为 1～10GHz 的情况下，介质阻抗相对较低，同时阻性耦合仍旧是衬底耦合的关键路径，因此衬底阻性阻抗成为决定该中频段 TSV 耦合的关键因素。从图 8.18 可以看出，当 σ_{Si} 从 10S/m 增加至 100S/m 时，1GHz 激励信号下的噪声传输函数和峰值噪声电压分别增加了 27.78%和 281.23%，这也表明高性能器件承受更高的 TSV 噪声耦合。

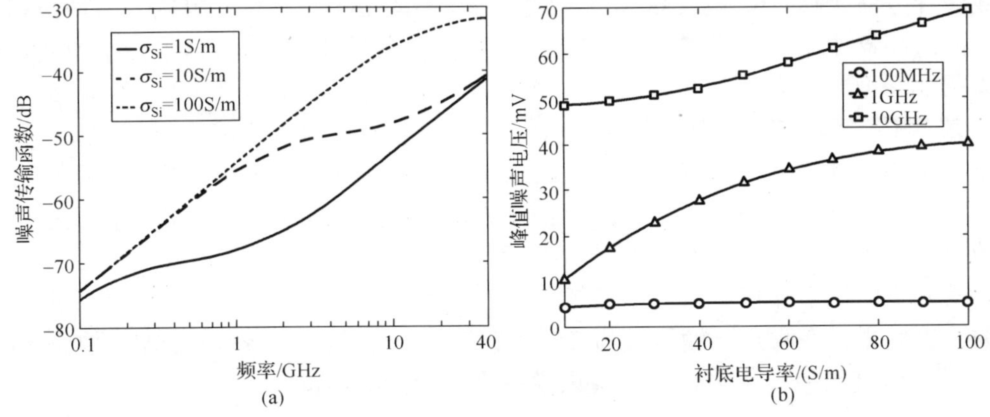

图 8.18　噪声传输函数和峰值噪声电压随衬底电导率 σ_{Si} 的变化情况

金属密度是束状 CNT 的另一个关键材料因素，它与 CNT 导电沟道数目密切相关。在束状 CNT 的生长过程中，CNT 金属密度并不容易控制，它取决于 CNT 手性、石墨层的卷曲方向等多个因素。TSV 的噪声传输函数和峰值噪声电压随 CNT 金属密度 n_m 的变化情况如图 8.19 所示。由于 TSV *RL* 串联阻抗远远小于通孔的耦合沟道阻抗，因此从图中可以看出，n_m 对 TSV 耦合的影响可以忽略。

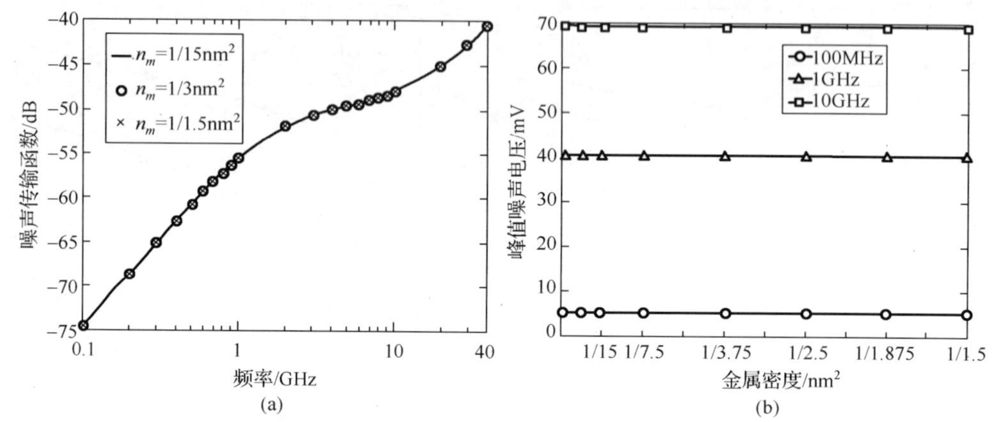

图 8.19　噪声传输函数和峰值噪声电压随 CNT 金属密度 n_m 的变化情况

如上所述，TSV 耦合噪声在低、中与高三个频段分别由隔离介质、衬底电导和通孔间距决定，采用低 *k* 介质或者增加 TSV 间距等传统设计方法并不能够有效降低全频段 TSV 耦合噪声。为此，本节首先探讨两种应用于 Cu TSV 对的串扰抑制技术，即改变 I/O 驱动器尺寸和接地通孔屏蔽在 CNT TSV 互连设计中的屏蔽效果，之后提出一种基于 SiO_2 衬底的新型 CNT TSV 结构。

在 Cu TSV 耦合串扰优化中，Song 等[20]提出增加施扰线驱动级的反相器尺寸或降低其余 I/O 反相器尺寸来抑制孔间耦合噪声的方法。但在本章内容中，与其他互连线设计方法类似[19]，假设图 8.11 中 TSV 互连的 I/O 具有相同阻抗，即均由相同尺寸的反相器驱动。由式(8-14)得到的 TSV 噪声传输函数随端口阻抗 Z_0 的变化情况如图 8.20 所示。从图中可以看出，当端口阻抗从 200Ω 减小至 50Ω 时，全频段的 TSV 噪声传输函数平均降低了 11.71dB。由于反相器在输入级等效为与电源连接的输出电阻和接地的输出电容，而在输出级，反相器等效为输入电容形式，因此可以通过增加反相器尺寸降低 TSV 耦合噪声。图 8.21 所示的 SPICE 仿真结果验证了上面的分析，当 I/O 反相器的尺寸从 50 倍最小尺寸增加至 100 倍和 200 倍时，1GHz 激励信号下的峰值噪声电压分别降低了 34.25mV 和 53.24mV。此外，图 8.11 所示模型的计算结果，在噪声传输函数与 TSV 峰值噪声电压方面，都与 TSV 对扩展电学模型[20]的仿真结果基本吻合，表明该模型具有较高的精度。

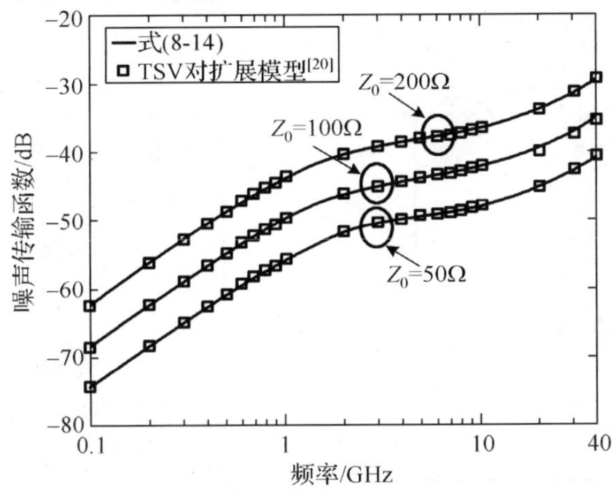

图 8.20　噪声传输函数随 I/O 端口阻抗 Z_0 的变化情况

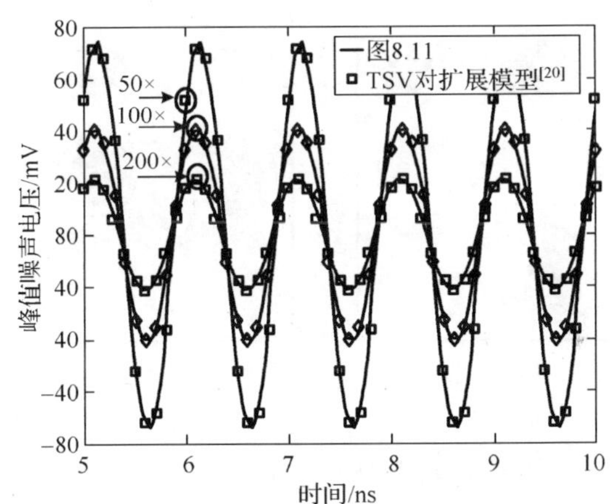

图 8.21　峰值噪声电压随 I/O 反相器尺寸的变化情况

TSV 屏蔽的根本原理在于通过插入接地通孔，建立一条从施扰线到地的低阻抗电流泄放路径，进而降低施扰线对于受扰线的耦合干扰。本节采用图 8.22 所示的单个接地 TSV、栅栏式接地 TSV、菱形接地 TSV 以及全法拉第笼接地 TSV 等屏蔽结构，对信号 TSV 间的耦合噪声进行优化设计[21-23]，其中，S 和 G 分别表示信号 TSV 和地 TSV。基于 MTL 模型，不同 TSV 屏蔽结构下的噪声传输函数和峰值噪声电压分别如图 8.23 和表 8.2 所示。可以看出，TSV 屏蔽设计同样适用于 CNT TSV 的耦合噪声抑制。另外，MTL 模型的衬底导纳采用电磁镜像方法得到，因此，由 MTL 模型得到的噪声传输函数和峰值电压噪声略低于等效电路模型[22]的仿真结果。

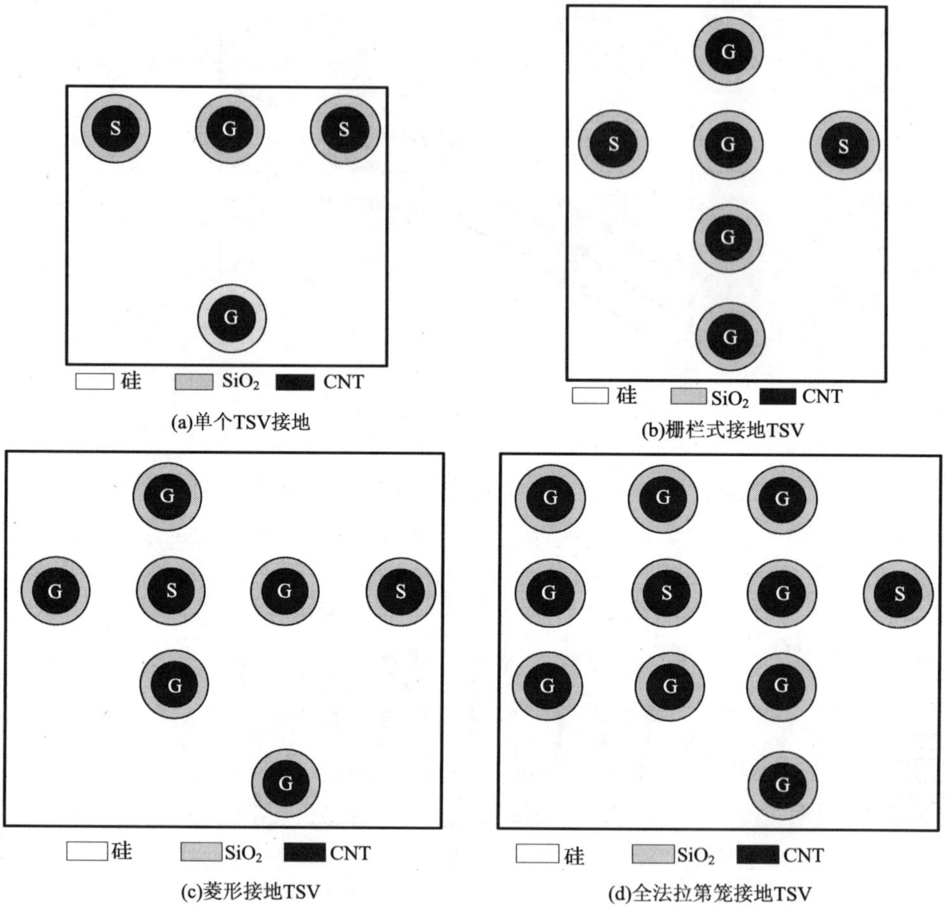

硅　SiO_2　CNT

(a)单个TSV接地

硅　SiO_2　CNT

(b)栅栏式接地TSV

硅　SiO_2　CNT

(c)菱形接地TSV

硅　SiO_2　CNT

(d)全法拉第笼接地TSV

图 8.22　不同 TSV 屏蔽结构的俯视图

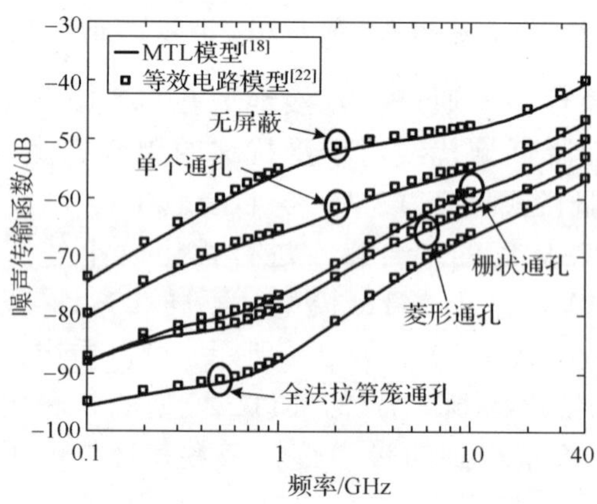

图 8.23　不同屏蔽结构下的 TSV 噪声传输函数

表 8.2　不同屏蔽结构下的 TSV 峰值噪声电压

结构	无屏蔽		单个通孔		栅状通孔		菱形通孔		全法拉第笼通孔	
	MTL	文献[22]	MTL	文献[22]	MTL	文献[22]	MTL	文献[22]	MTL	文献[22]
100MHz	5.26	5.79	2.57	2.74	1.09	1.18	1.06	1.13	0.46	0.51
1GHz	41.71	45.78	12.43	13.24	2.75	2.97	3.54	3.80	0.99	1.09
10GHz	67.37	74.20	26.34	27.95	9.59	10.35	11.81	12.64	4.98	5.49

Iwasaki 等[24]通过电子束光刻技术，在 SiO_2 通孔中合成了高密度 CNT，这项技术使得在 SiO_2 作为衬底的三维集成电路中生长 CNT 成为可能。

在 SiO_2 介质作为衬底材料的 SOI 器件结构中，TSV 沟道耦合阻抗仍取决于隔离介质和衬底阻抗[25]。由于 SiO_2 电导率非常小，约为 10^{-16}S/m，所以基于 SiO_2 衬底的 SOI 设计技术有效降低了 TSV 高频噪声传输函数，但 TSV 低频耦合仍受限于隔离介质。采用空气间隙取代传统 SiO_2 作为隔离介质是优化低频耦合的一种有效策略。从图 8.24(a)中可以看出，采用 SOI 技术后，TSV 高频噪声传输函数改善较为显著，但低频噪声传输函数变化可以忽略。进一步采用基于空气间隙的 SOI 技术，100MHz 和 10GHz 激励信号下的 TSV 噪声传输函数分别改善了 6.04dB 和 2.72dB。图 8.24(b)所示的瞬态响应结果验证了上述抑制技术的有效性，在采用基于空气间隙的 SOI 技术后，1GHz 激励信号下的峰值噪声电压下降了约 15.1mV。

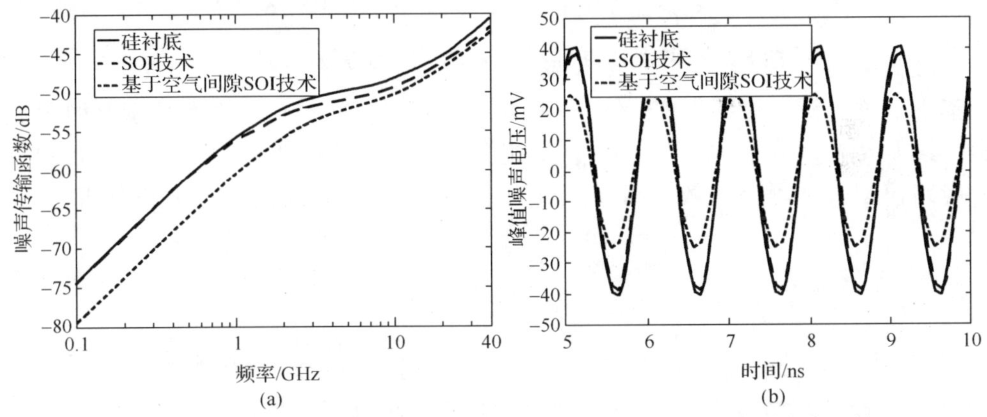

图 8.24　噪声传输函数和峰值噪声电压在硅衬底和 SOI 结构中的比较

8.3.2　信号传输

基于束状 CNT 的信号–地 TSV 对等效电路模型如图 8.25 所示，其中地 TSV 作为信号回流路径。根据模型，CNT TSV 并联导纳 Y 可表示为

$$\begin{aligned} Y &= \left[2\left(\left(\mathrm{j}\omega C_q \times 4 \right)^{-1} + \left(\mathrm{j}\omega C_{\mathrm{ox}} \right)^{-1} + \left(\mathrm{j}\omega C_{\mathrm{dep}} \right)^{-1} \right) + Y_2^{-1} \right]^{-1} \\ &= G_{\mathrm{TSV}} + \mathrm{j}\omega \mathrm{C}_{\mathrm{TSV}} \end{aligned} \tag{8-21}$$

可以看出，它由以几部分组成：本征量子电容 C_q；隔离层电容 C_{ox}，它与 SiO_2 隔离介质层厚度和介电常数密切相关，可通过求解同轴电缆等效电容的方式求得；耗尽电容 C_{dep}，取决于偏压条件、界面电荷、衬底材料等诸多因素，如式(8-16)所示；衬底耦合导纳 Y_2，由衬底等效电容 C_{Si} 和等效电导 G_{Si} 两部分组成。对于信号 TSV，通常要求其具有较小的寄生电容，因此假设 TSV 具有最大耗尽层宽度，即最小耗尽电容。

CNT TSV 的 RL 串联阻抗由 TSV 等效电阻和等效电感组成，即

$$Z_{\text{spair}} = R_{\text{bundle}}/l_{\text{tsv}} + \text{j}\omega L_{\text{CNT}} = R_{\text{TSV}} + \text{j}\omega L_{\text{TSV}} \tag{8-22}$$

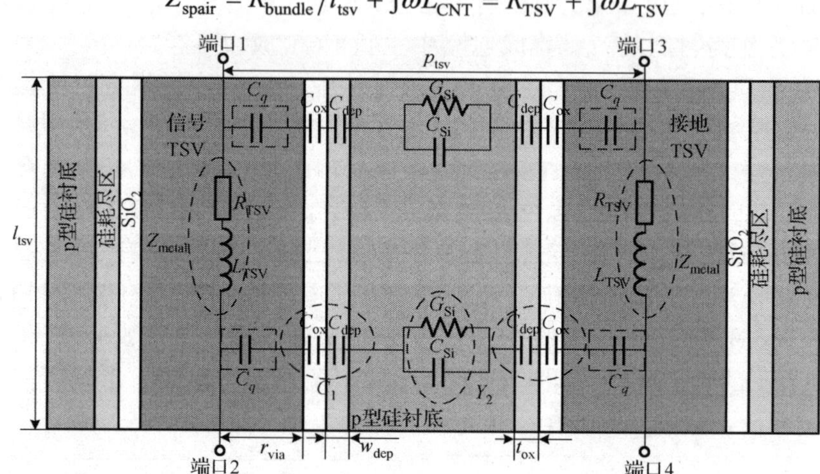

图 8.25　束状 CNT 信号-地 TSV 对的等效电路模型

基于上述分析，束状 CNT 信号-地 TSV 对的等效 RLCG 传输线模型如图 8.26 所示，其中 R_{TSV}、L_{TSV}、C_{TSV} 和 G_{TSV} 均为分布参数，该电路模型是一个等效的分布参数电路模型。利用该等效电路模型，可以对 CNT TSV 连线进行电路分析。

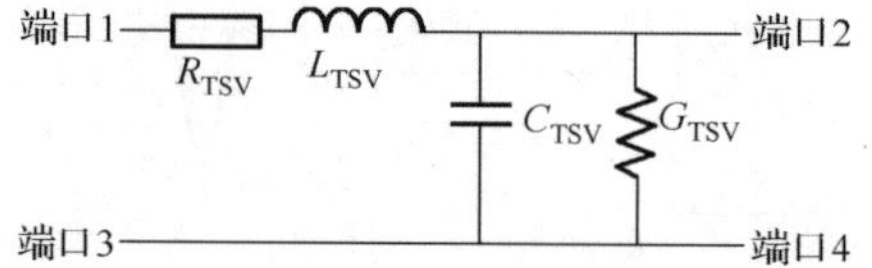

图 8.26　束状 CNT 信号-地 TSV 对的等效 RLCG 传输线模型

图 8.26 所示的 RLCG 传输线模型的 ABCD 矩阵可表述为

$$\begin{bmatrix} A & B \\ C & D \end{bmatrix} = \begin{bmatrix} \cosh(\gamma l_{\text{tsv}}) & Z_0 \sinh(\gamma l_{\text{tsv}}) \\ \dfrac{1}{Z_0}\sinh(\gamma l_{\text{tsv}}) & \cosh(\gamma l_{\text{tsv}}) \end{bmatrix} \tag{8-23}$$

其中，Z_0 和 γ 分别表示传输线特征阻抗和传播常数，两者均是角频率 ω 的函数，可分别表示为

$$Z_0 = \sqrt{\frac{R_{\text{TSV}} + \text{j}\omega L_{\text{TSV}}}{G_{\text{TSV}} + \text{j}\omega C_{\text{TSV}}}} \tag{8-24}$$

$$\gamma = \sqrt{(R_{TSV} + j\omega L_{TSV}) \times (G_{TSV} + j\omega C_{TSV})} \tag{8-25}$$

根据二端口网络 ABCD 矩阵与 S 参数的转换关系，束状 CNT TSV 的回波损耗 S_{11} 与插入损耗 S_{21} 分别可表示为

$$S_{11} = S_{22} = \frac{A + B/Z - CZ - D}{A + B/Z + CZ + D} \tag{8-26}$$

$$S_{12} = S_{21} = \frac{2}{A + B/Z + CZ + D} \tag{8-27}$$

其中，端口阻抗 Z 设为 50Ω。

基于上述传输线模型，进一步分析 CNT TSV 的结构和材料参数对其传输线特性的影响[26]。仿真的基准参数为：r_{via}=5μm；l_{tsv}=30μm；t_{ox}=100nm；p_{tsv}=20μm；w_{dep}=872nm；V=0.2V；I_0=25μA；σ_{Si}=10S/m。

传输线模型、集总 π 型等效模型[27]以及 SPICE 仿真器得到的 CNT TSV 互连 S 参数如图 8.27 所示。从图中可以看出，在 100MHz～20GHz 的频段范围内，不论对于插入损耗还是回波损耗，传输线模型和其他模型结果均匹配良好，这表明传输线模型可以用于 CNT TSV 互连线分析与优化设计。

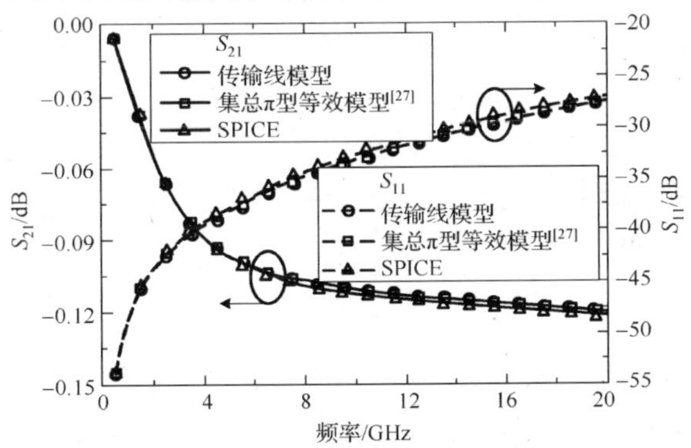

图 8.27　传输线模型、集总 π 型等效模型以及 SPICE 仿真器得到的 CNT TSV 互连 S 参数结果对比

CNT TSV 的 S 参数随隔离介质层厚度 t_{ox}、通孔间距 p_{tsv}、通孔高度 l_{tsv}、CNT 金属密度 n_m、CNT-金属的非理想接触电阻 R_{mc} 的变化情况如图 8.28(a)～(e)所示。从图 8.28(a)可以看出，在低频时，t_{ox} 的增加将导致 S_{11} 的减小，而随频率逐步增大，S_{11} 变化趋势减缓。这主要是由于 S_{11} 反映了 CNT TSV 连线的特征阻抗 Z_0 与端口阻抗 Z 的匹配程度。在低频时，TSV 沟道的等效电容 C_{TSV} 和 Z_0 主要取决于隔离介质层电容 C_{ox}，因此 t_{ox} 的变化导致 Z_0 的增大和 S_{11} 的减小。随工作频率增大，衬底导纳取代介质电容成为决定 C_{TSV} 和 Z_0 的主导因素，此时 t_{ox} 的影响相应地减弱。另外，插入损耗 S_{21} 反映了 CNT TSV 连线插入导致的信号损耗，t_{ox} 的增大，将造成 C_{TSV} 减小和 S_{21} 减小。从图 8.28(b)可以看出，在信号频率低于 10GHz 时，TSV 等效电容 C_{TSV} 和 Z_0 主要取决于隔离介质，p_{tsv} 增加并未能影响 S_{11}；随着信号频率进一步

增大，衬底阻抗成为主导特征阻抗的关键因素，当 p_{tsv} 从 20μm 增加至 100μm 时，信号频率为 20GHz 时，S_{11} 增大了 4.39dB。另外，随着 p_{tsv} 的增大，C_{TSV} 和 G_{TSV} 减小，进而导致 S_{21} 减小。从图 8.28(c) 可以看出，l_{tsv} 的增加将导致 S_{11} 和 S_{21} 同时增大。n_m 是束状 CNT TSV 互连设计的重要材料参数，在 CNT 的实际制备工艺中，受平均自由程和管束分布密度等因素限制，管束分布密度可能远低于理想情况。从图 8.28(d) 可以看出，随着 n_m 的增加，CNT TSV 连线等效电阻相应下降，进而 S_{11} 和 S_{21} 降低，而随着信号频率增大，TSV 等效感抗将取代电阻阻抗成为影响 Z_0 的主导因素，此时 n_m 对 S_{11} 的影响相应减弱。

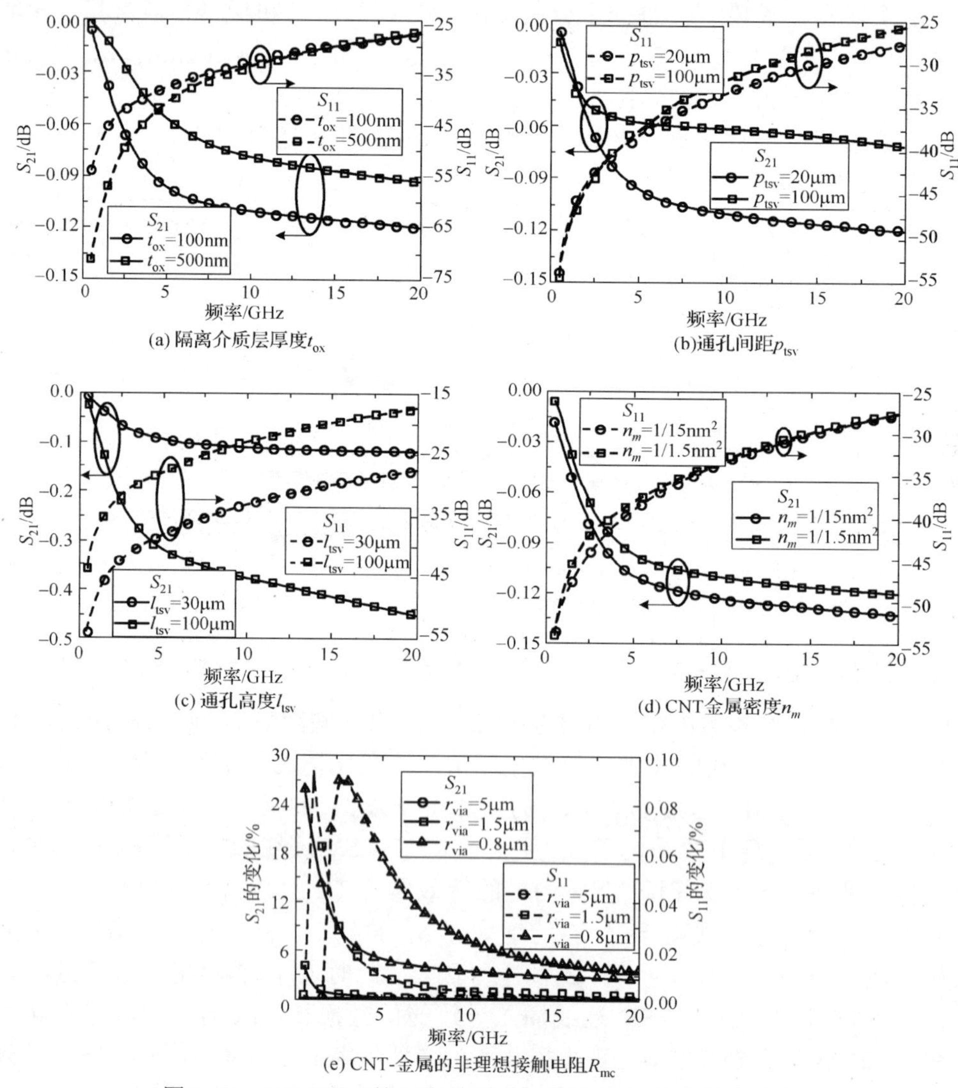

图 8.28　CNT TSV 的 S 参数随其结构和材料参数变化情况

在上述讨论中，假设 R_{mc}=0，忽略了 CNT-金属的非理想接触效应。为了量化评估非理想接触电阻 R_{mc} 的影响，图 8.28(e)给出了 R_{mc} 对 S 参数的影响。从图中可以看出，S_{11} 对 R_{mc} 变化并不敏感，相反由于阻性损耗占据 TSV 低频损耗的主导地位，所以 S_{21} 对 R_{mc} 的变化非常敏感。在 r_{via}=0.8μm 的 TSV 互连线中，TSV 低频插入损耗变化超过 25%，这表明在未来亚微米 TSV 互连设计中，需要考虑 CNT 的非理想接触效应。

为了进一步分析 CNT TSV 互连的结构和材料参数对其传输特性的影响，可采用对 S 参数求一阶导数的方法，即

$$S_x^{ij} = \frac{\partial S_{ij}}{\partial x}\bigg|_{\text{Freq}}, \qquad i, j = 1, 2 \tag{8-28}$$

它表示在一定频率下，S 参数相对于输入参数 x，包括 t_{ox}、p_{tsv}、l_{tsv}、n_m 等参数的敏感系数。表 8.3 总结了 CNT TSV 互连的 S_{11} 和 S_{21} 在 20GHz 工作频率下相对它的结构和材料参数的敏感系数。可以看出，t_{ox}，即 C_{ox} 是决定 S_{11} 和 S_{21} 的关键因素。

表 8.3　CNT TSV 互连的 S_{11} 和 S_{21} 在 20GHz 工作频率下相对它的结构和材料参数的敏感系数

参数	t_{ox}	p_{tsv}	l_{tsv}	n_m
S_x^{11}	−7445	−948.2	−1167	0.074
S_x^{21}	8520	234.5	−54.95	0.139

上述分析表明，隔离介质层是决定 CNT TSV 互连传输特性的关键因素。t_{ox} 的增大将有效降低 TSV 等效电容并提高 CNT TSV 互连的传输特性。但同时 t_{ox} 的增大会不可避免地导致 TSV 物理尺寸的增大和额外硅片面积的开销，这并不符合三维集成电路高密度和高紧凑度的发展趋势。为此，可采用低 k 隔离介质的优化设计技术。采用低介电常数空气隙介质($\varepsilon_{air}=\varepsilon_0$)取代传统 SiO_2 介质，可降低 TSV 等效电容，进而改善 TSV 的互连传输性能，该方法已在 Cu TSV 中得到验证。采用 SiO_2 和空气隙作为隔离介质的 CNT TSV 互连的插入损耗和眼图如图 8.29 所示。眼图仿真中，输入伪随机信号频率、幅值和上升/下降时间分别为 20GHz、1V 和 1/10 信号周期。从图中可以看出，采用空气隙作为介质的 CNT TSV 的 S_{21} 相对于传统采用 SiO_2 介质 CNT TSV 的 S_{21} 平均改善了 30.83%，开眼面积改善了 40.72%，这表明空气隙隔离技术是优化 CNT TSV 互连传输性能的有效设计策略。

8.3.3　无畸变 TSV 设计

无畸变 TSV 定义为能满足宽频带信号的各个频率分量以相同的相速传播，即相移常数是频率线性函数的 TSV[28]。对于图 8.25 所示的信号-地 TSV 对的结构，根据传输线理论，它的复传输常数可表示为

$$\gamma = \alpha + \mathrm{j}\beta = \sqrt{(R_{TSV} + \mathrm{j}\omega L_{TSV}) \times (G_{TSV} + \mathrm{j}\omega C_{TSV})} \tag{8-29}$$

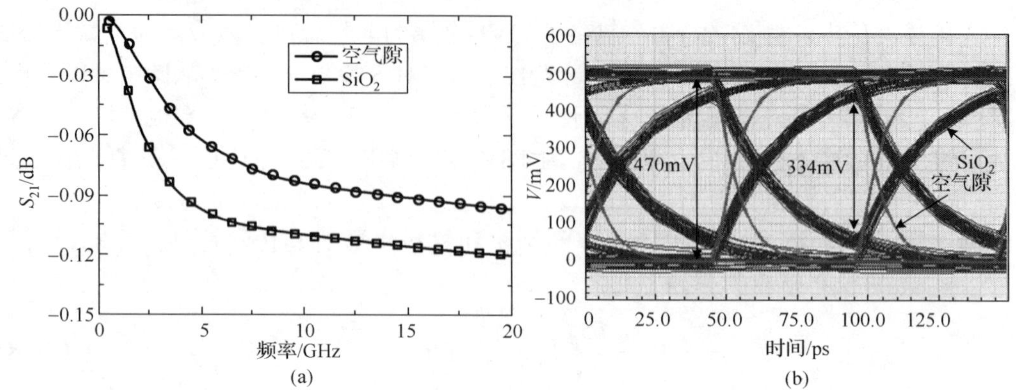

图 8.29　采用 SiO_2 和空气作为隔离介质的 CNT TSV 互连的插入损耗和眼图

其中，α 和 β 分别代表信号-地 TSV 对的衰减常数和相移常数；ω 代表角频率。求解式(8-29)可得

$$\beta=\sqrt{\frac{\left(\omega^2 L_{\text{TSV}}C_{\text{TSV}}-R_{\text{TSV}}G_{\text{TSV}}\right)+\sqrt{\omega^4 L_{\text{TSV}}^2 C_{\text{TSV}}^2+\omega^2\left(L_{\text{TSV}}^2 G_{\text{TSV}}^2+R_{\text{TSV}}^2 C_{\text{TSV}}^2\right)+R_{\text{TSV}}^2 G_{\text{TSV}}^2}}{2}} \tag{8-30}$$

当满足关系式

$$\frac{R_{\text{TSV}}}{L_{\text{TSV}}}=\frac{G_{\text{TSV}}}{C_{\text{TSV}}} \tag{8-31}$$

时，式(8-30)可简化为

$$\beta=\omega\sqrt{L_{\text{TSV}}C_{\text{TSV}}} \tag{8-32}$$

可以看出，当信号-地 TSV 对的 RLCG 参数满足式(8-31)时，且 $L_{\text{TSV}}C_{\text{TSV}}$ 的值为常量时，TSV 互连的相移常数 β 将变为工作频率的线性函数。

基于 MWCNT 的参数提取模型[28]，圆柱形束状 MWCNT TSV 和相同结构参数的 Cu TSV 的有效电阻和电感随信号频率的变化情况如图 8.30 所示。在图中，r_{via}=0.75μm，l_{tsv}=30μm；Cu TSV 的结果是通过 ANSYS Q3D 仿真得到的。从图中可以看出，由于受趋肤效应的影响，Cu TSV 的高频电阻随频率的增大而增大，但其电感却随频率的增大而减小，所以其电阻和电感的比值随频率的升高而急剧增大。对于 MWCNT TSV，其电阻和电感随频率的变化很小，且变化量随着直径 D_{out} 的增大而迅速地减小。另外，MWCNT TSV 的电阻随 D_{out} 的增大而减小，而它的电感却随 D_{out} 的增大而增大，所以 MWCNT TSV 的电阻和电感的比值随 D_{out} 的增大而迅速地减小。可见，束状 MWCNT 具有电阻和电感随频率几乎不变的特性，可满足无畸变 TSV 的设计要求。

采用束状 CNT 作为导体材料的 TSV 含有数目众多的 CNT，以至于其量子电容可以忽略，所以采用束状 CNT 作为导体材料的信号-地 TSV 对的电容和电导与采用相同结构参数 Cu 作为导体材料的信号-地 TSV 对的电容和电导相同[10]。另外，本节假定硅衬底不加任何偏置电压，所以硅衬底的耗尽层电容不需要考虑。因此。信号-地 TSV 对的电容和电导可表示为[29]

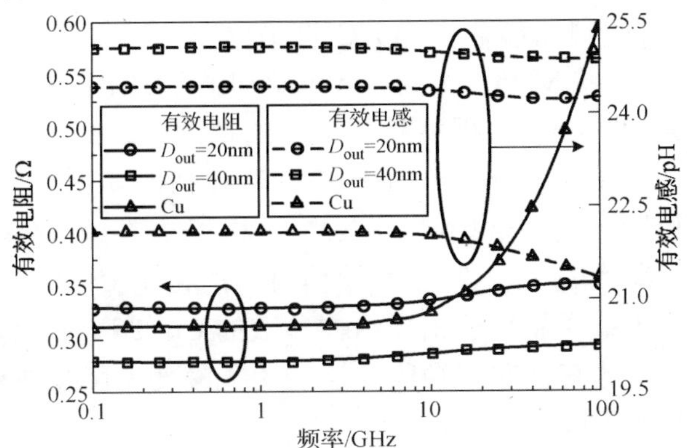

图 8.30　圆柱形束状 MWCNT TSV 和相同结构参数 Cu TSV 的有效电阻和电感随信号频率的变化情况

$$C_{\mathrm{TSV}}=\frac{2C_{\mathrm{ox}}G_{\mathrm{Si}}^{2}+\omega^{2}C_{\mathrm{ox}}C_{\mathrm{Si}}\left(2C_{\mathrm{Si}}+C_{\mathrm{ox}}\right)}{4G_{\mathrm{Si}}^{2}+\omega^{2}\left(2C_{\mathrm{Si}}+C_{\mathrm{ox}}\right)^{2}} \tag{8-33}$$

$$G_{\mathrm{TSV}}=\frac{-2\omega^{2}C_{\mathrm{ox}}C_{\mathrm{Si}}G_{\mathrm{Si}}+\omega^{2}C_{\mathrm{ox}}G_{\mathrm{Si}}\left(2C_{\mathrm{Si}}+C_{\mathrm{ox}}\right)}{4G_{\mathrm{Si}}^{2}+\omega^{2}\left(2C_{\mathrm{Si}}+C_{\mathrm{ox}}\right)^{2}} \tag{8-34}$$

其中，$C_{\mathrm{ox}}=2\pi\varepsilon_{\mathrm{ox}}l_{\mathrm{tsv}}/\ln\left(\left(r_{\mathrm{via}}+t_{\mathrm{ox}}\right)/r_{\mathrm{via}}\right)$、$C_{\mathrm{Si}}=\pi\varepsilon_{\mathrm{Si}}l_{\mathrm{tsv}}/\mathrm{arcosh}\left(p_{\mathrm{tsv}}/\left(2r_{\mathrm{via}}+2t_{\mathrm{ox}}\right)\right)$ 与 $G_{\mathrm{Si}}=\pi\sigma_{\mathrm{Si}}l_{\mathrm{tsv}}/\mathrm{arcosh}\left(p_{\mathrm{tsv}}/\left(2r_{\mathrm{via}}+2t_{\mathrm{ox}}\right)\right)$ 分别代表氧化层电容、硅衬底电容和硅衬底电导。由于 $r_{\mathrm{via}}>>t_{\mathrm{ox}}$，所以 $C_{\mathrm{ox}}>>C_{\mathrm{Si}}$。进一步，根据式(8-33)和式(8-34)，当 $\omega C_{\mathrm{ox}}>>G_{\mathrm{Si}}$ 时，$C_{\mathrm{TSV}}\rightarrow C_{\mathrm{Si}}$，$G_{\mathrm{TSV}}\rightarrow G_{\mathrm{Si}}$。这意味着当信号-地 TSV 对工作在高频段时，它的电容和电导分别趋于硅衬底的电容和电导，它们是不随频率变化的常量。因此，无畸变 TSV 条件式(8-31)右边的 $G_{\mathrm{TSV}}/C_{\mathrm{TSV}}$ 值在高频段是不随频率变化的常量，若要非畸变，要求式(8-31)左边的 $R_{\mathrm{TSV}}/L_{\mathrm{TSV}}$ 值也是不随频率变化的常量。另外，$L_{\mathrm{TSV}}C_{\mathrm{TSV}}$ 还必须近似为常数。因此，无畸变 TSV 要求 R_{TSV} 和 L_{TSV} 几乎不随频率而改变。根据上述的分析，Cu 导体不适合作为无畸变 TSV 的导体材料，相反大直径的束状 MWCNT 适合无畸变 TSV 导体材料的要求。因此本节采用 D_{out}=40nm 的束状 MWCNT 作为导体材料设计无畸变 TSV。

在高频段，$G_{\mathrm{TSV}}/C_{\mathrm{TSV}}=G_{\mathrm{Si}}/C_{\mathrm{Si}}$，并且 $G_{\mathrm{Si}}/C_{\mathrm{Si}}=\sigma_{\mathrm{Si}}/\varepsilon_{\mathrm{Si}}$。进一步根据无畸变 TSV 的条件式(8-31)，可以得到

$$\frac{R_{\mathrm{eff}}}{L_{\mathrm{eff}}}=\frac{R_{\mathrm{TSV}}}{L_{\mathrm{TSV}}}=\frac{\sigma_{\mathrm{Si}}}{\varepsilon_{\mathrm{Si}}} \tag{8-35}$$

其中，R_{eff} 和 L_{eff} 表示束状 MWCNT 的有效电阻和电感，并且 $R_{TSV}=2R_{eff}$、$L_{TSV}=2L_{eff}$。设计无畸变 TSV 的关键就是找到最优的圆柱形束状 MWCNT 半径 r_{opt}，即束状 MWCNT 的有效电感与电阻的比值最接近或等于 $\sigma_{Si}/\varepsilon_{Si}$ $(\approx 9.5\times10^{9}\ \mathrm{S/F})$ 时对应的半径，然后以半径为 r_{opt} 的圆柱形束状 MWCNT 作为无畸变 TSV 导体。

不同半径的圆柱形束状 MWCNT 的有效电感和电阻的比值随频率的变化如图 8.31 所示，可以看出 r_{opt}=0.85μm。根据相移常数 β 的精确表达式(式(8-30))，设计的无畸变 TSV 的相移常数与角频率的比值随频率的变化情况如图 8.32 所示。为了对比，图中还给出了采用相同结构参数的 Cu TSV 的相移常数和角频率随频率的变化情况。可以看出，采用束状 MWCNT 作为导体材料的无畸变 TSV 的相移常数与角频率的比值随频率的变化量明显小于相同结构参数的 Cu TSV 的相移常数与角频率的比值随频率的变化量，尤其是在高频段。这表明无畸变 CNT TSV 设计技术可以显著降低信号传输的畸变程度。

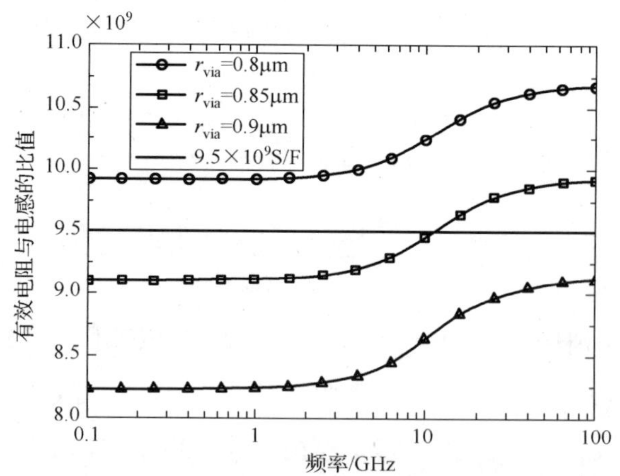

图 8.31　不同半径的圆柱形束状 MWCNT 的有效电感与电阻的比值随频率的变化情况

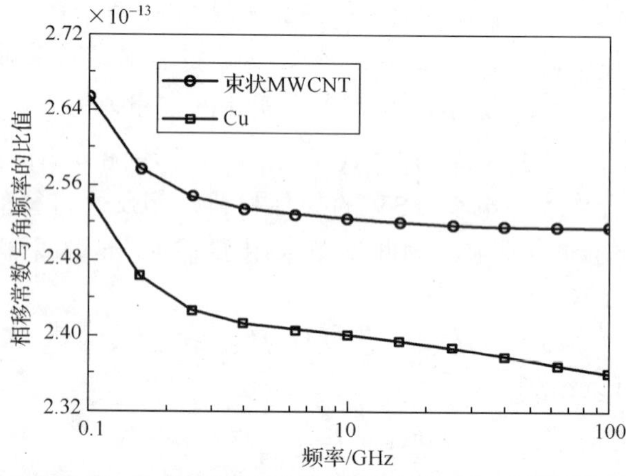

图 8.32　无畸变 TSV 的相移常数与角频率的比值随频率的变化情况

参考文献

[1] Li J, Ye Q, Cassell A, et al. Bottom up approach for carbon nanotube interconnects. Applied Physics Letters, 2003, 82(15): 2491-2493.

[2] Wang T, Jeppson K, Olofsson N, et al. Through silicon vias filled with planarized carbon nanotube bundles. Nanotechnology, 2009, 20: 485203.

[3] Liu Z C, Ci L J, Kar S, et al. Fabrication and electrical characterization of densified carbon nanotube micropillars for IC interconnect. IEEE Transactions on Nanotechnology, 2009, 8(2): 196-203.

[4] Wang T, Jeppson K, Liu J. Dry densification of carbon nanotube bundles. Carbon, 2010, 48(13): 3795-3801.

[5] Zhou C J, Vyas A A, Wilhite P, et al. Resistance determination for sub-100nm carbon nanotube vias. IEEE Electron Devices Letters, 2015, 36(1): 71-73.

[6] Naeemi A, Meindl J D. Design and perofmrance modeling for single walled carbon nanotube as local, semiglobal and global interconnects in gigascale integrated systems. IEEE Transactions on Electron Devices, 2007, 54(1): 26-36.

[7] Wilhite P. Electrical and structural analysis of CNT-metal contacts in via interconnects. IEEE International Interconnect Technology Conference, 2013: 41-43.

[8] Xie R, Zhang C, Veen M H V D, et al. Carbon nanotube growth for through silicon via application. Nanotechnology, 2013, 24: 125603.

[9] Koo K H, Cho H, Kapur P, et al. Performance comparison between carbon nanotubes, optical, and Cu for future high performance on chip interconnect application. IEEE Transactions on Electron Devices, 2007, 54(12): 3206-3215.

[10] Xu C, Li H, Suaya R, et al. Compact AC modeling and performance analysis of through silicon vias in 3-D ICs. IEEE Transactions on Electron Devices, 2010, 57(12): 3405-3417.

[11] Farahani E K, Sarvari R. Compact closed form model for skin and proximity effect in multiwall carbon nanotube bundles as GSI interconnect. IEEE Transactions on Electron Devices, 2014, 61(8): 2899-2904.

[12] Chiarieel A G, Maffucci A, Miano G. Temperature effects on electrical performance of carbon based nano-interconnects as chip and package level. International Journal of Numerical Modeling: Electronic Networks, Devices and Fields, 2013, 26: 560-572.

[13] Li H, Yin W Y, Banerjee K, et al. Circuit modeling and performance analysis of multi-walled carbon nanotube interconnects. IEEE Transactions on Electron Devices, 2008, 55(6): 1328-1337.

[14] Majumder M K, Kaushik B K, Manhas S K. Analysis of delay and dynamic crosstalk bundled

carbon nanotube interconnects. IEEE Transactions on Electro-magnetic Compatibility, 2014, 56(6): 1666-1673.

[15] Li E P. Electrical Modeling and Design for 3D System Integration. New York: Wiley- Blackwell, 2010.

[16] Katti G, Stucchi M, Meyer K D, et al. Electron modeling and characterization of through silicon via for three-dimensional ICs. IEEE Transactions on Electron Devices, 2010, 57(1): 256-262.

[17] Zhao W S, Yin W Y, Gao Y X. Electromagnetic compatibility-oriented study on through silicon single-walled carbon nanotube bundle via arrays. IEEE Transactions on Electromagnetic Compatibility, 2012, 54(1): 149-157.

[18] Paul C R. Analysis of Multiconductor Transmission Lines. New York: John Wiley & Sons, 2008.

[19] Liang F, Wang G F, Lin H. Modeling of crosstalk effects in multiwall carbon nanotube interconnect. IEEE Transactions on Electromagnetic Compatibility, 2012, 54(1): 133-139.

[20] Song T G, Liu C, Kim D H, et al. Analysis of TSV-to-TSV coupling with high impedance termination in 3-D ICs. Symposium on Quality Electronic Design, 2011: 122-128.

[21] Cho J Y, Song E, Yoon K Y, et al. Modeling and analysis of through silicon via noise coupling and suppression using a guard ring. IEEE Transactions on Components, Packaging and Manufacturing Technology, 2011, 1(2): 220-233.

[22] Chang Y J, Chuang H H, Lu Y C, et al. Novel crosstalk modeling for multiple through silicion vias on 3-D ICs: Experimental validation and application to faraday cage design. IEEE Electrical Performance of Electronic Packaging and Systems, 2012: 232-235.

[23] Liu C, Song T G, Cho J H, et al. Full chip TSV to TSV coupling analysis and optimization in 3D IC. Design Automation Conference, 2011: 783-788.

[24] Iwasaki T, Morikane R, Edura T, et al. Growth of dense single walled carbon nanotubes in nano-sized silicon dioxide holes for future microelectronics. Carbon, 2007, 45: 2351-2355.

[25] Yang Y, Yu M B, Li R, et al. Through silicon via(TSV) keep out zone in SOI photonics interposer: A study of the impact of TSV-induced stress on Si ring resonators. IEEE Photonics Journal, 2013, 5(6): 270061.

[26] Qian L B, Zhu Z M, Xia Y S. Study on transmission characteristics of carbon nanotube through silicon vias in 3-D ICs. IEEE Microwave and Wireless Components Letters, 2014, 24(5): 294-296.

[27] Liu E X, Li E P, Lee H M, et al. Compact wideband equivalent circuit model for electrical modeling of through silicon via. IEEE Transactions on Microwave and Theory Technology, 2011, 59(6): 1454-1460.

[28] Lu Q J, Zhu Z M, Yang Y T, et al. Type of distortionless through silicon via design based on the multiwalled carbon nanotube. IET Micro & Nano Letters, 2013, 12(8): 869-871.

[29] Xu Z, Lu J Q. Through-silicon-via parasitics and wideband modeling for three-dimensional integration/packaging. IEEE Electron Device Letters, 2011, 32(9): 1278-1280.